中国电力科学研究院科技专著出版基金资助

复杂有源配电网仿真基础理论

盛万兴　著

科学出版社

北　京

内 容 简 介

本书阐述了复杂有源配电网仿真基础理论与方法，主要内容包括复杂有源配电网建模基础理论、负荷及设备建模方法、新型设备多时间尺度暂态建模方法、离线/在线仿真理论、分布式并行及快速仿真理论、数模混合高性能仿真理论和平台构建方法、CPS 仿真理论与平台构建及验证方法。

本书主要供电力系统、配电网等领域的相关技术人员以及高等院校电气工程等相关专业的师生阅读与参考。

图书在版编目（CIP）数据

复杂有源配电网仿真基础理论 / 盛万兴著. —北京：科学出版社，2023.7

ISBN 978-7-03-074594-1

Ⅰ. ①复… Ⅱ. ①盛… Ⅲ. ①配电系统–仿真系统–研究 Ⅳ. ①TM727

中国版本图书馆 CIP 数据核字（2022）第 255201 号

责任编辑：裴 育 陈 婕 赵微微 / 责任校对：王萌萌

责任印制：吴兆东 / 封面设计：蓝 正

科学出版社 出版

北京东黄城根北街 16 号

邮政编码：100717

http://www.sciencep.com

北京建宏印刷有限公司 印刷

科学出版社发行 各地新华书店经销

*

2023 年 7 月第 一 版 开本：720×1000 1/16

2023 年 7 月第一次印刷 印张：23 3/4

字数：476 000

定价：198.00 元

（如有印装质量问题，我社负责调换）

前　言

复杂有源配电网是信息物理融合的复杂大系统，仿真是电网优化规划、安全分析、故障推演的重要手段。开展复杂有源配电网仿真，实现有源配电网的精确规划、故障推演、分布式能源高效并网，可以大幅降低电网建设投资、有力提升电网安全运行水平、显著提高分布式能源消纳能力，从而达到落实国家能源安全战略、服务国计民生的重大需求。

本书作者多年来一直从事复杂有源配电网建模及运行保护控制等方面的科研和实践工作。本书是基于作者及所在科技攻关团队在配电网领域的研究成果与应用实践撰写而成的，主要介绍复杂有源配电网建模理论，面向潮流、风险及故障分析的配电网离线/在线快速数字仿真技术，配电网数模混合仿真技术以及信息物理系统仿真技术，力求为读者提供一条将配电网建模与仿真方法应用到实际电力工业的捷径。

全书共 10 章。第 1 章结合复杂有源配电网特征及业务范围，对复杂有源配电网建模与仿真需求进行阐述。第 2 章介绍复杂有源配电网建模基础理论，具体分析模型类别、建模方法及模型辨识方法等。第 3 章介绍复杂有源配电网负荷及设备建模方法，包括多类型配电负荷以及配电变压器、开关、线路等典型配电设备模型。第 4 章介绍复杂有源配电网新型设备多时间尺度暂态建模方法，详细分析光伏、充电桩、风机、燃料电池、微型燃气轮机、电力电子变流器等设备多时间尺度模型构建方法。第 5 章、第 6 章介绍配电网数字仿真理论，分别分析离线/在线仿真理论与分布式并行及快速仿真理论。第 7 章介绍复杂有源配电网数模混合高性能仿真理论和平台构建方法。第 8 章、第 9 章介绍复杂有源配电网信息物理系统仿真技术、平台构建及验证方法。第 10 章面向新型电力系统建设目标对未来配电网建模与仿真技术进行展望。

本书由盛万兴研究员统稿，其中，盛万兴研究员撰写了第 1、9、10 章，刘科研教授级高级工程师撰写了第 2、3 章，贾东梨教授级高级工程师撰写了第 4 章，康田园撰写了第 5 章，叶学顺撰写了第 6 章，何开元撰写了第 7 章，白牧可撰写了第 8 章，王帅参与了部分章节撰写及文字和图表的整理工作。此外，本书参考了一些已公开发表的文献资料，在此对这些文献的作者表示衷心感谢。

由于时间有限，书中难免存在不妥之处，敬请广大读者批评指正。

作　者

2022 年 10 月于中国电力科学研究院

目　　录

第1章　复杂有源配电网概述

1.1　复杂有源配电网特征

配电网是电网直接面向用户供电的重要环节，体量巨大、分布广泛、节点众多、结构复杂。含大量分布式电源的有源配电网呈现潮流双向流动、稳态暂态交织等复杂特征。复杂有源配电网是信息物理融合的复杂动态大系统[1-3]。在配电网能量流、信息流、业务流相互融合与互动的基础上，复杂有源配电网具有以下五个主要特征。

(1) 集成。通过不断的流程优化、信息整合，实现企业管理、生产管理、调度自动化与电力市场管理业务的集成，形成全面的辅助决策支持体系，支持企业管理的规范化和精细化，不断提升电力企业的管理效率。

(2) 自愈。对电网的运行状态进行连续在线自我评估，并采取预防性控制手段，及时发现、快速诊断和消除故障隐患，当故障发生时，在没有或少量人工干预下，能够快速隔离故障、自我恢复，避免发生大面积停电。

(3) 优化。实现资产规划、建设、运行维护等全寿命周期的优化，合理安排设备的运行与检修，提高资产利用效率，有效降低运行维护成本和投资成本，减少电网损耗。

(4) 兼容。电网能够同时适应集中式发电与分布式发电模式，实现与负荷侧的交互，支撑风力发电等可再生能源的接入，扩大系统运行调节的可选资源范围，促进电网与环境的和谐发展。

(5) 互动。系统运行与批发、零售电力市场实现无缝衔接，支持电力交易的有效开展，实现资源的优化配置，同时，通过市场交易更好地激励电力市场主体参与电网安全管理，从而提升电力系统的安全运行水平。

复杂有源配电网主要包括以下四方面内容。

(1) 在网络结构方面，复杂有源配电网应该具有可靠而灵活的分层、分区布局的拓扑结构，满足配电系统运行控制、故障处理、系统通信的要求。

(2) 在运行控制方面，复杂有源配电网应该既具有系统正常运行时实时可靠的状态监测、隐患预测、智能调节、运行优化的能力，又具有系统非正常运行时的自愈控制能力。

(3) 在通信方面，复杂有源配电网应该具有建立在开放的通信架构和统一的技术标准基础之上的高速、双向、集成的通信网络设施，以实现电力流、信息流、业务流的一体化。

(4) 在软件组成方面，复杂有源配电网高度集成数据采集与监控(supervisory control and data acquisition, SCADA)系统、配电自动化(distribution automation, DA)系统、自愈控制(self-healing control)系统、地理信息系统(geographic information system, GIS)、配电管理系统(distribution management system, DMS)等，既满足配电网安全运行的要求，又满足各类用户方便使用的要求。

1.2　复杂有源配电网业务范围

配电网业务由实体电网、信息、通信、分析计算、运行控制和互动等六部分组成，各部分之间的关系如图 1-1 所示。

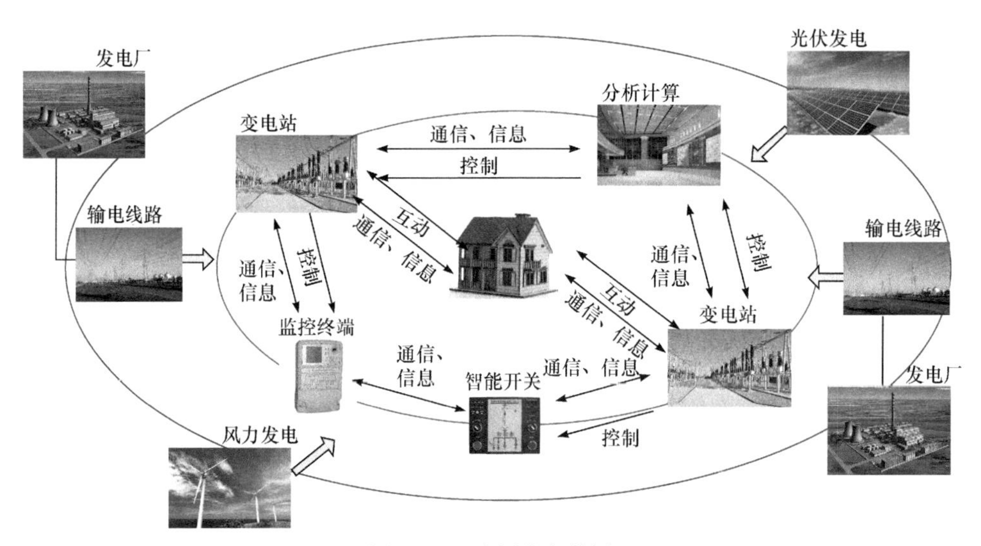

图 1-1　配电网业务范围

1. 实体电网

实体电网作为复杂电网的物理载体，是实现复杂电网的基础。对于供电企业，只有通过实体电网才能传输进来电能，也只有通过实体电网才能将电能输送到用户，供用户使用，实体电网是电力企业的生命线。实体电网包括变电站及其一二次设备、供电线路、开关装置、量测装置、智能装备、分布式电源/微网等。其中智能装备不仅涵盖传统二次系统的测控、保护、安全稳定控制等装置，还包括传统一次系统的静止补偿装置、固态开关、分布式储能装置等。

2. 信息

配电网中存在大量的数据信息，包括配电网数据采集与监控系统、配电自动化系统、地理信息系统、管理信息系统(management information system, MIS)、配电管理系统等数据信息。这些信息除了各子系统内部特有的信息外，还有大量的某几个子系统共有的信息，这样就形成了数据交叉现象。随着智能电网的建设，配电网的自动化水平越来越高，基于各类算法的高级应用软件也越来越多地被电力部门使用。不同厂家开发的应用软件普遍存在数据的异构性，使不同应用程序之间以及不同系统之间难以实现数据与信息共享。构建配电网海量数据库，为电网业务各个环节提供更多的数据支撑是实现复杂有源配电网的内在要求。

3. 通信

通信是传输配电网各类信息的载体，通过利用先进的通信技术与电力设备和控制中心等进行数据传输，以达到自动控制或保护的目的。通信技术是实现复杂有源配电网的基础，没有先进的通信网络，任何复杂有源配电网的优点都无法体现，建立高速、双向、实时、集成的通信系统是实现复杂有源配电网的基础。

配电环节的应用系统主要包括：配电网数据采集与监控系统、配电管理系统、配电自动化系统、电能质量监测系统、配电生产管理系统等。

4. 分析与计算

配电网必须安全、经济、可靠地运行，需要在设计和运行中进行各种分析。配电网分析计算是研究配电网规划运营问题的基础和手段。随着分布式电源、微网、大型储能装置、大量电动汽车充电站的接入，配电网从无源网发展为有源网，在构成、结构、运行和管理方面变得更加复杂，配电网的优化运行和控制变得更为困难，其分析计算也变得更加复杂。

5. 运行控制

配电网的安全稳定经济运行离不开控制技术的支持。从广义上来看，无论什么目的，只要对配电网及其元件施加了影响就可以称为对配电网进行了控制。配电网控制的目的是为运行调度人员提供有效的管理控制方法，了解系统的运行状态，采取相应的措施提高系统的安全性和可靠性，实现系统的安全稳定经济运行。配电网控制是指采取具体的措施将配电系统调整到一种运行状态。当系统正常运行时，采取技术手段，使得系统满足高质量供电和经济性的需求，同时一定程度上对负荷波动有较强的承受能力，减小系统过载发生的概率。当系统发生故障时，采取技术手段，提高系统的供电恢复能力，快速恢复供电，从而减少故障损失。

6. 互动

互动是复杂有源配电网的内在要求，通过信息实时沟通分析实现电源、电网和用户资源的良性互动与高效协调，促进电能的安全、高效、清洁应用。

复杂有源配电网的互动有两层含义。

(1) 复杂有源配电网支持分布式电源的大量接入。支持分布式电源的大量接入是复杂有源配电网区别于传统配电网的重要特征。复杂有源配电网不再像传统电网一样，被动地硬性限制分布式电源接入点与容量，而是从资源优化配置的角度出发，通过保护控制的自适应与系统接口的标准化支持分布式电源的“即插即用”，通过优化调度实现对各种能源的优化利用和电网节能降损。

(2) 复杂有源配电网支持电网与用户之间的互动。支持电网与用户之间的互动是复杂有源配电网区别于传统配电网的又一重要特征，主要体现在两个方面：一是应用智能电表，实行分时电价、动态实时电价，使用户根据实时电价自行选择用电时间；二是允许并积极创造条件使拥有分布式电源、储能装置、电动汽车的用户在用电高峰时向电网送电，参与削峰填谷，使用户从单一被动的电力消费者变为电网运行控制的积极参与者。

1.3 复杂有源配电网建模与仿真需求

复杂有源配电网建模与仿真是配电网发展的基础工作，涉及规划、建设、运行、控制、调度的各个方面，精确的仿真分析能够在事故发生前做出预测和反应，提出预防控制措施，在事故发生时快速形成故障处理方案，在事故发生后实现电网自愈控制，保证系统自动的、持续的优化运行，达到改善电网稳定性、安全性、可靠性和提高运行效率的目的[4-6]。

1.3.1 复杂有源配电网建模需求

与传统配电网相比，复杂有源配电网包括大量分布式电源，是一个复杂的动态系统，存在以下建模需求。

(1) 元件级模型。与传统电力系统成熟与可靠的元件模型相比，复杂有源配电系统不但元件种类繁多，而且很多电力电子元件模型尚在不断完善与发展之中。同时，一个完整的配电系统涉及一次设备、电力电子接口、各种控制器、网络元件等多个组成部分，其中既存在静止的直流电源，又含有旋转的交流电机；既涉及电能相关的电气参量，又涉及化学能、热能、光能等相关的非电气参量。元件级模型是复杂有源配电网建模的首要环节，如何建立各种准确而有效的元件级模型是必须解决的重要问题之一[7]。

(2) 设备级模型。智能配电系统涉及配电变压器、线路、开关等传统配电网设备以及光伏、充电桩、风机、燃料电池等新型设备。对某一设备而言，针对不同问题的研究可能需要采用不同时间尺度、不同精细程度的模型。如何针对不同的研究目的构建相应的设备模型，是实现复杂有源配电网仿真模拟的关键问题之一[8]。

(3) 系统级模型。复杂有源配电网包含分布式电源、多样性负荷、智能化设备及自动化、信息采集、互动化等系统，其优化运行和控制变得更为困难，其分析计算也变得更加复杂，因此，迫切需要构建能反映配电网风险、故障、可靠性、安全性等的配电网系统级分析、控制模型，从而为复杂有源配电网仿真计算奠定模型基础。

1.3.2　复杂有源配电网仿真需求

现代配电系统在逐步提高智能化信息化水平的同时，接入并兼容更多新型设备，如多样性负荷、储能设备、分布式电源，其运行特性更为复杂、规模更为庞大，这对配电网的研究分析提出了新的要求，即应采用整体、全面、更优的配电网智能仿真分析方法。复杂有源配电网存在的仿真需求表现在以下三方面。

(1) 数字仿真。要实现对复杂有源配电网的深入精准分析以及对网络的管理控制，需要具备较强的信息感知、数据分析处理能力。相比传统配电网，智能配电系统中待实时处理的数据量有了大幅增加，呈现指数型增长态势[9]。这使得配电网的仿真分析方法需要解决以下三个主要问题：①如何对海量数据信息进行感知采集；②如何结合电网实际特征对海量信息进行智能化分析处理；③如何利用数据分析结果和理论设计高级仿真分析算法。数字仿真由于具有不受原型系统规模和结构复杂性的限制，能保证被研究、实验系统的安全性，具有良好的经济性、方便性等优点，已被越来越多的科技人员所关注，并已在研究、实验、培训等多方面获得广泛应用。

(2) 数模混合仿真(digital and physical hybrid simulation, DPHS)。它是一种结合数字仿真和物理仿真优点的先进仿真技术，被广泛应用于原型设计与系统测试。数模混合仿真允许在较宽泛的真实条件下，在构建的虚拟系统中对被测试设备进行重复、安全、经济的测试。对于那些难以用数学表达式表述的物理现象，如具有快速电磁暂态过程的大功率电力电子器件的工作过程以及一些未知的物理现象，采用物理设备进行模拟，而对于大规模配电系统在极端工作条件下的动态响应可以借助数字仿真进行分析。通过数字仿真与动态模拟仿真相结合的方式，对复杂配电网的各种暂态行为特征进行分析，进而为配电网规划设计、优化调度提供技术支撑，为配电网的故障自动定位和排除、网络自愈提供决策依据，为配电网的谐波分析、短路电流计算、保护装置整定等提供技术支持，这些已成为配电网仿真迫切的需求[10-12]。

(3) 信息物理系统(cyber physical system, CPS)仿真。智能电网发展背景下，大量的高度集成先进量测体系、数据采集设备、计算设备和嵌入式柔性控制设备，将配电网、信息通信网两个实体网络深度互连，使配电网中一次系统与二次系统相互耦合、紧密联系，具备了典型信息物理融合系统的基本特征。配电网 CPS 中信息通信系统与物理系统的深度融合和实时交互，呈现出动态过程演变复杂、跨空间故障连锁传播、风险概率急剧攀升等新特点，并面临信息攻击、通信链路阻塞、复合故障演化等一系列新问题。传统配电网可靠性分析、优化控制、调度、供电恢复等方法由于对象的局限性，无法有效应对配电网 CPS 新局面。配电网 CPS 仿真是揭示物理、信息通信两者交互影响特性，精准刻画配电网 CPS 运行、故障、检修、风险、攻击、扰动、优化、恢复等动态过程的基础工具，是配电网 CPS 研究需要解决的首要问题，具有重要的应用价值[13-15]。

参考文献

[1] 盛万兴, 宋晓辉, 孟晓丽. 智能配电网建模理论与方法[M]. 北京: 中国电力出版社, 2016.

[2] 鞠平. 电力系统建模理论与方法[M]. 北京: 科学出版社, 2010.

[3] 田芳, 黄彦浩, 史东宇, 等. 电力系统仿真分析技术的发展趋势[J]. 中国电机工程学报, 2014, 34(13): 2151-2163.

[4] 余贻鑫, 马世乾, 徐臣. 配电系统快速仿真与建模的研究框架[J]. 中国电机工程学报, 2014, 34(10): 1675-1681.

[5] 李鹏飞, 周志勇, 张航, 等. 基于知识库的 BPA 二次开发[J]. 中国电力, 2014, 47(8): 135-138.

[6] 喻锋, 王西田, 林卫星, 等. 模块化多电平换流器快速电磁暂态仿真模型[J]. 电网技术, 2015, 39(1): 257-263.

[7] 申全宇, 宋国兵, 王晨清, 等. 适用于继电保护的含变流器电力元件故障暂态快速仿真方法[J]. 电力自动化设备, 2015, 35(8): 90-94, 130.

[8] 姚蜀军, 韩民晓, 汪燕, 等. 大规模电网电磁暂态快速仿真方法[J]. 电力建设, 2015, 36(12): 16-21.

[9] 孙睿择, 戴堃, 陈怀蔺, 等. 基于 PSCAD 仿真的新型配电网网络化保护性能分析[J]. 电工技术, 2021, (15): 65-68.

[10] 魏然, 张磐, 高强伟, 等. 基于网络树状图的低压配电网故障研判仿真分析[J]. 电力系统保护与控制, 2021, 49(13): 167-173.

[11] 曾涤非. 现代配电网分布式静止串联补偿器控制技术及仿真研究[D]. 武汉: 武汉理工大学, 2021.

[12] 罗玉飞, 黄滔滔. 基于 DIgSILENT 的中压配电网合环电流计算与仿真分析[J]. 电网与清洁能源, 2021, 37(6): 51-59.

[13] 盛成玉, 高海翔, 陈颖, 等. 信息物理电力系统耦合网络仿真综述及展望[J]. 电网技术,

2012, 36(12): 100-105.
[14] 梁英, 王耀坤, 刘科研, 等. 计及网络信息安全的配电网 CPS 故障仿真[J]. 电网技术, 2021, 45(1): 235-242.
[15] 李晓, 许剑冰, 李满礼, 等. 考虑信息失效影响的配电网信息物理系统安全性评估方法[J]. 中国电力, 2022, 55(2): 73-81.

第2章 复杂有源配电网建模基础理论

与传统配电网相比，复杂有源配电网包含多类型分布式电源和多元随机负荷，是一个多维度、多层次、多回路、多输入、多输出的CPS，具有非线性、不确定性、强波动性和扰动性等特点。复杂有源配电网模型建立得合理与否，直接影响基于模型的仿真实验和系统分析结果的准确性，因此考虑复杂有源配电网上述特点，在建立合理的模型的基础上开展分析研究是电力科研工作者关注的热点之一。

本章首先从不同角度对复杂有源配电网的模型进行分类，其次介绍当前配电网设备建模的主要方法，最后结合现有研究，对配电网建模新方法和模型辨识方法进行阐述。

2.1 复杂有源配电网模型类别

模型是对现实系统有关结构信息和行为的某种形式的描述，它通常具备两个特点：一是精确性，即模型能正确描述系统的本质；二是简单性，即模型应尽量简单易懂。然而，模型的精确性和简单性往往存在矛盾，针对模型需求，通常需根据实际问题选择折中方案。

配电网模型是对配电网本质的描述，从形态上可以分为三大类：物理模型、数学模型和仿真模型[1]，如图2-1所示。

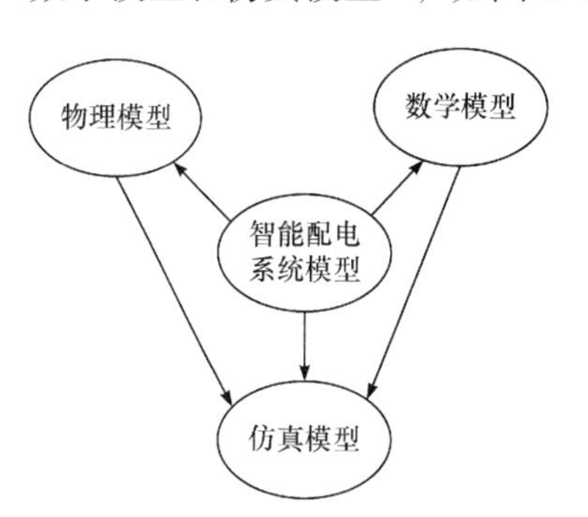

图2-1 复杂有源配电网模型形态

物理模型是考虑实体设备或系统的工作机理、外形特征等因素，基于相关理论构建的与实体设施具有相同或相似工作特性/输入输出特性的物理模拟。物理模型具有物理概念清晰、能自然包含各种复杂物理因素的优点，其局限性在于基于物理模型的实验代价高，难以模拟大规模复杂有源配电网。

数学模型是通过数学表达式和逻辑准则等手段描述和研究系统内部参量关系、客观现象和运动规律的模型。数学模型有时难以包含系统所有物理因素，但随着计算机技术的迅速发展，基于数学模型的数字仿真计算已逐渐显示出简便、灵活、代价小等优越性。

仿真模型是在物理模型或数学模型的基础上形成的，用于仿真实验的、物理的或数字的模型，其中数字模型可以理解为数学模型的计算机实现。

配电系统模型按照业务范围可以分为对象模型、通信模型、信息模型、分析计算模型、控制模型和互动模型六种，各模型间的关系如图 2-2 所示。

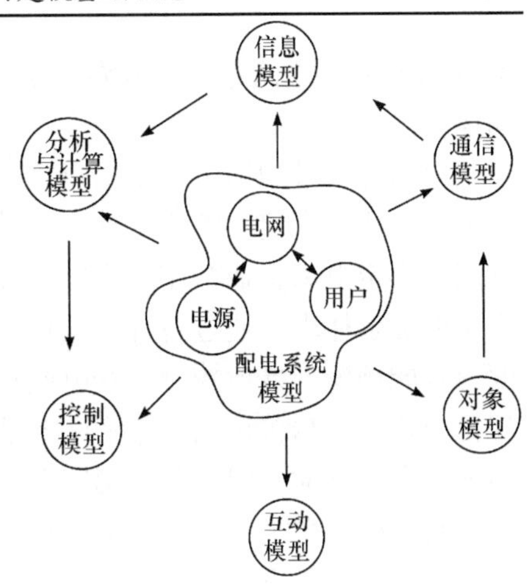

图 2-2　业务模型之间关系图

这六种模型又可分为基础层、支撑层和应用层三个层次，其中对象模型位于基础层，通信模型、信息模型位于支撑层，分析计算模型、控制模型和互动模型位于应用层。不同类型配电网模型构成了智能配电系统模型体系，如图 2-3 所示。

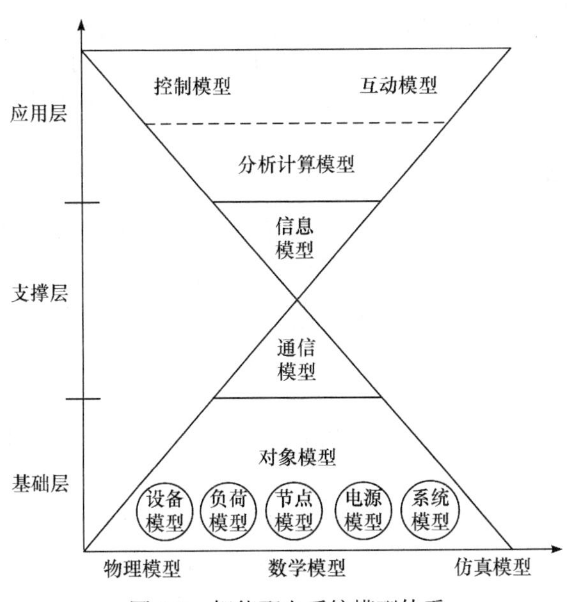

图 2-3　智能配电系统模型体系

对象模型是对现实复杂有源配电网中设备/元件有关结构信息和特性的某种形式的描述，针对配电系统中的某一设备/元件进行建模，具有涉及范围较小、元件单一、机理清晰的特点。对象模型作为复杂有源配电网的基础层，处于智能配电系统模型体系的底层。

通信模型和信息模型作为支撑层，主要用来界定节点之间所需要和能采集的信息以及节点之间信息传输的方式，因此支撑层是智能配电系统模型体系的中间层。

分析计算模型用来界定信息之间、信息与分析目标之间的相关性；控制模型用来使电压、电流、功率、功率因数等关键电气参数维持在合理范围内；互动模型用来界定电力企业与用户之间的互动关系。上述三种模型是智能配电系统复杂应用的综合体现，通过各种复杂计算与仿真模拟，对配电网的优化运行、智能调度、智能预警、自愈控制、变电站自动化、高级配电自动化等提供决策支持，实现分布式电源/微网/储能装置的合理接入、配电网的优化运行与智能控制以及与用户的良好互动，保证配电网安全、可靠、稳定、经济、环保运行。

智能配电系统模型体系中的模型围绕复杂有源配电网的规划、建设、运行和管理，各自发挥不同的支撑作用，共同服务于复杂有源配电网的建设。

2.2 复杂有源配电网建模方法

2.1 节对复杂有源配电网的模型进行了分类，并形成了配电系统模型体系。本节在 2.1 节的基础上，阐述复杂有源配电网的常用建模方法，主要有机理建模法、统计分析建模法、测辨建模法、拟合建模法、综合建模法等。

2.2.1 机理建模法

机理建模法，即在若干简化或假定条件下，通过分析系统(实际系统或设想系统)的内在运行机理，建立系统各变量间的数学关系，并描述系统的运动规律，从而获得系统的解析数学模型。机理建模法的实质是采用已有的理论、定理或推论对目标配电系统的有关要素进行理论分析和演绎归纳，从中寻找出各变量间的函数关系和运行规律，最终构建目标系统的数学模型。

本节以图 2-4 所示的二阶 RLC 等值电路[2]为例，阐述机理建模法。

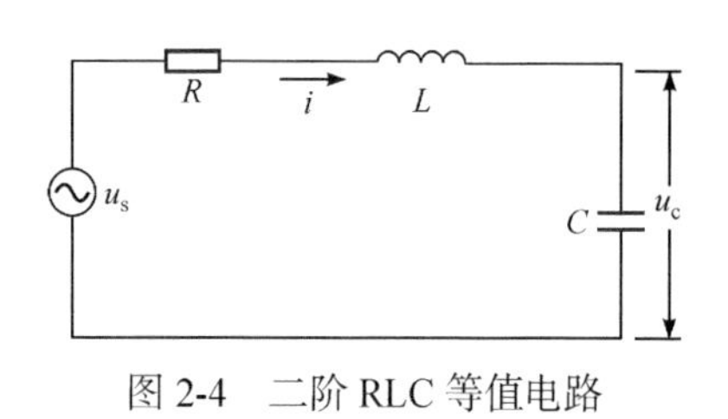

图 2-4 二阶 RLC 等值电路

对于图 2-4 所示电路，假设系统初始状态为 0，则由基尔霍夫电压定律(Kirchhoff voltage laws, KVL)可得

$$u_s = L\frac{di}{dt} + iR + u_c \tag{2-1}$$

其中，

$$i = C\frac{du_c}{dt}$$

对式(2-1)进行处理，可得

$$u_s = LC\frac{d^2u_c}{dt^2} + RC\frac{du_c}{dt} + u_c \tag{2-2}$$

式(2-2)为描述图 2-4 所示二阶 RLC 等值电路的微分方程，可将它看成该电路在零初始状态下的机理模型。若系统的初始状态不为零，则需要对上述微分方程所表征的机理模型进行修正。

相较于二阶 RLC 等值电路，有源配电网的复杂程度大大增加，然而配电网中各种元件及节点的模型已较成熟，因此使用机理建模法可以处理大多数配电网分析控制中元件面临的建模问题。

综上所述，采用机理建模法对复杂有源配电网进行建模，即根据元件或系统的内在运行机理，按照基本定理和推论推导研究对象的模型方程，再采用数值计算方法来获得参数。用该方法建模的具体步骤可描述如下：

(1) 分析复杂有源配电网的性能和功能原理，明确系统的输入变量和输出变量。

(2) 按照复杂有源配电网所遵循的定理和定律，列写出各部分代数方程、微分方程和逻辑表达式。

(3) 获得初步的复杂有源配电网模型及其参数。

(4) 根据实际情况，对步骤(3)中的模型进行验证，并做出适当的修改和完善。

机理建模法在配电网中的典型系统复杂应用是建立潮流计算模型[3,4]。针对某目标配电网络，首先，明确配电网的电源及需要求解的节点电压、支路电流等，即明确系统的输入和输出变量；其次，根据电力系统理论中现有的配电网元件数学模型，列写出各元件的数学方程；再次，基于配电网系统参数，列写系统潮流计算方程，得到目标配电网潮流计算数学模型；最后，对所构建的模型进行验证和修正。

机理建模法的优点在于所建立的数学方程包含研究对象的运行机理和模型参数，物理概念清晰，便于进一步分析和应用。然而，机理模型通常是在某些假设前提或简化条件下得出的，具有一定的适用局限性。此外，对于某些复杂系统或复杂物理过程，通过微分方程难以进行表征描述，或者所建立的数学模型过于复杂以致难以应用，因此，需要借助其他方法来完成建模。

2.2.2　统计分析建模法

统计分析建模法通常采用数理统计理论对测量或仿真所得数据进行归纳分析与处理，并在此基础上建立反映系统各变量相互作用关系的数学模型。

配电网中统计分析建模法的典型应用为以电动汽车为例的充电负荷集群的建模[5-11]。以下以配电网中电动汽车为例进行阐述。

单一充电负荷主要受用户出行需求、充电方式、电池特性以及充电设施等因素的影响；电动汽车集群负荷则主要受电动汽车数量规模、充电方式、充电时段以及起始电量等因素的影响。

电动汽车行驶路线多为上班、下班路线，行驶时间比较固定，一天内行驶里程相对较短，在工作和夜间时段电动汽车通常处于闲置状态。通过使用极大似然估计法评估美国全国家庭出行调查的统计数据发现：电动汽车返回时刻(即为电动汽车开始充电时间)近似服从正态分布，电动汽车日行驶里程数近似服从对数正态分布。

私家车开始充电时刻的概率密度函数可以表示为

$$f_{\mathrm{T}}(t_{\mathrm{s}})=\begin{cases}\dfrac{1}{\sqrt{2\pi}\sigma_{\mathrm{s}}}\exp\left[\dfrac{(t_{\mathrm{s}}-\mu_{\mathrm{s}})^2}{2\sigma_{\mathrm{s}}^2}\right], & \mu_{\mathrm{s}}-12\leqslant t_{\mathrm{s}}<24\\ \dfrac{1}{\sqrt{2\pi}\sigma_{\mathrm{s}}}\exp\left[\dfrac{(t_{\mathrm{s}}+24-\mu_{\mathrm{s}})^2}{2\sigma_{\mathrm{s}}^2}\right], & 0\leqslant t_{\mathrm{s}}<\mu_{\mathrm{s}}-12\end{cases} \tag{2-3}$$

式中，μ_{s}、σ_{s}分别为电动汽车最后到达时刻的期望和标准差。

家庭电动汽车的日行驶里程数 s 服从对数正态分布，通过统计分析，其概率密度函数表达式为

$$f_{\mathrm{D}}(s)=\frac{1}{s\sigma_{\mathrm{D}}\sqrt{2\pi}}\exp\left[-\frac{(\ln s-\mu_{\mathrm{D}})^2}{2\sigma_{\mathrm{D}}^2}\right] \tag{2-4}$$

式中，μ_{D}、σ_{D}分别为电动汽车日行驶里程数的期望和标准差。

电动汽车充电时长 t_{ch} 的计算表达式为

$$t_{\mathrm{ch}}=\frac{sW_{100}}{100\eta_{\mathrm{c}}P_{\mathrm{c}}} \tag{2-5}$$

式中，W_{100}为每百公里耗电量；s 为日行驶里程数；η_{c}为电动汽车充电效率；P_{c}为充电功率。

由式(2-5)知，若电动汽车充电功率为定值，则电动汽车充电时长概率密度函数与它的日行驶里程数概率密度函数形式相同。

任意时刻 t，电动汽车处于充电状态的累积概率密度函数表达式为

$$F_{\mathrm{ch}}(t)=\int_0^{t_{\mathrm{chmax}}}\int_0^{t-t_{\mathrm{ch}}}f_{\mathrm{tch}}f_{\mathrm{T}}\mathrm{d}t_{\mathrm{s}}\mathrm{d}t_{\mathrm{c}}+\int_0^{t_{\mathrm{chmax}}}\int_t^{t+24-t_{\mathrm{ch}}}f_{\mathrm{tch}}f_{\mathrm{T}}\mathrm{d}t_{\mathrm{s}}\mathrm{d}t_{\mathrm{c}} \tag{2-6}$$

式中，f_{tch}为充电时长的概率密度函数；t_{chmax}为电动汽车充电时长的最大值。

假定电动汽车集群在一天之内的充电次数为 800 次，每百公里耗电量为 20kW · h，充电功率 P_{c}为服从[2, 3]均匀分布的随机数，单位为 kW，充电效率η_{c}为 90%。基于 MATLAB 软件对电动汽车日行驶里程数以及最后到站时刻进行蒙特卡罗抽样仿真和拒绝接受抽样，可得到一天 24 小时电动汽车集群充电功率的期

望值，结果如图 2-5 所示。

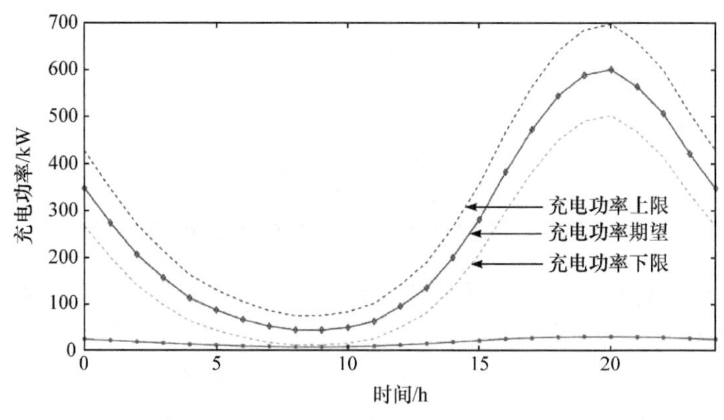

图 2-5　电动汽车集群充电功率曲线

相较于机理建模法，统计分析建模法是从系统整体角度进行建模，适用于系统内部结构特性不清晰、系统机理变化规律不明确等建模需求场景。通过对系统施加激励，观测系统的输出结果，并根据这些输入输出数据，采用相关的分析方法建立能近似反映同样变化的模拟系统的数学模型。

然而，统计分析建模主要基于测试或仿真所得数据，对研究对象的内在运行机理考虑得不充分；同时受数据精度不一致、数据处理方法不完善、数据量不充分等因素的影响，由统计分析建模法所得数学模型难以满足高精度需求。

2.2.3　测辨建模法

通过测量建模对象的运行或实验数据来辨识模型，称为测辨建模法。以电力负荷建模为例，基于测量辨识的电力负荷建模过程如图 2-6 所示，根据从变压器采集到的数据，针对所选模型，进行参数辨识。这种方法无须确切知道系统的内部结构和参数；用现场辨识测试进行动态建模，可自然计及运行中的一些实际因素；适用于一些物理机理尚不清楚或难以用简单规律描述的动态过程。

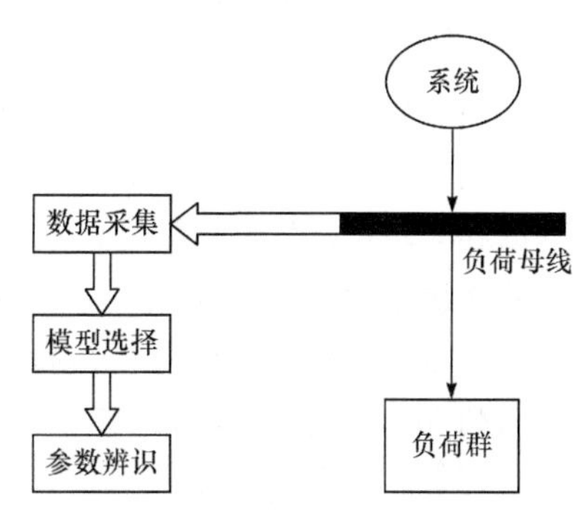

图 2-6　基于测量辨识的电力负荷建模过程示意图

2.2.4　拟合建模法

基于仿真拟合的建模过程如图 2-7 所示。首先，在某次干扰下实测获得一些反映系统动态行为的曲线。其次，对于模型的未知参数，先采用典型参数，仿真实际系统事故，将仿真输出曲线与实际曲线进行对比分析。然后，不断对参数进行修正，直到仿真曲线能够最好地拟合实际曲线。

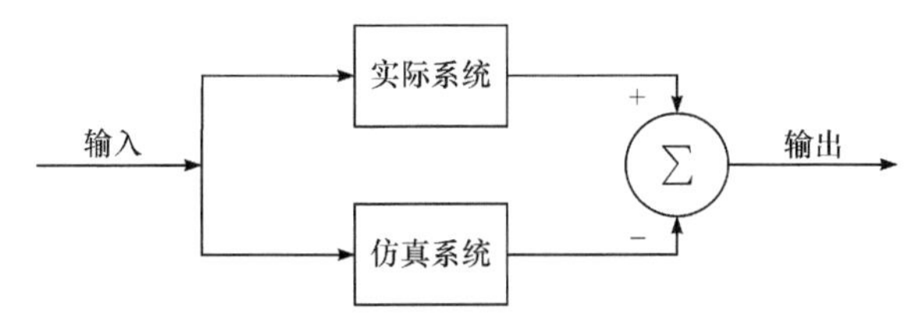

图 2-7　基于仿真拟合的建模过程示意图

需要指出的是：①判断仿真输出结果与实际结果是否一致，主要看系统的整体行为(如失稳与否、振荡频率、阻尼等)是否一致、主要环节(如控制性母线、系统联络线、主要发电厂等)的动态行为是否一致，而不必太计较局部行为、次要元件的结果。②所建模型成功与否在很大程度上取决于故障的大小程度和数量。不同程度的故障激发出的系统动态性能可能不同。拟合同一故障的曲线，可能会调整出数套参数，即参数不能唯一确定。因此，要确定参数就需要足够多的故障。然而，在实际电网中适合用来确定参数的故障是可遇不可求的，难以保证参数的唯一确定性。所以调整参数使之尽量满足较多的实际故障情况，即可认为这套参数能够较准确地反映系统的动态特性。

这种方法的优点是，参数确定过程与程序计算时选择参数的过程一致，而且在某些故障下能够重现。但实际上这是一种试凑的方法，难以保证在某些故障下获得的模型参数可以适用于其他故障。

2.2.5　综合建模法

由 2.2.1 节和 2.2.2 节可知，机理建模法虽然物理意义清晰，但是难以描述某些复杂系统；统计分析建模法从系统整体出发，适用于复杂系统的建模，然而准确度相对较低。对于某些复杂系统，采用单一的方法建模是困难的或者不全面的，因此提出了综合建模法。

综合建模法是在建立系统模型的过程中，将机理建模法和统计分析建模法二者有机结合起来：采用机理建模法解决“白箱”问题，采用统计分析建模法解决“黑箱”问题，从而实现“灰箱”问题的建模。该方法建模基本步骤可描述如下：

(1) 采用白箱(如机理建模)技术，按照系统的内部机理写出相应的数学模型方程。

(2) 通过黑箱(如统计分析建模)技术获得步骤(1)中模型的各项参数。

(3) 通过仿真方法对步骤(1)中模型和步骤(2)中参数进行验证，并进一步修正和完善系统模型。

2.3　复杂有源配电网建模新方法

近年来我国配电系统经历了高速发展：①在电源方面，大规模高比例分布式光伏等接入配电网，封闭集中型传统配电网向开放弱中心化有源配电网转变；②在配电网络方面，受区域负荷不均衡、高比例电力电子化以及直流负荷用电需求等影响，传统交流配电网络向交直流混合配电网络转变；③在用电负荷方面，随着越来越多的新型随机柔性负荷的接入，传统配电网由用户侧不可控向可控方向转变。

可以预期，在经济发展、科技创新、智能电网、绿色能源等多重因素综合作用下，传统配电系统将会持续地高速向智能配电系统发展。配电系统的快速发展会给其高效安全稳定运行带来怎样的影响，目前缺乏相关研究，然而在新背景下建立合适的配电网模型是进行相关研究的重要基础。本节面向智能配电系统，简要介绍配电网建模新方法[12-15]。

1. 总体等效建模

按照建模用途，总体等效建模可以分为两方面：

(1) 用于研究建模对象本身。需要根据需求，构建研究对象内部详细的机理模型。例如，若要分析风电场内部各机组的低电压穿越问题，需要建立可描述各风电机组、风电场集电网络等的机理模型。

(2) 用于研究配电系统级问题。此时若采用上述风电场详细模型，将会给电力系统计算带来巨大困难，既无必要也无可能。从电力系统角度来看，仅需反映建模对象对电力系统的影响即可。因此，需要从总体角度构建目标对象外特性的等效模型。例如，将大规模风电场等效为若干风电机组。

2. 在线分布建模

传统配电网建模受限于测量技术和建模技术，多以先测量后离线辨识的手段完成建模。随着测量技术和建模技术的发展，在线分布建模已可逐步实现。

“在线”体现为在线测量数据和在线辨识参数。“分布”体现在“横向分区、纵向分层”。具体地，横向上，基于时变电流注入方法进行分区域建模，既可充分利用中小扰动数据，又可有效隔离区域之间模型误差的交互影响；纵向上，可以按照配电网络分层运行模式建立各自的模型，然后拼接为配电系统整体模型。在线分布式建模期望能够实现“即测—即辨—即用”的目标，满足智能配电系统快速高精度的建模需求。

3. 时频混合建模

目前，配电系统的建模分析与仿真计算多采用时域模型，然而随着配电系统随机性越来越强，采用时域模型所得到的时域曲线多杂乱无序。相比之下，采用频域模型所得到的频域曲线能够清晰地描述配电系统的随机性变化规律，因此，在配电系统建模研究中注重时域模型的同时，需要重视频域模型。

需要指出的是，频域模型仅适用于线性系统，即适用于小扰动下的系统。配电系统中的随机扰动可以描述为随机过程，且目前大多随机过程均假设为服从高斯分布的白噪声。但实际的随机过程往往并非理想的高斯分布或者白噪声，所以需要通过对历史累积数据进行统计分析，基于随机过程特性，结合实际情况提出合理的简化假定，并在此基础上完成时频混合建模。

4. 多时间尺度建模

配电系统是一个大型非线性多时间尺度动态系统。它在不同时间尺度下的动态变化是一个连续过程：暂态过程对中长期过程有影响，中长期过程对后续新的暂态过程产生作用，它们之间是密不可分的。因此，在对配电系统仿真建模时，需根据场景需求，考虑构建多时间尺度、全过程动态的仿真模型[6]。

2.4 配电系统模型的结构特性

模型的结构特性主要取决于模型方程结构的内在特性[16-19]。在确定参数甚至采集数据之前分析模型的结构特性，对于电力系统建模至关重要，可以做到未雨绸缪、事半功倍。

2.4.1 灵敏度

灵敏度是指随着模型参数的变化，系统输入输出特性变化的程度。

1. 时域灵敏度

1) 轨迹灵敏度

轨迹灵敏度是指系统中参数发生微小变化时系统动态轨迹的变化程度，能反映系统轨迹与参数的相互关系。轨迹灵敏度直接针对非线性系统模型，是轨迹关于参数的导数。通常轨迹灵敏度随轨迹的变化而变化，其本身也是时变的曲线，常写成如下形式：

$$\frac{\partial y_i(\theta,k)}{\partial\theta_j}=\lim_{\Delta\theta_j\to 0}\frac{y_i(\theta_1,\cdots,\theta_j+\Delta\theta_j,\cdots,\theta_m,k)-y_i(\theta_1,\cdots,\theta_j-\Delta\theta_j,\cdots,\theta_m,k)}{\Delta\theta_j} \tag{2-7}$$

式中，y_i 为系统中第 i 个变量的轨迹；θ_j 为系统中第 j 个参数；m 为参数总数；k 为时间采样点。

配电系统轨迹灵敏度的计算方法有多种，应用领域也广泛。对于大规模配电系统，由于系统复杂、方程阶次高，常采用数值差分方法。为了提高数值计算精度，可以采用中值法计算导数，即分两次计算轨迹如下：$y_i(\theta_1,\cdots,\theta_j+\Delta\theta_j,\cdots,\theta_m,k)$，$y_i(\theta_1,\cdots,\theta_j-\Delta\theta_j,\cdots,\theta_m,k)$；计算轨迹灵敏度(相对值)公式为

$$\frac{\partial[y_i(\theta,k)/y_{i0}]}{\partial[\theta_j/\theta_{j0}]}=\lim_{\Delta\theta_j\to 0}\frac{[y_i(\theta_1,\cdots,\theta_j+\Delta\theta_j,\cdots,\theta_m,k)-y_i(\theta_1,\cdots,\theta_j-\Delta\theta_j,\cdots,\theta_m,k)]/y_{i0}}{2\Delta\theta_j/\theta_{j0}} \tag{2-8}$$

式中，θ_{j0} 为 θ_j 参数的给定值；y_{i0} 为 θ_{j0} 对应的稳态值。

为了比较各参数的灵敏度，计算轨迹灵敏度绝对值的平均值公式为

$$A_{ij}=\frac{1}{K}\sum_{k=1}^{K}\frac{\partial[y_i(\theta,k)/y_{i0}]}{\partial[\theta_j/\theta_{j0}]} \tag{2-9}$$

式中，K 为轨迹灵敏度的总点数，即时间长度除以时间步长。

轨迹灵敏度计算的时间长度根据系统实际情况确定，对于小规模系统一般在 5s 左右，对于大规模系统一般在 10s 左右。

如果轨迹 y_i 对参数 θ_j 比较灵敏，即相应的轨迹灵敏度比较大，则根据 y_i 就比较容易辨识参数 θ_j；相反，如果参数 θ_j 对测量的所有轨迹几乎没有影响，则该参数就不容易辨识。

2) 指标灵敏度

在众多系统指标中，较为常见的指标是系统主要变量动态曲线的误差加权平方和，即

$$J=\frac{1}{K}\sum_{k=1}^{K}[Y(\theta,k)-Y_{\mathrm{m}}(k)]^{\mathrm{T}}W(k)[Y(\theta,k)-Y_{\mathrm{m}}(k)] \tag{2-10}$$

式中，Y 为系统主要变量的动态响应；下标 m 代表实测值；θ 为要辨识的参数；$W(k)$ 为权系数。例如，若系统在受到大干扰后发生振荡，则主要关心区域功角振荡、联络线功率振荡；但如果是电压稳定问题，则主要关心枢纽母线电压的动态变化。

另一种系统指标为反映系统整体动态行为内在特性变量的误差加权平方和：

$$J=\sum_{i=1}^{I}[Z_i(\theta)-Z_i]^{\mathrm{T}}W_i[Z_i(\theta)-Z_i] \tag{2-11}$$

式中，Z_i 为系统的动态响应特性变量，如区域之间功角振荡、联络线功率振荡的频率及阻尼。实测到动态曲线后，可以采用 Prony 方法等提取这些曲线中的振荡频率和阻尼，然后与按照电力系统模型所得的结果进行比较，获得系统误差指标。

无论是以轨迹为研究对象，还是以特征量为研究对象，都是以误差加权平方和为目标函数的。实际上，除此之外，还可以以误差绝对值之和或者误差平方和的平方根为目标函数。

由此可以看出，系统指标是一个数值，它对参数的灵敏度实际上也是一个数值而不是一条曲线。为了更好地反映参数对系统指标的影响，引入指标动态灵敏度，用 D 表示，

$$D(\theta,k)=[Y(\theta,k)-Y_{\mathrm{m}}(k)]^{\mathrm{T}}W(k)[Y(\theta,k)-Y_{\mathrm{m}}(k)] \tag{2-12}$$

若 $W(k)$取单位矩阵，则有

$$D_{\theta_j}=\frac{\partial D(\theta,k)}{\partial\theta_j}=2[Y(\theta,k)-Y_{\mathrm{m}}(k)]^{\mathrm{T}}\frac{\partial Y(\theta,k)}{\partial\theta_j} \tag{2-13}$$

若令 $C=2[Y(\theta,k)-Y_{\mathrm{m}}(k)]^{\mathrm{T}}$，则有

$$D_{\theta_j}=C\frac{\partial Y(\theta,k)}{\partial\theta_j} \tag{2-14}$$

指标动态灵敏度与轨迹灵敏度之间呈比例关系。若轨迹灵敏度大，则指标动态灵敏度一般也大，但两者并非等比关系。

同样，为了便于比较各参数的灵敏度大小，可以计算指标动态灵敏度各点绝对值的平均值，即

$$B_j=\frac{1}{K}\sum_{k=1}^{K}\left|\frac{\partial D(\theta,k)}{\partial\theta_j}\right| \tag{2-15}$$

式中，K 为指标动态灵敏度曲线的总点数。

几个时域灵敏度之间存在如下关系：

$$\frac{\partial J}{\partial\theta_j}=\sum_{k=1}^{K}\frac{\partial D(\theta,k)}{\partial\theta_j}=\sum_{k=1}^{K}\sum_{i=1}^{I}2[y_i(\theta,k)-y_{i\mathrm{m}}(k)]\frac{\partial y_i(\theta,k)}{\partial\theta_j} \tag{2-16}$$

由此可以看出，若指标动态灵敏度大，则指标灵敏度一定大。但由于系数 $y_i(\theta,k)-y_{i\mathrm{m}}(k)$ 可正可负且并非常数，指标灵敏度与轨迹灵敏度之间并非正比

关系。

2. 特征根灵敏度

在电力系统运行中，往往需要分析某些参数对系统动态特性的影响。特征根是系统动态特性的一个重要表征，特征分析法是多机电力系统动态分析最有效的方法之一，已取得了许多应用。采用特征分析法可以得到大量有价值的信息，如特征根、特征向量、特征根与状态变量的相关因子等。

多机电力系统的 n 维线性化状态方程如下：

$$\frac{\mathrm{d}\Delta X}{\mathrm{d}t} = A\Delta X \tag{2-17}$$

式中，ΔX 为系统增量形式的状态向量；A 为系统的系数矩阵。

系统相应的特征方程为

$$|\lambda I - A| = 0 \tag{2-18}$$

式中，I 为与 A 维数相同的单位矩阵。由此式可计算得到特征根 $\lambda_1, \lambda_2, \cdots, \lambda_n$。

系数矩阵 A 是系统参数 θ 的函数，记为 $A(\theta)$。A 的任一特征根 λ_i 也是参数 θ 的函数，记为 $\lambda_i(\theta)$。当改变参数时，$\lambda_i(\theta)$ 将发生相应的变化，$\lambda_i(\theta)$ 的变化反映了参数的变化对系统动态特性的影响。

特征根 λ_i 对参数 θ_j 的灵敏度记为 $\dfrac{\partial \lambda_i(\theta)}{\partial \theta_j}$，灵敏度的计算步骤如下：

(1) 置 $\theta = \theta_0$，形成状态矩阵 $A(\theta_0)$。

(2) 计算 $A(\theta_0)$ 的特征根 λ_i 和相应的左、右特征向量 v_i^{T} 和 u_i，且 $v_i^{\mathrm{T}} u_i = 1$。

(3) 计算 $\left.\dfrac{\partial A(\theta)}{\partial \theta}\right|_{\theta=\theta_0}$。

(4) 计算 $\dfrac{\partial \lambda_i}{\partial \theta_j} = v_i^{\mathrm{T}} \dfrac{\partial A(\theta)}{\partial \theta_j} u_i$。

$\partial \lambda_i / \partial \theta_j$ 是一个复数，它反映了系统参数 θ_j 发生微小变化时 λ_i 的移动方向(相位)和大小，为参数辨识提供了有价值的信息。

需要说明的是，特征根可以用于判断系统的稳定性、系统振荡的衰减快慢等，它能够反映系统动态的内在特性。特征根灵敏度能够反映参数对特征根的影响，也就反映了参数对系统动态内在特征的影响，而轨迹则是系统动态的外在表现，所以轨迹灵敏度主要反映参数对系统动态外在表现的影响。因此，参数的轨迹灵敏度与特征根灵敏度是互相补充的，同时计算两种灵敏度可以综合判断参数对系统动态的内在和外在影响。

3. 频域灵敏度

一般情况下，灵敏度大的参数的辨识精度高而且容易辨识，灵敏度小的参数的辨识精度低而且难以辨识。但是在实际的参数辨识过程中发现，某些时域灵敏度较大的参数的辨识精度并不高。实际上，时域灵敏度只从时域角度反映了灵敏度的一个方面，以往只进行时域灵敏度分析是不够的。为此，这里提出从频域角度进行灵敏度分析，可以与时域灵敏度分析起到互补的作用。

1) 频域灵敏度的定义

对于线性系统，可以采用传递函数加以描述，由传递函数进行频域分析，如分析幅频特性、相频特性等。显然，如果传递函数中的某个参数θ发生变化，系统传递函数$G(\theta, s)$也会随之改变，系统频域特性也就随之变化，频域灵敏度用来衡量频域特性随着参数变化而变化的程度。以往的文献已给出频域灵敏度的概念，并根据具体问题采用解析方法进行计算，但主要用于性能分析和控制设计，而未见用于参数辨识。

下面根据参数辨识的需要定义了几个频域灵敏度参数，并给出其数值计算公式。

(1) 传递函数灵敏度：

$$H_{\theta}(\theta,s)=\lim_{\Delta\theta\to 0}\frac{G(\theta+\Delta\theta,s)-G(\theta,s)}{\Delta\theta} \tag{2-19}$$

将$s=\mathrm{j}2\pi f$代入式(2-19)中，即可得到复数值$H_{\theta}(\theta,f)$。

(2) 灵敏度幅值：

$$H_{\theta M}(\theta,f)=|H_{\theta}(\theta,f)| \tag{2-20}$$

(3) 灵敏度相位：

$$H_{\theta A}(\theta,f)=\angle H_{\theta}(\theta,f) \tag{2-21}$$

(4) 幅值灵敏度：

$$H_{M\theta}(\theta,f)=\lim_{\Delta\theta\to 0}\frac{|G(\theta+\Delta\theta,\mathrm{j}2\pi f)|-|G(\theta,\mathrm{j}2\pi f)|}{\Delta\theta} \tag{2-22}$$

(5) 相位灵敏度：

$$H_{A\theta}(\theta,f)=\lim_{\Delta\theta\to 0}\frac{\angle G(\theta+\Delta\theta,\mathrm{j}2\pi f)-\angle G(\theta,\mathrm{j}2\pi f)}{\Delta\theta} \tag{2-23}$$

需要注意的是，幅值灵敏度与灵敏度幅值是不同的，相位灵敏度与灵敏度相位也是不同的。

(6) 与时域灵敏度的关系：

$$
\begin{aligned}
H_{\theta}(\theta,s) &= \lim_{\Delta\theta\to 0}\frac{G(\theta+\Delta\theta,s)-G(\theta,s)}{\Delta\theta} \\
&= \lim_{\Delta\theta\to 0}\frac{Y(\theta+\Delta\theta,s)-Y(\theta,s)}{\Delta\theta U(s)}
\end{aligned}
\tag{2-24}
$$

式中，$Y(\theta,s)$、$U(s)$ 分别为输出变量 $y(\theta,t)$、输入变量 $u(t)$ 的象函数，故有

$$
\begin{aligned}
H_{\theta}(\theta,s) &= \lim_{\Delta\theta\to 0}\frac{L[y(\theta+\Delta\theta,t)]-L[y(\theta,t)]}{\Delta\theta U(s)} \\
&= \lim_{\Delta\theta\to 0}\frac{L[(y(\theta+\Delta\theta,t)-y(\theta,t))/\Delta\theta]}{U(s)} = \frac{Y_{\theta}(\theta,s)}{U(s)}
\end{aligned}
\tag{2-25}
$$

即

$$
Y_{\theta}(\theta,s) = L[y_{\theta}(\theta,t)] = H_{\theta}(\theta,s)U(s) \tag{2-26}
$$

式中，$y_{\theta}(\theta,t)$、$Y_{\theta}(\theta,s)$ 分别为输出变量 $y(\theta,t)$ 对参数 θ 的时域灵敏度及其象函数。由此可见，频域灵敏度与时域灵敏度之间存在变换关系。

2) 频域灵敏度的计算

频域灵敏度的计算有两种方法：一种是基于传递函数的方法，另一种是基于傅里叶变换的方法。

基于传递函数的方法计算频域灵敏度的基本步骤如下。

(1) 针对具体的电力系统模型，推导出对应的传递函数。对于简单的模型，可以进一步推导出传递函数对参数的灵敏度解析公式。但对于稍微复杂的模型，灵敏度解析公式可能很难求得，这时可以采用下面的数值方法。

(2) 采用中值插值法计算传递函数灵敏度，即

$$
H_{\theta}(\theta,f) = \frac{G(\theta+\Delta\theta,\mathrm{j}2\pi f)-G(\theta-\Delta\theta,\mathrm{j}2\pi f)}{2\Delta\theta} \tag{2-27}
$$

当给定频率、参数和参数变化值时，可以据此进行计算，得到的结果是复数，由此可以获得灵敏度幅值和灵敏度相位。

(3) 采用中值插值法计算幅值灵敏度和相位灵敏度：

$$
H_{M\theta}(\theta,f) = \frac{|G(\theta+\Delta\theta,\mathrm{j}2\pi f)|-|G(\theta-\Delta\theta,\mathrm{j}2\pi f)|}{2\Delta\theta} \tag{2-28}
$$

$$
H_{A\theta}(\theta,f) = \frac{\angle G(\theta+\Delta\theta,\mathrm{j}2\pi f)-\angle G(\theta-\Delta\theta,\mathrm{j}2\pi f)}{2\Delta\theta} \tag{2-29}
$$

这种基于传递函数的计算方法属于解析方法，适用于低阶的电力系统模型。对于高阶电力系统模型，如大规模电力系统的参数辨识，其传递函数很难通过推

导获得，也就难以采用解析方法获得频域灵敏度。为此，本书提出基于傅里叶变换的数值方法，采用该方法计算获得频域灵敏度的基本步骤如下。

(1) 针对具体的电力系统模型，采用电力系统仿真软件(如综合稳定程序PSASP)，在给定参数$\theta-\Delta\theta$、扰动(或者故障)的情况下，通过计算获得输入变量u和输出变量y的时域动态曲线。

(2) 对u和y进行傅里叶变换，获得$U(f)$和$Y(f)$。

(3) 计算对应的传递函数的频域值，即

$$G(\theta-\Delta\theta,f)=\frac{Y(f)U^*(f)}{U(f)U^*(f)} \tag{2-30}$$

(4) 在给定参数$\theta+\Delta\theta$和扰动(或者故障)的情况下，重复上述三个步骤，计算获得$G(\theta+\Delta\theta,f)$。

(5) 采用式(2-19)～式(2-26)，通过计算获得频域灵敏度。

由于频域灵敏度是随频率变化而变化的一条曲线，故为了衡量频域灵敏度的总体大小，可以采用绝对值的平均值：

$$\bar{H}_\theta=\frac{1}{N}\sum_{k=1}^{N}|H_\theta(f_k)| \tag{2-31}$$

式中，f_k为第k个频率点；N为频率总点数。

2.4.2 可辨识性

人们常常发现，在电力系统辨识的研究中模型参数有时变化较大，但不同参数模型的动态响应却相差不大，而且与实测的结果也吻合得很好。这证明该模型能够描绘系统行为，但对该模型的研究工作并未结束，因为在电力系统分析中，模型参数准确与否对许多问题的结论影响较大，有时甚至导致定性不同。研究者在根据测量数据进行参数辨识的过程中自然很关心参数能否被成功地辨识出来。若模型本身的结构决定了参数不能被唯一地辨识出来，则仅通过测量数据来辨识参数多半是不会成功的。因此，电力系统模型的可辨识性问题应该得到广泛的重视和深入的研究。

对于线性模型的可辨识性分析已经有一些成熟的方法，但非线性模型的可辨识性分析是一个非常困难的问题。本节首先介绍可辨识性的基本概念，接着介绍线性模型的可辨识性分析方法，然后介绍非线性模型可辨识性分析方法。

1. 可辨识性的基本概念

1) 通用模型

令$X=\left[x_1,x_2,\cdots,x_n\right]^{\mathrm{T}}$表示状态向量，$U=\left[u_1,u_2,\cdots,u_r\right]^{\mathrm{T}}$表示输入向量，$Y=$

$[y_1, y_2, \cdots, y_m]^{\mathrm{T}}$ 表示输出向量(测量值)，$\theta = [\theta_1, \theta_2, \cdots, \theta_p]^{\mathrm{T}}$ 表示未知的参数向量，观察区间为 $t_0 < t < T$，初始状态依赖于参数，向量函数 F 反映已知的状态向量、输入向量与状态向量的导数之间的耦合关系，G 表示状态向量、输入向量与输出向量之间的耦合关系，它们都以 θ 为参数，H 表示关于 X、U、θ 的等式或不等式所构成的向量。根据以上定义，系统模型可表示为

$$\begin{cases} \dfrac{\mathrm{d}X(t,\theta)}{\mathrm{d}t} = F[X(t,\theta), U(t), t, \theta] \\ Y(t,\theta) = G[X(t,\theta), U(t), t, \theta] \\ X_0 = X(t_0, \theta) \\ H[X(t,\theta), U(t), \theta] \geqslant 0 \\ t_0 \leqslant t \leqslant T \end{cases} \tag{2-32}$$

2) 可辨识性定义

针对模型(2-32)中的某个参数 θ_i 进行可辨识性分析：

(1) 若为唯一(全局)可辨识，则在条件(2-32)下存在唯一解。

(2) 若为非唯一可辨识，则满足条件(2-32)的解的数目大于 1。

(3) 若为 0 不可辨识，则不存在满足条件(2-32)的解。

(4) 若为 ∞ 不可辨识，则存在无穷多个满足条件(2-32)的解。

(5) 若为区间可辨识，则它从属于 ∞ 不可辨识，但从式(2-32)中可确定它的上下限 $\theta_i^{\max}$ 和 $\theta_i^{\min}$，参数区间表示为 $\Delta\theta_i = \theta_i^{\max} - \theta_i^{\min}$。

(6) 若为准可辨识(后验解)，且模型是区间可辨识的，则 $\Delta\theta_i$ 小到足以得到近似唯一解。

值得注意的是，0 不可辨识和 ∞ 不可辨识是两个不同的概念，应加以区分。0 不可辨识实际上意味着模型结构需要更换，因为在这种模型结构之下不存在参数解。

同时要注意，上述可辨识性是由模型结构决定的，即认为输入信号是充分激励的。当输入信号不充分时，会引起参数不平稳。另外，传统辨识方法常会收敛到不同的局部最优点，从而导致不同的参数辨识结果。上述两种情况不属于参数不可辨识。因此，参数不稳定包含参数不可辨识，但也有可能是方法上的原因。要解决参数不稳定的问题，必须从参数可辨识性分析开始，同时要采集充分激励的信号，并采用全局收敛的方法。

2. 线性模型的可辨识性分析

线性模型的可辨识性分析相对比较成熟，是非线性系统模型可辨识性分析的基础。线性模型可以有多种描述方式，如状态方程、传递函数、差分方程等。设模型参数组成的向量为 θ，其状态方程为

$$\frac{\mathrm{d}X(t,\theta)}{\mathrm{d}t}=A(\theta)X(t,\theta)+B(\theta)U(t) \tag{2-33}$$

其中，

$$X(0,\theta)=X_0(\theta) \tag{2-34}$$

$$Y(t,\theta)=C(\theta)X(t,\theta) \tag{2-35}$$

式中，A、B、C 为与 0 相关的系数矩阵；U 和 Y 是可测量的或认为是已知的。先要分析模型参数是否为唯一可辨识。下面介绍几种方法，其中以拉普拉斯传递函数方法为重点。

1) 拉普拉斯传递函数法

应用拉普拉斯传递函数法分析线性定常模型是很方便的。简单起见，这里假定 $X_0(\theta)=0$。但实际上下面的方法完全适用于非零初始状态的情况，此时只需将方程作偏差化即可，结果与初始状态无关。对式(2-33)进行拉普拉斯变换得

$$Y(s,\theta)=C(\theta)[sI-A(\theta)]^{-1}B(\theta)U(s) \tag{2-36}$$

对于可测的输入、输出所对应的传递函数，其分子与分母中 s 的各次系数都是可知的，再加上一些可能的其他条件，可以分析原参数的可辨识性，这种方法可简称为拉普拉斯传递函数法。

拉普拉斯传递函数法表明可辨识性与可测量的输出信号个数关系很大，适当增加输出变量有时可以改善可辨识性。拉普拉斯变换法概念简单，观测量与参数之间的关系式直观，但这些关系式往往不是线性的，因而要判断是否为多解并非易事。

2) 输出量高阶求导方法

输出量高阶求导方法将输出变量在 $t=0^+$ 处展开为泰勒级数，其各阶导数表达式为参数的函数，并且认为是已知的，据此分析可辨识性。对于第 i 个输出变量，有

$$y_i(t)=y_i(0^+)+t\left.\frac{\mathrm{d}y_i}{\mathrm{d}t}\right|_{t=0^+}+\frac{t^2}{2!}\left.\frac{\mathrm{d}^2y_i}{\mathrm{d}t^2}\right|_{t=0^+}+\cdots \tag{2-37}$$

取拉普拉斯变换得

$$Y_i(s)=\frac{1}{s}y_i(0^+)+\frac{1}{s^2}\left.\frac{\mathrm{d}y_i}{\mathrm{d}t}\right|_{t=0^+}+\frac{1}{s^3}\left.\frac{\mathrm{d}^2y_i}{\mathrm{d}t^2}\right|_{t=0^+}+\cdots \tag{2-38}$$

由此可见，上述方法相当于将输出变量的拉普拉斯象函数展开为 s^{-1} 的级数。从原理上来看，各阶导数均是可测量的，它们包含参数的信息，据此可以分析参数的可辨识性。

有时也将此方法称为泰勒级数展开法。该方法与拉普拉斯传递函数法有相同的缺点，因此不太适用于线性系统。但它可用于一些非线性或时变系统，这是拉普拉斯传递函数法所不能的。

3) 马尔可夫参数矩阵方法

马尔可夫参数矩阵定义为

$$G=[(CB)^{\mathrm{T}} \quad (CAB)^{\mathrm{T}} \quad (CA^2B)^{\mathrm{T}} \quad \cdots \quad (CA^{2n-1}B)^{\mathrm{T}}] \tag{2-39}$$

式中，n 为模型阶次。求 G 对参数 θ 的雅可比矩阵 $\dfrac{\partial G}{\partial \theta}$，当其秩等于参数的数目时，则是可辨识的，但并不一定唯一。

即使对于二阶简单系统，可辨识性的分析仍然是复杂的。可以想象，对于高阶系统将更加困难。在以上方法中，拉普拉斯传递函数法具有直观清晰、容易掌握等特点，因而在后面的应用中经常被采用。

3. 非线性模型的可辨识性分析

前面关于线性模型的可辨识性分析，都是解析方法。迄今为止，非线性模型的可辨识性分析还没有一种通用的解析方法。对于非线性模型，随着模型阶次的增加及模型参数的增多，问题将更为复杂。下面介绍两种基于解析分析的方法，以及两种基于数值计算的方法。

1) 基于线性化的解析分析方法

当非线性模型的输入及输出信号偏离正常值不大时，可将模型线性化，得到其线性化模型，如式(2-33)～式(2-37)所示。然后，用已介绍的方法分析模型参数的可辨识性。例如，采用拉普拉斯传递函数法，设 η 为拉普拉斯传递函数的系数，根据其与原模型参数 θ 的关系：

$$\eta = g(\theta) \tag{2-40}$$

逐步分析原参数 θ 的可辨识性。最后，直接用非线性模型的参数辨识方法来辨识原非线性模型的参数，以验证结果的正确性。

虽然线性化模型在理论上存在局限性，但其可辨识性的结论对原模型应该是适用的，因为参数的可辨识性与干扰大小没有本质关系。后面的应用也验证了这一点。

2) 基于输出量高阶求导的解析分析方法

对于非线性模型，若其输出变量发生变化，则理论上可以作出其随时间变化的曲线，并且可以求出它在各时刻的一阶、二阶及高阶导数。同样，可认为输入信号及其各阶导数也都可以求出。这样，可以通过对输出变量求导来增加信息，从而有可能确定模型中部分或全部参数的可辨识性。需要说明的是，在实际辨识过程中并不一定用输入变量和输出变量的高阶导数进行参数辨识，这里仅仅是为了进行可辨识性分析。

根据输出信号的高阶导数已知这一前提，对模型方程求导有可能获得有关参数的新条件，从而有可能“解析”出其中参数以论证其可辨识性。

上述两种解析分析方法能够获得清晰的结果,但对于高阶动态方程很难进行，尤其对于大规模电力系统的参数可辨识性问题，上述方法几乎是不可能采用的，为此，可使用基于数值计算的两种方法。

3) 基于等高线的数值计算方法

因函数值坐标轴垂直于由 $n-1$ 个自变量坐标轴组成的 $n-1$ 维空间，定义该函数在 n 维空间中所形成的超曲面上函数值相同的所有点的集合为该函数值的等值线。一般的等值线由一些封闭的曲线组成，当某一函数值的等值线包含孤立的点和不封闭的非边缘曲线时，函数在这些点或曲线上取得局部极值。这些局部极值中的最小者为全局极小值，最大者为全局最大值。

参数辨识的优化方法就是在参数空间内寻找一组最优参数向量，使得该模型对应的输出信号与实际系统输出信号的误差函数 E 达到最小值 $E_{\min}$。设模型有 p 个待辨识参数，则 E 为 p 元函数，误差函数 E 与待辨识参数 $\theta_1,\theta_2,\cdots,\theta_p$ 组成一个 $p+1$ 维空间，从而可以应用上述等高线和极值点等概念。

参数可辨识性的等高线分析方法分为以下两个步骤。

(1) 用全局辨识算法辨识出一个全局最优参数向量 $[\theta_1^1,\theta_2^1,\cdots,\theta_p^1]^{\mathrm{T}}$ 及其对应的误差函数 $E_{\min}^1$。这一步的关键是搜索到全局最优参数，它的成败关系到模型参数可辨识性等高线分析方法的可行性。然而，传统的辨识算法对参数的初值很敏感，如果初值偏离最优值较大，则辨识结果很容易陷入局部最优值，即前面所提到的多峰函数的局部极值点。模拟进化方法能够以大概率搜索到全局最优值，因此它是一种较好的搜索方法。

(2) 在误差函数 $E(\theta_1,\theta_2,\cdots,\theta_p)$ 的超曲面上进一步搜索，如果能够得到误差等于 $E_{\min}^1$ 的其他最优参数向量 $[\theta_1^2,\theta_2^2,\cdots,\theta_p^2]^{\mathrm{T}}$, $[\theta_1^3,\theta_2^3,\cdots,\theta_p^3]^{\mathrm{T}}$,$\cdots$, $[\theta_1^k,\theta_2^k,\cdots,\theta_p^k]^{\mathrm{T}}$，则计算这些参数向量与 $[\theta_1^1,\theta_2^1,\cdots,\theta_p^1]^{\mathrm{T}}$ 之间差的范数，若这些范数均小于一个给定的非常小的正数，则表示这些参数向量基本重合，从而证明此模型的参数是唯一可辨识的；否则，说明有多组参数向量使得误差函数达到最小，那么，该模型就不是唯一可辨识的。

4) 基于灵敏度的数值计算方法

电力系统参数的可辨识性与灵敏度之间是有内在联系的。首先考察轨迹灵敏度。下面将证明：如果几个参数的轨迹灵敏度曲线同时过零点，则这几个参数不是唯一可辨识的；如果所有参数的灵敏度曲线都不同时过零点，则所有参数基本上是唯一可辨识的。现由简单到复杂将常见的三种隐函数关系描述如下。

(1) 两个参数之间存在一种隐函数关系。

先从简单情况开始，设模型中有两个参数 θ_1、θ_2，如果根据轨迹不可区分辨识两个参数，说明两个参数表现出一种隐函数关系共同对轨迹起作用，即 $y=f[\varphi(\theta_1,\theta_2),t]$。假设 $\varphi(\theta_1,\theta_2)$ 对两个参数均可导，根据微积分中的链式规则可得

$$\frac{\partial y}{\partial \theta_1}=\frac{\mathrm{d}y}{\mathrm{d}\varphi}\frac{\partial \varphi}{\partial \theta_1} \tag{2-41}$$

$$\frac{\partial y}{\partial \theta_2}=\frac{\mathrm{d}y}{\mathrm{d}\varphi}\frac{\partial \varphi}{\partial \theta_2} \tag{2-42}$$

则有

$$\frac{\partial y}{\partial \theta_2}=\frac{\partial y}{\partial \theta_1}\left(\frac{\partial \varphi}{\partial \theta_2}\bigg/\frac{\partial \varphi}{\partial \theta_1}\right) \tag{2-43}$$

需要注意的是，$\frac{\mathrm{d}y}{\mathrm{d}\varphi}$、$\frac{\partial y}{\partial \theta_1}$、$\frac{\partial y}{\partial \theta_2}$ 是时变的，而 $\frac{\partial \varphi}{\partial \theta_1}$、$\frac{\partial \varphi}{\partial \theta_2}$ 是非时变的。所以，在时间轴上灵敏度轨迹 $\frac{\partial y}{\partial \theta_1}$、$\frac{\partial y}{\partial \theta_2}$ 同时过零点，如果轨迹灵敏度曲线是振荡曲线，则表现出同相或者反相。

(2) 参数分组存在隐函数关系。

该模型中参数分为 K 组：

$$\theta_k=[\theta_{k1}\quad \theta_{k2}\quad \cdots\quad \theta_{kM_k}],\quad k=1,2,\cdots,K \tag{2-44}$$

需要强调的是，不同组的参数之间不重复。

假设在输出变量中，每一组参数通过某种隐函数关系共同影响轨迹，即

$$y=f[\varphi_1(\theta_1),\varphi_2(\theta_2),\cdots,\varphi_k(\theta_k),\cdots,\varphi_K(\theta_K),t] \tag{2-45}$$

而且 $\varphi_k(\theta_k)$ 对该组参数均可导，则有

$$\frac{\partial y}{\partial \theta_{kj}}=\frac{\partial y}{\partial \varphi_k}\frac{\partial \varphi_k}{\partial \theta_{kj}} \tag{2-46}$$

由于同一组参数的 $\frac{\partial y}{\partial \varphi_k}$ 相同，同一组参数的轨迹灵敏度同时过零点，但不同组参数的 $\frac{\partial y}{\partial \varphi_k}$ 并不相同，所以不同组参数的轨迹灵敏度并不同时过零点。

(3) 多组参数交叉存在多种隐函数关系。

设模型中有 K 组参数：

$$\theta_k = [\theta_{k1} \quad \theta_{k2} \quad \cdots \quad \theta_{kM_k}], \quad k = 1,2,\cdots,K$$

假设在输出变量中，每一组参数通过某种隐函数关系共同影响轨迹，即

$$y = f[\varphi_1(\theta_1),\varphi_2(\theta_2),\cdots,\varphi_k(\theta_k),\cdots,\varphi_K(\theta_K),t]$$

而且 $\varphi_k(\theta_k)$ 对该组参数均可导。如果不同组的参数之间有相同参数，例如，某个参数 θ_A 既出现在第 1 组参数 θ_1 中，又出现在第 2 组参数 θ_2 中，则有

$$\frac{\partial y}{\partial \theta_A} = \frac{\partial y}{\partial \varphi_1}\frac{\partial \varphi_1}{\partial \theta_A} + \frac{\partial y}{\partial \varphi_2}\frac{\partial \varphi_2}{\partial \theta_A} \tag{2-47}$$

而另一个参数 θ_B 只出现在第 1 组参数 θ_1 中，则有

$$\frac{\partial y}{\partial \theta_B} = \frac{\partial y}{\partial \varphi_1}\frac{\partial \varphi_1}{\partial \theta_B} \tag{2-48}$$

但由于 $\dfrac{\partial y}{\partial \varphi_1}$ 与 $\dfrac{\partial y}{\partial \varphi_2}$ 并不一定同时过零点，$\dfrac{\partial y}{\partial \theta_A}$ 与 $\dfrac{\partial y}{\partial \theta_B}$ 也就不一定同时过零点。

因此,同一组参数中没有重复出现在其他组的参数的轨迹灵敏度互相成比例，也就是说同时过零点。但如果某个参数同时出现在几个组，则轨迹灵敏度并非同时过零点。

综上所述，如果若干个参数的轨迹灵敏度同时过零点，则可以判定这些参数相关，即不是唯一可辨识的。如果所有参数的灵敏度都不同时过零点，则基本上可以判定所有参数不相关，即唯一可辨识。如果轨迹灵敏度曲线是振荡曲线，则同时过零点意味着振荡过程看上去会同相或者反相。

上面讨论的是轨迹灵敏度，此外还有特征根灵敏度。设模型中参数分组情况同上，不同组的参数之间没有重复。假设在特征根中，每一组参数通过某种隐函数关系，共同影响特征根，即

$$\lambda = g[\varphi_1(\theta_1),\varphi_2(\theta_2),\cdots,\varphi_k(\theta_k),\cdots,\varphi_K(\theta_K)] \tag{2-49}$$

假设 $\varphi_k(\theta_k)$ 对该组参数均可导，则有

$$\frac{\partial \lambda}{\partial \theta_{kj}} = \frac{\partial \lambda}{\partial \varphi_k}\frac{\partial \varphi_k}{\partial \theta_{kj}}$$

因此，同一组参数的特征根灵敏度互相成比例。注意到特征根及其灵敏度可能是复数，而 $\dfrac{\partial \varphi_k}{\partial \theta_{kj}}$ 是实数，可能为正也可能为负，所以，如果几个参数的特征根灵敏度的相位同相或者反相，则这几个参数就不是唯一可辨识的；如果所有参数的特征根灵敏度都不同相或者反相,则基本上可以判断所有参数是唯一可辨识的。

对于频域灵敏度，也有与特征根灵敏度相同的结果。注意到轨迹灵敏度如果为振荡曲线，同时过零点意味着振荡过程看上去会同相或者反相。所以，综合上述结果，根据参数灵敏度的相位是否同相或者反相，判断参数的可辨识性。

2.4.3　可区分性

上述可辨识性是在确定模型结构之后，对于给定的输入-输出特性，判断参数是否存在唯一解的问题。实际上，在模型结构确定之前，还有一个问题是，对于给定的输入-输出特性，模型结构是否唯一，这就是可区分性。如果对于模型 M 的任意可能的参数 θ，模型 $\hat{M}$ 都不存在参数可行解，则称模型 $\hat{M}$ 与模型 M 是可区分的；反之，对于模型 M 的任意可能的参数 θ，模型 $\hat{M}$ 都存在参数可行解，则称模型 $\hat{M}$ 与模型 M 是不可区分的。

可区分性和可辨识性的分析方法是相似的。但需要特别指出，两个模型之间的可区分性与各模型的可辨识性无关。例如，可辨识的模型之间可能是可区分的，也可能是不可区分的。

2.4.4　可解耦性

可解耦性是指，系统中连接在一起的各个子模型能否分别单独进行辨识。解耦性的判断难以有统一的方法，需要具体情况具体对待。下面选择几种典型的情况加以讨论。

1. 发电机与电力负荷之间参数辨识的解耦性

简单电力系统示意图如图 2-8 所示。由图可见，发电机与电力负荷之间有一条公共母线。以该母线为相位参考点，即相位为 0，则该母线的节点输入向量为

$$U = [V \quad f]^{\mathrm{T}} \tag{2-50}$$

式中，V、f 分别为该母线的电压和频率。

该系统的输出向量为

$$Y = [P \quad Q]^{\mathrm{T}} \tag{2-51}$$

式中，P、Q 分别为线路上从发电机流向负荷的总的有功功率和无功功率。

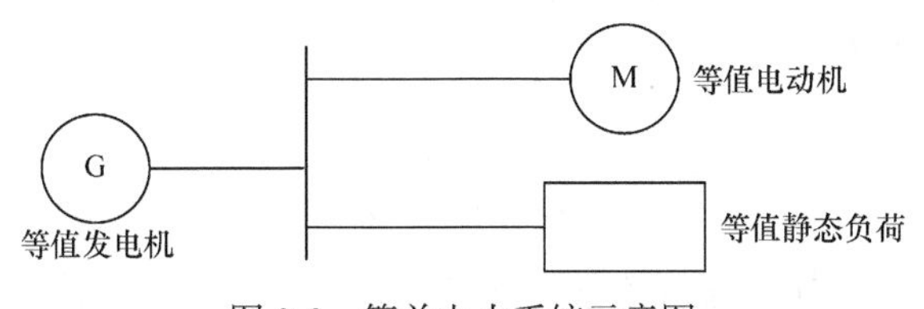

图 2-8　简单电力系统示意图

发电机的状态方程和输出方程可以分别简写为

$$\frac{\mathrm{d}X_{\mathrm{g}}}{\mathrm{d}t}=F_{\mathrm{g}}(X_{\mathrm{g}},U,\theta_{\mathrm{g}}) \tag{2-52}$$

$$Y=H_{\mathrm{g}}(X_{\mathrm{g}},U,\theta_{\mathrm{g}}) \tag{2-53}$$

电力负荷的状态方程和输出方程可以分别简写为

$$\frac{\mathrm{d}X_{\mathrm{L}}}{\mathrm{d}t}=F_{\mathrm{L}}(X_{\mathrm{L}},U,\theta_{\mathrm{L}}) \tag{2-54}$$

$$Y=H_{\mathrm{L}}(X_{\mathrm{L}},U,\theta_{\mathrm{L}}) \tag{2-55}$$

由此可见，电力负荷方程完全可以写成输入-输出的形式，其中不涉及发电机中任何变量或者参数；发电机方程也完全可以写成输入-输出的形式，其中不涉及负荷中任何变量或者参数。

因此，电力负荷模型与发电机模型是可以解耦辨识的。实际上，这个结论可以推广到其他元件之间没有交叉反馈的情况。当然，如果不同元件之间具有交叉反馈，则上述结论不再成立。

2. 发电机参数辨识的解耦性

如果能够测量获得发电机的功角 δ (即发电机 q 轴相对于端口电压的角度)、励磁电压 E_{fd} 、端口电压 V、端口功率 P 和 Q，则可得出发电机的 d 轴、q 轴电压 V_{gd} 、V_{gq} 和电流 I_{gd} 、I_{gq} 。

根据发电机方程可以明显看出：以 V_{gq} 、E_{fd} 为输入量，I_{gd} 为输出量，可以辨识 d 轴电气参数；以 V_{gd} 为输入量，I_{gq} 为输出量，可以辨识 q 轴电气参数；以 ΔP 为输入量，ω 或 δ 为输出量，可以辨识机械参数。因此，发电机的 d 轴电气参数、q 轴电气参数、机械参数可以分开进行解耦辨识。

但如果发电机是等值发电机(如动态等值时)，则发电机的功角无法测量，因此就不能进行上述解耦辨识。

3. 电力负荷参数辨识的解耦性

常用的电力负荷动态模型是由电动机(下标为 m)与静态负荷(下标为 s)并联而成的，其功率方程为

$$P=P_{\mathrm{m}}+P_{\mathrm{s}} \tag{2-56}$$

$$Q=Q_{\mathrm{m}}+Q_{\mathrm{s}} \tag{2-57}$$

需要注意的是，电动机和静态负荷都是等效负荷成分，并非实际存在的物理

元件。一般只能通过测量获得电力负荷的端口电压 V 与总的端口功率 P、Q，而不能分别获得电动机和静态负荷的功率。因此，电力负荷的电动机和静态负荷不能够解耦辨识。

2.4.5 难易度

难易度是指根据测量数据精确确定参数的可能性，这并不等同于参数辨识精度。参数辨识精度是通过辨识获得参数辨识结果之后得到的，而难易度是在辨识之前评估准确辨识参数的可能性。这个问题比较复杂，因为影响辨识精度的因素是多方面的。

系统的稳态运行点是由系统中各个部分联立求解决定的。同样，系统的动态点也是由系统中各个部分联立求解决定的，其中的动态模式就比较有限，而且动态模式在输出中的比例有的高有的低。显然，比例高的动态模式所对应的参数就比较容易准确辨识。

灵敏度对于参数辨识的难易度具有重要影响。频域灵敏度与时域灵敏度是互补的，相互之间有联系。输出变量的时域灵敏度与输入变量有关，时域灵敏度的大小反映了输入变量对参数辨识的影响。传递函数灵敏度与输入、输出变量均无关，仅与系统参数有关，但是频域灵敏度的大小及输入变量的功率谱密度均会对参数辨识造成一定的影响。因此，需要根据时域和频域灵敏度，以及功率谱密度等因素，来综合分析参数辨识的难易度。

下面介绍功率谱密度。信号 $x(t)$ 的自相关系数和功率谱密度定义分别如下：

$$R_{xx}(\tau)=\int_{-\infty}^{\infty}x(t)x(t+\tau)\mathrm{d}t \tag{2-58}$$

$$G_x(\tau)=\int_{-\infty}^{\infty}R_{xx}(\tau)\cos(\omega\tau)\mathrm{d}\tau \tag{2-59}$$

在实际应用中，不可能得到无限长的随机过程，而必须对有限长的序列进行估计。功率谱的估计方法很多，例如，假设某一信号样本数据记录的长度为 N，按照定义估计功率谱密度的方法是求出采样数据的离散傅里叶变换，然后将结果的幅值平方，这种方法称为功率谱估计的周期图法，可表示为

$$\begin{aligned}S(\omega)&=\frac{1}{N}\left|X(\mathrm{e}^{\mathrm{j}\omega})\right|^2=\frac{1}{N}\left|\sum_{n=0}^{N-1}x(n)\mathrm{e}^{-\mathrm{j}\frac{2\pi}{N}nk}\right|^2\\&=\frac{1}{N}\left|\mathrm{DFT}(x(n))\right|^2=\frac{1}{N}\left|X_N(k)\right|^2\end{aligned} \tag{2-60}$$

采样数据的离散傅里叶变换 $X(\mathrm{e}^{\mathrm{j}\omega})$ 是 ω 的周期函数，因此估计的功率谱 $S(\omega)$ 也是 ω 的周期函数。功率谱估计的周期图法估计的方差较大，实际应用时往

往需要对其加以改进。常用的改进周期图法是 Welch 方法(平滑周期图平均法)，这种方法先对整数据段进行分段处理以减少方差，对分段数据使用非矩形窗，然后求每段数据的功率谱，再将估计结果相加后求平均值。另一种功率谱估计方法是直接应用维纳-辛钦定理，得到功率谱估计的相关法。有限长度样本 $x(n)$ 的自相关系数可表示为

$$R(m)=\frac{1}{N}\sum_{n=0}^{N-m}x(n)x(n+m),\quad m=0,1,\cdots,N-1 \tag{2-61}$$

计算其傅里叶变换，得到功率谱密度估计：

$$S(\omega)=\sum_{m=0}^{N-1}R(m)\mathrm{e}^{-\mathrm{j}\omega m} \tag{2-62}$$

实际工程中，Welch 方法的估计效果较好。

难易度分析首先要看灵敏度的大小。显然，灵敏度大对于参数辨识是有利的。如果时域灵敏度和频域灵敏度均大，基本上可以说参数辨识容易准确。如果时域灵敏度和频域灵敏度均小，基本上可以说参数辨识不容易准确。如果时域灵敏度与频域灵敏度大小不一致，则需要做进一步分析。

难易度分析其次要看灵敏度曲线的形状。从时域灵敏度来看，如果时域灵敏度在比较长的时间区间上都有较大数值，对于参数辨识是有利的。如果时域灵敏度在比较短的时间区间上较大，而后却很小，对于参数辨识是不利的。从频域灵敏度来看，如果一个参数在某个频段的频域灵敏度较大，说明该参数在这个频段灵敏。如果测量变量在该频段功率谱密度也较大，则对参数辨识是有利的。一般来说，测量变量的功率谱密度在低频段大、在高频段小。所以，如果参数的频域灵敏度具有低频段高的特征，就比较容易辨识。

2.5 复杂有源配电网线性模型的辨识方法

2.5.1 参数辨识概述

参数辨识是测量辨识建模方法的基础，即根据输入-输出数据辨识模型中的参数。参数辨识方法可分为经典辨识方法和现代辨识方法两类。经典辨识方法与经典控制理论相对应，其建立的数学模型如时域脉冲响应，频域相频、幅频特性等均属此范畴。现代辨识方法适应现代控制理论的需要，其建立的数学模型有状态空间方程、差分方程等。

1. 经典辨识方法

(1) 卷积辨识法。卷积辨识法是经典辨识法的基础，它实际上是一种利用卷

积计算的近似算法。该方法建立在系统的输出可以用若干个脉冲数的响应之和来近似的理论基础之上。

(2) 相关辨识法。相关辨识法是在实验信号与输出噪声相互独立的假设之下，得出脉冲响应函数。该方法具有滤波功能，能消除与统计无关的外扰信号。

(3) 频域辨识法。用快速傅里叶变换将时域上的数据信息变换到频域上，则可以建立一种基于维纳-霍普夫(Wiener-Hopf)方程的频域辨识法。

2. 现代辨识方法

(1) 最小二乘法。最小二乘法是工程师最熟悉并经常使用的一种方法，通过最小二乘技术能获得一个最小方差意义上与实验数据拟合最好的模型，它具有方法简单，辨识结果无偏性、有效性、一致性等特点。该方法已广泛应用于电力系统参数辨识。

(2) 卡尔曼滤波法。卡尔曼滤波又称最小方差线性递推滤波，主要用于系统的状态估计，但也可用于参数辨识，这种方法与最小二乘法一样适用于线性系统。

(3) 优化类方法。优化类方法就是将参数辨识转化为优化问题，然后采用合适的优化方法加以求解。

人们有时会认为现代辨识方法一定好于经典辨识方法，实际上经典辨识方法主要针对频域模型，而现代辨识方法主要针对时域模型，所以这两种方法是互补的。对于线性模型，这两种方法均可以根据需要加以使用。但由于非线性模型一般都是时域模型，所以主要采用现代辨识方法。

2.5.2 时域辨识方法

时域辨识方法有多种，其中最基本的方法是最小二乘估计(least square estimation, LSE)方法。与其他方法相比，LSE 方法容易理解，而且常常是有效的。所以，本节将介绍其基本原理，至于其他方法可以参考系统辨识方面的专著。

由于采样是离散的，时域辨识一般用离散模型。但实际应用时可能需要连续模型，相互之间可以转换。设差分方程为

$$\sum_{i=0}^{n} a_i z(k-i) = \sum_{i=0}^{n} b_i u(k-i), \quad a_0 = 1 \tag{2-63}$$

式中，u、z、n 分别为输入、输出和模型阶次。实际工程中，输入、输出均有测量误差，在上述方程中叠加一个噪声，即

$$y(k) = -\sum_{i=1}^{n} a_i z(k-i) = \sum_{i=0}^{n} b_i u(k-i) + r(k) \tag{2-64}$$

如果有 $N+n$ 个测量点，则有 N 个这样的方程：

$$
\begin{cases}
y(n+1) = -a_1 y(n) - a_2 y(n-1) \cdots - a_n y(1) \\
\qquad + b_0 u(n+1) + \cdots + b_n u(1) + e(n+1) \\
y(n+2) = -a_1 y(n+1) - a_2 y(n) \cdots - a_n y(2) \\
\qquad + b_0 u(n+2) + \cdots + b_n u(2) + e(n+2) \\
\qquad \vdots \\
y(n+N) = -a_1 y(n+N-1) - a_2 y(n+N-2) \cdots - a_n y(N) \\
\qquad + b_0 u(n+N) + \cdots + b_n u(N) + e(n+N)
\end{cases} \tag{2-65}
$$

将上述方程写成向量形式，定义

$$
Y = \begin{bmatrix} y(n+1) & y(n+2) & \cdots & y(n+N) \end{bmatrix}^{\mathrm{T}} \tag{2-66}
$$

$$
\varepsilon = \begin{bmatrix} e(n+1) & e(n+2) & \cdots & e(n+N) \end{bmatrix}^{\mathrm{T}} \tag{2-67}
$$

$$
\theta = \begin{bmatrix} a_1 & a_2 & \cdots & a_n & b_0 & b_1 & \cdots & b_n \end{bmatrix}^{\mathrm{T}} \tag{2-68}
$$

$$
\phi = \begin{bmatrix}
-y(n) & \cdots & -y(1) & \cdots & u(n+1) & \cdots & u(1) \\
-y(n+1) & \cdots & -y(2) & \cdots & u(n+2) & \cdots & u(2) \\
\vdots & & \vdots & & \vdots & & \vdots \\
-y(N+n+1) & \cdots & -y(N) & \cdots & u(N+N) & \cdots & u(N)
\end{bmatrix} \tag{2-69}
$$

则方程(2-65)可以写为

$$
Y = \phi\theta + \varepsilon \tag{2-70}
$$

即

$$
\varepsilon = Y - \phi\theta \tag{2-71}
$$

再定义一个衡量模型优劣的目标函数

$$
J = \varepsilon^{\mathrm{T}} \varepsilon \tag{2-72}
$$

现在的任务是，选择一组$\hat{\theta}$，使目标函数达到最小，即进行优化，则J表示为

$$
J = (Y - \phi\theta)^{\mathrm{T}} (Y - \phi\theta) = Y^{\mathrm{T}} Y - \phi^{\mathrm{T}} \theta^{\mathrm{T}} Y - Y^{\mathrm{T}} \phi\theta + \phi^{\mathrm{T}} \theta^{\mathrm{T}} \phi\theta \tag{2-73}
$$

将J对θ微分，并令其为零，即

$$
\left. \frac{\partial J}{\partial \theta} \right|_{\theta = \hat{\theta}} = -2\theta^{\mathrm{T}} Y + 2\theta^{\mathrm{T}} Y \hat{\theta} = 0 \tag{2-74}
$$

由此可得

$$
\phi^{\mathrm{T}} \phi \hat{\theta} = \phi^{\mathrm{T}} Y \tag{2-75}
$$

从而求得使J最小的估计$\hat{\theta}$，即

$$\widehat{\theta}=(\phi^{\mathrm{T}}\phi)^{-1}\phi^{\mathrm{T}}Y \tag{2-76}$$

这个结果就称为 θ 的最小二乘估计。在统计学中，ε 称为残差。

上述结果是在目标函数 J 中对每一个误差 ε_i 赋予相同权的基础上推导出来的，通常称这种方法为普通最小二乘法。将这种方法更加一般化，允许对每个误差项赋予不同的权，令 W 为所希望的加权矩阵，则加权后的残差指标函数变为

$$J_W=\varepsilon W\varepsilon=(Y-\phi\theta)^{\mathrm{T}}W(Y-\phi\theta) \tag{2-77}$$

式中，W 是一个对称正定阵。将 J_W 相对于 θ 进行最小化，则可以得到加权最小二乘法估计(weighted least squares estimation, WLSE) $\widehat{\theta}_W$，可表示为

$$\widehat{\theta}_W=(\phi^{\mathrm{T}}W\phi)^{-1}\phi^{\mathrm{T}}WY \tag{2-78}$$

很明显，当 $W=I$ 时，$\widehat{\theta}_W$ 就简化为 $\widehat{\theta}$。

一般来讲，由于测量数据包含随机噪声，故 $\widehat{\theta}$ 和 $\widehat{\theta}_W$ 都是随机向量，它们的精度可以用一些统计特性加以度量，如偏差、方差、有效性及一致性等。当误差信号 ε 为白噪声时，最小二乘估计有如下特性。

(1) 无偏性：

$$E\{\hat{\theta}\}=\theta,\quad E\{\hat{\theta}_W\}=\theta \tag{2-79}$$

(2) 有效性：令 $\hat{\theta}$ 的方差阵为 ψ，$\widehat{\theta}_W$ 的方差阵为 ψ_W，则 ψ 是 ψ_W 的最小方差阵。因此，$\hat{\theta}$ 是一个最小方差估计。

(3) 一致性：当观测数据的长度 N 趋向无穷大时，有

$$\lim_{N\to\infty}\hat{\theta}=\theta \tag{2-80}$$

2.5.3　频域辨识方法

1. 基本原理

设输入信号为 $x(t)$、输出信号为 $y(t)$，需要注意的是实际系统中这些信号都或多或少存在噪声。Wiener-Hopf 方程可以自动消除噪声的影响，具有滤波功能，其时域形式为

$$R_{xy}(\tau)=\int_{-\infty}^{\infty}g(t)R_{xx}(\tau-t)\mathrm{d}t \tag{2-81}$$

式中，$g(t)$为脉冲响应函数；$R_{xx}(\tau-t)$ 为 $x(t)$的自相关函数；$R_{xy}(\tau)$ 为 $x(t)$与 $y(t)$的互相关函数。

对上述方程进行傅里叶变换，可得 Wiener-Hopf 方程的频域形式为

$$G_{xy}(f)=H(f)G_{xx}(f) \tag{2-82}$$

式中，$H(f)=\int_{-\infty}^{\infty}g(t)\mathrm{e}^{-\mathrm{j}\omega t}\mathrm{d}t$ 为频域响应函数；$G_{xx}(f)$ 为 $R_{xx}(\tau)$的象函数；$G_{xy}(f)$ 为 $R_{xy}(\tau)$的象函数。该式是频域辨识法的理论根据，只要能通过测量计算获得输入、输出信号的自谱密度数 $G_{xx}(f)$ 及互谱密度函数 $G_{xy}(f)$，即可求得系统的频域响应函数：

$$H(f)=\frac{G_{xy}(f)}{G_{xx}(f)} \tag{2-83}$$

设 $x(t)$与 $y(t)$的傅里叶变换分别为 $X(f)$、$Y(f)$，经推导可得互相关积分公式的傅里叶变换为

$$F\left(\int_{-\infty}^{\infty}x(t)y(t+\tau)\mathrm{d}t\right)=X^{*}(f)Y(f) \tag{2-84}$$

自相关积分公式的傅里叶变换为

$$F\left(\int_{-\infty}^{\infty}x(t)x(t+\tau)\mathrm{d}t\right)=X^{*}(f)X(f) \tag{2-85}$$

式中，$X^{*}(f)$ 为 $X(f)$ 的共轭。相关积分在正负周期内的极限平均值即为相关函数。因此可以认为，相关积分和相关函数成正比，设其常数系数为 K_f，则

$$G_{xx}(f)=K_f X(f)X^{*}(f) \tag{2-86}$$

$$G_{xy}(f)=K_f Y(f)X^{*}(f) \tag{2-87}$$

因此有

$$H(f)=\frac{Y(f)X^{*}(f)}{X(f)X^{*}(f)} \tag{2-88}$$

实际数据采样常以离散形式出现，因此可以采用离散傅里叶变换。

2. *在线频域辨识方法*

直接用系统原有输入、输出信号的谱密度来测量在理论上是可行的，但会遇到一些实际困难。当输入信号频带较窄或信号较弱时，据此求出的 $H(f)$ 频带也会较窄或幅度较小。极限情况下，当输入信号 $x(t)$是单一频率时，所求得的 $G_{xx}(f)$ 及 $G_{xy}(f)$ 将是对应于该频率的一个点，根本无法求出 $H(f)$ 的响应曲线。因此，一般采取在系统的原有输入上，叠加一个与原输入信号互不相关的实验信号，为使所加实验信号既不影响系统的正常工作又能在有效的频带上进行量测，所加实

验信号应是统计独立的，且有尽可能宽的频带。

如图 2-9 所示，总输入信号 $x(t)$由系统的正常工作信号 $r(t)$和实验信号 $u(t)$叠加而成，$e(t)$为干扰噪声。于是，输出信号 $y(t)$可写成

$$y(t) = y_u(t) - y_r(t) + y_e(t) \tag{2-89}$$

式中，$y_u(t)$、$y_r(t)$、$y_e(t)$分别为 $u(t)$、$r(t)$、$e(t)$产生的输出分量，因而互谱密度 $G_{UY}(f)$ 也可写成

$$G_{UY}(f) = G_{UY_r}(f) + G_{UY_u}(f) + G_{UY_e}(f) \tag{2-90}$$

式中，$G_{UY_r}(f)$、$G_{UY_u}(f)$、$G_{UY_e}(f)$ 分别为实验信号 $u(t)$与三个输出量 $y_r(t)$、$y_u(t)$、$y_e(t)$ 构成的互谱密度分量。

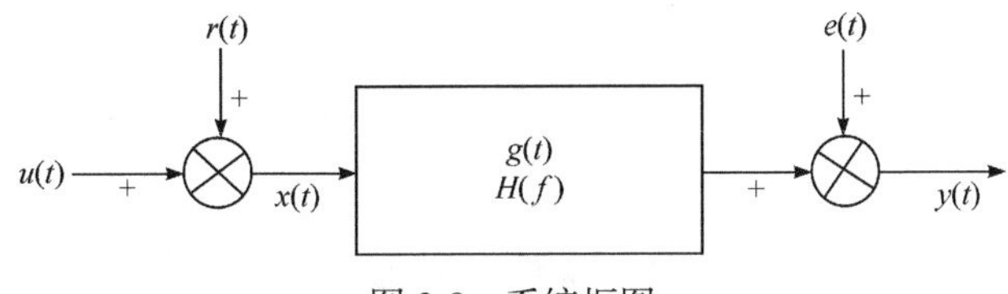

图 2-9　系统框图

考虑到 $u(t)$与 $r(t)$、$e(t)$之间是互不相关的，则有 $G_{UY_r}(f) = 0$，$G_{UY_e}(f) = 0$，可简化为

$$G_{UY}(f) = G_{UY_u}(f) \tag{2-91}$$

所以有

$$H(f) = \frac{G_{UY}(f)}{G_{UU}(f)} \tag{2-92}$$

即系统的频率响应函数 $H(f)$ 可由 $G_{UU}(f)$ 及 $G_{UY}(f)$ 来求得。其中，系统原有信号 $r(t)$和干扰噪声 $e(t)$对结果的影响已利用其不相关性消除。

3. 频域辨识方法框图

如图 2-10 所示，基于快速傅里叶变换(fast Fourier transformation, FFT)算法的频域辨识方法框图由测试硬件设备和处理程序软件组成。输入信号 $u(t)$分两路接入，一路作为实验信号直接输入待测系统，另一路经过低通滤波器滤波后，成为输入信号 $x(t)$。系统的输出经低通滤波器滤波后，获得的输出信号为 $y(t)$。输入信号 $x(t)$和输出信号 $y(t)$分别经 A/D 变换器转化为离散的数字信号，该信号可直接输入数字计算机进行计算。图 2-10 中，$u(t)$为伪随机信号伪随机二进制序列(pseudo- random binary sequence, PRBS)码，但在实际工程应用时，也可以是实际测量的其他信号。

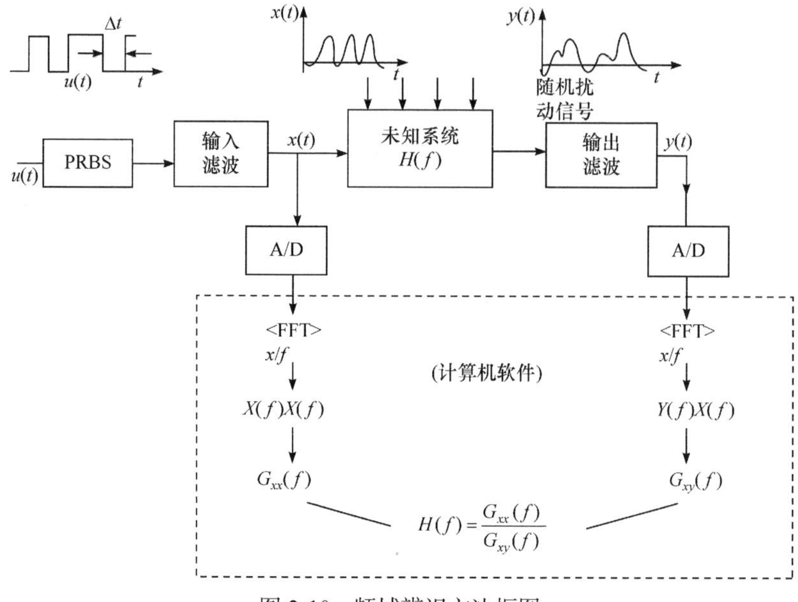

图 2-10　频域辨识方法框图

4. 频域响应曲线拟合求传递函数

根据上述方法可以获得频域响应曲线 $H(f)$ ，而人们经常需要的是传递函数。由频域响应曲线拟合求传递函数的方法有多种，这里介绍直接应用最小二乘公式的方法。

设传递函数为

$$G(s)=\frac{C(s)}{D(s)}=\frac{\sum_{i=0}^{m}A_i s^i}{1+\sum_{i=1}^{n}B_i(\mathrm{j}\omega)^i} \tag{2-93}$$

在频域中，将 $s=\mathrm{j}\omega$ ， $\omega=2\pi f$ 代入传递函数，得

$$H(f)=G(\mathrm{j}\omega)=\frac{C(\mathrm{j}\omega)}{D(\mathrm{j}\omega)}=\frac{\sum_{i=0}^{m}A_i(\mathrm{j}\omega)^i}{1+\sum_{i=1}^{m}B_i(\mathrm{j}\omega)^i} \tag{2-94}$$

令

$$H(f_k)=G(\mathrm{j}\omega_k)=R_k+\mathrm{j}I_k \tag{2-95}$$

$$e_k=H(f_k)D(\mathrm{j}\omega_k)-C(\mathrm{j}\omega_k) \tag{2-96}$$

式中， $H(f_k)$ 为通过实测获得的已知数据，在频率 f_k 处的实部为 R_k ，虚部为 I_k 。

将 e_k 按实部和虚部展开，有

$$e_{Rk} = R_k - A_o + A_2\omega_k^2 - A_2\omega_k^4 + \cdots - I_k B_1\omega_k - R_k B_2\omega_k^2 + I_k B_3\omega_k^3 + R_k B_4\omega_k^4 + \cdots \tag{2-97}$$

$$e_{Ik} = I_k + A_1\omega_k + A_3\omega_k^3 + \cdots + R_k B_1\omega_k - I_k B_2\omega_k^2 - R_k B_3\omega_k^3 + I_k B_4\omega_k^4 + \cdots \tag{2-98}$$

$$Y = \begin{bmatrix} R_1 & I_1 & R_2 & I_2 & \cdots & R_N & I_N \end{bmatrix}^{\mathrm{T}} \tag{2-99}$$

$$e = \begin{bmatrix} eR_1 & eI_1 & eR_2 & eI_2 & \cdots & eR_N & eI_N \end{bmatrix}^{\mathrm{T}} \tag{2-100}$$

$$\theta = \begin{bmatrix} A_0 & A_1 & \cdots & A_m & B_1 & B_2 & \cdots & B_n \end{bmatrix}^{\mathrm{T}} \tag{2-101}$$

定义矩阵 φ 为

$$\varphi = \begin{bmatrix} 1 & 0 & -\omega_1^2 & 0 & \omega_1^4 & \cdots & I_1\omega_1 & R_1\omega_1^2 & -I_1\omega_1^3 & -R_1\omega_1^4 & \cdots \\ 0 & \omega_1 & 0 & -\omega_1^3 & 0 & \cdots & -R_1\omega_1 & I_1\omega_1^2 & R_1\omega_1^3 & -I_1\omega_1^4 & \cdots \\ 1 & 0 & -\omega_2^2 & 0 & \omega_2^4 & \cdots & I_2\omega_2 & R_2\omega_2^2 & -I_2\omega_2^3 & -R_2\omega_2^4 & \cdots \\ 0 & \omega_2 & 0 & -\omega_2^3 & 0 & \cdots & -R_2\omega_2 & I_2\omega_2^2 & R_2\omega_2^3 & -I_2\omega_2^4 & \cdots \\ \vdots & \vdots & \vdots & \vdots & \vdots & & \vdots & \vdots & \vdots & \vdots & \\ 1 & 0 & -\omega_N^2 & 0 & \omega_N^4 & \cdots & I_N\omega_N & R_N\omega_N^2 & -I_N\omega_N^3 & -R_N\omega_N^4 & \cdots \\ 0 & \omega_N & 0 & -\omega_N^3 & 0 & \cdots & -R_N\omega_N & I_N\omega_N^2 & R_N\omega_N^3 & -I_N\omega_N^4 & \cdots \end{bmatrix} \tag{2-102}$$

写成测量方程的矩阵形式，有

$$Y = \varphi\theta + e \tag{2-103}$$

利用最小二乘估计测量方程，可得

$$\widehat{\theta} = [\varphi^{\mathrm{T}}\varphi]^{-1}\varphi^{\mathrm{T}}Y \tag{2-104}$$

式(2-105)即为频域的最小二乘估计公式。

2.6　复杂有源配电网非线性模型的辨识方法

2.6.1　基本原理

对于非线性模型，目前参数辨识方法大都是以时域模型和优化为基础的，即寻找一组最优的参数向量 θ^*，使得误差目标函数值 E 达到最小[20,21]：

$$E^* = \min_{\theta=\theta^*} E(\theta) \tag{2-105}$$

误差目标函数 E 通常选取输出误差的一个非负单调递增函数，即

$$E = \int_{t_0}^{T} J(\| Y_{\mathrm{m}}(t) - Y_{\mathrm{c}}(t) \|)\mathrm{d}t, \quad \text{连续时间} \tag{2-106}$$

或

$$E=\sum_{k=0}^{N}J(\|Y_{\mathrm{m}}(t)-Y_{\mathrm{c}}(t)\|),\quad \text{离散时间} \tag{2-107}$$

式中，$[t_0, T]$为积分区间；$\|Y_{\mathrm{m}}(t)-Y_{\mathrm{c}}(t)\|$表示范数；$J(\cdot)$为单调递增函数；$k$为采样时间段；$N$为采样次数；$Y_{\mathrm{m}}$为实际测量值(即真实值)；$Y_{\mathrm{c}}$为模型计算值。由模型计算得到

$$\begin{cases}\dfrac{\mathrm{d}X}{\mathrm{d}t}=F(X,U,\theta,t),\\ X(0)=X_0\\ Y_{\mathrm{c}}=G(X,U,\theta,t)\end{cases} \tag{2-108}$$

模型计算值Y_{c}与参数θ有关，因此误差目标函数E为参数θ的函数。其解空间往往相当复杂，有可能存在多个极值点。因此，优化搜索方法必须十分有效。

优化搜索方法从原理上大体可以分为三类。

1) 爬山类方法

这类方法首先以梯度为基础确定方向p^k，然后选择步长为α^k，从而对优化变量Z进行迭代搜索，即

$$Z^{k+1}=Z^k+\alpha^k p^k \tag{2-109}$$

从不同的角度构造方向和步长就产生了不同的方法，这类方法都属于传统方法，比较常见，这里不再赘述。

爬山类方法对于连续、光滑、单峰的优化问题，具有良好的性能，并且精确而快速，但存在如下困难：

(1) 局部性。一般来说，这类方法只能收敛到起始点附近的局部最优点，因而对多峰问题难以搜索到全局最优点，对狭谷情况则会出现振荡。

(2) 要求一阶导数甚至二阶导数存在，而实际优化问题可能有断点或导数不连续的情况。

(3) 一般不适用于既包含离散变量，又包含连续变量的混合问题。

(4) 难以处理噪声问题或随机干扰，而这在工程中是大量存在的。

(5) 鲁棒性较差，即当条件好时收敛性好，而当条件复杂时收敛性差。

2) 随机类方法

蒙特卡罗法(亦称盲随机法或纯随机法)是随机类方法的典型代表。该方法的基本原理如下。

(1) 在闭区间$a\leqslant z\leqslant b$内，进行随机采样并计算其函数值，取其中最优者。设概率密度为均匀分布：

$$f(x)=\begin{cases}1/V, & a\leqslant z\leqslant b\\0, & \text{其他}\end{cases}\tag{2-110}$$

对于 n 维优化向量，其体积为

$$V=\prod_{i=1}^{n}(b_i-a_i)\tag{2-111}$$

(2) 有时很难快速找到最优点，而是找到其附近的体积为 υ 的小区间。N 次实验落于 υ 内的概率为

$$p=1-(1-\upsilon/V)^N\tag{2-112}$$

因此有

$$N=\frac{\ln(1-p)}{\ln(1-\upsilon/V)}\tag{2-113}$$

由于要求 p 接近于 1，而且 υ/V 很小，所以 N 很大。

随机类方法具有良好的收敛性、全局性和鲁棒性，其最大的往往也是最致命的缺陷是计算效率太低。

3) 模拟进化类方法

早在 20 世纪 30 年代，就有人设想可以通过模拟生物进化过程来达到自学习与优化的目的。从某种意义上讲，达尔文进化论的“优胜劣汰，适者生存”实际上就描述了一种很强的搜索、竞争与优化的机理。生物个体为了生存就需要寻找适于其生活的环境，在此过程中需要与同种族的其他个体或不同种族的生物进行竞争，结果是有些个体对环境的适应性较强便生存下来，并进一步改善环境且具有更强的生命力，而另外一些个体则在竞争中被淘汰。模拟进化类方法就是通过对自然进化过程进行模拟与抽象而得到的一类随机的或自适应的优化方法。当然，生物的进化过程十分复杂，人们只能对其进行简单的模拟，从中抽象出其本质特征，并用适当的方法来描述。模拟进化类方法多种多样，在电力系统辨识中经常用到的方法有遗传算法、进化策略法、蚁群算法等。从如下方面来衡量一种优化方法优劣与否：精确性；收敛性，即能否收敛；全局性，即能否搜索到全局最优点；鲁棒性，即对各种复杂情况的适应能力；计算量，即所需的计算工作量及内存。随着计算机技术的迅猛发展，人们对计算量的关心程度下降，而对全局性和鲁棒性的要求提高。

模拟进化类方法具有以下特点：

(1) 只要求所求解的问题是可计算的，而无可微性、连续性等要求，因此适用范围较广。

(2) 具有并行处理特征，易于并行实现。

(3) 属于随机性优化方法，在搜索策略中引入了适当的随机因素，不是从一点出发沿一条线而是在整个空间寻优，原理上可以以较大的概率找到优化问题的全局最优解。但该方法的计算效率比传统的随机类搜索方法要高得多。

2.6.2 复杂有源配电网非线性辨识的遗传方法

1. 基本原理

遗传算法(genetic algorithm, GA)是 Holland 教授在 20 世纪 60 年代提出的。在 80 年代以前，这一方法并未受到重视，而且这一时期的研究工作主要集中于遗传算法的理论方面，实际应用方面几乎是空白的。自 80 年代初期以来，随着计算机技术的快速发展，其数据处理能力和内存容量有很大提高，再加上人工神经网络和机器学习理论的快速发展，遗传算法作为一种自适应全局优化方法逐渐受到各学科研究部门的普遍重视。遗传算法的理论研究也取得了长足的进步，逐步建立了遗传算法的基本理论与方法体系。在应用方面，遗传算法渗透到了科学与工程中的多个领域。在 90 年代，遗传算法在电力系统中得到了广泛应用。

遗传算法主要包括下面几个主要步骤。

(1) 产生初始解群体。将要优化的参数进行编码，一般采用二进制编码形式。针对连续变量的优化问题，可根据所要求的精度来确定每个优化变量所占数学串的位数，所占位数越多，精度越高，但计算量也越大。计算开始时，产生一些待求的优化问题的可能解(用编码后的数学串表示)，称为初始解群体，其中每个解称为个体。初始解群体可用随机方式产生，也可用其他方法给出。随机产生的初始解群体比较简单，这从原理上可以使初始解群体均匀地分布于整个空间，使遗传算法在全局范围内搜索最优解。

(2) 评价。定义一个适应度函数 F，计算群体中每个个体相应的适应度 f_i，f_i 越大，表示该个体适应度越高，更适应于 F 所定义的生存环境。

(3) 选择。用某种方法从群体中选取编码串形成一个匹配集，匹配集是用于繁殖后代的双亲个体源。选择方法有多种，常用的有赌博轮法：任意一个串 i 被选中的概率 P_i 与其适应度 f_i 成正比，即越适合生存环境的优良个体繁殖后代的机会越多，从而使其优良特性得以遗传。选择是遗传算法的关键，它体现了自然界中适者生存的法则。

(4) 交叉。交叉是遗传算法中获取优良个体的最重要的手段。从代码群中按照选择规则选取两个作为双亲进行交叉，在交叉过程中，父体的部分码串(基因信息)遗传给子代，从而使优良特性被一代一代遗传下去。

(5) 变异。变异是遗传算法中另一个很重要的操作，它能使个体发生突变，导入新的遗传信息，使寻优有可能落向未探知区域，这是提高全局最优能力的有效步骤，也是保持群体差异性的重要手段。

这个过程完成后，用得到的子串构成的下一代解群体更新当前的解群体，然后返回步骤(2)并重复执行步骤(2)～(5)，直至获得满意的解或达到给定的迭代次数。

2. 对遗传算法的改进

上述基本遗传算法虽然从原理上可以收敛到全局最优解，但在实际工程应用中也存在一些问题，如群体早熟、收敛速度较慢等。人们研究发现，影响传统遗传算法优化结果和计算时间的主要因素是最大收敛代数、交叉概率、变异概率和选择方法等。为了改进这些参数，最大限度地发挥遗传算法的功能，学者们提出了多种方法。这里就变异概率和收敛判据进行讨论。

变异操作是模拟生物在自然环境中由各种偶然因素引起的基因突变过程，表现为码串的翻转，变异概率一般取 0～0.01。变异概率较小时，新个体出现得少，因此结果不是最好，但由于个体较稳定，其收敛性好；随着变异概率的增大，新个体增多，优秀个体出现的概率变大，收敛性仍较好；但若变异概率再增大，由于个体的稳定性差，好的个体可能还未被保留就被破坏了，致使结果和收敛性都变差。引进适于参数辨识的可变的变异概率取值，即

$$P^i=\begin{cases}p_{\text{const}}, & f_i\geqslant f_{\text{avg}}\\ p_{\text{const}}\left(1+\lambda\dfrac{f_{\text{avg}}-f_i}{f_{\text{avg}}}\cdot \mathrm{e}^{-t}\right), & f_i<f_{\text{avg}}\end{cases}\tag{2-114}$$

式中，P^i为当前群体中第 i 个个体的变异概率值；p_{const}为固定变异概率，如 0.001；f_i为第 i 个个体的适应度函数；f_{avg}为当前群体适应度函数的平均值；t 为当前代数；λ 为常数，视具体问题而选择。

在传统遗传算法中，一般采用最大遗传代数作为收敛判据，但最大遗传代数事先无法恰当地确定，太大会导致计算时间过长，太小又难以保证获得全局最优解。因此，可将最大适应度函数在连续 K_{c} 代(可调节)无变化作为收敛条件。为了防止过早收敛而导致局部最优，可先正常进行若干代后，再以上述判据来判断。

3. 应用于参数辨识

针对具有多个变量的情况，首先采用遗传算法对各变量进行编码，然后将它们按顺序连接成一个编码串，再当作一个个体进行余下的如交叉、变异及适应度函数的运算，输出结果时再将它们按照顺序分离出来进行还原处理。

将适应度函数 f 取为误差函数的倒数，即

$$f=\frac{1}{E}\tag{2-115}$$

搜索误差函数最小值的过程相当于求解适应度函数最大值的过程，即

$$\min_{\theta=\theta^*\in S} E(\theta) \Leftrightarrow \max_{\theta=\theta^*\in S} f(\theta) \tag{2-116}$$

其中，S 为参数空间。

在进行适应度计算或输出模型参数辨识结果时，遗传算法中所用的二进制编码必须转换成十进制参数值，一个十进制整数与一个长度为 L 的二进制码有如下对应关系：

$$\theta^{(2)} = a_1 a_2 \cdots a_L \Leftrightarrow \theta^{(10)} = \sum_{i=1}^{L} a_i 2^{L-i} \tag{2-117}$$

其最大值为

$$\theta_{\max}^{(2)} = \underbrace{11\cdots1}_{L} \Leftrightarrow \theta_{\max}^{(10)} = 2^L - 1 \tag{2-118}$$

再将十进制整数换算成十进制参数：

$$\theta_j = \theta_{j\min} + (\theta_{j\max} - \theta_{j\min})(\theta_j^{(10)} / \theta_{j\max}^{(10)}) \tag{2-119}$$

式中，θ_j 为参数向量θ的第 j 个分量；$[\theta_{j\min},\theta_{j\max}]$为 θ_j 的搜索区间。

由上面的分析可知，遗传算法首先要对变量进行编码，当代表单个变量的代码串的长度为 L 时，该代码串的码值就只有 $2L$ 种可能，即 $0\sim(2^L-1)$的整数，而无法取得两整数间的其他值，因而码值是离散的。假设某参数的搜索范围是$[\theta_{j\min},\theta_{j\max}]$，则其可能值也是横坐标在 $0\sim(2^L-1)$的整数在纵轴上所对应的一些离散点，而不能取其他值。当实际最优参数为两点之间的某值时，辨识结果为与该值最接近的点，这就是遗传算法的网格误差问题。L 越小，网格误差问题越严重，这是遗传算法的一个不足。要减少这种网格误差，可以通过增大 L 的数值或减少搜索区间的长度$(\theta_{j\max}-\theta_{j\min})$来实现。增大 L 的数值必然增加代码串的长度，当变量个数较多时，由这些变量编码组成的代码将会很长，使得搜索时间变长、效率变低。因此，应根据参数辨识精度的要求选择合适的代码串长度 L，另外，缩小搜索范围是建立在最优解所在大致范围比较清楚的基础上的，盲目缩小搜索范围有可能将最优解排除在搜索范围之外，从而导致利用遗传算法辨识参数失败。

总体来说，基于遗传算法的辨识方法克服了传统辨识方法的缺点，但也存在一些不足，它是一种具有实用价值的方法。

2.6.3　复杂有源配电网非线性辨识的进化策略方法

1. 基本原理

进化策略(evolutionary strategies, ES)法是由德国学者 Rechenberg 和 Schwefel

在 20 世纪 60 年代提出的，用于解决多参数优化问题。早期的 ES 法为两成员(two member)方法，采用浮点数表示方式，利用变异作为其唯一算子。ES 法近年来得到了很大发展，已发展出多成员(multi-member)法和一些新算子。

ES 法的原理和步骤非常简单。在此介绍多成员法的主要步骤。

(1) 初始化。给出包含 μ 个个体的初始代(一般采用随机方法给出)，每个个体由 n 个基因组成：

$$\begin{cases} X_1 = [x_{1,1} \quad \cdots \quad x_{1,n}]^{\mathrm{T}} \\ X_2 = [x_{2,1} \quad \cdots \quad x_{2,n}]^{\mathrm{T}} \\ \qquad \vdots \\ X_\mu = [x_{\mu,1} \quad \cdots \quad x_{\mu,n}]^{\mathrm{T}} \end{cases} \tag{2-120}$$

(2) 变异。每个父体平均产生 λ/μ 个新个体，共得到 λ 个新个体。子代的基因 $X_N^{(g)}$ 与其父代基因 $X_E^{(g)}$ 稍有变异：

$$X_N^{(g)} = X_E^{(g)} + Z^{(g)} \tag{2-121}$$

式中，$Z^{(g)}$ 一般为正态分布的随机向量；g 为代数。

(3) 选择。在父代 μ 个个体与子代 λ 个个体中，选择 μ 个个体进入下一代。

$$X_E^{(g+1)} = \begin{cases} X_N^{(g)}, & F(X_N^{(g)}) < F(X_E^{(g)}) \\ X_E^{(g)}, & \text{其他} \end{cases} \tag{2-122}$$

(4) 如此在第(2)步和第(3)步之间循环，直到满足收敛判据为止。已知

$$\begin{cases} F_{\mathrm{m}} = \min\limits_k \left\{ F(X_k^{(g)}) \right\}, & k = 1,2,\cdots,\mu \\ F_{\mathrm{M}} = \max\limits_k \left\{ F(X_k^{(g)}) \right\}, & k = 1,2,\cdots,\mu \end{cases} \tag{2-123}$$

则收敛判据 1 为

$$F_{\mathrm{M}} + F_{\mathrm{m}} \leqslant \varepsilon_{\mathrm{c}} \tag{2-124}$$

收敛判据 2 为

$$\left| \frac{F_{\mathrm{M}} - F_{\mathrm{m}}}{F_{\mathrm{avg}}} \right| \leqslant \varepsilon_{\mathrm{d}} \tag{2-125}$$

式中，ε_{c} 和 ε_{d} 为事先给定的值；F_{avg} 为该代的平均数。

上述 ES 法可简记为 ES($\mu+\lambda$)，另一种变形方法为 ES(μ,λ)。后者的不同之处在于从父代所产生的 λ 个个体中选择 μ 个适应性最好的个体进入下一代。当 $\mu=1$、$\lambda=1$ 时，ES(1 + 1)作为一个特例，即为两成员进化策略法。

2. 应用于参数辨识

ES 法用于参数辨识时，由于它不需要进行二进制编码而是直接进行实数运算，故不会产生网格误差。将要辨识的参数表示为向量形式，设定参数变化的上下限，即 ES 法中的搜索范围。当参数变异后越出规定的搜索范围时，分别用参数的上下限代替，以便更有效地进行搜索。

值得注意的是，ES 法中变异值 $Z^{(g)}$ 的方差 σ 类似于爬山类方法中的步长，其选取影响算法的收敛精度和收敛时间。一般按照 1/5 成功法则控制步长，也就是在一次又一次的进化搜索中统计出成功的概率，即成功的次数与总次数的比，如果此值大于 1/5，则增加方差；如果小于等于 1/5，则减小方差。采用 1/5 成功法则控制步长，一般可以最有效地搜索到最优点。另外，在数字计算机中，数位是有限的，如果一个数一再被大于它的数除，那么经过多次除法后，这个数将很小，以至于接近零。如果对某个变量 x_i，其方差接近零，则 x_i 的值将基本固定，那么优化就相当于在 $n-1$ 维的空间上。为了避免这种情况发生，必须保持一定的方差。通常给出两个限制条件：

$$\sigma_i^{(g)} \geqslant \varepsilon_a, \quad i \in [1,n] \tag{2-126}$$

$$\sigma_i^{(g)} \geqslant \varepsilon_b \left| x_i^{(g)} \right|, \quad i \in [1,n] \tag{2-127}$$

式中，ε_a 和 ε_b 为事先给定的值。经过处理以后，保证进化过程一直处于动态，使得算法不易陷入局部最优，以利于找到全局最优点。

另外，ES 法中对辨识结果影响较大的两个参数是控制收敛标准和控制计算时间。控制收敛标准的精度太低，易使辨识结果过早满足收敛条件而不能得到真正的最优解；收敛精度过高，迭代次数大大增加，降低了计算效率，这对辨识来说也无必要。实际上，一般取 $\varepsilon_a = 0.0001$、$\varepsilon_b = 0.001$、$\varepsilon_e = 0.0001$、$\varepsilon_d = 0.0001$，对控制计算时间来说，时间太短，ES 法还未来得及搜索到最优解；时间太长，对提高辨识结果的精确度也无多大益处，且降低了搜索效率。

2.6.4 复杂有源配电网非线性辨识的蚁群方法

1. 基本原理

蚁群优化(ant colony optional, ACO)方法是由意大利学者 Dorigo 在 20 世纪 90 年代提出的，该方法模拟自然界中真实蚁群的觅食行为，采用有记忆的人工蚂蚁，通过个体之间的信息交流与相互协作来找到从蚁穴到食物源的最短路径，如图 2-11 所示。

设 n 个待优化参数为 $X=[x_1,\cdots,x_n]^{\mathrm{T}}$，采用一个轴代表一个参数，每一个参数的定义域分成 N 个子区间。这样，在 n 维解空间中共有 N^n 个子空间，三维情况如图 2-12 所示。一般来说，蚁群规模也取为 N^n。下面将通过蚁群的移动，在解空间内寻找一组最优的参数，基本步骤如下。

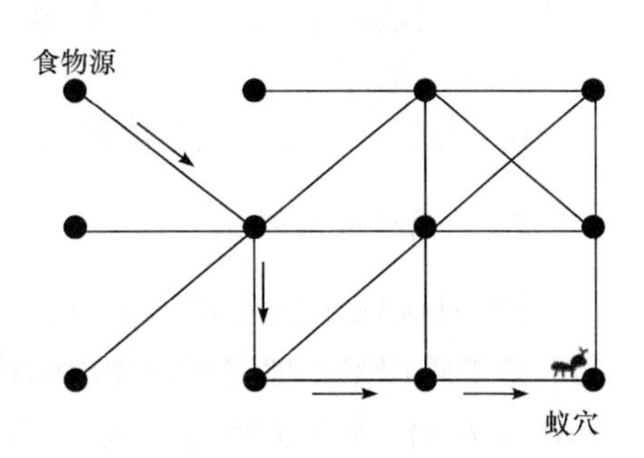

图 2-11　蚁群方法原理示意图

(1) 产生初始蚁群分布。开始时，通常将蚁群在解空间内均匀分布，即每个子空间内有一个蚂蚁，这个蚂蚁位于该子空间的中央。

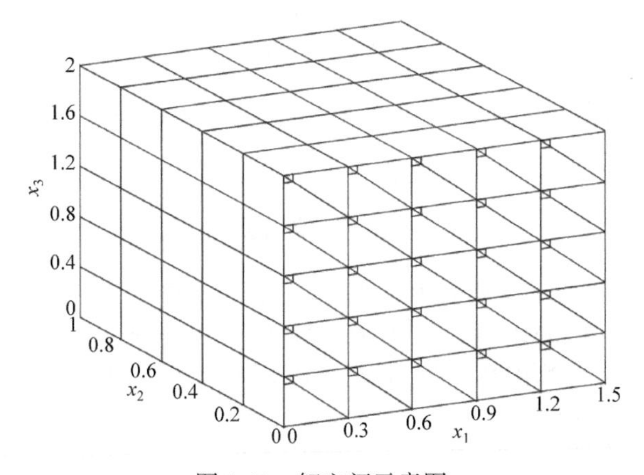

图 2-12　解空间示意图

(2) 计算第 i 只蚂蚁当前所处的解空间位置的优(大)劣(小)指标函数 f_i。

(3) 根据所处解空间位置的优劣，计算该蚂蚁与各蚂蚁所处解空间位置相关的信息量分布函数：

$$T_i(X)=f_i\frac{\mathrm{e}^{-k_i|X-X_i|}}{(1-\mathrm{e}^{-k_i|X-X_i|})^2} \tag{2-128}$$

式中，X_i 为第 i 只蚂蚁的坐标；k_i 为根据实际问题所定义的系数。

(4) 计算各子空间内应有的蚁数。首先，将当前蚁群散布的信息量分布函数总和在各子空间内进行积分；然后，根据此积分值占整个问题空间内的总积分值的比例和当前的蚁群规模，决定各子空间内应有的蚁数。

(5) 确定蚂蚁移动方向。根据各子空间内应有的蚁群分布状况和当前蚁群分布状况之间的差别，决定蚁群的移动方向，并加以移动。首先，分别求出各子空间及其周围子空间的应有蚁数和实际蚁数；然后，决定该子空间蚁群的移动方向：

如果实际蚁数多于应有蚁数，应该移出，反之，应该移入。移动蚂蚁之后，需要改变相应的坐标。

(6) 在蚁群做完一次整体移动之后，回到步骤(2)，直到收敛。

2. 应用于参数辨识

用一只蚂蚁代表一组参数 X，将每组参数代入模型中，求解微分方程，计算每一点的输出量，把这些计算出的输出量与测量值相比较，得到相应的误差平方和指标 $E(X)$。如果此误差较大，则说明该组参数不是最优参数；如果此误差小，则说明该组参数较优。现在就是要通过蚁群的移动在参数解空间内寻找一组最优的参数对参数进行辨识，目标函数取为误差函数的倒数，即

$$f = \frac{1}{E(X)} \tag{2-129}$$

这样就将误差函数最小化问题转化为目标函数最大化问题，从而可以应用蚁群方法对参数进行优化。

参考文献

[1] 盛万兴, 宋晓辉, 孟晓丽. 智能配电网建模理论与方法[M]. 北京: 中国电力出版社, 2016.

[2] 邱关源, 罗先觉. 电路[M]. 5 版. 北京: 高等教育出版社, 2006.

[3] 陈珩. 电力系统稳态分析[M]. 3 版. 北京: 中国电力出版社, 2007.

[4] 王锡凡. 现代电力系统分析[M]. 北京: 科学出版社, 2003.

[5] 韩笑. 考虑多源协同的主动配电网优化调度研究[D]. 北京: 华北电力大学, 2018.

[6] 陈垣, 张波, 谢帆, 等. 电力电子化电力系统多时间尺度建模与算法相关性研究进展[J]. 电力系统自动化, 2021, 45(15): 172-183.

[7] 招景明, 苏洁莹, 潘峰, 等. 考虑光伏波动的有源配电网分布式储能双目标优化规划[J]. 可再生能源, 2022, 40(11): 1546-1553.

[8] 甘繁欣, 郭春义, 程浩, 等. 双馈风电场等值阻抗模型在高频振荡研究中的适用性分析与评价[J/OL]. 中国电机工程学报: 1-14. https://kns.cnki.net/kcms/detail/11.2107. tm.20221102.0828.002.html[2023-05-24].

[9] 陈婕, 张怡, 房方, 等. 基于仿射扰动反馈的风力发电机组多目标随机模型预测控制[J]. 中国电机工程学报, 2023, 43(2): 496-507.

[10] 徐箭, 吴煜晖, 廖思阳, 等. 面向新能源消纳的信息-物理-社会标准化信息模型与应用[J]. 电力系统自动化, 2023, 47(3): 104-113.

[11] 文鑫浩, 赵兴雨, 战姿彤, 等. 有源配电网集群电压协调优化控制方法[J]. 山东电力技术, 2022, 49(10): 1-8.

[12] 陈韶昱, 冯洋, 郑志祥, 等. 基于节点参与度的低压有源配电网故障定位监测装置优化配置方法[J/OL]. 电测与仪表: 1-10. http://kns.cnki.net/kcms/detail/23.1202.TH. 20221020.1150.006.html[2023-05-24].

[13] 李振坤, 路群, 符杨, 等. 有源配电网动态重构的状态分裂多目标动态规划算法[J]. 中国电机工程学报, 2019, 39(17): 5025-5036, 5284.

[14] 苏南. 新型有源配电网是构建新型电力系统的关键: 访国网保定供电公司总经理马国立[N]. 中国能源报, 2022-10-10.

[15] 荆渝, 刘友波, 邱高, 等. 基于区间估计与深度强化学习的有源配电网多智能体电压滚动控制[J]. 电网技术, 2023, 47(5): 2019-2029.

[16] 杨乘胜. 面向新建风电场的短期风电预测方法[J]. 中国科技信息, 2022, (19): 104-106.

[17] 王婷, 陈晨, 谢海鹏. 配电网对分布式电源和电动汽车的承载力评估及提升方法综述[J]. 电力建设, 2022, 43(9): 12-24.

[18] 李柱东. 高层建筑屋顶太阳能板风荷载特性及其预测模型研究[D]. 哈尔滨: 哈尔滨工业大学, 2021.

[19] 王星. 基于多维度模型的 MMHC 储能系统模糊决策及控制算法研究[D]. 乌鲁木齐: 新疆大学, 2021.

[20] 邹佳朴. 光照不均匀性对光伏电池的影响[D]. 上海: 上海第二工业大学, 2021.

[21] 王荣闯. 基于光-储发电系统的三端口 DC-DC 变换器研究[D]. 杭州: 浙江大学, 2021.

第3章　复杂有源配电网负荷及设备建模方法

随着计算机技术在配电系统的广泛应用，基于计算机的配电系统仿真分析已深入配电系统的规划、设计、运行与维护等各个领域，而建立配电系统各种电力元件的数学模型是上述各研究与应用的基础。配电网中电力元件模型主要包括配电网负荷模型和各种配电网设备模型。

1. 配电网负荷模型

由于配电网中负荷具有多样性、时变性、分散性和随机性等特点，负荷建模已成为电力系统建模的难题之一。电力负荷从电网吸收的有功功率和无功功率随负荷所在母线的电压和频率波动而变化的规律称为负荷特性，用于描述负荷特性的数学关系表达式称为负荷模型。负荷建模就是要确定描述负荷特性的数学关系表达式的形式及其中的参数。

负荷模型应能反映负荷特性。从不同的角度看，配电网负荷具有不同的负荷特性，负荷模型也具有不同的形式和内容。从负荷角度看，负荷是可满足生产、生活中的具体需要形成的具有一定规模的功率负载(有功功率和无功功率)。从系统角度看，在静态上，负荷具有电压、频率特性，它吸收的有功功率及无功功率随着电压和频率的变化而变化；在动态上，负荷表现为一定的波动特性，这种波动特性具有一定的规律性、随机性、分散性和受气象条件、用户用电特点、需求侧响应/管理、电压/频率等多方面因素的影响而表现出来的复杂性。

随着分布式电源、储能装置、电动汽车等新型源荷的接入，配电网更加复杂多变。从这个角度看，配电网负荷不具有统一的模型，需要根据应用场景和应用需求，构建相应的负荷模型。

2. 配电网设备模型

复杂有源配电网呈现多电源、多向潮流、交/直流混合供电、各种电能形式灵活可控、用电负荷和分布式能源即插即用等灵活配电的特征，配电网不仅需要具备能量分配功能，还需要满足能量转换、存储、路径选择及信息资源传输等需求。配电网设备则是实现上述需求的关键。

然而，传统配电设备功能单一，为满足上述需求，需在现有配电系统中加装调节器、稳定器、控制器、补偿器等多种设备，如此，配电系统变得更加复杂，这就对配电网设备建模提出了新的需求,需要研究与之相适应的建模理论与方法。

3.1　复杂有源配电网负荷建模概述

3.1.1　复杂有源配电网负荷建模的意义

复杂有源配电网数字仿真已成为配电网规划设计、调度运行和实验研究的主要工具，复杂有源配电网各元件的数学模型以及由其构成的全系统数学模型是复杂有源配电网数字仿真的基础，模型的准确性直接影响仿真结果和以此为基础的规划与运行的决策方案。仿真所用模型和参数是仿真准确性的重要决定因素之一。目前，发电机及其控制系统和输电网络的模型已较成熟，相对而言，工程实践中所用的负荷模型仍较简单，往往从基本物理概念出发，采用统一的典型模型和参数。

大量研究结果表明,负荷特性对复杂有源配电网分析计算结果具有重要影响。不同的负荷模型对复杂有源配电网的事故后潮流计算、短路电流计算、暂态稳定、动态稳定、电压稳定和频率稳定的仿真计算都具有不同程度的影响，在严重情况下，不同的负荷模型可能会使计算结果发生质的变化。以往缺乏详细负荷模型时，在仿真计算中常常试图采用某种“保守”的负荷模型，但这种做法是有风险的。由于负荷模型对现代复杂有源配电网的总体影响事先难以预计,在某种情况下“保守”的负荷模型在另一种情况下可能产生“冒进”效果，并且不同的问题对负荷模型的要求也不尽相同。因此，必须建立和推广符合实际的负荷模型。

随着我国特高压大电网的建设、新能源发电和新型电力电子设备的引入，我国电网的规模不断扩大，复杂程度不断增加，复杂有源配电网的短路电流、动态稳定性及电压稳定性问题更加突出，负荷模型对复杂有源配电网仿真计算结果的影响已变得不容忽视。在多项工程项目的研究中，负荷模型和参数对复杂有源配电网稳定性仿真计算结果的影响变得非常突出，影响了仿真计算结果的可信度，给决策方案的取舍带来了困难，因此受到了广泛重视。为了解决这一问题，必须研究适用于我国电网实际的负荷模型和建模方法。

3.1.2　复杂有源配电网负荷建模的基本方法

目前，电力负荷建模方法可以归纳为三类，即统计综合法(component based modeling approach)、总体测辨法(measurement based modeling approach)和故障拟合法(fault based modeling approach)。在过去的 20 年中，电力负荷建模方法基本上是沿着统计综合法和总体测辨法这两条道路不断发展和完善的，并且已分别取得许多可喜成果。在实际工程中，则更多地采用故障拟合法。

电气电子工程师学会(Institute of Electrical and Electronics Engineers, IEEE)和国际大电网会议(International Council on Large Electric Systems, CIGRE)都设有负荷建模研究的专门小组，发达国家的电力公司几乎都在负荷建模研究方面做了大量工作。北美主要使用的负荷建模软件包，是在美国电力研究院(Electric Power Research Institute, EPRI)委托美国得克萨斯州大学(The University of Texas)和美国通用电气公司(General Electric Company, GE)所作的大量统计负荷的基础上，用统计综合法形成的，它的结果并不精确，但经过电力公司在实际中不断修正，现在每个电网基本形成了自己的负荷静特性模型，同时仍在实际运行中不断修正，力求更加符合实际。澳大利亚采用了总体测辨法(主要靠在现场实验)来建立负荷模型[1]。总之，国际上许多电力公司都在开展这方面的研究，力求采用基本符合自己电网实际的负荷模型。

多年来，我国各大区电网在电力系统分析计算时，通常按照经验选定某种常见的负荷模型并定性地确定模型参数，然后通过对本网内发生的典型事故的模拟计算，不断对负荷模型进行修正。随着我国电网的发展，电网越来越复杂，电压等级越来越高，各元件之间的电气距离越来越小，负荷对仿真计算的结果会产生重大影响。因此，按照经验确定负荷模型的方法已不能满足要求。另外，负荷特性与地区的气候、资源、经济发展情况和生活水平等有关，造成了不同地区之间负荷模型及参数的差异性。因此，现有的负荷模型和参数很难准确描述负荷动态特性，负荷模型已经成为提高电力系统仿真准确度的瓶颈。

1. 统计综合法

统计综合法[2]首先通过实验和数学推导得到各种典型负荷元件(如荧光灯、家用电子设备、工业电动机、空调负荷等)的数学模型，然后在一些负荷点上统计某些典型时刻各种负荷(如冬季峰值负荷、夏季峰值负荷等)的组成，即每种典型负荷所占的百分比，以及配电线路和变压器的数据，最后综合这些数据得出该负荷点的负荷模型。美国 EPRI 的 LOADSYN 软件为其中的代表。

2. 总体测辨法

20 世纪 80 年代以来，随着系统辨识理论的日趋丰富与完善、计算机数据采集与处理技术的发展，一种新的负荷建模方法——总体测辨法[3-9]以其简单、实用、数据直接来源于实际系统等多种优点受到电力负荷建模工作者的关注。该方法的基本思想是将综合负荷作为一个整体，先从现场采集测量数据，后根据这些数据辨识负荷模型的结构和参数，再用大量的实测数据验证模型的外推、内插的效果。

3. 故障拟合法

长期以来，在工程实际中应用最广泛的方法是基于故障拟合的负荷模型建模方法。通常的做法是：参照一定的经验(如负荷的基本构成、系统的运行特性等)，首先选定某种常见的模型，并定性地选定模型中的参数，随后通过对典型故障的录波数据或专门的扰动实验得到的系统响应曲线进行仿真对比分析，在保证系统其他动态元件的模型和参数基本准确的条件下，不断调整负荷模型和参数，使仿真结果尽量接近系统的实际动态过程，从而得到适用于实际电网的负荷模型和参数。

美国西部系统协调委员会(Western Systems Coordinating Council, WSCC)在对 1996 年 8 月美国西部电力系统大面积停电事故分析的基础上，采用故障拟合法，提出了 WSCC 系统仿真计算中负荷模型的修改意见[10]。

应该指出的是，故障拟合法是一种系统性的建模方法，并不针对具体的负荷元件或一个变电站的负荷进行建模，主要根据系统受扰动后的动态过程，对负荷的模型和参数进行调整，以获得较好的仿真精度。因此，故障拟合法更适用于电力系统仿真模型参数的验证与校核。

3.2　配电网仿真计算中的负荷模型

3.2.1　负荷模型的表示方法

电力系统仿真计算中的负荷是由变电站(母线)供电的各类用电设备、配电网络和接入该变电站(母线)的电源的总和。负荷模型是综合负荷的功率(有功和无功)或电流随变电站(母线)电压和频率的变化而变化的数学表达式，一般可分为静态负荷模型和动态负荷模型。

静态模型是指决定系统特性的因素不随时间推移而变化的系统模型。当然在现实世界中不存在绝对静态的系统；静态系统的假定本身是对系统的一种简化。当系统对象的主要特征在所关心的时间段内不发生明显变化，或者发生的变化对系统的整体性质没有明显影响时，可以把一个系统看成是静态的。

动态模型是指系统的状态随时间的推移而变化的模型。动态系统模型又分为连续性动态系统模型和离散性动态系统模型两类。

静态负荷模型反映母线负荷功率(有功、无功)随模型电压和频率的变化而变化的规律，其中负荷随电压变化的特性称为负荷电压特性，而随频率变化的特性称为负荷频率特性。静态负荷模型一般可用代数方程表示，主要有多项式模型和幂函数模型两种。动态负荷模型反映母线负荷功率(有功、无功)随母线电压、频率和时间的变化而变化的规律，一般可用微分方程或差分方程表示，由于动态负荷的主要成分是感应电动机，因此常用感应电动机模型表示。

负荷模型按其结构形式还可分为非机理负荷模型和机理负荷模型。非机理负荷模型以负荷端口的输入量(负荷母线电压和频率)和输出量(负荷功率或电流)的关系为依据，选择适当的数学表达式来表示输出量和输入量之间的关系。机理负荷模型从负荷内部的物理本质入手，通过选择适当的物理模型结构来模拟负荷特性。

3.2.2 静态负荷模型

在电力系统的潮流分析、静态稳定性分析中，一般采用静态负荷模型。常用的有幂函数模型和多项式模型，两者都属于输入输出式模型。

1. 幂函数模型

幂函数模型如式(3-1)所示：

$$\begin{cases} P = P_0\left(\dfrac{U}{U_0}\right)^{P_v}\left(\dfrac{f}{f_0}\right)^{P_f} \\ Q = Q_0\left(\dfrac{U}{U_0}\right)^{Q_v}\left(\dfrac{f}{f_0}\right)^{Q_f} \end{cases} \tag{3-1}$$

式中，P_0、Q_0、U_0 和 f_0 分别为基准点稳态运行时负荷有功功率、无功功率、负荷母线电压幅值和频率；P、Q、U 和 f 为实际值；P_v、Q_v 为负荷有功功率和无功功率的电压特性指数；P_f、Q_f 为负荷有功功率和无功功率的频率特性指数。这种静态模型仅适用于电压变化范围较小(±10%)的情况。

2. 多项式模型

多项式模型如式(3-2)所示：

$$\begin{cases} P = P_0\left[p_1\left(\dfrac{U}{U_0}\right)^2 + p_2\left(\dfrac{U}{U_0}\right) + p_3\right](1+K_{pf}\Delta f) \\ Q = Q_0\left[q_1\left(\dfrac{U}{U_0}\right)^2 + q_2\left(\dfrac{U}{U_0}\right) + q_3\right](1+K_{qf}\Delta f) \end{cases} \tag{3-2}$$

式中，Δf 为频率偏差$(f-f_0)$；p_1、p_2、p_3 分别为恒阻抗、恒电流、恒功率的有功成分系数；K_{pf} 为有功功率的频率偏差系数；q_1、q_2、q_3 分别为恒阻抗、恒电流、恒功率的无功成分系数；K_{qf} 为无功功率的频率偏差系数。

1995 年，IEEE 推荐的标准静态负荷模型[11]如下：

$$\begin{cases} \dfrac{P}{P_{\text{frac}}P_0} = K_{pz}\left(\dfrac{U}{U_0}\right)^2 + K_{pi}\left(\dfrac{U}{U_0}\right) + K_{pc} + K_{p1}\left(\dfrac{U}{U_0}\right)^{n_{pv1}}(1+n_{pf1}\Delta f) + K_{p2}\left(\dfrac{U}{U_0}\right)^{n_{pv2}}(1+n_{pf2}\Delta f) \\ \dfrac{Q}{Q_{\text{frac}}Q_0} = K_{qz}\left(\dfrac{U}{U_0}\right)^2 + K_{qi}\left(\dfrac{U}{U_0}\right) + K_{qc} + K_{q1}\left(\dfrac{U}{U_0}\right)^{n_{qv1}}(1+n_{qf1}\Delta f) + K_{q2}\left(\dfrac{U}{U_0}\right)^{n_{qv2}}(1+n_{qf2}\Delta f) \end{cases} \tag{3-3}$$

其中，

$$K_{pz} = 1-(K_{pi}+K_{pc}+K_{p1}+K_{p2}), \quad K_{qz} = 1-(K_{qi}+K_{qc}+K_{q1}+K_{q2}), \quad Q_0 \neq 0$$

式中，P_{frac}、Q_{frac} 分别为总负荷中有功和无功的静态部分所占比例；K_{pz}、K_{pi}、K_{pc} 分别为总负荷中的恒定阻抗部分、恒定电流部分、恒定功率部分的有功功率；K_{qz}、K_{qi}、K_{qc} 分别为总负荷中的恒定阻抗部分、恒定电流部分、恒定功率部分的无功功率；K_{p1}、K_{q1}、K_{p2}、K_{q2} 为总负荷中与电压和频率均有关的部分；n_{pv1}、n_{pv2} 分别为与频率有关的有功特性指数系数；n_{pf1}、n_{pf2} 分别为与频率有关的有功偏差系数；n_{qv1}、n_{qv2} 分别为与频率有关的无功特性指数系数；n_{qf1}、n_{qf2} 分别为与频率有关的无功偏差系数。

该静态模型适应性较强。在实际应用中，往往根据仿真分析的具体需要，选择此模型的重要项派生出若干实用模型。

3.2.3 动态负荷模型

在进行电力系统动态计算、稳定分析时，一般采用动态负荷模型。动态负荷模型包括机理模型和非机理模型两种。其中，机理模型通常为感应电动机模型。一般将感应电动机模型并联有关静态负荷模型来描述综合负荷的动态行为。

1. 感应电动机负荷模型

在电力系统机电暂态仿真计算中一般采用考虑机电暂态过程的感应电动机模型。在程序实现中，不同的程序所采用的表达式略有差别。

PSD-BPA 暂态稳定程序中，相应的方程如下所述[12]。

转子电压方程为

$$\begin{cases} \dfrac{\mathrm{d}E'_d}{\mathrm{d}t} = -\dfrac{1}{T'_0}[E'_d + (X-X')I_q] - \omega_b(\omega_t - 1)E'_q \\ \dfrac{\mathrm{d}E'_q}{\mathrm{d}t} = -\dfrac{1}{T'_0}[E'_q + (X-X')I_d] - \omega_b(\omega_t - 1)E'_d \end{cases} \tag{3-4}$$

式中，E'_d、E'_q 分别为感应 d、q 轴电压；I_d、I_q 分别为 d、q 轴电流；ω_b 为磁场速度；ω_t 为转子角速度；$T'_0 = \dfrac{X_r + X_m}{\omega_0 R_r}$ 为暂态开路时间常数，X_r 为转子电抗，X_m 为励磁电抗，R_r 为转子电阻，ω_0 为同步角速度；$X = X_s + X_m$ 为转子开路电抗，X_s 为定子电抗；$X' = X_s + \dfrac{X_m X_r}{X_r + X_m}$ 为转子不动时短路电抗。

定子电流方程为

$$\begin{cases} I_d = \dfrac{1}{R_s^2 + X'^2}[R_s(U_d - E'_d) + X'(U_q - E'_q)] \\ I_q = \dfrac{1}{R_s^2 + X'^2}[R_s(U_q - E'_q) + X'(U_d - E'_d)] \end{cases} \tag{3-5}$$

式中，R_s 为定子电阻；U_d、U_q 分别为 d、q 轴电压。

转子运动方程为

$$\frac{\mathrm{d}\omega_t}{\mathrm{d}t} = \frac{1}{2H}(T_\mathrm{e} - T_\mathrm{m}) \tag{3-6}$$

式中，$\omega_t = 1 - s$，s 为转子滑差；H 为惯性常数；$T_\mathrm{e} = E'_d I_d + E'_q I_q$ 为电动机电磁力矩；T_m 为机械转矩，即

$$T_\mathrm{m} = T_0(A\omega_t^2 + B\omega_t + C) \tag{3-7}$$

其中，A、B、C 为机械转矩系数，满足下列关系：

$$\begin{aligned} & A\omega_0^2 + B\omega_0 + C = 1 \\ & \omega_0 = 1 - s_0 \end{aligned} \tag{3-8}$$

PSASP 电力系统分析综合程序的表达式如下[13]：

$$\begin{cases} \dfrac{\mathrm{d}s_\mathrm{L}}{\mathrm{d}t} = \dfrac{1}{2H_\mathrm{L}}(T_\mathrm{m} - T_\mathrm{e}) \\ \dfrac{\mathrm{d}e'_\mathrm{L}}{\mathrm{d}t} = \dfrac{1}{T'_{d0\mathrm{L}}}[-e'_\mathrm{L} - \mathrm{j}K_\mathrm{Z}(X - X')I - \mathrm{j}T'_{d0\mathrm{L}} e'_\mathrm{L} s 2\pi f_0] \end{cases} \tag{3-9}$$

其中，

$$T_\mathrm{e} = -(e'_{t\mathrm{R}} I_{t\mathrm{R}} + e'_{t\mathrm{I}} I_{t\mathrm{I}})K_\mathrm{P}, \quad T_\mathrm{m} = K_\mathrm{L}[\alpha + (1-\alpha)(1-s)^p]$$

式中，s_L 为转差；H_L 为惯性常数；$T'_{d0\mathrm{L}}$ 为转矩；f_0 为基准频率；$e'_{t\mathrm{R}}$、$e'_{t\mathrm{I}}$ 分别为电压实部、虚部；$I_{t\mathrm{R}}$、$I_{t\mathrm{I}}$ 分别为电流实部、虚部；s 为转子滑差；K_Z 为等值电路中将电动机基准值的标幺值阻抗转换为系统基准值的标幺值阻抗的系数；K_P 为将系统基准值的标幺值转换为电动机基准值的标幺值的系数；K_L 为电动机负荷率系数，即

$$K_\mathrm{L} = \frac{P_{t(0)}^*}{\alpha + (1-\alpha)(1-s)^p} \tag{3-10}$$

其中，$P_{t(0)}^*$ 为负荷有功功率；α 为与转速无关的阻力矩系数；p 为与转速有关的阻力矩的方次。

2. 非机理动态负荷模型

前面介绍的机理模型物理意义明确，易于理解和采用。当负荷群中成分比较单一时，机理模型是合适的。然而，当负荷群中动态元件类型不止一种，或者类型单一但特性相差较大时，就难以用一个简单的等值机理模型去描述。因此，人们开始研究负荷的非机理动态模型。

非机理动态负荷模型属于输入输出模型。建立非机理动态负荷模型，着重强调对负荷群输入/输出特性的较好描述，并不苛求模型的物理解释。常见的非机理动态负荷模型包括常微分方程模型、传递函数模型、状态空间模型和时域离散模型。下面将具体介绍。

1) 常微分方程模型

常微分方程模型的一般形式[1]为

$$f(P_d^{(n)}, P_d^{(n-1)}, \cdots, P_d^1, U_d^{(m)}, U_d^{(m-1)}, \cdots, U_d^{(1)}, U) = 0 \tag{3-11}$$

文献[1]从分析负荷对阶跃电压响应的特性出发，结合电压稳定研究的需要，提出了以下形式的模型：

$$T_d \frac{\mathrm{d}P_d}{\mathrm{d}t} + P_d = P_d(U) + K_p(U)\frac{\mathrm{d}U}{\mathrm{d}t} \tag{3-12}$$

2) 传递函数模型

Welfonder 等[14]于 1989 年提出的工业负荷传递函数模型为

$$\Delta P(s) = \frac{K_{pf} + T_{pf}}{1 + T_1 s}\Delta f(s) + \frac{K_{pu} + T_{pu}s}{1 + T_1 s}\Delta U(s) \tag{3-13}$$

$$\Delta Q(s) = \frac{K_{qf} + T_{qf}}{1 + T_1 s}\Delta f(s) + \frac{K_{qu} + T_{qu}s}{1 + T_1 s}\Delta U(s) \tag{3-14}$$

式中，T_1、T_{pf}、T_{pu}、T_{qf}、T_{qu} 为时间常数；K_{pf}、K_{pu}、K_{qf}、K_{qu} 为增益常数。

3) 状态空间模型

状态空间模型的一般形式[15]为

$$\begin{cases} \dot{X} = AX + Bu \\ Y = CX + Du \end{cases} \tag{3-15}$$

文献[15]采用的状态方程和输出方程分别如式(3-16)和式(3-17)所示：

$$\begin{bmatrix} \dot{X}_1 \\ \dot{X}_2 \end{bmatrix} = \begin{bmatrix} 0 & 1 \\ \alpha_1 & \alpha_2 \end{bmatrix}\begin{bmatrix} X_1 \\ X_2 \end{bmatrix} + \begin{bmatrix} 1 & 0 \\ 0 & 1 \end{bmatrix}\begin{bmatrix} \Delta U_\mathrm{R} \\ \Delta U_\mathrm{I} \end{bmatrix} \tag{3-16}$$

$$\begin{bmatrix} \Delta I_\mathrm{R} \\ \Delta I_\mathrm{I} \end{bmatrix} = \begin{bmatrix} \alpha_3 & \alpha_4 \\ \alpha_1 & \alpha_2 \end{bmatrix}\begin{bmatrix} X_1 \\ X_2 \end{bmatrix} + \begin{bmatrix} \alpha_7 & \alpha_8 \\ \alpha_5 & \alpha_6 \end{bmatrix}\begin{bmatrix} \Delta U_\mathrm{R} \\ \Delta U_\mathrm{I} \end{bmatrix} \tag{3-17}$$

式中，状态变量 X_1、X_2 没有确切的物理含义。

4) 时域离散模型

时域离散模型一般形式为

$$P_k=\sum_{i=1}^{n_p}a_{pi}P_{k-i}+\sum_{i=1}^{n_v}b_{pi}v_{k-i}+\sum_{i=1}^{n_f}c_{pi}f_{k-i} \tag{3-18}$$

以上各种非机理动态负荷模型本质是一致的，其参数也可以相互转换。非机理动态负荷模型是在系统辨识理论发展的过程中，从大量具体动态系统建模中概括抽象出来的，对一大类动态系统具有较强的描述能力。每一种非机理动态负荷模型都有其适用范围，目前还不存在一种被人们广泛认可的普遍适用的非机理动态负荷模型形式和结构。模型结构的确定需要针对具体的对象和建模目的，还要结合模型来判断其有效性和有效范围。因为除了真正的机理模型外，非机理模型都有其相对有效的范围，很难找到绝对有效的非机理模型。

3.2.4 配电网综合负荷模型

配电网综合负荷模型的等值电路如图 3-1 所示。

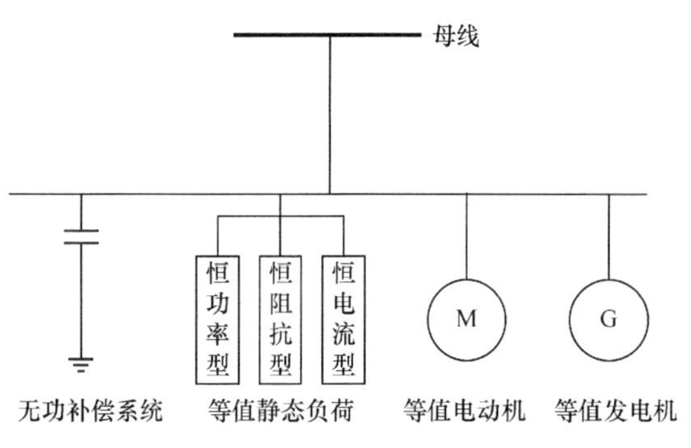

图 3-1 配电网综合负荷模型的等值电路

配电网综合负荷模型的输入数据包括感应电动机参数及其有功负荷占总负荷 P_L 中的比例、静态负荷分量占总负荷的比例、静态负荷的功率因数、以等值支路初始负荷容量为基准功率得到的配电网等值阻抗(标幺值)、等值发电机输出的有功功率 P_G 和无功功率 Q_G 、发电机组参数和励磁调速系统参数。

3.2.5 负荷模型的使用

目前我国各电网、各部门在电力系统计算分析程序中采用的负荷模型情况介绍如下。

(1) 规划设计部门中，除西北电力设计院采用动态负荷模型(恒定阻抗+感应电动机)外，所有电力规划设计部门均采用静态负荷模型，其中，南方电网采用恒定电流+恒定功率+恒定阻抗模型，其他电网均采用恒定阻抗+恒定功率模型。华东、川渝、福建和华北电网的规划设计部门所采用的负荷模型没有考虑负荷的频率特性，山东、东北、南方和华中电网的规划设计部门所采用的负荷模型考虑了负荷的频率特性。

(2) 调度运行部门中，华北、华中、东北和西北电网的电力调度部门在进行电力系统计算分析中，采用恒定阻抗+感应电动机的动态负荷模型，其中，感应电动机负荷占总负荷的比例为 40%～65%。华东和南方电网的电力调度部门在进行电力系统计算分析中采用静态负荷模型，其中，华东电网采用恒定阻抗+恒定功率模型，不考虑负荷的频率特性，南方电网采用恒定电流 + 恒定功率 + 恒定阻抗模型，考虑负荷的频率特性。

3.3　负荷模型对仿真的影响与建模原则

3.3.1　负荷模型对电力系统仿真计算的影响

电力系统的数字仿真已成为电力系统规划设计、调度运行和分析研究的主要工具，电力系统各元件的数学模型以及由其构成的全系统数学模型是电力系统数字仿真的基础，模型的准确与否直接影响仿真结果和以此为基础的决策方案。仿真所用模型和参数是仿真准确性的重要决定因素。目前发电机组和输电网络的模型已比较成熟，相对而言，负荷模型仍较简单，主要采用经验性的典型模型和参数。

随着电力系统的不断发展，电力系统的复杂程度加强、规模扩大、稳定性问题更突出，负荷模型对系统计算结果的影响已变得不容忽视。大量仿真计算和实验验证表明：负荷特性对系统仿真计算结果具有重要影响，不同的负荷模型对系统潮流、短路电流、暂态稳定、动态稳定、电压稳定、频率稳定的仿真计算结果都具有不同程度的影响，进而对以仿真计算为基础的电力系统发展规划方案、运行方式和安全稳定控制措施产生重大影响。

1. 负荷模型对潮流计算的影响

IEEE 负荷建模工作组于 1988 年对北美电力系统的 30 多个企业的问卷调查结果显示，在事故前后的静态潮流计算中，绝大多数采用恒定功率负荷模型，仅少数采用功率随电压变化的负荷模型。在潮流计算中，当电网运行条件良好时，节点电压运行于额定值附近，采用恒定功率负荷模型的潮流计算一般不存在收敛性问题。但对于运行条件恶化的电网，如故障后断开线路或切除发电机组等，当系统电压偏离额定值较大时，采用恒定功率负荷模型的潮流计算则存在收敛性问题，而当采用考虑实际负荷功率随电压变化特性的负荷模型(如 ZIP 模型或幂函数模型等)时，潮流计算的收敛性就可以得到改善。也就是说，采用恰当的负荷模型能改善潮流的收敛性及故障后潮流计算的精度。

需要指出的是，正常潮流计算的主要任务是确定在给定的负荷功率和发电出力条件下的系统潮流分布，如果采用非恒定功率模型，虽然提高了潮流计算的收敛性，但是在潮流计算收敛后，负荷节点的功率可能偏离给定值。如果要得到给定的负荷功率，就需要反复调整计算。因此，功率随电压变化的负荷模型主要适用于故障后的潮流计算。

2. 负荷模型对短路电流计算的影响

随着电网结构的不断加强，短路电流超标问题日益突出。如果短路电流计算结果偏大，则可能导致安装或更换大容量断路器，使电网运行经济性较差；如果短路电流计算结果偏小，则可能导致设备损坏，给系统的安全运行带来隐患。

不同负荷模型对系统短路电流计算结果的影响是不同的，需要深入研究负荷模型对短路电流计算结果的影响，确定符合实际的负荷模型。

静态负荷模型不提供短路电流，对于远端短路点的短路电流有分流作用。其中，恒定阻抗负荷分流效果最不明显，恒定功率负荷分流效果最明显。所以将静态负荷作为恒定阻抗负荷的处理方式，得到的短路电流计算结果偏大。

感应电动机负荷模型提供短路电流。感应电动机反馈的短路电流大小与电动机容量成正比；在综合负荷模型中，如果感应电动机负荷的比例偏大，则导致短路电流偏大，反之，则导致短路电流偏小。

配电网络的阻抗会使短路电流减小。所以，考虑配电网络的综合负荷模型中，还要准确模拟配电网络阻抗。

现用的暂态稳定计算负荷模型未充分考虑各地区负荷的不同特点，计算结果偏于保守；使用考虑配电网络的综合负荷模型的计算结果更为合理。因此，在短路电流计算时，应慎重选取负荷模型尤其是感应电动机负荷模型的参数，建议选择考虑配电网络的综合负荷模型。

3. 负荷模型对暂态稳定计算的影响

在系统受到扰动后的第一、二功角摇摆周期内，一般会出现电压降低的情况，特别是在振荡中心附近。在此期间，负荷模型对暂态稳定计算的影响主要是通过负荷功率随电压、频率的变化而影响作用于发电机转子上的加速或减速转矩来表现的，也就是说，负荷消耗的功率随电压的变化将影响发电机的输入输出功率的不平衡，进而影响功角的偏移和系统的暂态稳定性。在对实际负荷特性缺乏了解的情况下，人们一直认为采用保守的负荷模型可以确保系统的安全运行，实际上由于电力系统的复杂性，同一种负荷模型处于系统的不同地点和在不同的故障条件下对系统稳定的影响不同，很难找到一个负荷模型使得系统的仿真计算结果总是偏于保守。例如，实际负荷特性为恒定电流，其功率随电压幅值变化，而采用恒定阻抗模型来表示时，负荷功率随电压的平方变化，若负荷点位于加速的发电机附近，得到的分析结果偏于保守，因为恒定阻抗模型加剧了发电和功率消耗的不平衡；若负荷位于减速的发电机附近，得到的分析结果偏于冒进。相反，当用恒定功率模型表示恒定电流特性时，若负荷位于加速的发电机附近，得到的分析结果偏于冒进；若负荷位于减速的发电机附近，得到的分析结果则偏于保守。所以有必要对分析系统建立切合实际的负荷模型，而不能根据经验一概采用某种负荷特性。

研究结果表明，采用静态负荷模型不足以准确描述系统在电压和频率变化较大情况下的负荷特性。对于送端电网，电动机负荷有利于提高暂态稳定性；对于受端电网，电动机负荷的作用要具体分析。因此，对于送端电网，必须注意负荷模型的选取，保证模型和参数的准确度。采用电动机模型得到的计算结果需要在实际运行中比较其可信度，电动机在综合动态负荷中的比例以及恒定功率、恒定电流、恒定阻抗负荷的比例也需根据实际运行情况确定。

需要指出的是，在评价负荷模型对暂态稳定的影响时应主要考察负荷模型对如最大传输功率、故障极限切除时间等极限状态的影响。

4. 负荷模型对小扰动动态稳定计算的影响

随着电网规模的扩大和区域电网互联，电力系统小扰动稳定问题越来越突出。在某些情况下，小扰动稳定性较弱所引起的低频振荡问题甚至成为限制电网发电能力、阻碍大型机组按设计满负荷并网发电的关键。

低频振荡过程常常引起系统的电压和频率变化，在这些情况下，负荷的电压和频率特性对振荡阻尼特性计算有明显影响，特别是位于参与因子较高的机组和振荡中心附近的负荷特性，对系统的阻尼计算结果有很大影响。普遍认为负荷的频率特性对系统的阻尼具有重要影响。

区域振荡可能涉及分布于系统中的许多发电机组，造成系统电压、频率的显著变化。在这种情况下，负荷的电压、频率特性对振荡阻尼具有重要影响。振荡阻尼的来源除励磁控制系统外，还有负荷特性、原动机转矩速度特性和发电机阻尼绕组。对于大区互联系统，随着发电机间阻抗的增大，系统阻尼变弱，动态稳定问题更加突出。在分析区域振荡时，除考虑发电机励磁控制系统的作用外，原动机转矩速度特性和负荷特性也是应该考虑的重要因素。

动静态负荷特性对跨区域互联电网低频振荡阻尼特性的影响表现为：当系统采用统一静态负荷模型时，系统振荡模式的阻尼比按照恒定阻抗、恒定电流、恒定功率的顺序逐渐减小；当系统采用综合动态负荷模型时，系统振荡模式的阻尼比随着感应电动机比例的增加逐渐增大，系统产生的阻尼转矩系数与感应电动机的参数有很大关系。送端负荷中的感应电动机增加阻尼，而受端负荷中的感应电动机恶化阻尼。

可采用时域仿真和小扰动方法分析不同的机端负荷特性对系统阻尼的影响。机端负荷特性对系统阻尼的影响很大，表现为：电压变化越大，负荷吸收功率的灵敏度越高，负荷对阻尼的影响越大。系统中负荷与电力系统静态稳定器存在相互作用，不同负荷特性影响电力系统静态稳定器控制信号的幅值和相位。在电力系统静态稳定器整定计算中往往忽略负荷的影响，采取保守的做法，如此会造成很大的误差，使得保守与冒进易位，这在系统重负荷条件下尤为突出。

由于负荷模型和参数对机电振荡模式阻尼特性有影响，应注意：

(1) 不同负荷模型对机电振荡模型的阻尼影响不同，在电力系统动态稳定性的研究中，应给予足够的重视。

(2) 有功功率频率因子对区域间振荡模式阻尼影响的性质与联络线潮流的方向无关。正的有功功率频率因子提高区域间振荡模式阻尼，负的有功功率频率因子降低区域间振荡模式阻尼。

(3) 负荷对振荡模式阻尼特性的影响与下述因素有关：使用的模型；负荷处于送端或受端；发电机是否有励磁调节器和电力系统稳定器；互联系统联络线有功潮流的大小和方向。因此，不能简单地认为使用恒定功率模型(有负电阻特性)时的阻尼就一定比使用恒定阻抗(有正电阻特性)时的阻尼坏，在工程计算中，应尽量使用符合实际的负荷模型。

(4) 恒定功率负荷与电动机负荷对区域间振荡模式阻尼的影响在性质上基本相同。

(5) 负荷模型对区域间振荡模式阻尼的影响与发电机是否有励磁调节器和电力系统静态稳定器有关，因此在拟合负荷模型时，必须使用能反映实际励磁系统特性的数学模型和参数。

(6) 建议采用模型结构更符合实际的负荷模型和由统计综合法或实测辨识法得到的模型参数，并加强负荷模型参数的建模与验证工作。

总之，不同负荷类型对系统动态稳定性的影响不同，负荷所处的位置、负荷的构成对系统动态稳定性也存在一定影响。具体的影响与系统运行状态、系统结构等因素相关。对于互联系统，负荷模型对区域间振荡模式阻尼的影响比简单系统要复杂得多，要找到规律性的结论，尚需进行更深入、更广泛的研究。

5. 负荷模型对电压稳定计算的影响

电压稳定计算与电力系统其他的定量计算相比较，对负荷模型的依赖程度更强。在电压稳定问题分析的文献中，凡提及电压稳定影响因素及仿真元件模型时，必首推负荷特性和负荷模型，这是因为负荷特性是电压失稳过程中最活跃、最关键的因素。

负荷的持续增加使得负荷节点电压下降，系统逐步趋向紧张，当达到系统能够承受的最大负荷功率时，进一步增加的负荷需求将会导致系统电压崩溃。这一过程用静态负荷模型和一般的静态分析方法如潮流和连续潮流等很难准确描述，需采用合适的动态负荷模型，并通过时域仿真计算才能解释。

有研究表明，在典型故障方式下，采用传统的对电压敏感的静态模型时，系统具有较好的电压稳定性，但若采用综合模型，系统则无法维持稳定直至电压崩溃。此外，综合模型的构成(如感应电动机比例)和感应电动机模型对系统的电压稳定性也具有显著的影响。

6. 负荷模型对频率稳定的影响

当系统频率变化时，系统的负荷功率也会随着频率的变化而变化，这种负荷功率随频率变化的特性称为负荷的频率特性，定义为单位频率变化对应的负荷功率变化。由于负荷性质的不同，其功率与频率变化的相互关系也是不同的。

在电力系统实际运行中，不同的负荷具有不同的频率特性，在对负荷进行实测的基础上考虑负荷的频率特性有利于建立有效的低频减载方案。但目前实测系统负荷频率特性非常困难，必须在孤立系统内部测量负荷频率特性，并且希望频率在一定范围内可调。为了得到可靠的数据，还需要将负荷电压变化的影响与负荷频率变化的影响区分开，这就更加困难，由于系统中的负荷每时每刻都处于变化之中，要准确地统计出同一时刻各类负荷的大小，并精确分析出该时刻各类负荷关于频率的变化率是非常困难的。

总体来说，负荷特性对电力系统的影响比较大，必须重视。当缺乏精确负荷模型时，常常试图采用某种保守负荷模型，这种做法对现代复杂电力系统来说是危险的。因为负荷模型对复杂电力系统的总体影响事先难以确定，而且在某种情况下保守的负荷模型在另一种情况下可能产生冒进的结果，所以，必须建立和推广符合实际的负荷模型。

3.3.2　负荷建模的基本原则

1. 保证系统动态特性不失真

电力系统仿真的目的是研究系统的稳定特性，确定系统的稳定水平，建立系统运行方式，分析系统的发展规划方案，研究保证系统安全稳定的技术措施。电力系统仿真结果对电力系统的安全稳定运行、规划设计具有重大影响，而仿真结果的准确与否是由仿真所用模型和参数的准确性决定的。这就要求所采用的模型和参数得到的仿真结果不会导致系统主要动态特性失真。因此，在负荷建模研究中，必须保证所得到的负荷模型能够使得仿真所得到的系统动态特性不失真。

2. 保持系统的主要动态特征不失真

由于电力系统是复杂的大系统，精确地仿真其动态行为是十分困难的，因此，所建立的负荷模型和参数应保证系统的主要动态特征不失真，如系统的电压稳定特性、功角稳定特性、小扰动动态稳定特性、频率稳定特性等。

3. 负荷模型物理意义明确，适应性强

负荷建模并不是针对单个用电设备的，所关心的是负荷群对外部系统所呈现的总体特性。但是，由于负荷具有时变性、随机性、分布性、复杂性和多样性等特点，所建负荷模型不可能一成不变，因此，电力系统分析计算所采用的负荷模型必须具有明确的物理意义，适应性强，便于计算分析人员理解和应用，必要时可根据运行方式和系统状态的变化及时调整。

3.3.3 负荷建模的基础性工作

1. 系统稳定特性分析

在开展电力系统负荷建模工作前，首先需要建立较为准确的系统模型和参数(包括发电机、励磁系统、调速系统、直流输电、电力电子装置等动态元件)。在此基础上，对该电网的系统动态特性进行深入的分析研究，找出影响系统稳定水平的主要因素，明确提高系统仿真精度的改进方向。例如，类似于单机无穷大系统的远距离输电系统，其主要稳定问题是功角稳定，其负荷模型对稳定特性的影响可能不大，其仿真精度的提高主要取决于发电机及其控制系统的模型和参数；对于负荷集中、受电比例高的受端系统，其电压稳定问题比较突出，负荷模型影响很大，而提高系统仿真精度的关键所在是建立准确的负荷模型。

2. 研究负荷模型及参数对系统稳定特性的影响

需要通过对不同运行方式、不同负荷模型及参数对系统稳定特性影响的仿真分析，研究负荷模型及参数对系统稳定特性的影响，尤其是负荷模型及参数对系统稳定水平、主要断面输送功率、系统安全稳定控制措施的影响，从而明确负荷模型的改进方向。

3. 负荷模型及参数灵敏度分析

由于我国互联电网负荷节点多、分布广，不可能对所有地区、所有节点同时开展负荷建模工作。另外，对电力系统的主要稳定特性而言，并不是所有负荷全部敏感。因此，有必要通过负荷模型及参数的灵敏度分析，找出影响系统稳定特性的主要负荷点(变电站)和负荷参数。把握重点研究范围与关键负荷节点，明确开展负荷建模的地区和节点的优先顺序。由点到面，逐步建立与完善负荷模型，提高仿真计算准确度。

3.3.4 负荷建模的基本方法

1. 负荷构成调查

负荷构成具有多样性和复杂性，并且此特性对负荷模型和参数有决定性影响，这就决定了在负荷建模前必须先了解和掌握不同地区、不同节点、不同季节的负荷构成。负荷构成调查，应本着由粗到细的原则进行分类(如工业、居民、商业、农业等)，再确定各类负荷的构成(如大电动机、小电动机、空调、照明、灌溉、电解、冶金、轧钢、电弧炉等)。

2. 负荷元件的建模

根据负荷构成调查的结果，采用理论分析、动模实验或现场实测的方法，研究各负荷元件的动态特性，建立符合物理实际的负荷模型。

3. 负荷模型综合建模

采用统计综合法和总体测辨法相结合的方法，建立不同类型负荷的综合负荷模型，并且考虑配电网络与无功补偿，必要时应考虑接入低压电网的小机组(特别是边远的末端负荷点)的影响。

4. 综合负荷模型适应性分析

通过不同运行方式、不同故障形式的仿真分析，研究综合负荷模型对系统稳定特性和稳定水平的影响，评估和校核所建综合负荷模型的适应性。

5. 综合负荷模型验证

采用系统故障录波或专门的扰动实验，对包括综合负荷模型在内的系统仿真模型进行验证，不断修正和完善系统仿真模型，提高仿真准确度。

6. 建立负荷模型数据库

随着负荷建模工作的深入开展，应该建立和完善负荷元件模型库、分类综合模型库，以便直接调用、合成，建立新的、更为合理的综合负荷模型，提高负荷建模的工作效率和精度。

3.4 复杂有源配电网设备模型

3.4.1 配电变压器模型

1. 绕组联结组别(联结组标号)

我国国家标准 GB 1094.1—2013《电力变压器　第 1 部分：总则》规定：三相变压器的三个相绕组或组成三相组的三台单相变压器同一电压的绕组联结成星形、三角形或曲折形时，对于高压绕组应用大写字母 Y、D 或 Z 表示；对于中压或低压绕组应用同一字母的小写字母 y、d 或 z 表示。对于有中性点引出的星形或曲折形联结应用 YN(yn)或 ZN(zn)表示。

我国的三相双绕组变压器标准采用的联结组标号为 Yyn0、Yzn11、Yd11、Dyn11。联结组标号中的数字是采用相位移钟时序数表示法反映的组别。变压器绕组连接后，不同侧间电压相量有角度差的相位移。以往采用线电压相量间的角度差表示相位移，新国标中是用一对绕组各相应端子与中性点(三角形联结为虚设的)间的电压相量角度差表示相位移。这种绕组间的相位移用钟时序数表示。用分针表示高压线端与中性点间的电压相量，且指向定点 0 点；用时针表示低压线端与中性点间的电压相量，则时针所指的小时数就是绕组的联结组别。这样，最后联结组标号用联结组名后加组别来表示。

单相双绕组变压器不同侧绕组的电压相量相位移为 0°或 180°。但通常绕组的绕向相同、端子标志一致，所以电相量极性相同，联结组仅为 0。因此，单相双绕组变压器采用的联结组标号为 Ii0。该接线的单相变压器不能接成 Yy0 联结的三相变压器组，因为此时三次谐波磁通完全在铁心中流通，三次谐波电压较大，对绕组绝缘极其不利。但是，它能接成其他联结的三相变压器组。

三相双绕组变压器一、二次电压相位移为 30°的倍数，所以有 0,1,2,⋯,11 共 12 种组别。同样由于通常绕组的绕向相同，端子和相别标志一致，联结组别仅应用 0 和 11 两种。

低容量变压器(一般指小于等于 2500kV · A)常用的接线方式有 Yyn0、Dyn11 等，中等容量变压器(一般指 2500kV · A 至 10000kV · A)常用的接线方式有 Yyn0、Dyn11 等，高容量变压器(一般指大于 10000kV · A)常用的接线方式有 Yd11、Yd5、

Yd1 等。这一原则对配电系统也是适用的。因此，35kV 和 10kV 配电变压器的联结组别通常为 Yd11，10/0.4kV 配电变压器(如变电站所用变压器)的联结组别宜采用 Yyn0 或 Dyn11。

Yyn0 绕组导线填充系数大，机械强度高，绝缘用量少，可以实现三相四线制供电，常用于小容量三柱式铁心的变压器上。但由于有三次谐波磁通，将在金属结构件中引起涡流损耗。

Dyn11 用于配电变压器，二次侧可以采用三相四线制供电，适用于二次三相不平衡负荷。可避免出现二次中性点漂移，并可抑制三次谐波电流。

Yzn11 在二次侧或一次侧遭受冲击过压时，同一心柱上的两个半线圈磁动势互相抵消，一次侧不会感应过电压或逆变过电压，适用于防雷性能高的配电变压器，但二次绕组需增加 15.5%的材料用量。

2. 10kV 配电变压器的两种联结组别 Yyn0 和 Dyn11 比较

在我国城乡电网中，大都采用三相四线配电方式，10kV 三相配电变压器广泛采用 Yyn0 接线，因其能提供 380V 和 220V 两种电源电压，方便了用户。但由于存在很多的单相负载、用电不同时等，配电变压器的三相不平衡运行是不可避免的。当配电变压器不平衡运行时，中性线电流的增大会增加变压器的铜损、铁损，降低变压器的出力，中性线电流过大会烧断中性线，影响变压器的安全运行，造成三相电不平衡，降低电能质量。国家标准 GB 50052—2009《供配电系统设计规范》、电力行业标准 DL/T572—2010《电力变压器运行规程》中都规定了接用单相不平衡负荷时，Yyn0 接线的配电变压器要求中性线电流不能超过低压绕组额定电流的 25%。

国际上多数国家的三相配电变压器均采用 Dyn11 接线。它不但保持了输出两种电压的优点，而且还具有以下优点：①降低谐波电流，改善供电正弦波质量；②零序阻抗小，提高单相短路电流，有利于切除单相接地故障；③在三相不平衡负荷情况下能充分利用变压器容量，同时降低变压器损耗。

3. 配电变压器连接模型

符号说明：

A、B、C 和 a、b、c 分别表示变压器一次侧和二次侧的三相。

$\dot{U}_1$、$\dot{U}_2$、$\dot{U}_3$ 和 $\dot{I}_1$、$\dot{I}_2$、$\dot{I}_3$ 分别表示一次侧三相绕组支路的电压和电流。

$\dot{U}_4$、$\dot{U}_5$、$\dot{U}_6$ 和 $\dot{I}_4$、$\dot{I}_5$、$\dot{I}_6$ 分别表示二次侧三相绕组支路的电压和电流。

$\dot{U}_p^A$、$\dot{U}_p^B$、$\dot{U}_p^C$ 和 $\dot{I}_p^A$、$\dot{I}_p^B$、$\dot{I}_p^C$ 分别表示一次侧三相绕组节点(变压器与外部实际网络连接的端点)的电压和电流。

$\dot{U}_s^a$、$\dot{U}_s^b$、$\dot{U}_s^c$ 和 $\dot{I}_s^a$、$\dot{I}_s^b$、$\dot{I}_s^c$ 分别表示二次侧三相绕组节点的电压和电流。

U_b、I_b 分别表示变压器的绕组支路电压向量和绕组支路电流向量，即

$$U_{\mathrm{b}}=\begin{bmatrix}\dot{U}_1 & \dot{U}_2 & \dot{U}_3 & \dot{U}_4 & \dot{U}_5 & \dot{U}_6\end{bmatrix}^{\mathrm{T}} \tag{3-19}$$

$$I_{\mathrm{b}}=\begin{bmatrix}\dot{I}_1 & \dot{I}_2 & \dot{I}_3 & \dot{I}_4 & \dot{I}_5 & \dot{I}_6\end{bmatrix}^{\mathrm{T}} \tag{3-20}$$

U_{n}、I_{n} 分别表示变压器的节点电压向量和节点电流向量，即

$$U_{\mathrm{n}}=\begin{bmatrix}\dot{U}_{\mathrm{p}}^{\mathrm{A}} & \dot{U}_{\mathrm{p}}^{\mathrm{B}} & \dot{U}_{\mathrm{p}}^{\mathrm{C}} & \dot{U}_{\mathrm{s}}^{\mathrm{a}} & \dot{U}_{\mathrm{s}}^{\mathrm{b}} & \dot{U}_{\mathrm{s}}^{\mathrm{c}}\end{bmatrix}^{\mathrm{T}} \tag{3-21}$$

$$I_{\mathrm{n}}=\begin{bmatrix}\dot{I}_{\mathrm{p}}^{\mathrm{A}} & \dot{I}_{\mathrm{p}}^{\mathrm{B}} & \dot{I}_{\mathrm{p}}^{\mathrm{C}} & \dot{I}_{\mathrm{s}}^{\mathrm{a}} & \dot{I}_{\mathrm{s}}^{\mathrm{b}} & \dot{I}_{\mathrm{s}}^{\mathrm{c}}\end{bmatrix}^{\mathrm{T}} \tag{3-22}$$

设 α 为变压器一次侧的分接头变比，β 为变压器二次侧的分接头变比；α/β 为非标准变比变压器一次侧和二次侧之间的非标准变比。

配电三相变压器通常有一个公共铁心，造成各绕组之间相互耦合。由变压器绕组的原始连接网络可以得到变压器的原始导纳矩阵 Y_{prim}，它表达了变压器三和绕组支路的电压向量 U_{b} 和电流向量 I_{b} 之间的关系：

$$I_{\mathrm{b}}=Y_{\mathrm{prim}}U_{\mathrm{b}} \tag{3-23}$$

由变压器绕组实际连接情况，可以得到三相变压器的绕组支路电压向量 U_{b} 和节点电压向量 U_{n} 之间的关系：

$$U_{\mathrm{b}}=CU_{\mathrm{n}} \tag{3-24}$$

其中，C 为变压器的节点-支路关联矩阵。

若表征变压器的节点电流向量 I_{n} 和节点电压向量 U_{n} 之间关系的变压器节点导纳矩阵用 Y_{T} 表示，即有

$$I_{\mathrm{n}}=Y_{\mathrm{T}}U_{\mathrm{n}} \tag{3-25}$$

则可得 Y_{T} 为

$$Y_{\mathrm{T}}=C^{\mathrm{T}}Y_{\mathrm{prim}}C \tag{3-26}$$

式(3-26)表明，由变压器绕组的原始连接网络得到的原始导纳矩阵 Y_{prim} 根据变压器的实际联结组别，通过线性转换可得到变压器绕组实际连接网络的导纳矩阵 Y_{T}。

4. 配电变压器的精确模型

若变压器的原始导纳矩阵 Y_{prim} 中的所有元素已知，则得到变压器的精确模型，即在变压器精确模型下的原始导纳矩阵为

$$Y_{\mathrm{prim}}=\begin{bmatrix}Y_{11} & Y_{12} & Y_{13} & Y_{14} & Y_{15} & Y_{16}\\ Y_{21} & Y_{22} & Y_{23} & Y_{24} & Y_{25} & Y_{26}\\ Y_{31} & Y_{32} & Y_{33} & Y_{34} & Y_{35} & Y_{36}\\ Y_{41} & Y_{42} & Y_{43} & Y_{44} & Y_{45} & Y_{46}\\ Y_{51} & Y_{52} & Y_{53} & Y_{54} & Y_{55} & Y_{56}\\ Y_{61} & Y_{62} & Y_{63} & Y_{64} & Y_{65} & Y_{66}\end{bmatrix} \tag{3-27}$$

因此式(3-25)可以展开为

$$\begin{bmatrix} \dot{I}_1 \\ \dot{I}_2 \\ \dot{I}_3 \\ \dot{I}_4 \\ \dot{I}_5 \\ \dot{I}_6 \end{bmatrix} = \begin{bmatrix} Y_{11} & Y_{12} & Y_{13} & Y_{14} & Y_{15} & Y_{16} \\ Y_{21} & Y_{22} & Y_{23} & Y_{24} & Y_{25} & Y_{26} \\ Y_{31} & Y_{32} & Y_{33} & Y_{34} & Y_{35} & Y_{36} \\ Y_{41} & Y_{42} & Y_{43} & Y_{44} & Y_{45} & Y_{46} \\ Y_{51} & Y_{52} & Y_{53} & Y_{54} & Y_{55} & Y_{56} \\ Y_{61} & Y_{62} & Y_{63} & Y_{64} & Y_{65} & Y_{66} \end{bmatrix} \begin{bmatrix} \dot{U}_1 \\ \dot{U}_2 \\ \dot{U}_3 \\ \dot{U}_4 \\ \dot{U}_5 \\ \dot{U}_6 \end{bmatrix} \tag{3-28}$$

将式(3-27)和根据变压器的实际联结组别得到的变压器的节点-支路关联矩阵 C 代入式(3-26)，即可得到变压器精确模型下的节点导纳矩阵 Y_{T} 。

5. 配电变压器的简化模型

假定磁路在各绕组之间对称分布，则式(3-28)可以简化为

$$\begin{bmatrix} \dot{I}_1 \\ \dot{I}_2 \\ \dot{I}_3 \\ \dot{I}_4 \\ \dot{I}_5 \\ \dot{I}_6 \end{bmatrix} = \begin{bmatrix} Y_{\mathrm{p}} & Y'_{\mathrm{m}} & Y'_{\mathrm{m}} & -Y_{\mathrm{m}} & Y''_{\mathrm{m}} & Y''_{\mathrm{m}} \\ Y'_{\mathrm{m}} & Y_{\mathrm{p}} & Y'_{\mathrm{m}} & Y''_{\mathrm{m}} & -Y_{\mathrm{m}} & Y''_{\mathrm{m}} \\ Y'_{\mathrm{m}} & Y'_{\mathrm{m}} & Y_{\mathrm{p}} & Y''_{\mathrm{m}} & Y''_{\mathrm{m}} & -Y_{\mathrm{m}} \\ -Y_{\mathrm{m}} & Y''_{\mathrm{m}} & Y''_{\mathrm{m}} & Y_{\mathrm{s}} & Y'''_{\mathrm{m}} & Y'''_{\mathrm{m}} \\ Y''_{\mathrm{m}} & -Y_{\mathrm{m}} & Y''_{\mathrm{m}} & Y'''_{\mathrm{m}} & Y_{\mathrm{s}} & Y'''_{\mathrm{m}} \\ Y''_{\mathrm{m}} & Y''_{\mathrm{m}} & -Y_{\mathrm{m}} & Y'''_{\mathrm{m}} & Y'''_{\mathrm{m}} & Y_{\mathrm{s}} \end{bmatrix} \begin{bmatrix} \dot{U}_1 \\ \dot{U}_2 \\ \dot{U}_3 \\ \dot{U}_4 \\ \dot{U}_5 \\ \dot{U}_6 \end{bmatrix} \tag{3-29}$$

式中，Y_{p} 为一次绕组的自导纳；Y_{s} 为二次绕组的自导纳；Y_{m} 为同一铁心柱上的一次绕组和二次绕组之间的互导纳；Y'_{m} 为一次绕组和一次绕组之间的互导纳；Y''_{m} 为不同铁心柱上的一次绕组和二次绕组之间的互导纳；Y'''_{m} 为二次绕组和二次绕组之间的互导纳。

如果忽略各相间的耦合，只保留一次绕组和二次绕组之间的耦合，则可以得到

$$\begin{bmatrix} \dot{I}_1 \\ \dot{I}_2 \\ \dot{I}_3 \\ \dot{I}_4 \\ \dot{I}_5 \\ \dot{I}_6 \end{bmatrix} = \begin{bmatrix} Y_{\mathrm{p}} & 0 & 0 & -Y_{\mathrm{m}} & 0 & 0 \\ 0 & Y_{\mathrm{p}} & 0 & 0 & -Y_{\mathrm{m}} & 0 \\ 0 & 0 & Y_{\mathrm{p}} & 0 & 0 & -Y_{\mathrm{m}} \\ -Y_{\mathrm{m}} & 0 & 0 & Y_{\mathrm{s}} & 0 & 0 \\ 0 & -Y_{\mathrm{m}} & 0 & 0 & Y_{\mathrm{s}} & 0 \\ 0 & 0 & -Y_{\mathrm{m}} & 0 & 0 & Y_{\mathrm{s}} \end{bmatrix} \begin{bmatrix} \dot{U}_1 \\ \dot{U}_2 \\ \dot{U}_3 \\ \dot{U}_4 \\ \dot{U}_5 \\ \dot{U}_6 \end{bmatrix} \tag{3-30}$$

则有

$$Y_{\mathrm{prim}}=\begin{bmatrix} Y_{\mathrm{p}} & 0 & 0 & -Y_{\mathrm{m}} & 0 & 0 \\ 0 & Y_{\mathrm{p}} & 0 & 0 & -Y_{\mathrm{m}} & 0 \\ 0 & 0 & Y_{\mathrm{p}} & 0 & 0 & -Y_{\mathrm{m}} \\ -Y_{\mathrm{m}} & 0 & 0 & Y_{\mathrm{s}} & 0 & 0 \\ 0 & -Y_{\mathrm{m}} & 0 & 0 & Y_{\mathrm{s}} & 0 \\ 0 & 0 & -Y_{\mathrm{m}} & 0 & 0 & Y_{\mathrm{s}} \end{bmatrix} \tag{3-31}$$

将式(3-31)和根据变压器的实际联结组别得到变压器的节点-支路关联矩阵 C 代入式(3-26)即可得到变压器简化模型下的节点导纳矩阵 Y_{T}。

6. 配电变压器的实用简化三相模型

如果已知变压器的短路损耗 ΔP_{s}、短路电压百分值 $U_{\mathrm{s}}\%$、空载损耗 ΔP_0、空载电流百分值 $I\%$ 等原始铭牌参数，则可以由式(3-32)～式(3-35)得到变压器常用等值电路的参数，包括电阻 R_{T}、电抗 X_{T}、电导 G_{T}、电纳 B_{T}：

$$R_{\mathrm{T}}=\frac{\Delta P_{\mathrm{s}}U_{\mathrm{N}}^2}{S_{\mathrm{N}}^2}\times 10 \tag{3-32}$$

$$X_{\mathrm{T}}\approx\frac{U_{\mathrm{s}}\%U_{\mathrm{N}}^2}{100S_{\mathrm{N}}}\times 10^3 \tag{3-33}$$

$$G_{\mathrm{T}}=\frac{\Delta P_0}{U_{\mathrm{N}}^2}\times 10^3 \tag{3-34}$$

$$B_{\mathrm{T}}\approx\frac{I\%\cdot S_{\mathrm{N}}}{100U_{\mathrm{N}}^2}\times 10^3 \tag{3-35}$$

式中，U_{N} 为额定电压；S_{N} 为额定容量；R_{T} 为变压器的正序和负序电阻(Ω)；X_{T} 为变压器正序和负序电抗(Ω)；G_{T}、B_{T} 分别为电导和电纳(S)。如果变压器的零序电阻 R_{T0} 和零序电抗 X_{T0} 已给出，则可以根据这些参数结合变压器的连接方式得到三相变压器简化的三相模型(注意这里不是单相模型)。

记变压器的一次侧短路导纳(又称漏导纳)为 Y_{T}，则有

$$Y_{\mathrm{T}}=\frac{1}{R_{\mathrm{T}}}+\mathrm{j}\frac{1}{X_{\mathrm{T}}} \tag{3-36}$$

在变压器的实用简化三相模型下，取 $Y_{\mathrm{s}}=Y_{\mathrm{p}}=Y_{\mathrm{m}}=Y_{\mathrm{T}}$，则式(3-30)变为

$$
\begin{bmatrix} \dot{I}_1 \\ \dot{I}_2 \\ \dot{I}_3 \\ \dot{I}_4 \\ \dot{I}_5 \\ \dot{I}_6 \end{bmatrix} = \begin{bmatrix} Y_{\mathrm{T}} & 0 & 0 & -Y_{\mathrm{T}} & 0 & 0 \\ 0 & Y_{\mathrm{T}} & 0 & 0 & -Y_{\mathrm{T}} & 0 \\ 0 & 0 & Y_{\mathrm{T}} & 0 & 0 & -Y_{\mathrm{T}} \\ -Y_{\mathrm{T}} & 0 & 0 & Y_{\mathrm{T}} & 0 & 0 \\ 0 & -Y_{\mathrm{T}} & 0 & 0 & Y_{\mathrm{T}} & 0 \\ 0 & 0 & -Y_{\mathrm{T}} & 0 & 0 & Y_{\mathrm{T}} \end{bmatrix} \begin{bmatrix} \dot{U}_1 \\ \dot{U}_2 \\ \dot{U}_3 \\ \dot{U}_4 \\ \dot{U}_5 \\ \dot{U}_6 \end{bmatrix} \tag{3-37}
$$

若考虑变压器的非标准变比，则式(3-37)变为

$$
\begin{bmatrix} \dot{I}_1 \\ \dot{I}_2 \\ \dot{I}_3 \\ \dot{I}_4 \\ \dot{I}_5 \\ \dot{I}_6 \end{bmatrix} = \begin{bmatrix} \frac{Y_{\mathrm{T}}}{\alpha^2} & 0 & 0 & -\frac{Y_{\mathrm{T}}}{\alpha\beta} & 0 & 0 \\ 0 & \frac{Y_{\mathrm{T}}}{\alpha^2} & 0 & 0 & -\frac{Y_{\mathrm{T}}}{\alpha\beta} & 0 \\ 0 & 0 & \frac{Y_{\mathrm{T}}}{\alpha^2} & 0 & 0 & -\frac{Y_{\mathrm{T}}}{\alpha\beta} \\ -\frac{Y_{\mathrm{T}}}{\alpha\beta} & 0 & 0 & \frac{Y_{\mathrm{T}}}{\beta^2} & 0 & 0 \\ 0 & -\frac{Y_{\mathrm{T}}}{\alpha\beta} & 0 & 0 & \frac{Y_{\mathrm{T}}}{\beta^2} & 0 \\ 0 & 0 & -\frac{Y_{\mathrm{T}}}{\alpha\beta} & 0 & 0 & \frac{Y_{\mathrm{T}}}{\beta^2} \end{bmatrix} \begin{bmatrix} \dot{U}_1 \\ \dot{U}_2 \\ \dot{U}_3 \\ \dot{U}_4 \\ \dot{U}_5 \\ \dot{U}_6 \end{bmatrix} \tag{3-38}
$$

即

$$
Y_{\mathrm{prim}} = \begin{bmatrix} \frac{Y_{\mathrm{T}}}{\alpha^2} & 0 & 0 & -\frac{Y_{\mathrm{T}}}{\alpha\beta} & 0 & 0 \\ 0 & \frac{Y_{\mathrm{T}}}{\alpha^2} & 0 & 0 & -\frac{Y_{\mathrm{T}}}{\alpha\beta} & 0 \\ 0 & 0 & \frac{Y_{\mathrm{T}}}{\alpha^2} & 0 & 0 & -\frac{Y_{\mathrm{T}}}{\alpha\beta} \\ -\frac{Y_{\mathrm{T}}}{\alpha\beta} & 0 & 0 & \frac{Y_{\mathrm{T}}}{\beta^2} & 0 & 0 \\ 0 & -\frac{Y_{\mathrm{T}}}{\alpha\beta} & 0 & 0 & \frac{Y_{\mathrm{T}}}{\beta^2} & 0 \\ 0 & 0 & -\frac{Y_{\mathrm{T}}}{\alpha\beta} & 0 & 0 & \frac{Y_{\mathrm{T}}}{\beta^2} \end{bmatrix} \tag{3-39}
$$

将根据变压器的实际联结组别得到变压器的节点-支路关联矩阵 C 代入式(3-39)，即可得到变压器实用简化三相模型下的节点导纳矩阵 Y_{T} 。

这里，变压器节点导纳矩阵 Y_T 也称为变压器漏磁导纳矩阵，它是由变压器的连接方式和一、二次侧的分接头以及漏电抗决定的。Y_T 将一、二次电流和对地相电压关联起来，可记为

$$Y_T=\begin{bmatrix} Y_T^{pp} & Y_T^{ps} \\ Y_T^{sp} & Y_T^{ss} \end{bmatrix} \tag{3-40}$$

式中，Y_T^{pp} 为一次侧自导纳矩阵；Y_T^{ps} 为一二次侧互导纳矩阵；Y_T^{sp} 为二一次侧互导纳矩阵；Y_T^{ss} 为二次侧自导纳矩阵。

在配电系统中，由于大量变压器的存在，变压器的铁心损耗占系统损耗的比重较大，因此在建模时需要考虑变压器。

配电变压器的三相简化模型如图 3-2 所示，图中 G_T 为铁心损耗等值导纳矩阵。

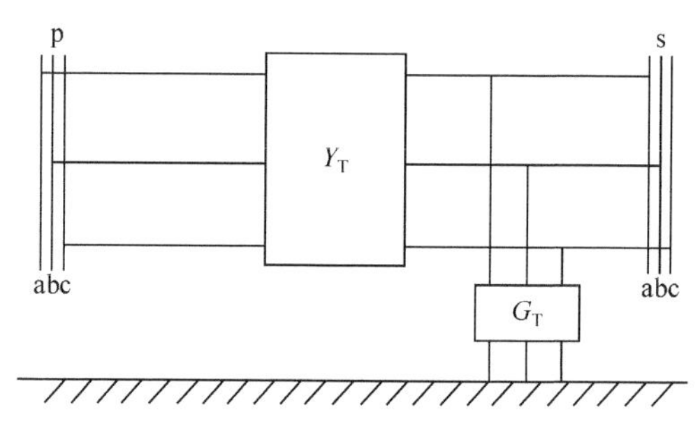

图 3-2　配电变压器的三相简化模型

若定义

$$Y_1=\begin{bmatrix} Y_T & 0 & 0 \\ 0 & Y_T & 0 \\ 0 & 0 & Y_T \end{bmatrix},\quad Y_n=\frac{1}{3}\begin{bmatrix} 2Y_T & -Y_T & -Y_T \\ -Y_T & 2Y_T & -Y_T \\ -Y_T & -Y_T & 2Y_T \end{bmatrix},\quad Y_m=\frac{1}{\sqrt{3}}\begin{bmatrix} -Y_T & Y_T & 0 \\ 0 & -Y_T & Y_T \\ Y_T & 0 & -Y_T \end{bmatrix} \tag{3-41}$$

则不同形式三相变压器的导纳矩阵 $Y_T'=\begin{bmatrix} Y_T'^{pp} & Y_T'^{ps} \\ Y_T'^{sp} & Y_T'^{ss} \end{bmatrix}$，见表 3-1。

表 3-1　不同形式三相变压器导纳矩阵

形式	连接类型		自导纳		互导纳	
	一次侧	二次侧	$Y_T'^{pp}$	$Y_T'^{ss}$	$Y_T'^{ps}$	$Y_T'^{sp}$
1	YN	yn	$\frac{Y_1}{\alpha^2}$	$\frac{Y_1}{\beta^2}$	$-\frac{Y_1}{\alpha\beta}$	$-\frac{Y_1}{\alpha\beta}$
2	YN	y	$\frac{Y_0}{\alpha^2}$	$\frac{Y_0}{\beta^2}$	$-\frac{Y_0}{\alpha\beta}$	$-\frac{Y_0}{\alpha\beta}$

续表

形式	连接类型		自导纳		互导纳	
	一次侧	二次侧	$Y_T'^{pp}$	$Y_T'^{ss}$	$Y_T'^{ps}$	$Y_T'^{sp}$
3	YN	d	$\frac{Y_0}{\alpha^2}$	$\frac{Y_0}{\beta^2}$	$-\frac{Y_0}{\alpha\beta}$	$-\frac{Y_0}{\alpha\beta}$
4	Y	yn	$\frac{Y_0}{\alpha^2}$	$\frac{Y_0}{\beta^2}$	$-\frac{Y_0}{\alpha\beta}$	$-\frac{Y_0}{\alpha\beta}$
5	Y	y	$\frac{Y_0}{\alpha^2}$	$\frac{Y_0}{\beta^2}$	$-\frac{Y_0}{\alpha\beta}$	$-\frac{Y_0}{\alpha\beta}$
6	Y	d	$\frac{Y_0}{\alpha^2}$	$\frac{Y_0}{\beta^2}$	$-\frac{Y_0}{\alpha\beta}$	$-\frac{Y_0}{\alpha\beta}$
7	D	yn	$\frac{Y_0}{\alpha^2}$	$\frac{Y_0}{\beta^2}$	$-\frac{Y_0}{\alpha\beta}$	$-\frac{Y_0}{\alpha\beta}$
8	D	y	$\frac{Y_0}{\alpha^2}$	$\frac{Y_0}{\beta^2}$	$-\frac{Y_0}{\alpha\beta}$	$-\frac{Y_0}{\alpha\beta}$
9	D	d	$\frac{Y_0}{\alpha^2}$	$\frac{Y_0}{\beta^2}$	$-\frac{Y_0}{\alpha\beta}$	$-\frac{Y_0}{\alpha\beta}$

表 3-1 中，对 YN、yn 型变压器，其导纳矩阵为 6×6 的复矩阵，为非奇异的。若变压器的一侧不接地(D 或 Y)，则导纳矩阵是奇异的，若将这一侧改为采用线对线电压，则可得到相分量与线分量混合表述的导纳矩阵，其维数降为 5×5。如果变压器的两侧都不接地(D 或 Y)，则两侧都采用线对线电压，用线分量表述的导纳矩阵的维数降为 4×4。表 3-2 列出了不同形式的变压器用相分量与线分量混合表述的导纳矩阵 Y_T'，其中，

$$Y_T' = \begin{bmatrix} Y_T'^{pp} & Y_T'^{ps} \\ Y_T'^{sp} & Y_T'^{ss} \end{bmatrix},\quad Y_p = \frac{Y_T}{\alpha^2},\quad Y_s = \frac{Y_T}{\beta^2},\quad Y_m = \frac{Y_T}{\alpha\beta} \tag{3-42}$$

表 3-2　相分量与线分量混合的三相配电变压器的导纳矩阵

形式	连接类型		$Y_T'^{pp}$	$Y_T'^{sp}$	$Y_T'^{ps}$	$Y_T'^{ss}$
	一次侧	二次侧				
1	YN	yn	$Y_p\begin{bmatrix}1&0&0\\0&1&0\\0&0&1\end{bmatrix}$	$-Y_m\begin{bmatrix}1&0&0\\0&1&0\\0&0&1\end{bmatrix}$	$-Y_m\begin{bmatrix}1&0&0\\0&1&0\\0&0&1\end{bmatrix}$	$-Y_s\begin{bmatrix}1&0&0\\0&1&0\\0&0&1\end{bmatrix}$
2	YN	y	$-\frac{Y_p}{3}\begin{bmatrix}2&-1&-1\\-1&2&-1\\-1&-1&2\end{bmatrix}$	$-\frac{Y_m}{\sqrt{3}}\begin{bmatrix}2&-1&-1\\-1&2&-1\end{bmatrix}$	$-\frac{Y_m}{\sqrt{3}}\begin{bmatrix}2&1\\-1&1\\-1&-2\end{bmatrix}$	$Y_s\begin{bmatrix}2&1\\-1&1\end{bmatrix}$

续表

形式	连接类型		$Y_T'^{pp}$	$Y_T'^{sp}$	$Y_T'^{ps}$	$Y_T'^{ss}$
	一次侧	二次侧				
3	YN	d	$Y_p\begin{bmatrix}1&0&0\\0&1&0\\0&0&1\end{bmatrix}$	$-Y_m\begin{bmatrix}1&0&-1\\-1&1&0\end{bmatrix}$	$-Y_m\begin{bmatrix}1&0\\0&1\\-1&-1\end{bmatrix}$	$Y_s\begin{bmatrix}2&1\\-1&1\end{bmatrix}$
4	Y	yn	$Y_p\begin{bmatrix}2&1\\-1&1\end{bmatrix}$	$-\frac{Y_m}{\sqrt{3}}\begin{bmatrix}2&1\\-1&1\\-1&-2\end{bmatrix}$	$-\frac{Y_m}{\sqrt{3}}\begin{bmatrix}2&-1&-1\\-1&2&-1\end{bmatrix}$	$\frac{Y_s}{3}\begin{bmatrix}2&-1&-1\\-1&2&-1\\-1&-1&2\end{bmatrix}$
5	Y	y	$Y_p\begin{bmatrix}2&1\\-1&1\end{bmatrix}$	$-Y_m\begin{bmatrix}2&1\\-1&1\end{bmatrix}$	$-Y_m\begin{bmatrix}2&1\\-1&1\end{bmatrix}$	$Y_s\begin{bmatrix}2&1\\-1&1\end{bmatrix}$
6	Y	d	$Y_p\begin{bmatrix}2&1\\-1&1\end{bmatrix}$	$-\sqrt{3}Y_m\begin{bmatrix}1&1\\-1&0\end{bmatrix}$	$-\sqrt{3}Y_m\begin{bmatrix}1&0\\0&1\end{bmatrix}$	$Y_s\begin{bmatrix}2&1\\-1&1\end{bmatrix}$
7	D	yn	$Y_p\begin{bmatrix}2&1\\-1&1\end{bmatrix}$	$-Y_m\begin{bmatrix}1&0\\0&1\\-1&-1\end{bmatrix}$	$-Y_m\begin{bmatrix}1&0&-1\\-1&1&0\end{bmatrix}$	$Y_s\begin{bmatrix}1&0&0\\0&1&0\\0&0&1\end{bmatrix}$
8	D	y	$Y_p\begin{bmatrix}2&1\\-1&1\end{bmatrix}$	$-\sqrt{3}Y_m\begin{bmatrix}1&0\\0&1\end{bmatrix}$	$-\sqrt{3}Y_m\begin{bmatrix}1&1\\-1&0\end{bmatrix}$	$Y_s\begin{bmatrix}2&1\\-1&1\end{bmatrix}$
9	Y	yn	$Y_p\begin{bmatrix}2&1\\-1&1\end{bmatrix}$	$-Y_m\begin{bmatrix}2&1\\-1&1\end{bmatrix}$	$-Y_m\begin{bmatrix}2&1\\-1&1\end{bmatrix}$	$Y_s\begin{bmatrix}2&1\\-1&1\end{bmatrix}$

变压器铁心功率损耗的有功功率 P 和无功功率 Q(无量纲)可表示为

$$P=\frac{S_{TN}}{S_B}(AU^2+Be^{C-U^2}) \tag{3-43}$$

$$Q=\frac{S_{TN}}{S_B}(DU^2+Ee^{F-U^2}) \tag{3-44}$$

式中，S_{TN} 为变压器额定视在功率；S_B 为系统功率基准值；U 为电压标幺值；系数 A、B、C、D、E、F 为依赖于变压器的常数，不同的变压器会有差别。一组典型值是：$A=0.00267$，$B=0.734\times10^{-9}$，$C=13.5$，$D=0.00167$，$E=0.268\times10^{-13}$，$F=22.7$。在潮流计算中可以采用典型值。

这样，就可以把根据铁心功率损耗函数求得的有功功率和无功功率作为除变压器负荷外的额外功率需求，并联在变压器等值电路的二次侧各相上，用于表达变压器的铁心损耗。

下面以我国的配电变压器的常用形式 Dyn11 为例，介绍表 3-1 和表 3-2 中变压器的节点导纳矩阵的推导过程。

图 3-3 为 Dyn11 型变压器的等值电路图，图中 M 表示变压器绕组。

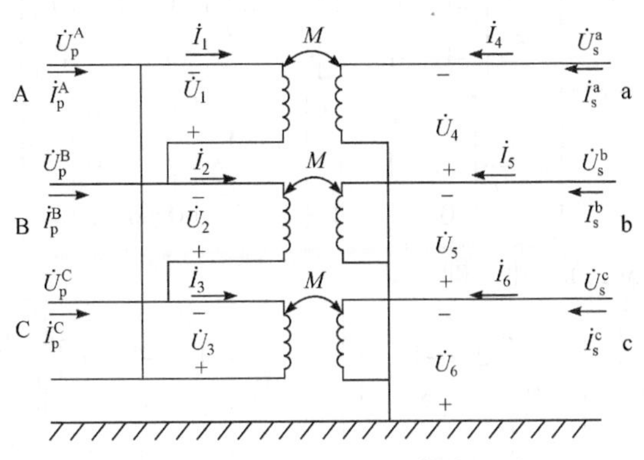

图 3-3　Dyn11 型变压器等值电路

由图 3-3 和式(3-42)，可得变压器的节点-支路关联矩阵 C 为

$$C=\begin{bmatrix}1 & -1 & 0 & 0 & 0 & 0\\ 0 & 1 & -1 & 0 & 0 & 0\\ -1 & 0 & 1 & 0 & 0 & 0\\ 0 & 0 & 0 & 1 & 0 & 0\\ 0 & 0 & 0 & 0 & 1 & 0\\ 0 & 0 & 0 & 0 & 0 & 1\end{bmatrix} \tag{3-45}$$

将式(3-45)和式(3-39)代入式(3-26)，即得非标准变比变压器的导纳矩阵 Y_T：

$$Y_T=\begin{bmatrix}\dfrac{2Y_T}{\alpha^2} & -\dfrac{Y_T}{\alpha^2} & -\dfrac{Y_T}{\alpha^2} & -\dfrac{Y_T}{\alpha\beta} & \dfrac{Y_T}{\alpha\beta} & 0\\ -\dfrac{Y_T}{\alpha^2} & \dfrac{2Y_T}{\alpha^2} & -\dfrac{Y_T}{\alpha^2} & 0 & -\dfrac{Y_T}{\alpha\beta} & \dfrac{Y_T}{\alpha\beta}\\ -\dfrac{Y_T}{\alpha^2} & -\dfrac{Y_T}{\alpha^2} & \dfrac{2Y_T}{\alpha^2} & \dfrac{Y_T}{\alpha\beta} & 0 & -\dfrac{Y_T}{\alpha\beta}\\ -\dfrac{Y_T}{\alpha\beta} & 0 & \dfrac{Y_T}{\alpha\beta} & \dfrac{Y_T}{\beta^2} & 0 & 0\\ \dfrac{Y_T}{\alpha\beta} & -\dfrac{Y_T}{\alpha\beta} & 0 & 0 & \dfrac{Y_T}{\beta^2} & 0\\ 0 & \dfrac{Y_T}{\alpha\beta} & -\dfrac{Y_T}{\alpha\beta} & 0 & 0 & \dfrac{Y_T}{\beta^2}\end{bmatrix} \tag{3-46}$$

即

$$
Y_T = \begin{bmatrix} \dfrac{Y_T}{\alpha^2}\begin{bmatrix} 2 & -1 & -1 \\ -1 & 2 & -1 \\ -1 & -1 & 2 \end{bmatrix} & -\dfrac{Y_T}{\alpha\beta}\begin{bmatrix} 1 & -1 & 0 \\ 0 & 1 & -1 \\ -1 & 0 & 1 \end{bmatrix} \\ -\dfrac{Y_T}{\alpha\beta}\begin{bmatrix} 1 & 0 & -1 \\ -1 & 1 & 0 \\ 0 & -1 & 1 \end{bmatrix} & \dfrac{Y_T}{\beta^2}\begin{bmatrix} 1 & 0 & 0 \\ 0 & 1 & 0 \\ 0 & 0 & 1 \end{bmatrix} \end{bmatrix} \tag{3-47}
$$

将式(3-47)代入式(3-25)展开，即

$$
\begin{bmatrix} \dot{I}_p^A \\ \dot{I}_p^B \\ \dot{I}_p^C \\ \dot{I}_s^a \\ \dot{I}_s^b \\ \dot{I}_s^c \end{bmatrix} = \begin{bmatrix} \dfrac{Y_T}{\alpha^2}\begin{bmatrix} 2 & -1 & -1 \\ -1 & 2 & -1 \\ -1 & -1 & 2 \end{bmatrix} & -\dfrac{Y_T}{\alpha\beta}\begin{bmatrix} 1 & -1 & 0 \\ 0 & 1 & -1 \\ -1 & 0 & 1 \end{bmatrix} \\ -\dfrac{Y_T}{\alpha\beta}\begin{bmatrix} 1 & 0 & -1 \\ -1 & 1 & 0 \\ 0 & -1 & 1 \end{bmatrix} & \dfrac{Y_T}{\beta^2}\begin{bmatrix} 1 & 0 & 0 \\ 0 & 1 & 0 \\ 0 & 0 & 1 \end{bmatrix} \end{bmatrix} \begin{bmatrix} \dot{U}_p^A \\ \dot{U}_p^B \\ \dot{U}_p^C \\ \dot{U}_s^a \\ \dot{U}_s^b \\ \dot{U}_s^c \end{bmatrix} \tag{3-48}
$$

如果变压器的三角侧采用线对线电压，则由式(3-48)展开得

$$
\begin{aligned}
\dot{I}_p^A &= \frac{2Y_T}{\alpha^2}\dot{U}_p^A - \frac{Y_T}{\alpha^2}\dot{U}_p^B - \frac{Y_T}{\alpha^2}\dot{U}_p^C - \frac{Y_T}{\alpha\beta}\dot{U}_s^a - \frac{Y_T}{\alpha\beta}\dot{U}_s^b \\
&= \frac{2Y_T}{\alpha^2}\dot{U}_p^A - \frac{Y_T}{\alpha^2}\dot{U}_p^B + \frac{Y_T}{\alpha^2}\dot{U}_p^B - \frac{Y_T}{\alpha\beta}\dot{U}_p^C - \frac{Y_T}{\alpha\beta}\dot{U}_s^a + \frac{Y_T}{\alpha\beta}\dot{U}_s^b \\
&= \frac{2Y_T}{\alpha^2}\dot{U}_p^{AB} + \frac{Y_T}{\alpha^2}\dot{U}_p^{BC} - \frac{Y_T}{\alpha\beta}\dot{U}_s^a + \frac{Y_T}{\alpha\beta}\dot{U}_s^b
\end{aligned} \tag{3-49}
$$

同理，得

$$
\begin{aligned}
\dot{I}_p^B &= -\frac{2Y_T}{\alpha^2}\dot{U}_p^{BC} + \frac{Y_T}{\alpha^2}\dot{U}_p^{CA} - \frac{Y_T}{\alpha\beta}\dot{U}_s^b + \frac{Y_T}{\alpha\beta}\dot{U}_s^c \\
\dot{I}_p^C &= \frac{2Y_T}{\alpha^2}\dot{U}_p^{CA} + \frac{Y_T}{\alpha^2}\dot{U}_p^{AB} - \frac{Y_T}{\alpha\beta}\dot{U}_s^c + \frac{Y_T}{\alpha\beta}\dot{U}_s^a
\end{aligned} \tag{3-50}
$$

$$
\begin{aligned}
\dot{I}_s^a &= -\frac{Y_T}{\alpha\beta}\dot{U}_p^A + 0 + \frac{Y_T}{\alpha\beta}\dot{U}_p^C + \frac{Y_T}{\beta^2}\dot{U}_s^a \\
&= -\left(\frac{Y_T}{\alpha\beta}\dot{U}_p^A - \frac{Y_T}{\alpha\beta}\dot{U}_p^B\right) - \left(\frac{Y_T}{\alpha\beta}\dot{U}_p^B - \frac{Y_T}{\alpha\beta}\dot{U}_p^C\right) + \frac{Y_T}{\beta^2}\dot{U}_s^a \\
&= -\frac{Y_T}{\alpha\beta}\dot{U}_p^{AB} - \frac{Y_T}{\alpha\beta}\dot{U}_p^{BC} + \frac{Y_T}{\alpha\beta}\dot{U}_s^a
\end{aligned} \tag{3-51}
$$

以及 $\dot{I}_s^b$ 和 $\dot{I}_s^c$ 的表达式，从略。

由此可得变压器用相分量与线分量混合表达的导纳矩阵 Y_T' 为

$$Y_T' = \begin{bmatrix} \dfrac{Y_T}{\alpha^2}\begin{bmatrix} 2 & 1 \\ -1 & 1 \end{bmatrix} & -\dfrac{Y_T}{\alpha\beta}\begin{bmatrix} 1 & -1 & 0 \\ 0 & -1 & 1 \end{bmatrix} \\ -\dfrac{Y_T}{\alpha\beta}\begin{bmatrix} 1 & 1 \\ -1 & 0 \\ 0 & -1 \end{bmatrix} & \dfrac{Y_T}{\beta^2}\begin{bmatrix} 1 & 0 & 0 \\ 0 & 1 & 0 \\ 0 & 0 & 1 \end{bmatrix} \end{bmatrix} \tag{3-52}$$

即

$$\begin{bmatrix} \dot{I}_p^A \\ \dot{I}_p^B \\ \dot{I}_s^a \\ \dot{I}_s^b \\ \dot{I}_s^c \end{bmatrix} = Y_T' \begin{bmatrix} \dot{U}_p^{AB} \\ \dot{U}_p^{BC} \\ \dot{U}_s^a \\ \dot{U}_s^b \\ \dot{U}_s^c \end{bmatrix} \tag{3-53}$$

3.4.2　配电线路模型

配电线路包括架空线和地下电缆。三相配电线路模型如图 3-4 所示。图中，母线 i 和母线 j 分别为线路的入端母线和出端母线，Z_l 为线路的串联阻抗矩阵，Y_l 为线路的并联(对地)导纳矩阵。Z_l 和 Y_l 皆为 $n\times n$ 的复矩阵，n 为线路的相数，当 n 取 1、2 和 3 时，分别代表单相线路、两相线路和三相线路。

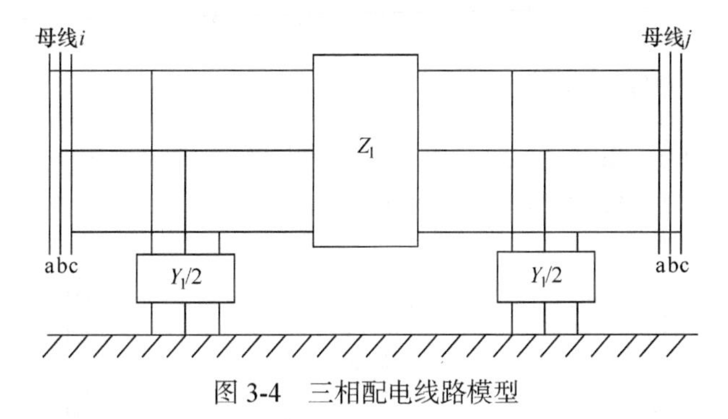

图 3-4　三相配电线路模型

图 3-4 所示配电线路的导纳矩阵 Y_L 为

$$Y_L = \begin{bmatrix} Z_l^{-1} + \dfrac{1}{2}Y_l & -Z_l^{-1} \\ -Z_l^{-1} & Z_l^{-1} + \dfrac{1}{2}Y_l \end{bmatrix} \tag{3-54}$$

1. 配电线路的精确模型

配电线路的精确模型如图 3-5 所示，其中串联阻抗矩阵 Z_l 为

$$Z_l = \begin{bmatrix} Z_{aa} & Z_{ab} & Z_{ac} \\ Z_{ba} & Z_{bb} & Z_{bc} \\ Z_{ca} & Z_{cb} & Z_{cc} \end{bmatrix} \tag{3-55}$$

并联对地导纳矩阵 Y_l 的 1/2 为

$$\frac{Y_l}{2} = \frac{1}{2} \times \begin{bmatrix} Y_{aa} & Y_{ab} & Y_{ac} \\ Y_{ba} & Y_{bb} & Y_{bc} \\ Y_{ca} & Y_{cb} & Y_{cc} \end{bmatrix} \tag{3-56}$$

将式(3-55)和式(3-56)代入式(3-54)，就得到线路的精确模型对应的导纳矩阵 Y_L 。

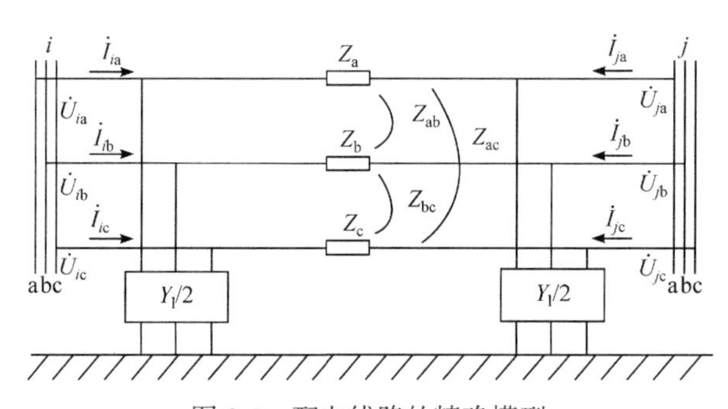

图 3-5　配电线路的精确模型

2. 配电线路的修正模型

如果忽略并联对地导纳，则得到配电线路的修正模型，如图 3-6 所示。注意，该修正模型对长的乡村轻负荷线路不适用。

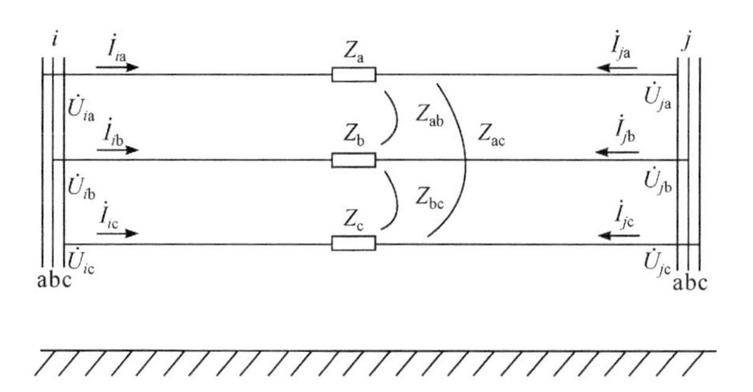

图 3-6　配电线路的修正模型

将式(3-55)代入式(3-54)，并在式(3-54)中忽略 $Y_l/2$ ，就可得到线路的修正模

型对应的导纳矩阵 Y_L。

3. 配电线路的简化模型

如果假定配电线路的三相具有完全的对称性，则可得到线路的简化模型。用线路的序参数(正序阻抗 Z_1、负序阻抗 Z_2 和零序阻抗 Z_0)表示时，考虑到线路的正序阻抗 Z_1 和负序阻抗 Z_2 相等，可得到线路的序阻抗矩阵为

$$Z_1^{0,1,2}=\begin{bmatrix} Z_0 & & \\ & Z_1 & \\ & & Z_1 \end{bmatrix} \tag{3-57}$$

从而可以得到线路的近似相阻抗矩阵 Z_1^1 为

$$Z_1^1=TZ_1^{0,1,2}T^{-1}=\begin{bmatrix} 2Z_1+Z_0 & Z_0-Z_1 & Z_0-Z_1 \\ Z_0-Z_1 & 2Z_1+Z_0 & Z_0-Z_1 \\ Z_0-Z_1 & Z_0-Z_1 & 2Z_1+Z_0 \end{bmatrix} \tag{3-58}$$

式中，T 为对称分量变换矩阵，该矩阵及其逆矩阵可分别表示为

$$T=\begin{bmatrix} 1 & 1 & 1 \\ 1 & a^2 & a \\ 1 & a & a^2 \end{bmatrix} \tag{3-59}$$

$$T^{-1}=\frac{1}{3}\begin{bmatrix} 1 & 1 & 1 \\ 1 & a & a^2 \\ 1 & a^2 & a \end{bmatrix} \tag{3-60}$$

其中复数算子 $a=\mathrm{e}^{\mathrm{j}120}=-\frac{1}{2}+\mathrm{j}\frac{\sqrt{3}}{2}$。

用 Z_1^1 替换式(3-54)中的 Z_1，并在式(3-54)中忽略 $Y_1/2$，就可得到线路的简化模型对应的导纳矩阵 Y_L。

3.4.3　开关模型

开关作为电力系统中最重要的设备之一，肩负着控制和保护的双重任务，其性能可靠性直接关系配电系统的安全运行。本节所述开关多指高压开关，是指额定电压 1kV 及以上，主要用于开断和关合导电回路的电器。高压开关设备是高压开关与控制、测量、保护、调节装置及辅件、外壳和支持件等部件及其电气和机械的联结组成的总称，是电力系统一次设备中唯一的控制和保护设备，是接通和

断开回路、切除和隔离故障的重要控制设备。配电网常用开关设备主要包括断路器、接地开关、隔离开关、负荷开关、分段器、熔断器等。

除一般开关外，还有智能开关。国际电工委员会标准规范 IEC/TR 62063—1999 中对智能开关设备的定义[5]是：具有较高性能的开关设备和控制设备，配有电子设备、传感器和执行器，具有开关、监测和诊断等功能。开关的智能化由微机控制的二次系统、人工智能接口装置和相应的智能软件实现。数字技术、在线监测技术、网络技术和通信技术在开关设备中的应用，提高了系统的自动化程度，极大地方便了运行和维护。随着智能电网的发展，智能开关已成为开关设备的发展方向。

鉴于智能开关是在普通开关的基础上附加一些功能，断路器是一种最为重要的保护开关电器之一，本书以断路器为例阐述其机理模型构建方法。

断路器是能开断、闭合和承载运行状态的正常电流，并能在规定时间内承载、闭合和开断规定的异常电流(如短路电流)的电气设备，通常也称其为开关。IEC 标准的定义是：所设计的分合装置应能关合、导通和开断正常状态电流，并能在规定的短路等异常状态下，在一定时间内进行关合、导通和开断。断路器的机理模型由电弧模型和脱扣器模型组成。

1. 断路器分断过程分析

断路器分断短路电流过程的电流、电压示意图如图 3-7 所示。

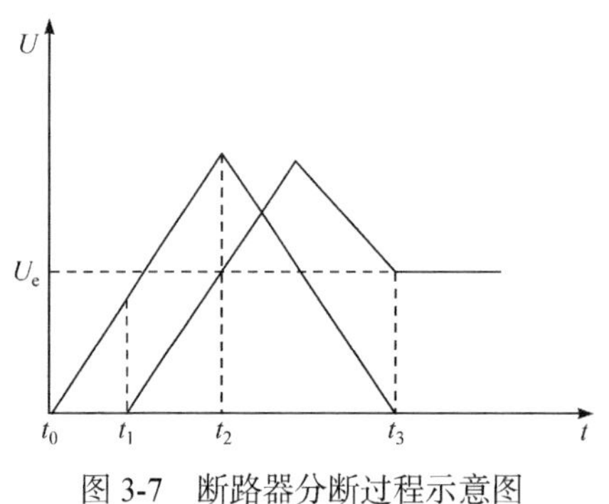

图 3-7 断路器分断过程示意图

图 3-7 中，t_0 为短路发生时刻，t_1 为脱扣器动作时刻(触头开始分离)，t_2 为短路电流达到峰值时刻，t_3 为短路电流被分断时刻。

(1) 零电压期($t_0 \sim t_1$)。在 $t_0 \sim t_1$，短路电流迅速上升，由于短路电流较小，其能量未能使脱扣机构动作而使触头保持闭合，触头电压近似为零，故称为零电压期。

(2) 起弧期($t_1 \sim t_2$)。脱扣机构动作后，断路器的动、静触头迅速分离，触头两端产生电弧；同时，电弧电压开始上升，在线路上的电压与电弧电压之和达到电源电压 U_e 前，短路电流仍然不断上升；当线路上的电压与电弧电压之和等于电源电压时，电流达到最大值。

(3) 过压期($t_2 \sim t_3$)。随着电弧电压的继续上升，触头两端电压大于电源电压 U_e，在过电压的作用下，短路电流迅速下降，当电流下降为零时，电弧熄灭，触头两端电压恢复为 U_e。

2. 电弧模型

电弧电导式遵循一般能量规律，众多学者根据不同假设，提出了不同的电弧黑盒模型，其中 Cassie 电弧模型是影响和应用较为广泛的一种黑盒模型，可以表示为

$$\frac{1}{g}\frac{\mathrm{d}g}{\mathrm{d}t}=\frac{1}{\tau}\left(\frac{u^2}{u_{\mathrm{c}}}-1\right) \tag{3-61}$$

式中，g 为电弧电导；τ 为 Cassie 电弧模型定义的时间常数；u 为电弧电压；u_{c} 为 IEC 电弧瞬态恢复电压(transient recovery voltage，TRV)表示方法中的参考电压，其取值为 TRV 的峰值，静态时是常数，与电流值无关。

3. 断路器脱扣器模型

针对各种电路故障类型，低压断路器的脱扣保护装置提供了多种脱扣处理。其中，过电流脱扣器的作用是：当电流超过某一规定值时，通过电磁吸力作用，使自由脱扣器动作；电磁脱扣器需要满足脱扣电流和脱扣时间的要求，在电流小于规定值时要保证不脱扣，需要反力弹簧提供反作用力，限制电磁脱扣器动作。

电磁脱扣器闭合过程中，衔铁所受的电磁力矩 M_{dc} 可表示为

$$M_{\mathrm{dc}}=K_1\frac{I_1}{\delta^2} \tag{3-62}$$

式中，I_1 为流过汇流排的电流；δ 为衔铁与磁轭之间的距离；K_1 为比例系数。

电磁脱扣器闭合过程中，衔铁所受的弹簧制动力矩 M_{th} 可表示为

$$M_{\mathrm{th}}=M_{\mathrm{th1}}+K_2\Delta\delta \tag{3-63}$$

式中，M_{th1} 为理想动力矩；$\Delta\delta$ 为衔铁与磁轭之间的距离减小量；K_2 为比例系数。

考虑到衔铁转动过程中所需克服的摩擦转矩 M_{m}，故衔铁能够动作的条件是

$$M_{\mathrm{dc}}\geqslant M_{\mathrm{th}}+M_{\mathrm{m}} \tag{3-64}$$

当衔铁开始动作时，若电流因其他断路器已断开而减小，处于吸起状态的衔铁在弹簧的作用下会返回原位。在此过程中，摩擦力又起着阻碍返回的作用，故衔铁能够返回的条件是

$$M_{\mathrm{dc}}\leqslant M_{\mathrm{th}}-M_{\mathrm{m}} \tag{3-65}$$

对应于返回电磁力矩的返回电流 I_2 和起动电流 I_1 不相等，其比值称为返回系数：

$$K_{\mathrm{h}}=\frac{I_2}{I_1} \tag{3-66}$$

式中，K_h 为返回系数，恒小于1，电磁型脱扣器的返回系数通常取值为 0.80～0.85。

由于短路电流上升很快，需尽量缩短从短路发生到衔铁被吸合段脱扣器动作的时间。另外，通过减小对衔铁的约束，可有效减小流过汇流排而不使脱扣器动作的电流范围。因此，考虑通流和保护要求的不同，各种额定电流的断路器均有各自不同的脱扣器设置。对不同额定电流的断路器分别建立模型，求解不同电流激励下的脱扣时间，形成脱扣特性曲线。

脱扣器线圈电流与延时时间的关系可表示为

$$t = \frac{K}{\left(\int I \mathrm{d}t\right)^p} \tag{3-67}$$

式中，$\int I\mathrm{d}t$ 为短路电流，是关于时间 t 的积分；K、p 为系数，可通过查找开关特性曲线数据并建立方程组求解得到。

3.4.4　无功补偿设备模型

配电网中的大量负荷(如感应电动机)、线路电感电抗、变压器励磁支路等均需要消耗大量无功功率，当无功功率不足时，系统的功率因数和线路电压明显下降，且线损增大，有必要在配电网中装设无功补偿装置进行无功补偿。

无功补偿装置的补偿原理如图 3-8 所示，该电路的电流为

$$\dot{I} = \dot{I}_{\mathrm{C}} + \dot{I}_{\mathrm{RL}} \tag{3-68}$$

式(3-68)的相量图如图 3-9 所示。由图 3-9 可知，并联电容器后，电压 $\dot{U}$ 与 $\dot{I}$ 的相位变小了，即供电回路的功率因数提高了。

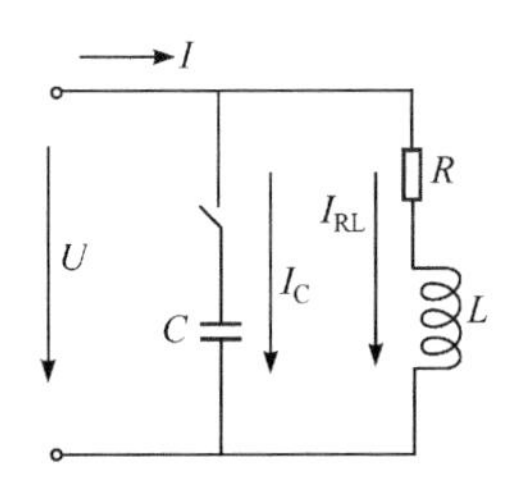

图 3-8　无功补偿装置补偿原理图

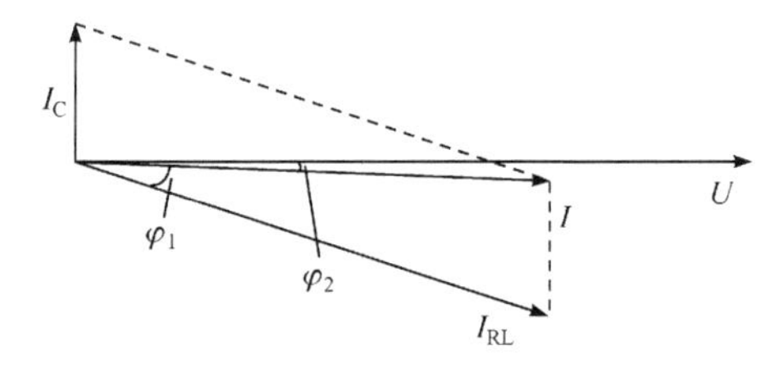

图 3-9　无功补偿相量图

本节以动态电压恢复器(dynamic voltage regulator, DVR)和静止无功补偿器(static var compensator, SVC)为例，阐述无功补偿装置机理建模法。

1. 动态电压恢复器

DVR 是一种用来补偿电压跌落、提高下游敏感负荷供电质量的有效串联补偿

装置，其在保证敏感负荷电压质量的同时，与系统间存在能量交换，具有良好的动态特性。当网络电压发生电压暂降时，DVR 向线路注入一个幅值、相位可控的串联补偿电压，以保证负荷电压恒定[7]，如图 3-10 所示，其中V_{inj}为注入电压。DVR 通常由储能单元、PWM 逆变器、滤波器、控制单元、连接变压器等部分组成。

1) 储能单元模型

当电网发生故障时，DVR 需向电网提供有功功率，此能量由 DVR 直流储能装置提供。

DVR 的储能单元通常有以下四种储能方式：①利用大电容储能的方式；②采用不控整流方式得到直流能量；③采用脉冲宽度调制(pulse width modulation, PWM)整流的方式；④采用超导蓄能的方式。

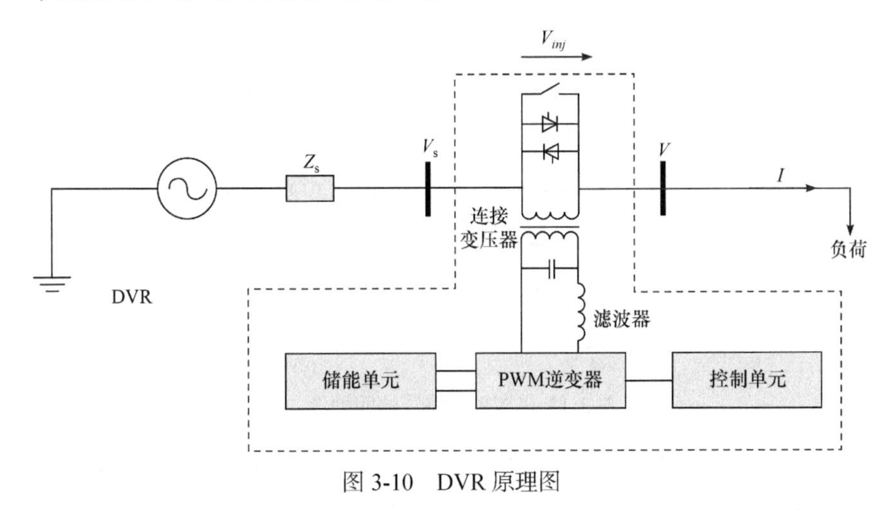

图 3-10　DVR 原理图

从本质上讲，储能单元模型与第 4 章中的储能装置模型是相同的，本节不再阐述。

2) PWM 逆变器模型

PWM 逆变器有两种结构，最常用的是采用三个独立的单相逆变器。在这种结构中，三相补偿电压之间完全独立，可向线路中注入正序、负序和零序补偿电压。其中，单相逆变器可采用两电平半桥、两电平全桥和三电平半桥等结构类型。此外，也可以采用三相全桥结构，如图 3-11 所示。

3) 滤波器模型

DVR 逆变单元输出的 PWM 脉冲序列中含有大量高频谐波，为使得 DVR 具有良好的补偿效果，需尽量减少 DVR 对电网造成二次谐波污染，因此必须设置低通滤波环节。

通常，DVR 滤波器的四种形式如图 3-12 所示。

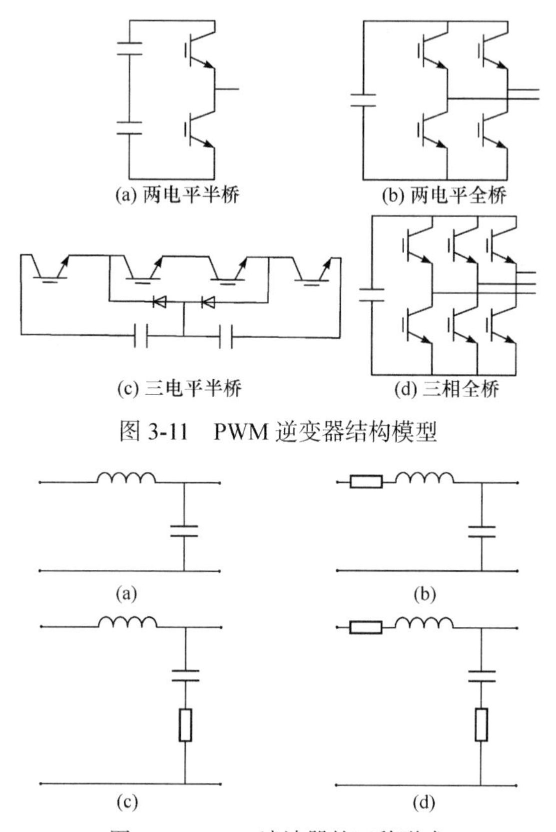

图 3-11　PWM 逆变器结构模型

图 3-12　DVR 滤波器的四种形式

图 3-12 中，把滤波器电感回路中的线路电阻、开关导通电阻和阻尼电阻统一等效为电阻 R_{L}，滤波回路中的线路电阻和阻尼电阻统一等效为 R_{C}，L_{f} 为电感，C_{f} 为电容。在不考虑负载的情况下，四种类型滤波器的传递函数如下。

(1) 图 3-12(a)所示滤波器的传递函数为

$$H(s)=\frac{1}{L_{\mathrm{f}}C_{\mathrm{f}}s^2+1} \tag{3-69}$$

(2) 图 3-12(b)所示滤波器的传递函数为

$$H(s)=\frac{1}{L_{\mathrm{f}}C_{\mathrm{f}}s^2+R_{\mathrm{L}}C_{\mathrm{f}}s+1} \tag{3-70}$$

(3) 图 3-12(c)所示滤波器的传递函数为

$$H(s)=\frac{R_{\mathrm{C}}C_{\mathrm{f}}s+1}{L_{\mathrm{f}}C_{\mathrm{f}}s^2+R_{\mathrm{L}}C_{\mathrm{f}}s+1} \tag{3-71}$$

(4) 图 3-12(d)所示滤波器的传递函数为

$$H(s)=\frac{R_{\mathrm{C}}C_{\mathrm{f}}s+1}{L_{\mathrm{f}}C_{\mathrm{f}}s^2+(R_{\mathrm{L}}+R_{\mathrm{C}})C_{\mathrm{f}}s+1} \tag{3-72}$$

在式(3-72)中，令

$$\begin{cases} R_{\mathrm{f}}=R_{\mathrm{L}}+R_{\mathrm{C}} \\ R_{\mathrm{C}}=kR_{\mathrm{f}} \\ R_{\mathrm{L}}=(1-k)R_{\mathrm{f}} \end{cases} \tag{3-73}$$

其中$0\leqslant k\leqslant 1$，则图 3-12(d)所示滤波器的传递函数可重新记为

$$H(s)=\frac{kR_{\mathrm{f}}C_{\mathrm{f}}s+1}{L_{\mathrm{f}}C_{\mathrm{f}}s^2+R_{\mathrm{f}}C_{\mathrm{f}}s+1} \tag{3-74}$$

当$R_{\mathrm{f}}=0$时，式(3-74)变为图 3-12(a)所示滤波器的传递函数；当$k=0$时，式(3-74)变为图 3-12(b)所示滤波器的传递函数；当$k=1$时，式(3-74)变为图 3-12(c)所示滤波器的传递函数。

因此，从数学模型的角度来看，前三种滤波器形式都是第四种滤波器模型的特例，计算分析时可以把第四种滤波器模型作为统一模型。

4) 控制单元模型

逆变器控制模型较多，具体如图 3-13 所示。

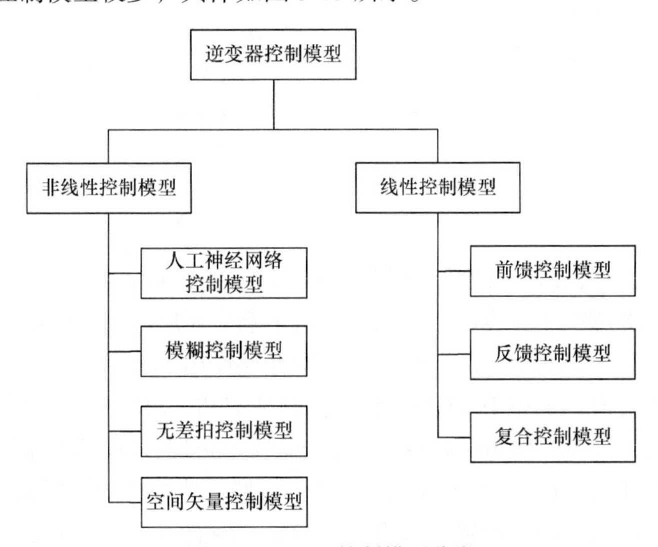

图 3-13　DVR 控制模型分类

逆变器控制模型较多，但其模型构建方法都是从传递函数的角度进行，通过比例积分、限幅等非线性环节和坐标变换等线性环节的模块化组合，构成控制系统的结构框图模型，然后根据不同的计算需要选择合适的数值计算方法。因此，

逆变器控制模型是典型的机理建模法。

5) 连接变压器模型

根据与电网的连接方式不同，DVR 可分为串接变压器类型和并接变压器类型。串接变压器型 DVR 通常采用升压变压器，从而降低直流侧电压等级，另外，变压器还起到隔离逆变器和电网的作用。采用并接变压器型 DVR 可以消除变压器所带来的附加相移、电压降落、谐波损耗以及冲击电流等问题。从本质上讲，DVR 变压器部分建模与配电变压器建模方法相同，都是采用机理建模法，模型也一致。

2. 静止无功补偿器建模

静止无功补偿器有各种不同型式。目前，常用的有晶闸管控制电抗器(thyrister controlled reactor, TCR)、晶闸管开关电容器(thyristor switched capacitor, TSC)和饱和电抗器(saturation reactance, SR)三种，如图 3-14 所示。

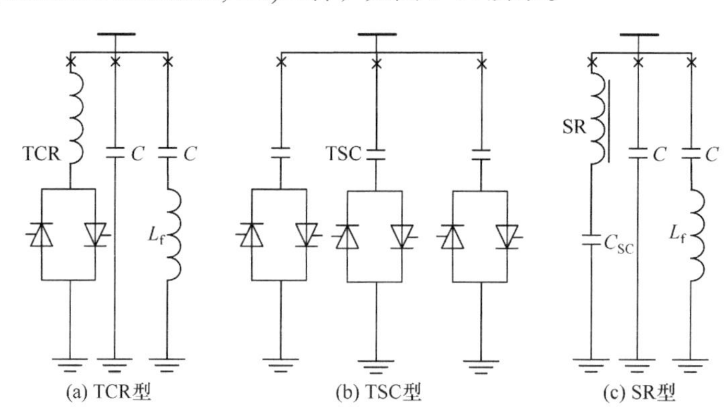

图 3-14　静止无功补偿器的类型

SR 型无功补偿装置由饱和电抗器和串联电容器组成，二者构成的回路具有稳压特性，能够维持连接母线的电压水平。由于响应速度快，故能够对接于同一母线上由冲击负荷引起的电压波动起到良好的补偿作用。SR 型无功补偿装置属于第一批无功补偿装置，早在 1967 年就在英国制造成功。SR 型无功补偿装置中饱和电抗器造价高，约为一般电抗器的 4 倍；电抗器的硅钢片长期处于饱和状态，铁心损耗大，比并联电抗器大 2～3 倍；另外 SR 型无功补偿装置振动和噪声明显，调整时间长，动态补偿速度慢。考虑上述不足，现有基于饱和电抗器的静止无功补偿器在配电网中应用少，其多用于超高压输电线路。鉴于以上原因，本节重点介绍 TCR 型和 TSC 型静止无功补偿装置。

1) TCR 型静止无功补偿装置

TCR 型静止无功补偿装置主要由 TCR 和若干组不可控电容器组成[8]。电容 C

及与其串联的 L_f 构成串联谐振回路，可兼作谐波滤波器，消除 TCR 产生的 5、7、9…谐波电流。

若仅有 TCR，设电源电压为

$$V_S = V\sin(\omega t) \tag{3-75}$$

式中，V 为所加电压的峰值；ω 为角频率。

设 TCR 上流过的电流为 i，则有

$$L\frac{di}{dt} - V_S(t) = 0 \tag{3-76}$$

由 $i\omega t = \alpha$ (α 为 TCR 的触发角)和边界条件为 0，可得

$$i(t) = \begin{cases} 0, & \pi/2 < \omega t \leqslant \alpha \\ \dfrac{V}{\omega L}\left[\cos(\omega t) - \cos\alpha\right], & \alpha < \omega t \leqslant 2\pi - \alpha \\ 0, & 2\pi - \alpha < \omega t \leqslant 3\pi/2 \end{cases} \tag{3-77}$$

当 $\alpha < \omega t \leqslant 2\pi - \alpha$ 时，利用傅里叶级数将式(3-77)分解，可求得 TCR 基波电流幅值为

$$I_1(\alpha) = \frac{V}{\omega L}\left[2 - \frac{2\alpha}{\pi} + \frac{1}{\pi}\sin(2\alpha)\right] \tag{3-78}$$

此时，可将 TCR 等效为一个可控电纳，且基于 TCR 基波电流幅值，求出该电纳表达式为

$$B_{TCR}(\alpha) = \frac{1}{\omega L}\left[2 - \frac{2\alpha}{\pi} + \frac{1}{\pi}\sin(2\alpha)\right] \tag{3-79}$$

由式(3-79)可知，通过改变 TCR 的相控角 α，就可改变 TCR 的等效电纳，即可通过调控 α，完成对 TCR 发出无功功率的动态调控。

TCR 提供无功功率为

$$Q_{TCR}(\alpha) = \frac{V^2}{\omega L}\left[2 - \frac{2\alpha}{\pi} + \frac{1}{\pi}\sin(2\alpha)\right]\sin^2(\omega t) \tag{3-80}$$

式中，$\alpha < \omega t \leqslant 2\pi - \alpha$。

2) TSC 型静止无功补偿装置

TSC 型静止无功补偿装置的工作原理相对简单，其是以晶闸管开关取代常规电容器所配置的机械式开关，而其电流显然就正比于其端电压和投入电容器的组数 n。

在实际系统中，每个电容器组都要串联一个阻尼电抗器，以降低晶闸管可能

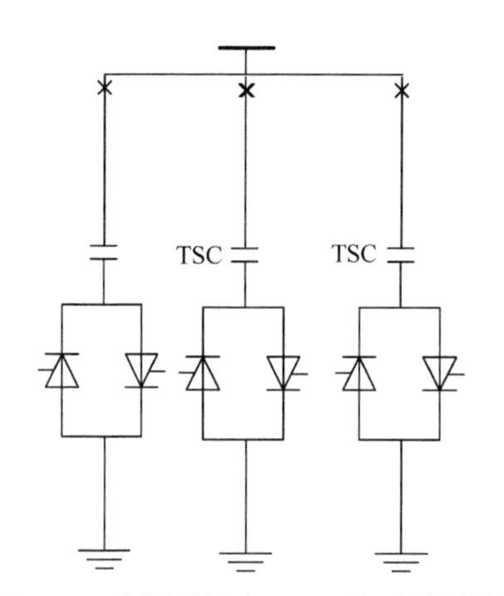

图 3-15　实际系统中 TSC 型三相结构图

产生的电流冲击与系统阻抗产生谐振现象，其结构如图 3-15 所示。

由于晶闸管只作为投切电容器的开关，而不像 TCR 型晶闸管阀起相控作用。

若仅有一个 TSC，设电源电压为

$$V_S = V\sin(\omega t) \tag{3-81}$$

式中，V 为所加电压的峰值；ω 为角频率。则 TSC 上流过的电流为

$$i_C = C\frac{\mathrm{d}U_C}{\mathrm{d}t} \tag{3-82}$$

由 $U_C = V_S$ 和边界条件为 0，可得

$$i_C(t) = CV\omega\cos(\omega t) \tag{3-83}$$

因此，在电容器投入时，TSC 的电压-电流特性就是该电容器的伏安特性，此时 TSC 发出的无功功率为

$$Q_{TCR}(\alpha) = \frac{1}{2}CV^2\omega\sin(2\omega t) \tag{3-84}$$

3.4.5　有源配电网仿真动态模型

有源配电网仿真控制变量 x 的结构组成为

$$x = \begin{bmatrix} V_N & I_V & I_D & I_S & I_L \end{bmatrix}^T \tag{3-85}$$

式中，V_N 为节点电压向量；I_V 为电压源电流向量；I_D 为变压器电流向量；I_S 为开关电流向量；I_L 为负荷电流向量。初始化时 I_L 为 0，其他变量计算公式如下：

$$\begin{bmatrix} V_N \\ I_V \\ I_D \\ I_S \end{bmatrix} = \begin{bmatrix} Y_n & V_c & D_c & S_c \\ V_c^T & 0 & 0 & 0 \\ D_c^T & 0 & 0 & 0 \\ S_c^T & 0 & 0 & S_d \end{bmatrix}^{-1} \begin{bmatrix} I_N \\ V_S \\ 0 \\ 0 \end{bmatrix} \tag{3-86}$$

式中，Y_n 为节点导纳矩阵；V_c 为电压源连接矩阵；D_c 为变压器连接矩阵；S_c 为开关连接矩阵；V_c^T 、D_c^T 、S_c^T 分别为 V_c 、D_c 、S_c 的转置矩阵；S_d 为开关阻抗矩阵；I_N 为电流源注入电流向量；V_S 为电压源电压向量。式中所有矩阵和向量元素均为复数。

节点导纳矩阵 Y_n 的构造过程与经典方法相同，不同之处在于构造过程中需要

剔除 V_c、D_c、S_c 表述的设备。

有源配电网仿真模型的表达式为

$$\begin{bmatrix} Y_n & V_c & D_c & S_c & A_L \\ V_c^T & 0 & 0 & 0 & 0 \\ D_c^T & 0 & 0 & 0 & 0 \\ S_c^T & 0 & 0 & S_d & 0 \end{bmatrix} \begin{bmatrix} V_N \\ I_V \\ I_D \\ I_S \\ I_L \end{bmatrix} = \begin{bmatrix} I_N \\ V_S \\ 0 \\ 0 \end{bmatrix} \tag{3-87}$$

$$S_L = V_L \text{conj}(I_L) \tag{3-88}$$

式中，A_L 为负荷连接矩阵；I_L 为负荷注入电流向量；S_L 为负荷视在功率向量；V_L 为负荷节点电压向量，可通过节点编号从 V_N 获取。

电压源连接矩阵 V_c 适用于理想电压源；若其在 V_c 中的编号为 p，其电压为 V_{src}，则有

$$\begin{cases} V_c(m,p) = 1 \\ V_c(n,p) = -1 \\ V_S(p) = V_{src} \end{cases} \tag{3-89}$$

变压器连接矩阵 D_c 适用于理想变压器，若其在 D_c 中的编号为 p，其变比 ζ 满足 $V_{m2} - V_{n2} - \zeta V_{m1} + \zeta V_{n1} = 0$，则有

$$\begin{cases} D_c(m_1,p) = -\zeta \\ D_c(n_1,p) = \zeta \\ D_c(m_2,p) = 1 \\ D_c(n_2,p) = -1 \end{cases} \tag{3-90}$$

对于有源配电网中分接头能够自动进行调节的变压器，可在仿真迭代过程中运用控制逻辑动态计算变比，然后使用变比值修改式(3-90)，进而更新有源配电网仿真模型。

若有源配电网线路因温度变化、老化等导致线路阻抗与对地导纳发生变化，则需要重新构建节点导纳矩阵 Y_n 中的对应元素。

开关连接矩阵 S_c 适用于小阻抗或理想开关；若其在 S_c 中的编号为 p，其阻抗为 Z_s，则

$$\begin{cases} S_c(m,p) = 1 \\ S_c(n,p) = -1 \\ S_d(p,p) = Z_s \end{cases} \tag{3-91}$$

当有源配电网开关状态或运行工况发生变化时，可以通过修改 Z_s 值快速更新

其仿真模型。

无功补偿装置可使用负荷进行建模，运行状态变化后修改 S_L 值即可。

参 考 文 献

[1] Hill D J. Nonlinear dynamic load models with recovery for voltage stability studies[J]. IEEE Transactions on Power Systems, 1993, 8(1): 166-176.

[2] General Electric Company. Load modeling for power flow and transient stability computer studies[R]. New York: EPRI, 1987.

[3] 鞠平, 马大强. 电力负荷的新模型及动静态参数的同时辨识[J]. 控制与决策, 1989, 4(2): 20-23, 29.

[4] 鞠平, 李德丰, 陆小涛. 电力系统非机理负荷模型的可辨识性[J]. 河海大学学报, 1999, 27(1): 16-19.

[5] El-Ferik S, Malhame R P. Correlation identification of alternating renewal electric load models [C]. Proceedings of the 31st Conference on Decision and Control, Tucson, 1992: 566-567.

[6] O'Sullivan J W, O'Malley M J. Identification and validation of dynamic global load model parameters for use in power system frequency simulations[J]. IEEE Transactions on Power Systems, 1996, 1(2): 851-857.

[7] 章健, 贺仁睦, 韩民晓. 电力负荷的 dq0 坐标变量模型及模型回响辨识[J]. 中国电机工程学报, 1997, 17(6): 377-381.

[8] 贺仁睦, 魏孝铭, 韩民晓. 电力负荷动态特性实测建模的外推和内插[J]. 中国电机工程学报, 1996, 16(3): 151-154.

[9] El-Ferik S, Hussain S A, Al-Sunni F M. Identification and weather sensitivity of physically based model of residential air-conditioners for direct load control: A case study[J]. Energy and Buildings, 2006, 38(8): 997-1005.

[10] Pereira L, Kosterev D, Mackin P, et al. An interim dynamic induction motor model for stability studies in the WSCC[J]. IEEE Transactions on Power Systems, 2002, 17(4): 1108-1115.

[11] Price W W, Taylor C W, Rogers G J, et al. Standard load models for power flow and dynamic performance simulation[J]. IEEE Transactions on Power Systems, 1995, 10(3): 1302-1313.

[12] 中国电力科学研究院. PSD-BPA 暂态稳定程序用户手册[R]. 北京: 中国电力科学研究院, 2005.

[13] 中国电力科学研究院. PSASP 电力系统分析综合程序用户手册[R]. 北京: 中国电力科学研究院, 2005.

[14] Welfonder E, Weber H, Hall B. Investigations of the frequency and voltage dependence of load part systems using a digital self-acting measuring and identification system[J]. IEEE Transactions on Power Systems, 1989, 4(1): 19-25.

[15] Meyer F J, Lee K Y. Improved dynamic load model for power system stability studies[J]. IEEE Transactions on Power Apparatus and Systems, 1982, 101(4): 3303-3309.

第 4 章　复杂有源配电网新型设备多时间尺度暂态建模方法

4.1　配电网暂态过程概述

配电网暂态过程是配电网从一个稳定状态到另一个稳定状态所经历的过程，主要分为波过程、电磁暂态过程与机电暂态过程三类。波过程与运行操作(如开关动作)及雷击过电压有关，主要涉及电流、电压波的传播，该过程最为短暂。电磁暂态过程是由负荷需求的增减、电源出力的调整、运行方式的改变以及故障或扰动引起的电流突变、电压突变及其后在电感、电容型储能元件和电阻耗能元件中引起的过渡过程，该暂态过程持续时间比波过程长。机电暂态过程是由大干扰引起的发电机输出电功率的突变所造成的转子摇摆、振荡过程，该过程既依赖发电机的电气参数，也依赖发电机的机械参数，且电气运行状态与机械运行状态相互关联，是一种机电联合一体化的动态过程，这类过程持续时间最长[1-7]。

配电网暂态过程包括故障暂态过程、合环操作暂态过程、电压暂降及暂升等暂态电能质量变化以及分布式电源接入暂态过程。配电网故障复杂多样，为确定故障性质与位置，需要掌握不同故障状况在不同位置对应的故障特征，由于暂态故障特征较为明显，且在故障发生后迅速显现，近年来，越来越多的研究致力于故障暂态过程的分析。

配电网直接面向用户，一般采用闭环设计、开环运行的供电模式。为了减少停电时间，提高供电可靠率，在线路检修和倒负荷时采取不停电的合环操作成为供电企业常用的手段。然而，若合环点量测存在压差或两侧短路阻抗不同，合环后会产生环流，合环瞬间还会出现较大的冲击电流，可能会引起保护动作，影响电网的安全稳定运行。各种非线性、冲击性负荷的涌入给配电网带来了严重的暂态电能质量问题，直接影响电网安全性。暂态电能质量问题主要包括脉冲型和振荡型两类。其中，脉冲型暂态电能质量问题是指电压、电流或两者在稳态情况下发展突然、非工频且单方向(正极性或负极性)性质的变化；振荡型暂态电能质量问题是指电压、电流或者两者在稳态情况下发生突然、非工频且正极性和负极性两方面的变化。配电网中的分布式发电机包括同步发电机、感应发电机和经过电力电子接口的电源。分布式电源的接入，改变了配电网只是单纯从主网接收和消耗电能的方式，在配电网中可能出现暂态稳定问题。相比同步发电机，鼠笼式感应发电机具有成本低、同容量时机组体积小、维护要求低的优点，在配电网分布式发电中应用广泛。当发生短路故障时，由于感应发电机机端电压下降，电磁转矩大幅降低，转子将迅速加速，无功功率的消耗也显著增加，可能导致系统电压崩溃。当转子转速升高，短路故障时间超过了感应发电机的临界切除时间时，就必须紧急制动或退出运行，对于高穿透功率的电网来讲，可能出现故障后的功率缺额，影响配电系统的稳定运行。

在配电网暂态过程仿真研究中，一般来说，分布式电源、储能装置、电机、电力电子装置、保护装置等具有复杂非线性特征或快动态特性的设备属于重点研究对象，这些设备及与其相邻的、对其动态过程影响较大的配电网一起被划分为研究系统；而除此之外的其余大规模无源配电网可认为属于研究中的非重点区域，其内部动态过程不受关注，只是通过端口位置的输入输出特性影响研究系统中的仿真结果，一般可将其划分为外部系统。暂态过程与配电区域关系如图 4-1 所示。

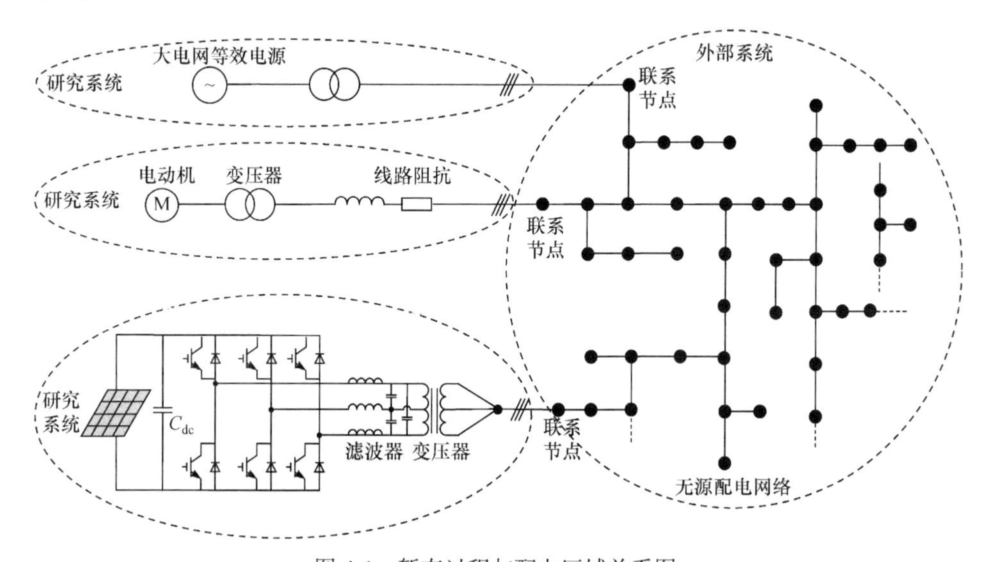

图 4-1　暂态过程与配电区域关系图

配电网暂态过程研究在复杂有源配电网机理研究、装备研发、运行控制等问题中均发挥了重要作用，是配电系统技术体系中不可或缺的组成部分。复杂配电网暂态研究是配电网相关快动态问题研究与动态特性研究的专门工具，同时又是构建复杂配电网实时仿真平台的主要基础，可以为系统层面模型及算法的正确性与有效性提供校验依据。

4.2　复杂有源配电网典型暂态过程分析

采用大型同步电机为主要电源的传统电力系统，其动态过程具有较为鲜明的时间尺度特性，可以按时间尺度分为电磁暂态过程、机电暂态过程及中长期动态过程。与传统电力系统相比，复杂有源配电网有其自身特点，主要体现在：①分布式电源种类繁多且形式各异，既有静止的直流型电源，也有旋转的交流电机；②大部分分布式电源需通过电力电子变流器向电网或负荷供电；③通常具有并网和独立运行等多种模式；④许多分布式电源的出力具有间歇性和随机性，往往需要储能设备、功率补偿装置以及其他种类分布式电源的配合才能达到较好的动、静态性能；⑤分布式发电系统控制复杂，包括分布式电源及储能元件自身的控制、电力电子变流器的控制以及网络层面的电压与频率调节；⑥有的分布式电源在运行时不仅要考虑系统中电负荷的需求，有时还要受冷、热负荷的约束，达到“以热定电”或“以冷定电”的目的；⑦中小容量的分布式电源大多接入中低压配电网，此时网络参数与负荷的不对称性大大增加，此外，用户侧的分布式电源可能会通过单相逆变器并网，更加剧系统的不对称性。因此，系统的运行状态会随着外部条件的变化、负荷需求的增减、电源出力的调整、运行方式的改变以及故障或扰动的发生而不断变化，其动态过程也将更为复杂。

4.3　复杂有源配电网新型设备多时间尺度建模需求分析

复杂有源配电网具有不确定性和多时间尺度特性等特征，对其各设备元件暂态建模的要求也不尽相同。因此，新型设备暂态多时间尺度建模技术的相关研究对复杂有源配电网的后续研究具有重要价值，其主要作用如下。

(1) 暂态多时间尺度建模为系统层面模型和算法的正确性及有效性提供校验依据。

智能配电系统中不仅含有传统配电网元件，更增加了多种分布式电源与储能、多样化的用户负荷需求以及相关电力电子装置与保护控制装置等众多新元素。这些新元素需要以不同时间尺度、不同精细程度进行仿真建模，以满足多样化的仿真应用需求。同时，智能配电系统具有强刚性、强非线性等典型特征，需要研究开发新的求解算法来满足仿真速度、精度与稳定性需求。而无论是新模型的建立，还是新算法的开发，都需要借助准确可靠的统一标准加以校验。由于电磁仿真在系统层面采用详细的元件模型对电网、电力电子装置、分布式电源及各种控制器进行建模，仿真结果最为详尽，反映动态过程最为精确，能够最有效地在系统层面模拟出各种动静态元件的暂态过程，因此复杂有源配电网中各种新模型、新算法的开发与应用都需要借助其设备元件的暂态多时间尺度建模和电磁暂态仿真来验证其正确性和有效性。

(2) 暂态多时间尺度建模是复杂有源配电网相关快动态问题研究的专门工具。

智能配电系统在运行控制中面临诸多新问题，尤其体现在分布式电源接入后的电能质量与保护控制方面。例如，智能配电系统中含有大量电力电子装置并网运行，控制不当可能给系统带来严重的谐波问题，需要通过设备元件的暂态多时间尺度建模来准确分析系统谐波特征，为电能质量控制提供依据。此外，经电力电子变流器并网的分布式电源与传统电源相比具有完全不同的故障特性，需要通过设备元件的暂态多时间尺度建模获取其准确的故障电流与电压特征，为保护配置与参数整定提供依据。因此，设备元件的暂态多时间尺度建模和电磁暂态仿真在复杂有源配电网谐波分析、故障电流与电压特征精确计算等特殊问题研究中扮演着重要角色，为大量分布式电源及电力电子装置接入后的电能质量控制、保护配置与参数整定提供了依据。

(3) 暂态多时间尺度建模是复杂有源配电网动态特性研究的主要工具。

复杂有源配电网需要对分布式电源、储能，以及其他补偿调节装置等进行多层次协调控制，以优化整体系统的运行状态。由于设备元件的暂态多时间尺度建模和电磁暂态仿真可准确模拟分布式电源、储能及电力电子装置的复杂动静态特性，暂态多时间尺度模型可作为分布式电源及储能控制器设计、配电网自愈控制策略、控制参数优化等问题研究的主要工具，如配电动态电压恢复器的控制策略设计，考虑暂态特性的独立型复杂有源配电网控制策略优化等。

(4) 暂态多时间尺度建模是构建复杂有源配电网数模混合仿真平台的基础。

复杂有源配电网数模混合仿真平台能够真实地模拟系统的电磁暂态过程，并具备硬件在环路仿真的能力，在复杂有源配电网各种保护与控制装置的功能实验、性能测试、入网检测中发挥重要作用。复杂有源配电网数模混合仿真平台以其设备元件的暂态多时间尺度建模为基础，因此，研究复杂有源配电网新型设备暂态多时间尺度建模相关技术是提升数模混合仿真平台仿真计算能力的关键途径，也是开发基于现场可编辑逻辑门阵列(field programmable gate array, FPGA)、图形处理器(graphics processing unit, GPU)等高性能计算模块的未来实时仿真平台的核心命题之一。

4.4 复杂有源配电网新型设备多时间尺度暂态建模

分布式发电技术的多样性和复杂有源配电网系统运行的复杂性决定了复杂

有源配电网系统中的动态过程将更复杂，相对于传统电力系统其时间尺度跨度更大，动态过程间的耦合更紧密。此时，仅依靠稳态分析的方法是不够的，必须借助有效的多时间尺度暂态建模方法才能清楚地认识其自身的动态特性及与大电网相互作用的机理。

4.4.1　光伏多时间尺度暂态建模

光伏发电是指根据光伏效应，利用光伏电池板将光能转化为电能的直接发电方式。光伏电池是光伏发电系统中最基本的电能产生单元[8-10]。

在自然界中，物体根据导电性能和电阻率的大小可以分为导体、半导体和绝缘体三类。半导体的特点在于，其导电能力和电阻率对掺入微量杂质的种类和浓度十分敏感，具有良好的热敏和光敏特性。除此之外，半导体还具有很强的光伏效应，即当半导体吸收光能后，其内部能传导电流的载流子分布状态和浓度发生变化，从而产生出相应的电流和电动势效应。光伏电池就是在半导体 PN 结上接收光照产生光伏效应，将太阳的光能转化成电能用于发电。

当半导体的 PN 结处于平衡状态时，在 PN 结处会形成一个耗尽层，存在由 N 区指向 P 区的势垒电场，电子从 N 区到 P 区必须克服一定的能量等级。当太阳光照射到半导体表面时，其内部的 N 区和 P 区价电子受到太阳光子的冲击，通过光辐射获取到超过能带宽度 E_g 的能量，脱离共价键的束缚从价带激发到导带，由此在半导体内部产生很多处于非平衡状态的电子-空穴对，如图 4-2(a)所示。其中有些电子和空穴会发生复合恢复到平衡状态，对外不显电性；对于剩余的处于非平衡状态的电子-空穴对，其中的电子会被势垒电势推向 N 区，而空穴会被推向 P 区，最终在 N 区和 P 区会分别积累大量的电子和空穴，这样便在 PN 结两侧形成了与势垒电场方向相反的光生电动势 E_{PV}，如图 4-2(b)所示。光伏电池与外电路接通后，便可以形成电流，且电流方向由电池的外部从 P 区流向 N 区。

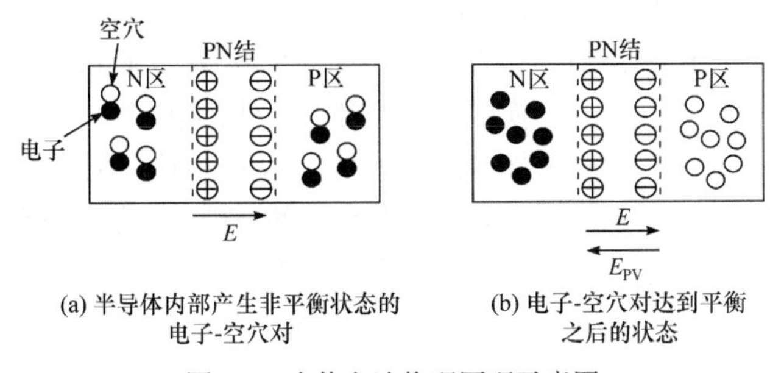

(a) 半导体内部产生非平衡状态的电子-空穴对　　(b) 电子-空穴对达到平衡之后的状态

图 4-2　光伏电池物理原理示意图

将光伏电池进行串并联，形成光伏阵列，同时，可以得到在不同光照实际辐照度(S)和不同电池温度(T)下光伏阵列的输出特性曲线，如图 4-3 所示。

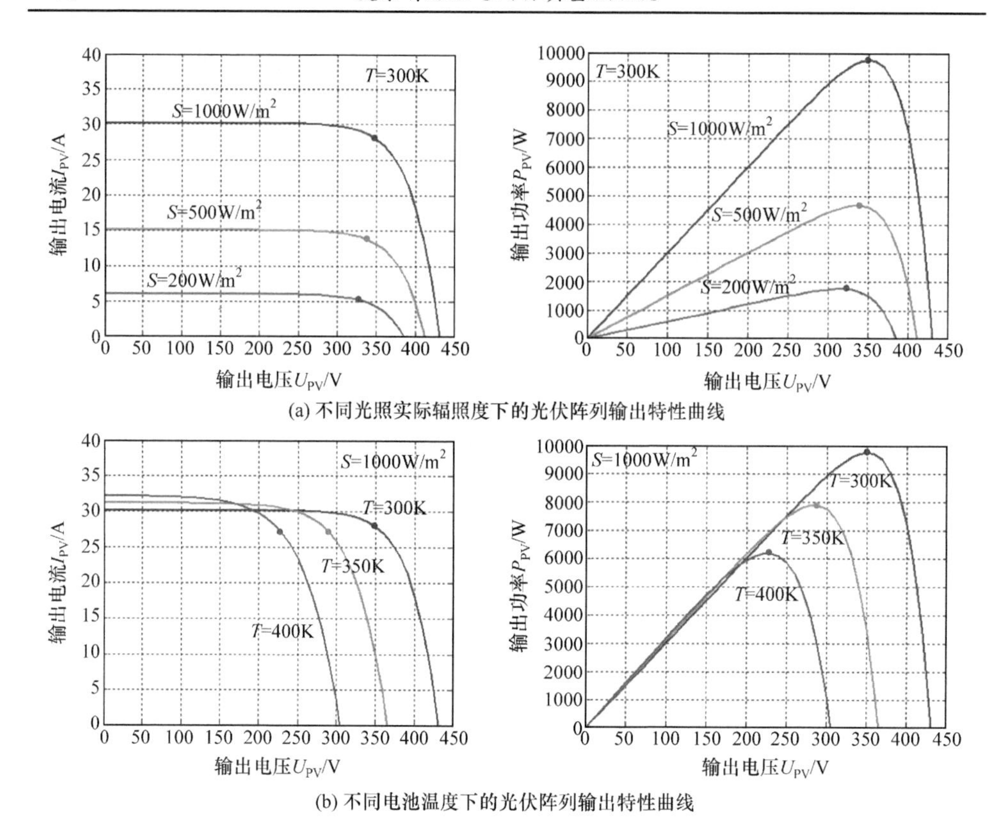

(a) 不同光照实际辐照度下的光伏阵列输出特性曲线

(b) 不同电池温度下的光伏阵列输出特性曲线

图 4-3　不同光照实际辐照度/电池温度下光伏阵列的输出特性曲线

1. 高分辨率模型

光伏电池是一种直流电源，其单体输出电压较低、输出功率较小。常见的光伏电池数学模型主要包括理想模型、单二极管模型和双二极管模型。光伏电池理想电路模型如图 4-4 所示：忽略电池内部所有损耗，光伏电池由一个光生电流源 I_{ph} 和一个二极管 D 并联组成，其中二极管不是一个在导通和关断两种模式间切换的理想型开关元件，其电压和电流之间存在连续性非线性关系。光伏电池单二极管等效电路(图 4-5)在理想电路模型的基础上，考虑内部损耗，通过增加串联电阻 R_s 和并联电阻 R_{sh} 来模拟。光伏电池双二极管等效电路(图 4-6)在单二极管电路的基础上增加一个并联二极管，用于模拟空间电荷的扩散效应，该电路适于拟合多晶硅光伏电池的输出特性。

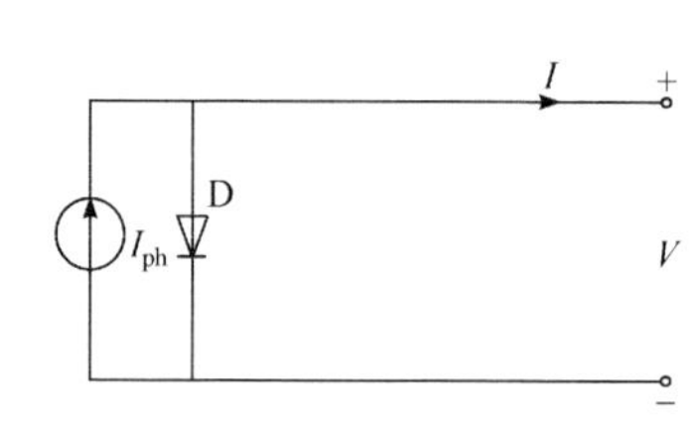

图 4-4　光伏电池理想电路模型

由双二极管模型给出的光伏电池输出伏安特性为

$$I = I_{\mathrm{ph}} - I_{\mathrm{s1}}\left[\mathrm{e}^{q(V+IR_{\mathrm{s}})/(kT)} - 1\right] - I_{\mathrm{s2}}\left[\mathrm{e}^{q(V+IR_{\mathrm{s}})/(AkT)} - 1\right] - \frac{V + IR_{\mathrm{s}}}{R_{\mathrm{sh}}} \tag{4-1}$$

当简化为单二极管模型时，相应的伏安关系为

$$I = I_{\mathrm{ph}} - I_{\mathrm{s}}\left[\mathrm{e}^{q(V+IR_{\mathrm{s}})/(AkT)} - 1\right] - \frac{V + IR_{\mathrm{s}}}{R_{\mathrm{sh}}} \tag{4-2}$$

式中，V 为光伏电池输出电压；I 为光伏电池输出电流；I_{ph} 为光生电流源电流；I_{s1} 为二极管扩散效应饱和电流；I_{s2} 为二极管复合效应饱和电流；I_{s} 为二极管饱和电流；q 为电子电量常量，为 1.602×10^{-19}C；k 为玻尔兹曼常数，为 1.831×10^{-23}J/K；T 为光伏电池工作绝对温度；A 为二极管特性拟合系数，在单二极管模型中是一个变量，在双二极管模型中可取为 2；R_{s} 为光伏电池串联电阻；R_{sh} 为光伏电池并联电阻。

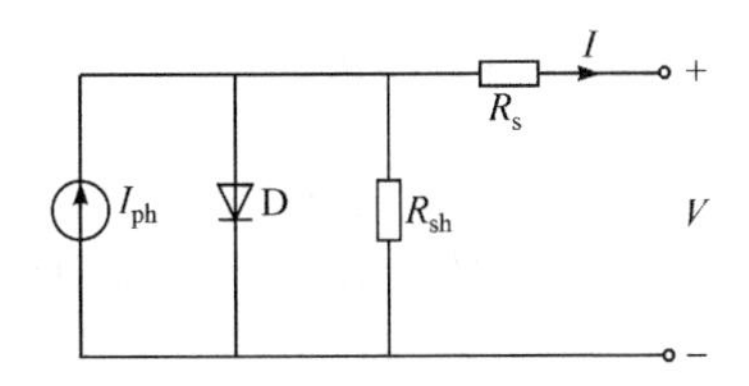

图 4-5　光伏电池单二极管等效电路模型

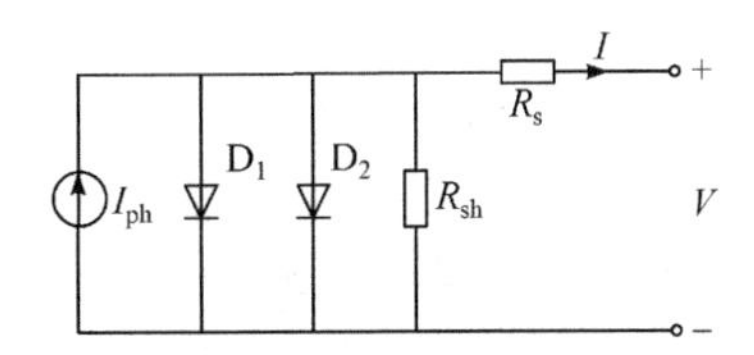

图 4-6　光伏电池双二极管等效电路模型

光生电流是光照实际辐照度和电池温度的函数，可以表示为

$$I_{\mathrm{ph}} = \frac{S}{S_{\mathrm{ref}}}\left[I_{\mathrm{ph,ref}} + C_{\mathrm{T}}(T - T_{\mathrm{ref}})\right] \tag{4-3}$$

式中，S 为光照实际辐照度(W/m^2)；S_{ref} 为标准条件下的光照实际辐照度；T_{ref} 为标准条件下光伏电池工作绝对温度；C_{T} 为温度系数(A/K)；$I_{\mathrm{ph,ref}}$ 为标准条件下的光生电流。

二极管饱和电流随着电池温度的变化而变化，满足关系式：

$$I_{\mathrm{s}} = I_{\mathrm{s,ref}}\left(\frac{T}{T_{\mathrm{ref}}}\right)^3 \mathrm{e}^{\left[\frac{qE_{\mathrm{g}}}{Ak}\left(\frac{1}{T_{\mathrm{ref}}} - \frac{1}{T}\right)\right]} \tag{4-4}$$

式中，$I_{\mathrm{s,ref}}$ 为标况下二极管饱和电流(A)；E_{g} 为禁带宽度(eV)，与光伏电池材料有关。

由于单个光伏电池的输出功率较小，通常需将光伏电池串并联形成光伏阵列，以获得更大的输出功率。当光伏模块通过串并联组成光伏阵列时，通常认为串并联在一起的光伏模块具有相同的特征参数，若忽略光伏电池模块间的连接电阻并假设它们具有理想的一致性，则与单二极管模型对应的光伏阵列等效电路如图 4-7

所示。

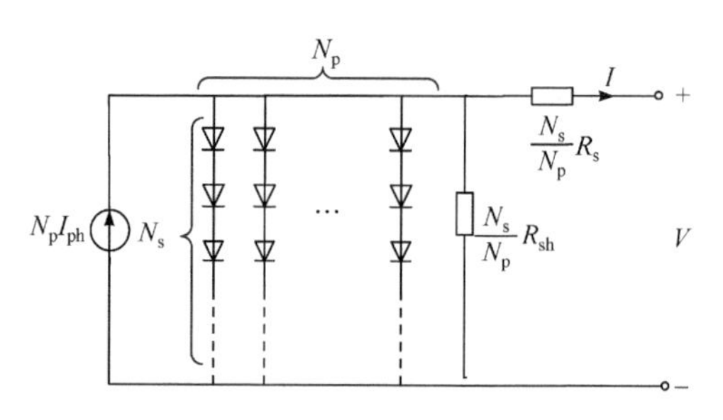

图 4-7　单二极管模型光伏阵列的等效电路

图 4-7 给出的等效电路的输出电压和电流的关系如式(4-5)所示，其中 N_s 和 N_p 分别为串联和并联的光伏电池的个数。

$$I = N_p I_{ph} - N_p I_s e^{\frac{q}{AkT}\left(\frac{V}{N_s}+\frac{IR_s}{N_p}\right)} + N_p I_s - \frac{N_p}{R_{sh}}\left(\frac{V}{N_s}+\frac{IR_s}{N_p}\right) \tag{4-5}$$

由式(4-1)～式(4-5)可知，光伏阵列的输出电压和输出电流具有非线性关系，并且随光照和温度的变化而变化。

2. 低分辨率模型

光伏阵列作为一种直流电源，通常需要经过电力电子装置将直流电变换为交流电才能接入电网。同时，光伏阵列自身具有的伏安特性使其必须通过最大功率跟踪环节才能获得理想的运行效率。此外，为了提高光伏阵列并网运行的安全性和可靠性，光伏发电系统还需要并网控制环节，以保证光伏阵列的输出在较大范围内变化时始终以较高的效率进行电能变换。光伏阵列、电力电子变换装置、最大功率控制器、并网控制器等部分构成了一个完整的光伏并网发电单元。

图 4-8 是光伏单元模型图，由光伏板和逆变器组成。图中，P_{mpp} 为某温度下、光照实际辐照度为 $1kW/m^2$ 时，光伏阵列输出功率的基准值；T 为当前温度；S_{rr} 是当前光照实际辐照度。利用温度与对应的输出功率系数 F_T 曲线图 P_{mpp}-T 和当前温度 T,可以得到当前的输出功率系数 F_T (当温度为定义 P_{mpp} 的温度时,$F_T = 1$)，由式(4-6)即可求出光伏板发出的功率 P_{PV}：

$$P_{PV} = S_{rr} P_{mpp} F_T \tag{4-6}$$

逆变器设有启动功率和切断功率，当光伏板发出的功率 P_{PV} 小于切断功率时，逆变器停止工作；当光伏板发出的功率 P_{PV} 大于启动功率时，逆变器工作。考虑到逆变器损耗，逆变器模型设置了效率系数，光伏板发出的功率 P_{PV} 乘以其对应

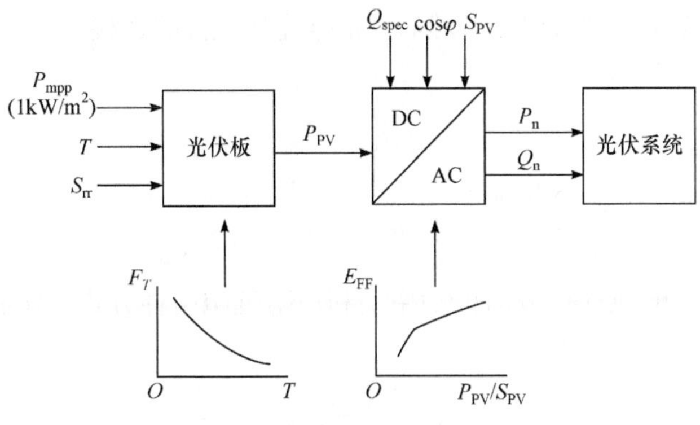

图 4-8　光伏单元模型

的效率系数 E_{FF} 便得到整个光伏系统发出的有功功率 P_n，如式(4-7)所示：

$$P_n = P_{PV}E_{FF} \tag{4-7}$$

光伏板发出的功率 P_{PV} 对应的效率系数 E_{FF} 由 P_{PV}-E_{FF} 曲线得到。由式(4-6)和式(4-7)可以得到式(4-8)：

$$P_n = S_{rr}P_{mpp}F_T E_{FF} \tag{4-8}$$

光伏单元输出无功功率 Q_n 的确定有两种方法：①给定功率因数 $\cos\varphi$，功率因数的符号和无功功率的符号一致，当无功功率为正时，表示光伏单元在发出无功功率，此时由式(4-9)计算：

$$Q_n = P_n\sqrt{\frac{1}{(\cos\varphi)^2}-1} \tag{4-9}$$

②给出光伏单元输出功率定值 Q_{spec}，当无功功率为正时，光伏单元输出的无功功率 Q_n 为给定值 Q_{spec}。由式(4-10)可以得到当前光伏单元的视在功率 S_n：

$$S_n = \sqrt{P_n^2 + Q_n^2} \tag{4-10}$$

在低分辨率仿真中，将光伏系统作为一端口的能量转换元件转化为诺顿等效电路处理，包含具有线性特性的导纳和一个理想电流源，如图 4-9 所示。根据光伏的节点电压以及给定参数计算得到的光伏系统输出功率，计算等效模型中的导纳(Y_{prim})和理想电流源的注入电流(I_{inj})。

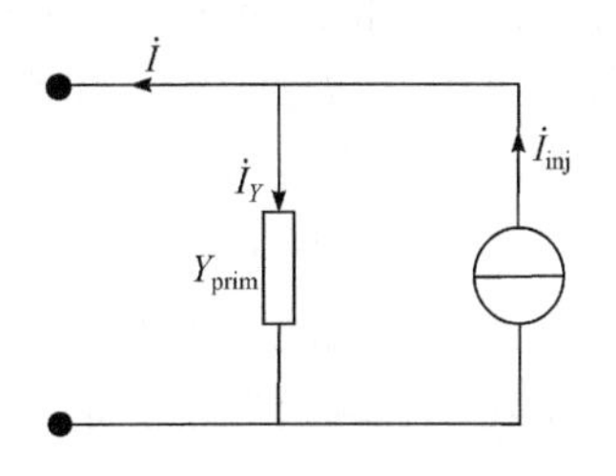

图 4-9　光伏元件等效模型结构图

要计算流过光伏元件的导纳矩阵的电流，首先要形成光伏元件的导纳矩阵 Y_{prim}。由式(4-11)可以计算出等效导纳 Y_{eq}：

$$Y_{eq} = \frac{(P_n + jQ_n)^*}{V_{base}^2} \tag{4-11}$$

式中，V_{base} 为光伏的基准电压。然后，根据光伏元件的连接方式，形成其导纳矩阵，以三相角接为例，

$$Y_{\mathrm{prim}} = \frac{1}{3}\begin{bmatrix} -2Y_{\mathrm{eq}} & Y_{\mathrm{eq}} & Y_{\mathrm{eq}} \\ Y_{\mathrm{eq}} & -2Y_{\mathrm{eq}} & Y_{\mathrm{eq}} \\ Y_{\mathrm{eq}} & Y_{\mathrm{eq}} & -2Y_{\mathrm{eq}} \end{bmatrix} \tag{4-12}$$

光伏元件的注入电流计算分为恒功率型和恒阻抗型两种方式，分别如式(4-13)和式(4-14)所示：

$$\dot{I} = \left(\frac{P_{\mathrm{n}} + \mathrm{j}Q_{\mathrm{n}}}{V}\right)^{*} \tag{4-13}$$

$$\dot{I} = kY_{\mathrm{eq}}\dot{V} \tag{4-14}$$

通过式(4-13)和式(4-14)即可计算得到光伏元件等效电流源的注入电流，将其代入系统方程中求解即可。

3. 光伏发电系统

1) 最大功率点跟踪控制

光伏电池的输出特性具有非线性特征，并且受光照、温度等外界条件和负荷情况影响[11]。在特定的光照实际辐照度和环境温度下，光伏电池输出的电压和电流不同，其中存在唯一的电压和电流，此时电池输出功率最大。因此，为了使光伏发电系统的发电效率最大，应控制光伏电池始终运行在最大功率点(maximum power point, MPP)，即进行最大功率点跟踪(maximum power point tracking, MPPT)。

最大功率点跟踪是指根据光伏电源的伏安特性，利用一些控制算法保证其工作在最大功率输出状态，最大限度地利用太阳能。目前，常用的最大功率点跟踪算法很多，如扰动观测法(perturbation and observation method)、增量电导法(incremental conductance method)、爬山法(hill-climbing method)、波动相关控制法(ripple correlation control method)、电流扫描法(current sweep method)、模糊逻辑控制法(fuzzy logic control method)、神经网络控制法(neural network control method)等。其中，增量电导法和扰动观测法由于具有算法简单、所需变量少、易于实现等优点，应用最为广泛。

(1) 增量电导法。

由光伏电池的 P-V 曲线可知，在最大功率点处，曲线的斜率为零，即此时的输出功率和输出电压满足关系式：

$$\frac{\mathrm{d}P}{\mathrm{d}V} = I + V\frac{\mathrm{d}I}{\mathrm{d}V} = 0 \tag{4-15}$$

光伏电池的输出电流和输出电压满足：

$$\frac{\mathrm{d}I}{\mathrm{d}V}=-\frac{I}{V} \tag{4-16}$$

式(4-15)为达到最大功率点的条件,即当输出电导的变化量等于输出电导的负值时，光伏电池工作在最大功率点。因为式(4-16)中涉及增量电导 $\Delta I/\Delta V$ 的计算，所以称为增量电导法。

图 4-10 为增量电导法算法流程图。图中，V_k、I_k 分别为检测到的光伏电池当前输出电压值和输出电流值；V_{k-1}、I_{k-1} 分别为上一个采样时刻光伏电池的输出电压值和输出电流值。增量电导法通过比较光伏电池的电导增量和瞬间电导来改变控制信号。该控制算法只需对光伏电池的电压和电流采样，算法简单，并且在光照实际辐照度变化时，光伏阵列输出电压能够以平稳的方式跟踪其变化，当达到稳态时，振荡较小。

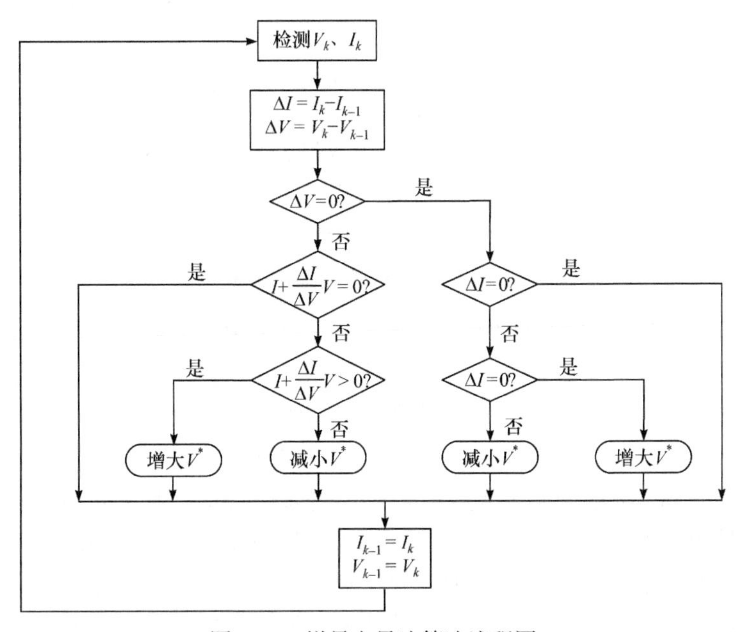

图 4-10　增量电导法算法流程图

(2) 扰动观测法。

扰动观测法的原理是周期性地对光伏阵列电压施加一个小的增量，并观测输出功率的变化方向，进而决定下一步的控制信号。如果输出功率增加，则继续朝着相同的方向改变工作电压，否则朝着相反的方向改变。

扰动观测法流程图如图 4-11 所示。同样，V_k、I_k 分别为检测到的光伏电池当前输出电压值和输出电流值，V_{k-1} 为上一个采样时刻光伏电池的输出电压值。扰动观测法也只需对光伏电池的输出电压和输出电流采样，所需变量少，控制方法简单，易于实现，应用较广。但是扰动观测法在光照发生突变时，可能会造成误判；另外，该算法会始终对电压进行扰动，所以光伏电池的实际运行点会在最大功率点附近小幅振荡，造成一定的能量损失。但是由于扰动观测法算法最为简单，当对系统的工作精度要求不是很高时，一般仍然采用扰动观测法。

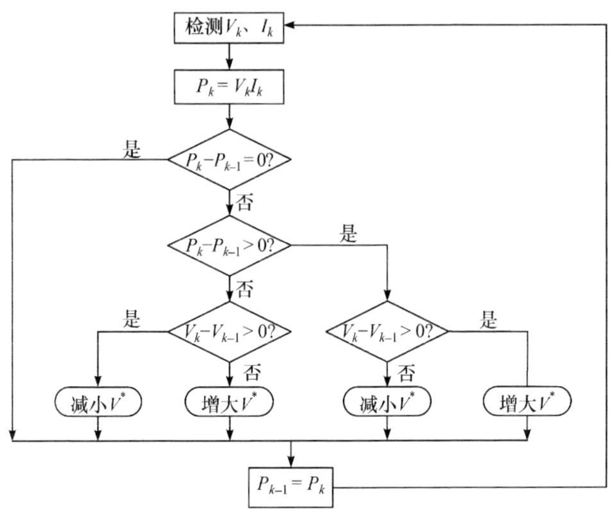

图 4-11　扰动观测法流程图

由于扰动观测法时刻对电压进行扰动，如果采用较大的步长进行干扰，可以较快地跟踪最大功率点，但达到稳态的精度相对降低；相反，如果采用较小的步长进行干扰，虽然可以改善算法的精度，但是跟踪的速度会变慢。因此，为了改善扰动观测法的精度，提高跟踪的速度，可以根据光伏阵列的工作点实时改变扰动大小，即采用变步长扰动观测法。目前，变步长扰动观测法采用的控制策略较多，有一种改进的扰动观测法，该算法的优点是当光照实际辐照度处于稳态时，光伏阵列能够稳定工作于最大功率点处，克服了一般扰动观测法在稳态时仍不断扰动的缺点，从而避免了由扰动造成的功率损失。在此基础上，还有一种改进的变步长扰动观测法，并且通过仿真验证了该算法的有效性。

由光伏电池的 P-V 曲线可知，功率增量 dP 和电压增量 dV 具有如下特点：最大功率点的左侧，$\mathrm{d}P/\mathrm{d}V>0$；最大功率点的右侧，$\mathrm{d}P/\mathrm{d}V<0$；最大功率点处，$\mathrm{d}P/\mathrm{d}V=0$。

随着运行点靠近最大功率点，绝对值$|\mathrm{d}P/\mathrm{d}V|$变得越来越小，因此可以令扰动步长为$\alpha|\mathrm{d}P/\mathrm{d}V|$（$\alpha$ 为系数)。当光伏电源运行点距离最大功率点较远时，选用大扰动；当运行点靠近最大功率点时，选用小扰动。改进的变步长扰动观测法流程

图如图 4-12 所示。

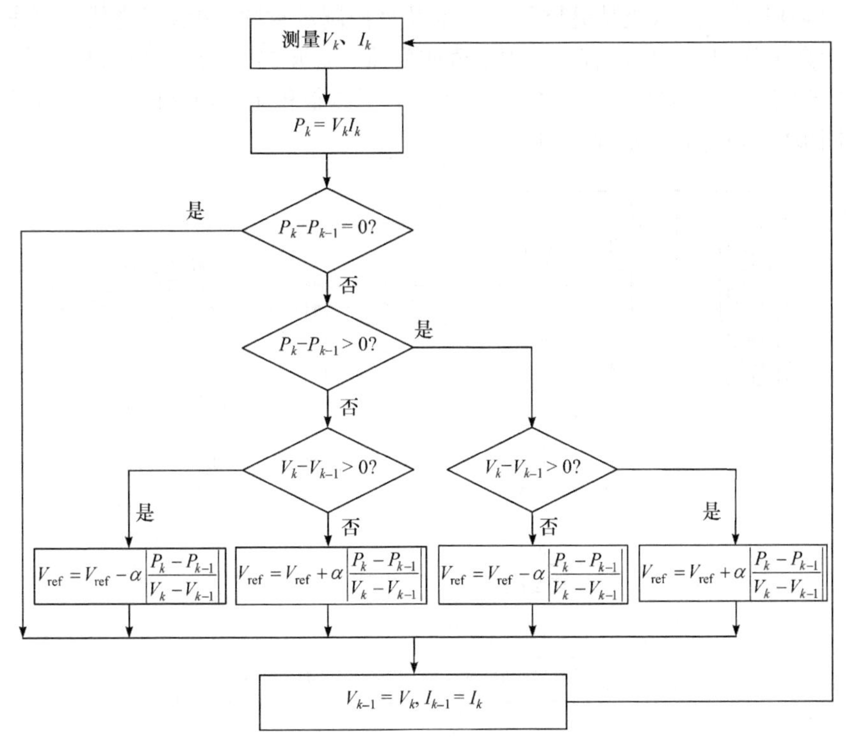

图 4-12　变步长扰动观测法流程图

这种变步长扰动观测法具有良好的跟踪效果，既能够在较短的时间内跟踪到最大功率点，又能够保证稳态时的算法精度，具有良好的适用性。本书选用该算法控制光伏阵列始终工作在最大功率点，不断向电网或负荷提供最大功率。

根据电力电子变换装置结构的不同，光伏并网发电系统可分为单级、双级和多级三种类型。单级式结构只包括 DC/AC 一级能量变换，结构简单；双级式结构增加了 DC/DC 变流器，具有两级能量变换；而多级式结构具有更多的电力电子装置，具有多级能量变换，结构十分复杂，设计成本较高。其中，单级式和双级式并网方式应用广泛。

2) 单级式光伏并网发电系统

单级式光伏并网发电系统是指直接通过逆变器将光伏阵列输出的直流电能变换成交流电能，实现并网。由于只含有一级逆变环节，单级式光伏并网发电系统需要在逆变环节同时实现最大功率跟踪和并网控制两个目的。单级式系统具有结构简单、电力电子装置少、光电转换效率高、成本低等优点。但由于需要在一个功率变换环节同时实现两个控制目标，控制对象多且相互耦合，单级式光伏并网发电系统的控制设计较双级式系统更为复杂。

图 4-13 是单级式光伏并网发电系统及其控制示意图。单级式光伏并网发电系统包括光伏阵列、稳压电容、三相全桥逆变器、滤波器、隔离变压器和交流电网。其中控制环节采用双环，外环控制是直流电压控制和无功功率控制，内环控制是基于同步旋转坐标系(dq)的电流控制。

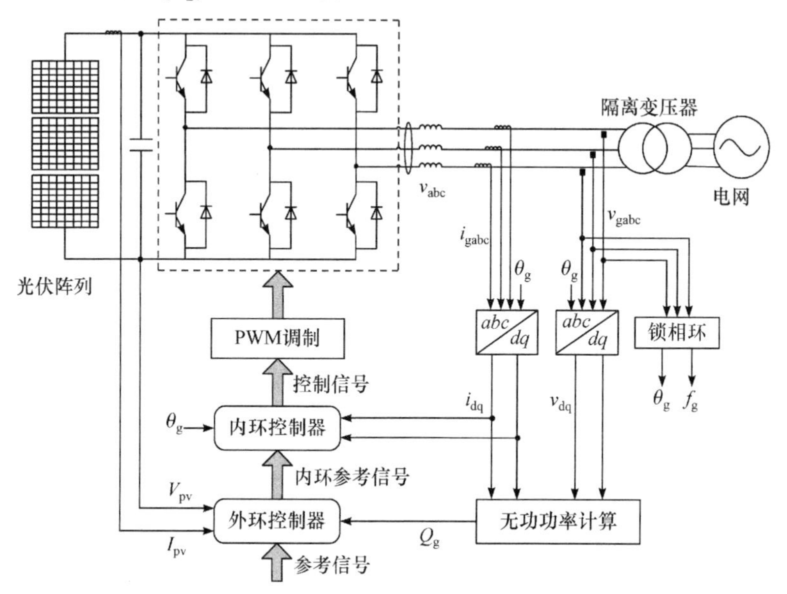

图 4-13　单级式光伏并网发电系统及其控制示意图

电网侧变流器的控制，按照坐标系的不同，可以分为自然坐标系(abc)下的控制、同步旋转坐标系(dq)下的控制和同步静止坐标系($\alpha\beta$)下的控制三种，其中最常用的是同步旋转坐标系下的控制。dq 控制是指将各个控制变量经过派克(Park)变换由自然坐标系变换到 dq 坐标系，然后进行控制。dq 坐标系的旋转角速度与电网的角速度相同，因此，经过变换后，各个控制变量变成直流信号，控制变得更为简单。派克变换要求利用电压相角作为变换角，因此，采用 dq 旋转坐标系下的控制需要利用锁相环(phase locked loop, PLL)实时测量电压相角。锁相环是可以自动追踪输入信号频率与相位的闭环反馈控制系统，它主要由鉴相器、环路滤波器和压控振荡器组成，当环路被锁定时，输出信号与输入信号同频同相。图 4-14 是 PLL 结构图。

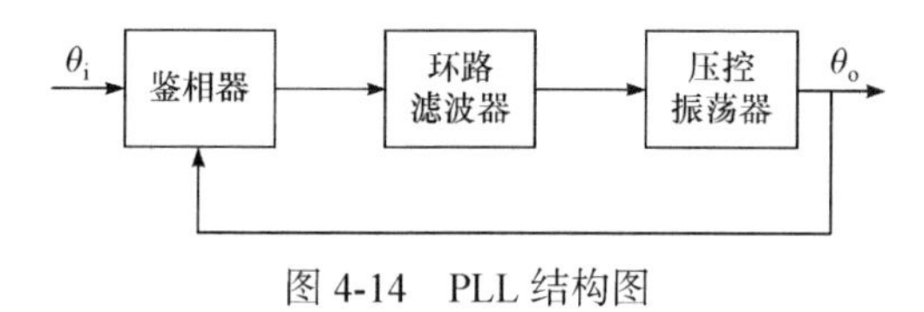

图 4-14　PLL 结构图

(1) 外环控制。

单级式光伏并网发电系统的外环控制包括两个部分：光伏阵列最大功率控制和无功功率控制[12,13]。最大功率控制过程中，不断检测光伏阵列的输出电流和输出电压，并进行最大功率追踪计算得到直流电压参考值V_{dc}^*，用 PI 调节V_{dc}^*与实际直流电压之间的误差信号，得到有功电流参考值i_d^*，将i_d^*作为内环控制的输入信号之一。同理，系统的实际无功功率与无功功率参考值的误差量经过 PI 调节，可以得到无功电流参考值i_q^*，将i_q^*作为内环控制的另外一个输入信号。外环控制的实现框图如图 4-15 所示。

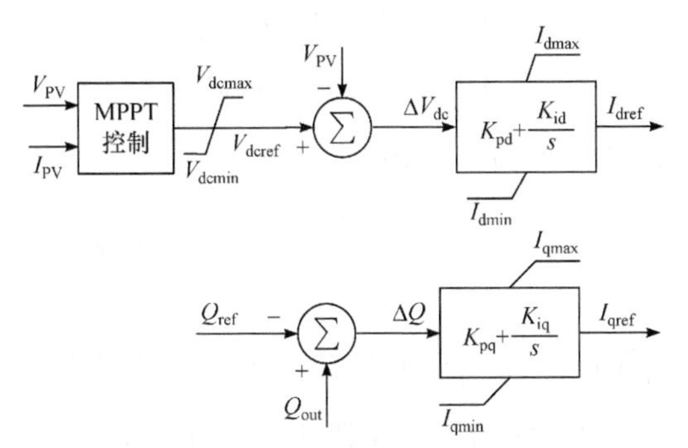

图 4-15　单级式光伏并网发电系统的外环控制框图

(2) 内环控制。

由光伏系统的拓扑结构图可得

$$\begin{cases} v_{ga} = v_a - \left(L_f \dfrac{di_a}{dt} + R_f i_a \right) \\ v_{gb} = v_b - \left(L_f \dfrac{di_b}{dt} + R_f i_b \right) \\ v_{gc} = v_c - \left(L_f \dfrac{di_c}{dt} + R_f i_c \right) \end{cases} \tag{4-17}$$

式中，v_a、v_b、v_c为逆变器出口处的三相交流电压；v_{ga}、v_{gb}、v_{gc}为滤波后的三相交流电压(即公共连接点(PCC)处电压)；i_a、i_b、i_c为交流侧线路上的三相电流；L_f和R_f分别为滤波器的滤波电感和电阻。

经过派克变换，*abc* 坐标系下的电压和电流分别可以转换成 *dq* 坐标系下的电压和电流，则式(4-17)可以改写为

$$\begin{cases} v_{gd} = v_d - \left(L_f \dfrac{di_d}{dt} + R_f i_d \right) + \omega L_f i_q \\ v_{gq} = v_q - \left(L_f \dfrac{di_q}{dt} + R_f i_q \right) - \omega L_f i_d \end{cases} \tag{4-18}$$

式中，v_{gd}、v_{gq} 分别为滤波后派克变换中 d 轴、q 轴电压；v_d、v_q 分别为派克变换中 d 轴、q 轴电压；i_d、i_q 分别为派克变换中 d 轴、q 轴电流；ω 为电网的角频率。

v_d、v_q 的等效值 v'_d、v'_q 的表达式为

$$\begin{cases} v'_d = L_f \dfrac{di_d}{dt} + R_f i_d \\ v'_q = L_f \dfrac{di_q}{dt} + R_f i_q \end{cases} \tag{4-19}$$

可得

$$\begin{cases} v_{gd} = v_d + v'_d - \omega L_f i_q \\ v_{gq} = v_q + v'_q + \omega L_f i_d \end{cases} \tag{4-20}$$

内环控制器仍然采用 PI 调节器，则有

$$\begin{cases} v_{gdref} = v_d + \left(K'_{gdp} + \dfrac{K'_{gdi}}{s} \right)(i_{dref} - i_d) - \omega L i_q \\ v_{gqref} = v_q + \left(K'_{gqp} + \dfrac{K'_{gqi}}{s} \right)(i_{qref} - i_q) + \omega L i_d \end{cases} \tag{4-21}$$

单级式光伏并网发电系统的内环控制框图如图 4-16 所示。

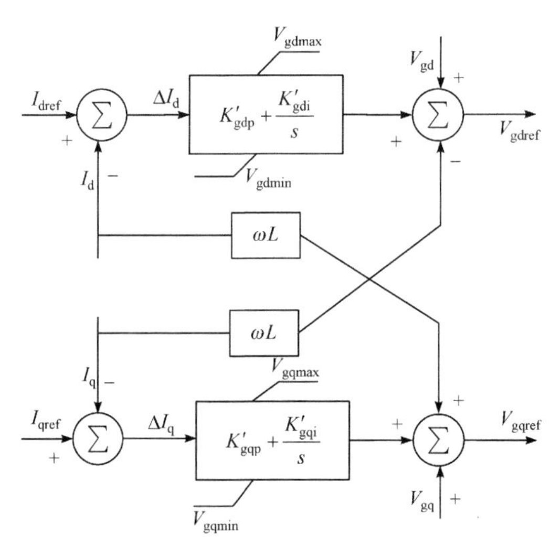

图 4-16 单级式光伏并网发电系统的内环控制框图

3) 双级式光伏并网发电系统

双级式光伏并网发电系统包括两级能量变换，首先光伏阵列通过 DC/DC 换流器进行电压幅值变换，然后通过 DC/AC 逆变器将直流电变换为交流电并实现并网。双级式系统由于增加了电力电子装置，成本变高，并且系统的效率相应降

低。但是，由于双级式系统的斩波器与逆变器分别具有独立的拓扑结构和控制目标，可以分别实现最大功率跟踪和并网控制，因此该种结构的控制系统比单级式结构更简单，在实际中应用也很多。通过控制 DC/DC 电路的占空比，可以实现最大功率跟踪。逆变器的控制主要用于调节并网电流与电网同相位，具有较低的谐波畸变，可以改善电能质量。

图 4-17 是双级式光伏并网发电系统及其控制示意图。双级式光伏并网发电系统包括光伏阵列、直流稳压电容、DC/DC 升压斩波电路、三相全桥逆变器、滤波器和交流电网。其中控制环节分为两部分：控制 DC/DC 实现最大功率跟踪，控制逆变器实现并网控制。

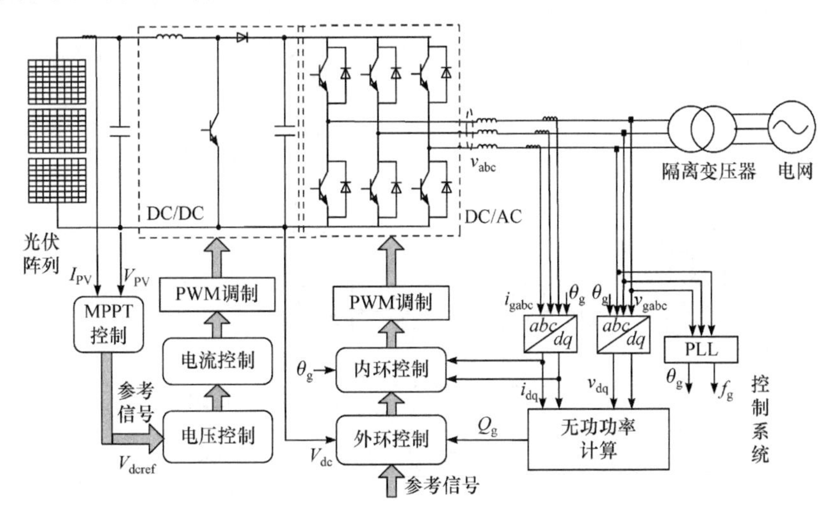

图 4-17　双级式光伏并网发电系统及其控制示意图

(1) Boost 升压斩波电路及其控制。

双级式光伏并网发电系统中的 DC/DC 换流器通常使用 Boost 升压斩波电路。由于光伏阵列的输出电压一般较低，而负载需要更高等级的工作电压，所以 Boost 升压斩波电路允许使用电压等级较低的光伏电源，节省成本。光伏阵列和 Boost 斩波器之间一般接有直流电容器，可降低高次谐波。图 4-18 为 Boost 升压斩波电路及其控制示意图。

假设 $D(0<D<1)$是 Boost 升压斩波电路的占空比，T_s是一个开关周期。当开关器件导通时，光伏电源向电感充电；同时，电容 C_{dc}向后级电路供电，释放能量。此时有

$$\begin{cases} L_{PV}\dfrac{dI_{PV}}{dt}=V_{PV}=v_{L(on)} \\ C_{dc}\dfrac{dV_{dc}}{dt}=I_{dc}=i_{C(on)} \end{cases} \tag{4-22}$$

同理，当开关器件关断时，光伏电源和电感共同向电容 C_{dc} 充电，并向后级电路供电。此时电路电流和电压满足：

$$\begin{cases} L_{PV}\dfrac{dI_{PV}}{dt}=V_{PV}-V_{dc}=v_{L(off)} \\ C_{dc}\dfrac{dV_{dc}}{dt}=I_{dc}-I_{PV}=i_{C(off)} \end{cases} \tag{4-23}$$

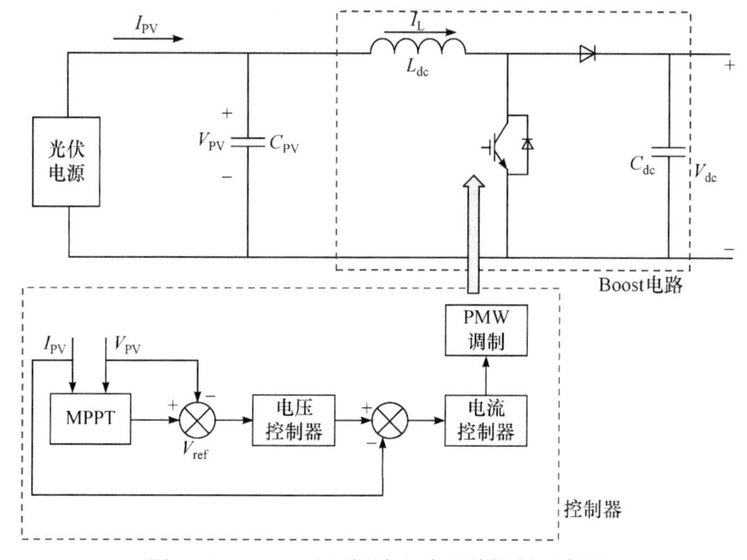

图 4-18　Boost 升压斩波电路及其控制示意图

在一个开关动作周期内，电感电流和电容电压的平均值分别为

$$\begin{cases} \bar{u}_L=\dfrac{1}{T_s}\displaystyle\int_t^{t+T_s}u_L(\tau)d\tau=\dfrac{1}{T_s}\left[\int_t^{t+DT_s}u_{L(on)}(\tau)d\tau+\int_{t+DT_s}^{t+T_s}u_{L(off)}(\tau)d\tau\right] \\ \bar{i}_C=\dfrac{1}{T_s}\displaystyle\int_t^{t+T_s}i_C(\tau)d\tau=\dfrac{1}{T_s}\left[\int_t^{t+DT_s}i_{C(on)}(\tau)d\tau+\int_{t+DT_s}^{t+T_s}i_{C(off)}(\tau)d\tau\right] \end{cases} \tag{4-24}$$

当电路达到稳态时，电压和电流平均值均为零，将式(4-22)和式(4-23)分别代入式(4-24)，可以得到 Boost 升压斩波电路的稳态模型表达式：

$$\begin{cases} V_{dc}=\dfrac{1}{1-D}V_{PV} \\ I_{dc}=(1-D)I_{PV} \end{cases} \tag{4-25}$$

式中，V_{PV}、I_{PV} 分别是 Boost 升压斩波电路输入端的稳态电压和电流；V_{dc}、I_{dc} 分别是 Boost 升压斩波电路输出端的稳态电压和电流。对斩波器的控制，主要是通过改变占空比 D 来实现的。根据式(4-25)可得

$$Z_{PV}=\frac{V_{PV}}{I_{PV}}=(1-D)^2\frac{V_{dc}}{I_{dc}}=(1-D)^2 Z_{dc} \tag{4-26}$$

式中，Z_{PV} 为 Boost 升压斩波电路输入端阻抗；Z_{dc} 为 Boost 升压斩波电路输出端阻抗。

当占空比 D 改变时，光伏阵列输出端的等效阻抗改变，即负载特性曲线的斜率发生改变，因此负载特性曲线与光伏阵列 I-V 曲线的交点也随之改变。因此，通过控制 D 即可在限定范围内调节光伏阵列的输出电压，使其运行在最大功率点。

(2) 并网逆变器控制。

双级式光伏并网发电系统通过控制逆变器实现并网控制，从而保证并网电流电压与电网同相位，抑制电流谐波畸变，提高电能质量。并网逆变器控制同样采用双环控制策略，外环控制为直流电压控制和无功功率控制，内环控制为电流控制。其中，内环控制与单级式光伏并网发电系统的内环控制相同，仍然是采用同步旋转坐标系下的电流控制；外环控制中，直流电压控制是为了保证逆变器直流侧的电压恒定，使得流过直流电容的电流非常小，从而保证逆变器能够最大地传输光伏阵列输出的功率。图 4-19 是双级式光伏并网发电系统的并网逆变器控制示意图。

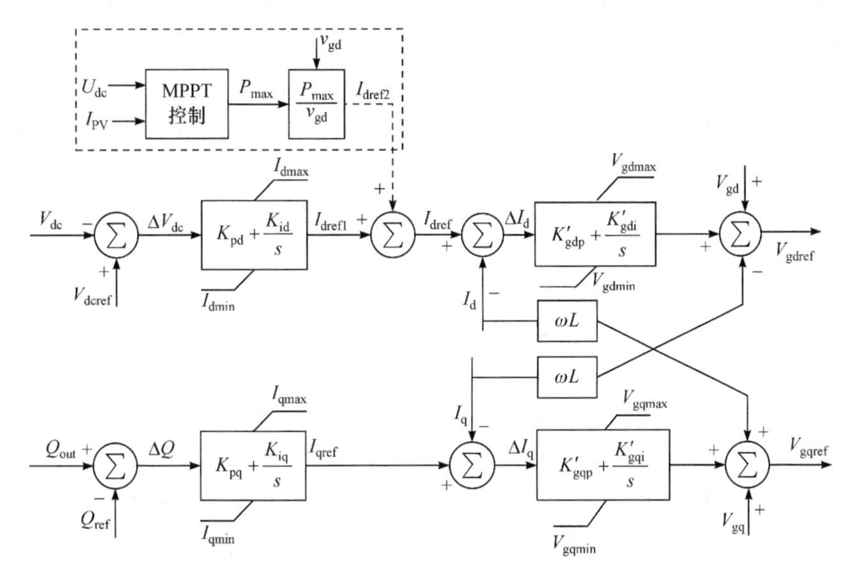

图 4-19　双级式光伏并网发电系统的并网逆变器控制示意图

图 4-19 中，d 轴参考电流包括两部分：一部分是直流电压误差经过 PI 调节得到的电流参考量；另一部分是最大功率控制输出的最大功率除以 PCC 处电压 d 轴分量得到的电流参考值，即图中虚线框所标出的部分，引入该电流参考值是为了进一步改善最大功率控制的效果，实际控制时也可以不加入这个参考量。

4.4.2 充电桩多时间尺度暂态建模

充电桩是固定在地面上为电动汽车提供直流/交流电源的充电装置，同时具有显示、刷卡、计费及打印充电信息等功能。

直流充电桩是通过交流电网对电动汽车动力电池直接进行充电的装置。因它充电速度较快，所以被业内人士称为“快充”。交流充电桩则是通过交流电网凭借电动汽车车载充电机对蓄电池进行间接充电的装置，它的充电速度较直流充电桩慢，被称为“慢充”。交流充电桩充电过程缓慢是因为电动汽车的车载充电机功率较小。而直流充电桩输出电压和电流较大，其输出功率也很大，因此可以为电动汽车动力电池进行快速充电。

交流充电桩充电时间长、输出功率低，适合续驶里程大，充电可满足一天运营需要、利用夜间停运时段进行电能补给的电动汽车使用，多用于长时间停车的居民小区、停车场等。电动汽车发展初期，此类充电负荷较为分散，在 10kV 配电站负荷中占比很小，对配电网络的影响可以忽略不计。而电动汽车普及后，若此类负荷在城市配电网中均匀分布，则对电网结构和安全没有明显影响；若此类充电负荷若集中于负荷谷段，则对移峰填谷有积极意义。该充电方式的优点为：因为充电时所用的功率和电流额定值并不是关键参数，所以充电器和安装成本比较低；可充分利用电网负荷低谷时段为电动汽车充电，降低充电成本；可以提高充电效率，并能够延长电池的使用寿命。它的缺点为：充电时间过长，不利于满足车辆的紧急运行需求。

快速充电设施有两类：一类为安装有多个充电桩的充电站；另一类为分散于私有或公共停车场的数量较少的充电桩。从发展趋势来看，快速充电站通常以应急充电为主，适合续驶里程适中的电动汽车使用。电动汽车普及后，快速充电站充电负荷特性受到人们行为习惯和交通规律的显著影响。快速充电的优点为：充电时间短，充电电池寿命长，可进行大容量充电及放电，几分钟内就可以为电池提供 70%～80%的电能，建设充电站时不要求有大面积停车场；其缺点为：充电设备安装成本较高，在电池技术及充电安全性方面要求较高。

充电桩模型通常可以分为实验模型、电化学模型和等效电路模型三种，其中等效电路模型适用于动态特性仿真。本节主要根据所研究系统的时间尺度，详细介绍充电桩几种典型的等效电路模型，包括理想模型及其改进模型、Thevenin 模型、四阶动态模型、通用等效电路模型等，并给出每种模型的适用范围。

1. 理想模型及其改进模型

充电桩有多种不同的等效电路模型，其中最简单的模型由一个理想电压源和电阻串联组成，如图 4-20 所示。充电桩的理想等效电路模型反映了充电桩中基本的电量关系。该模型假定电压源 E_b 和内阻 R_b 均为定值，不考虑荷电状态或电解液浓度的变化对电池参数的影响。而实际中的充电桩内部各个参数都并非恒定，因此该模型具有较大的局限性，只适用于一些假设充电桩容量为无穷大或者负载消耗量相对很小的情况。

基于理想等效电路模型，考虑充电桩的充放电状态对电池内阻 R_b 的影响，可以得到改进的理想等效电路模型，电路结构仍与图 4-20 相同。其中可变参数 R_b 的表达式为

$$R_b = \frac{R_0}{S^k} \tag{4-27}$$

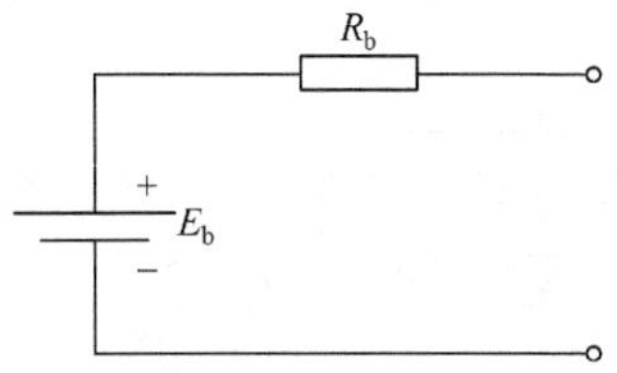

图 4-20　充电桩的理想等效电路模型

式中，S 为充电桩的充放电状态，$S = 1 - Q / C_{10}$，Q 为充电桩容量，当充电桩放电完全时数值为 0，当充电完全时数值为 1，C_{10} 为参考温度下充电桩的容量(以 10h 为单元)；k 为充电桩的容量系数，与充电桩的放电速率有关，数值由厂商提供。

2. Thevenin 模型

Thevenin 等效电路模型是目前较为常用的充电桩等效电路模型，电路结构如图 4-21 所示，由一个理想电压源 E_b、内阻 R_b、电容 C 和过压电阻 R 经过串并联组成。其中电容 C 用于模拟充电桩平行极板之间的电容效应，过压电阻 R 用于模拟电解液与极板间的接触电阻。Thevenin 等效电路模型比简单等效电路模型更接近真实的充电桩电路，应用较广；但是 Thevenin 模型假定电池各个参数为定值，忽略了充电桩充放电对内部参数的影响，因此仍然具有一定的局限性。

基于 Thevenin 模型，考虑充电桩内部的非线性变量，可以得到充电桩的非线性等效电路模型，如图 4-22 所示。该模型标明了充电桩的内阻 R_p、自放电电阻 R_{ic} 和 R_{id}、过充电阻 R_{co} 和 R_{do}，并且将充电桩的充电和放电过程分开。充电桩模型的所有变量均是关于充电桩充放电状态的非线性函数。

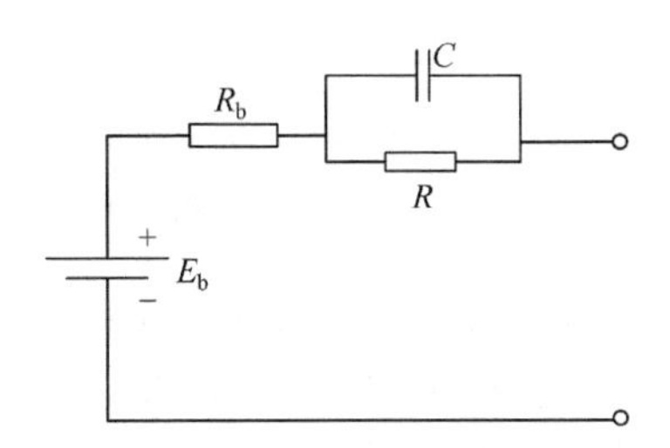

图 4-21　Thevenin 等效电路模型

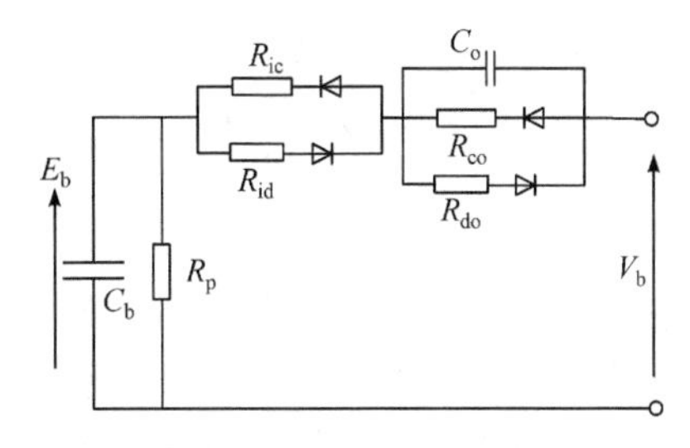

图 4-22　改进的 Thevenin 等效电路模型

3. 四阶动态模型

充电桩的四阶动态模型是由 Giglioli 等提出的，它包括主分支和辅分支两个分支电路，如图 4-23 所示。其中，主分支电路用于模拟充电桩内部的欧姆效应、能量散发和电极反应等现象；辅分支电路用于模拟电池的水解反应和自放电现象。四阶动态模型考虑了充电桩内部的电化学极化和浓差极化效应，将电阻 R_p 再细化为 R_{d1}、R_{d2}、R_{s1}、R_{s2} 等，同时考虑温度对参数值的影响，充分考虑充电桩充放电过程的复杂性。

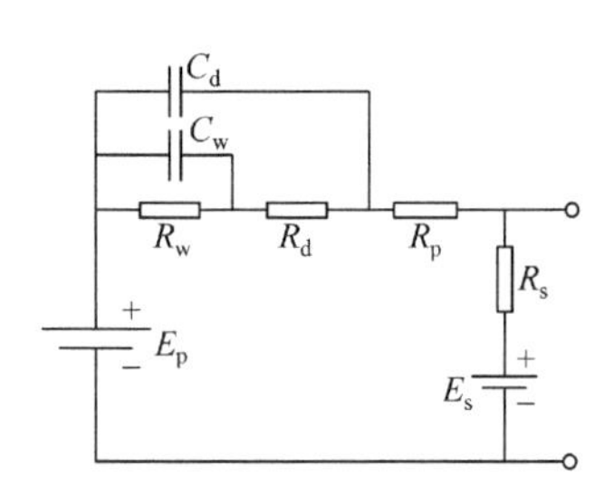

图 4-23　充电桩的四阶动态等效电路模型

四阶动态等效电路模型把充电桩等效为一个以电流为输入量、以电压为输出量的动力学系统。该模型考虑的因素较多，准确性较高，但是由于阶数较高，计算比较困难，仿真时所需的时间很长，因此其应用范围也具有一定的局限性。

4. 通用等效电路模型

充电桩的通用等效电路模型，将充电桩的充放电状态 SOC 作为唯一的状态变量。充电桩模型由一个受控电压源和常值内阻串联组成，如图 4-24 所示。该模型具有以下假设前提：

(1) 假设电池内阻在充电桩充放电过程中始终保持恒定；

(2) 充电桩模型的参数均是通过放电特性曲线得到的，并且假定完全适用于充电特性；

(3) 假设充电桩的容量不随电流的变化而变化；

(4) 假设温度对电池模型无影响；

(5) 不考虑充电桩的自放电特性和记忆特性。

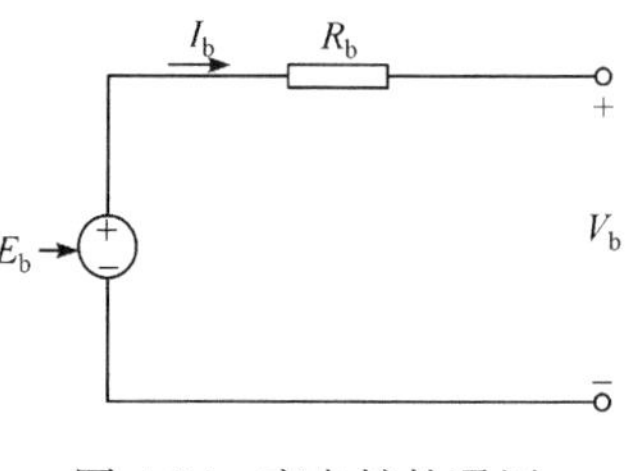

图 4-24　充电桩的通用等效电路模型

受控源 E_b 的表达式为

$$E_b = E_0 - K\frac{Q}{Q - \int_0^t i\mathrm{d}t} + A\exp\left(-B\int_0^t i\mathrm{d}t\right) \tag{4-28}$$

式中，E_b 为充电桩的空载电压；E_0 为充电桩的恒定电压；K 为极化电压；Q 为充电桩的容量(A · h)；A 为指数区域幅值；B 为指数区域时间常数的倒数。

该模型的参数均是通过充电桩的放电特性曲线计算得到的。图 4-25 为某个充电桩的放电特性曲线，曲线上的三个已知点从上到下依次为完全充电电压 E_{full}、指数区域末端点(E_{exp},Q_{exp})和标称点(E_{nom},Q_{nom})。参数计算公式为

$$\begin{cases} A = E_{\text{full}} - E_{\text{exp}} \\ B = 3/Q_{\text{exp}} \\ K = \left\{E_{\text{full}} - E_{\text{nom}} + A\left[\exp(-BQ_{\text{nom}}) - 1\right]\right\}\left(Q - Q_{\text{nom}}\right)/Q_{\text{nom}} \end{cases} \tag{4-29}$$

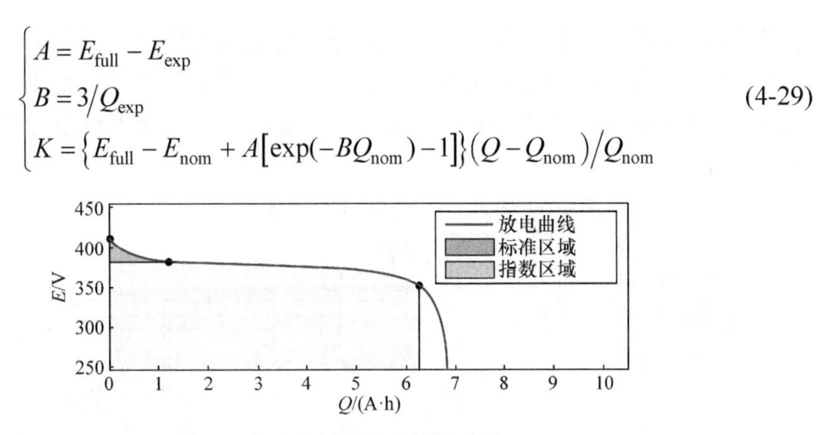

图 4-25　充电桩的放电特性曲线

该模型电路结构简单，同时考虑了充电桩内部的非线性特性，电路参数的计算方法简单，并且通用于铅酸、镉镍、镍金属氢化物充电桩和锂电池。该模型在短期动态仿真过程中具有较高的拟合度，因此本书选用该模型对充电桩进行建模。

5. 充电桩储能系统

充电桩储能系统(battery energy storage system，BESS)由充电桩、电力电子器件和控制器组成，系统结构必须满足充电桩储能双向运行的要求，即充电桩既能够向外部系统供给电能(放电)，又能够从外部系统获得电能(充电)。充电桩既可以直接与电网并网运行，也可以通过与其他分布式电源并联再接入电网运行。当直接与电网并联运行时，充电桩相当于一个直流源，它通过逆变器接入交流电网，控制方式如图 4-26 所示。

除了直接并网运行，充电桩储能通常接入光伏或风力等具有间歇性和随机性的发电系统运行，此时充电桩作为过渡电源维持分布式发电系统的稳定。充电桩既可以首先通过 DC/DC 变换器接入直流母线，然后经由 DC/AC 逆变器并入交流侧；也可以直接通过 DC/AC 逆变器接入交流母线。其中，经 DC/DC 变换器接于直流母线的接入方式由于具有更高的灵活性，控制方式更加简单，所需充电桩的电压等级较低，因此实际中应用更广。本书中，充电桩作为过渡电源接入光伏系统的直流侧，与光伏电源互相配合，维持光伏发电系统的稳定。图 4-27 为充电桩储能和光伏混合仿真系统示意图。

充电桩组的运行方式主要包括三种：循环充放电式、定期浮充式和连续浮充式。循环充放电式是指由分布式电源直接向充电桩充电，然后充电桩直接向负载供电。该种运行方式简单，但是充电桩寿命较短，一般只适用于小型分布式发电系统。定期浮充式是指定期将分布式电源和充电桩并联供电的工作方式。连续浮充式是指长期将充电桩组并联在负载回路，充电桩保持少量的充电电流，正常情况下分布式电源始终加于充电桩两端，只有充电桩电压低于分布式电源的输出电压时，电源才向充电桩充电；当电源电量不足时，启动充电桩组对负荷放电，保证不中断供电。

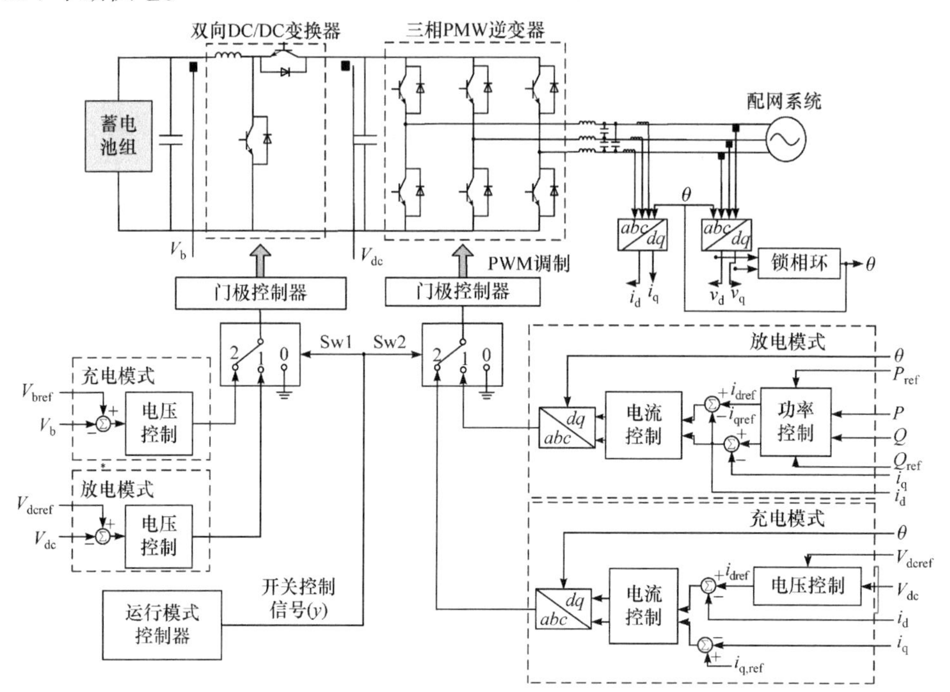

图 4-26　充电桩储能系统的拓扑结构及其控制示意图

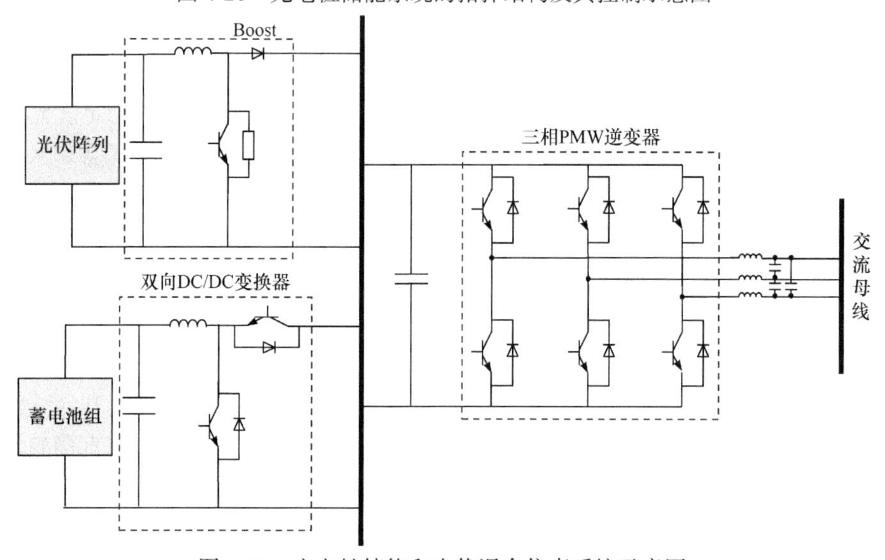

图 4-27　充电桩储能和光伏混合仿真系统示意图

充电桩组作为过渡电源运行，当分布式电源(如光伏)发出的电能超过负荷需求时，充电桩可以将多余的电能储存；当分布式电源发出的电能不能满足负荷需求时，充电桩便可以将储存的能量释放，供给负荷使用。当充电桩充电时，双向DC/DC 变换器将作为 Buck 电路使用；当充电桩放电时，双向 DC/DC 变换器则作为 Boost 电路使用。双向 DC/DC 变换器的主要控制目标是维持直流侧电压恒定。当充电桩充电或放电时，直流侧电容电压始终保持稳定，可以减小整个系统电压和频率的波动。图 4-28 是充电桩双向 DC/DC 变换器的控制示意图。

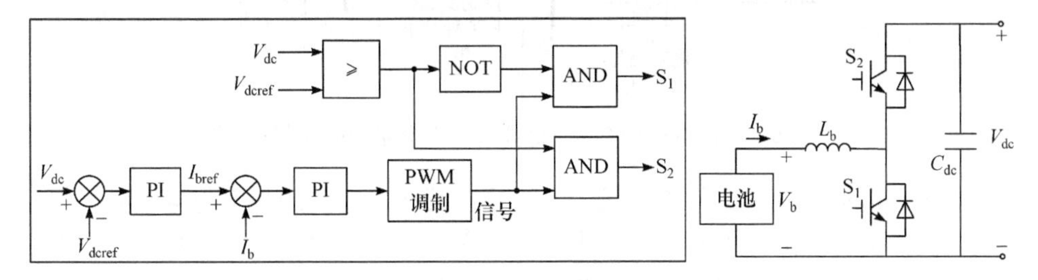

图 4-28　双向 DC/DC 变换器的控制示意图

变换器输出端的电压 V_{dc} 与参考电压的误差信号 V_{dcref} 经过 PI 调节，生成直流电流参考信号 I_{bref}。充电桩输出电流 I_b 与参考信号的误差信号再次经过 PI 调节，又经过 PWM 调制后，生成开关控制信号。当输出端的直流电压 V_{dc} 小于参考电压时，开关 S_1 动作，DC/DC 变换器工作于直流升压状态；否则，开关 S_2 动作，DC/DC 变换器工作于直流降压状态。当达到稳态时，DC/DC 变换器的输入电压和输出电压满足关系式：

$$\begin{cases} V_{dc} = \dfrac{V_b}{1-D_1} = \dfrac{V_b}{D}, & \text{Boost电路} \\ V_b = D_2 V_{dc} = D V_{dc}, & \text{Buck电路} \end{cases} \tag{4-30}$$

式中，D 为开关信号的占空比；D_1 为升压电路占空比；D_2 为降压电路占空比。

系统的并网逆变器仍然采用恒功率控制，使得充电桩在充放电时始终保持输出功率恒定，满足负荷侧的电量需求。光伏电源和充电桩储能混合发电系统可以采用如图 4-29 所示的控制方法。

4.4.3　风机多时间尺度暂态建模

风力发电系统是一种将风能转换为电能的能量转换系统。作为一种可再生能源，风能的开发利用近年来得到了极大关注，大量的风力发电系统已经投入运行，各种风力发电技术日臻成熟。风力发电系统可分为并网型和离网型运行，本书主要考虑并网型风力发电系统。

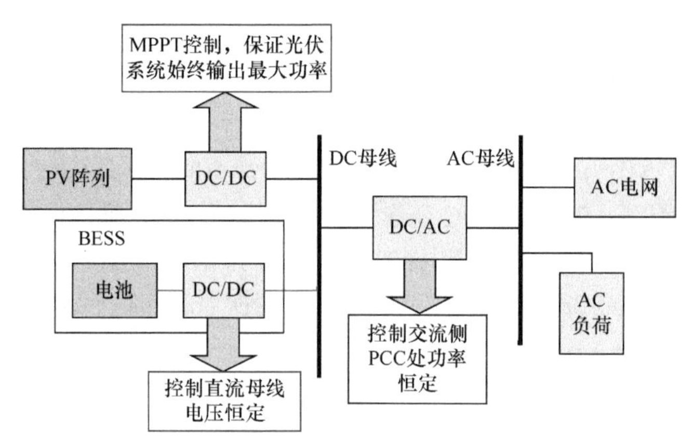

图 4-29　光伏电源和充电桩储能混合发电系统的控制示意图

对于并网运行的风力发电系统，必须要求其输出电能的频率与电网频率保持一致，也就是对上网风电有恒频要求。普通交流发电机输出电能的频率是受电机转速影响的。而自然风又有很强的随机性、不稳定性、不可控性和爆发性，风速时常变化，所以，必须要采取某些措施来保证在风速变化的情况下风力发电系统输出电能频率保持不变。

恒速恒频风力发电系统采用普通交流发电机，运行过程中通过一定的控制方式保持风力机转速不变，从而达到恒频目的。这种系统最大的不足是风能利用率不高。因为风力机存在"最佳运行转速"，在该转速运行时捕获的风能最大，而风速的不断变化使得恒速恒频系统不可能一直保持在最佳转速，从而导致风力资源浪费、系统发电效能降低。所以，恒速恒频方式基本上已不再用于并网风电系统。

变速恒频风力发电系统允许风力机-发电机的转速随风速波动而变化，通过其他手段来实现恒频目标[14,15]。这种系统与恒速恒频系统相比具有明显优势：①在风速变化时通过合理调节风力机转速，保持机组在风力机的最佳运行转速上运行，从而捕获最大风能；②通过采取恰当的控制策略，不仅可以调节系统输出的有功功率，还可灵活调节输出的无功功率，对电网进行无功补偿；③易于实现风力发电系统与电网之间的柔性连接，其并网操作及运行控制也比恒速恒频系统更容易实现。所以，变速恒频风力发电系统已成为主流。变速恒频系统有多种实现方式。目前研究比较多的有以下几种。

(1) 鼠笼式异步发电机变速恒频系统，采用鼠笼式异步电机作为发电机，风速变化时发电机输出电能的频率也是变化的，通过发电机定子绕组与电网之间的变频器把频率变化的电能转换为频率不变的电能后再送入电网。这种方案的控制策略在定子侧实现，使得变频器的容量比发电机的容量还大，增加了系统成本。

而且异步电机需要从电网吸收滞后无功，使电网功率因数变坏，需要添加无功补偿装置。但由于鼠笼式异步电机结构简单、运行可靠、坚固耐用、无需维护，且适宜于恶劣的工作环境，所以在 100kW 以下的风力发电系统中得到了不少应用。

(2) 双馈异步发电机变速恒频系统，其双馈异步电机从结构上看与普通绕线式异步电机一样，只是它的转子绕组通过电刷和滑环接到外电路，使转子侧与外电路之间可以有能量的传递[16]。双馈异步发电机变速恒频系统将发电机的定子绕组直接接到电网，转子绕组通过变频器接到电源，将频率、相位和幅值都可调的交流电流送入转子绕组。当风速波动引起发电机转速变化时，通过控制变频器来相应地调节转子电流的频率，从而改变转子磁场的旋转速度，使其与定子磁场保持相对静止，最终达到保持定子绕组输出电能频率不变的目标。这种方案的控制策略在转子侧实现，变频器容量只有发电机容量的 20%～35%。而且可以通过调节转子励磁电流的相位调节无功功率，补偿电网无功，提高电能质量和电网的运行效率与稳定性。但双馈异步发电机有碳刷和滑环，系统可靠性变低，并且需要经常维护。

(3) 无刷双馈电机变速恒频系统，其无刷双馈电机的定子上有两套极数不同的对称三相绕组，一个称为功率绕组，另一个称为控制绕组，转子为鼠笼型或磁阻型结构，不需要电刷和滑环。无刷双馈电机变速恒频系统将电机的功率绕组直接接到电网，而控制绕组通过双向变频器接到电网。该方案的控制策略在控制绕组上实现，其变频器容量需求仅为发电机容量的一小部分，降低了系统成本；同样可以做到有功功率、无功功率的独立调节；发电机没有电刷和滑环，弥补了有刷双馈系统的不足。

(4) 永磁同步发电机变速恒频系统。采用与鼠笼式异步发电机变速恒频系统相同的方式，通过定子绕组与电网之间的变频器将发电机输出的频率变化的电能转换为恒频电能送入电网[17]。因此，该系统同样存在变频器容量大的问题。它的主要优点包括：①可以采取直驱形式，不用价格昂贵的升速齿轮箱，节约了系统成本，大大减小了系统运行时的噪声，提高了可靠性，减少了维护；②永磁同步电机的转子无需直流励磁，也就没有碳刷、滑环，结构简单且可靠性高，③不从电网吸收滞后无功，对电网影响小；④发电机定子绕组通过全功率变频器接入电网，更易于实现低电压穿越等功能，对电网波动的适应性更好，网侧功率控制也更灵活。大型风电机组越来越多地采用了这种方案。

恒频/变速风力发电系统中较为常见的是双馈风力发电系统和永磁同步直驱风力发电系统，本节主要考虑实现双馈风力发电系统和永磁同步直驱风力发电系统的多时间尺度仿真建模。

1. 高分辨率建模

1) 双馈风力发电系统建模

(1) 空气动力系统模型。

该部分模型用于描述将风能转换为风机功率输出的过程，其能量转化公式为

$$P_{\mathrm{w}} = \frac{1}{2}\rho\pi R^2 v^3 C_{\mathrm{p}} \tag{4-31}$$

式中，ρ 为空气密度(kg/m³)；R 为风机叶片的半径(m)；v 为叶尖来风速度(m/s)；C_{p} 为风能转换效率，是叶尖速比 λ 和叶片桨距角 θ 的函数，表达式为

$$C_{\mathrm{p}} = f(\theta,\lambda) \tag{4-32}$$

叶尖速比 λ 定义为

$$\lambda = \frac{\omega_{\mathrm{w}} R}{v} \tag{4-33}$$

式中，ω_{w} 为风机机械角速度(rad/s)。

典型的风力发电系统 C_{p} 特性曲线如图 4-30 所示。

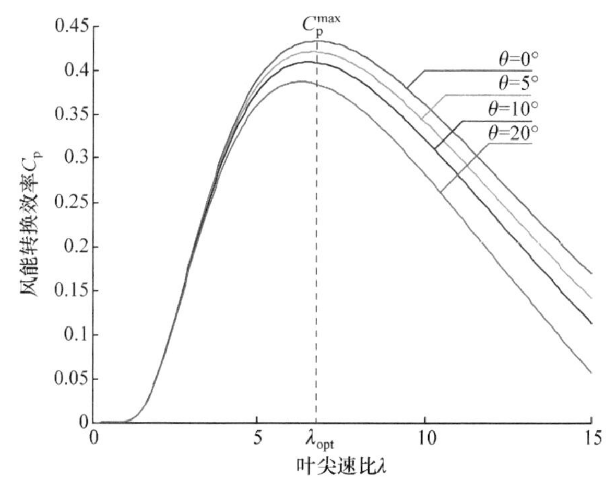

图 4-30　典型的风力发电系统 C_{p} 特性曲线

由图 4-30 可见，对于变桨距系统，C_{p} 与叶尖速比 λ 和桨距角 θ 均有关系，随着桨距角 θ 的增大，C_{p} 曲线整体减小。当采用变桨距变速控制时，控制系统先将桨距角置于最优值，进一步通过变速控制使叶尖速比 λ 等于最优值 λ_{opt}，从而能够使风机在最大风能转换效率 $C_{\mathrm{p}}^{\max}$ 下运行。对于定桨距系统，C_{p} 只与叶尖速比 λ 有关系，桨距角为 0°不作任何调节，因此风机只能在某一风速下运行在最大

风能转换效率 $C_{\mathrm{p}}^{\max}$，而更多时候运行在非最佳状态。

对于恒频/恒速定桨距型风力发电机组，式(4-34)给出了一种 C_{p} 特性曲线近似描述：

$$C_{\mathrm{p}}=\frac{16}{27}\frac{\lambda}{\lambda+\dfrac{1.32+[(\lambda-8)/20]^2}{B}}-0.57\frac{\lambda^2}{\dfrac{L}{D}\left(\lambda+\dfrac{1}{2B}\right)} \tag{4-34}$$

式中，B 为叶片数；L/D 为升力比。当叶片数为 1、2、3，且满足 $4\leqslant\lambda\leqslant 20$ 和 $L/D\geqslant 20$ 时，式(4-34)能够以较高精度拟合实际 C_{p} 特性曲线。

对于恒频/恒速变桨距型风力发电机组，C_{p} 特性曲线近似式为

$$C_{\mathrm{p}}=0.5\left(\frac{RC_{\mathrm{f}}}{\lambda}-0.022\theta-2\right)\mathrm{e}^{-0.255\frac{RC_{\mathrm{f}}}{\lambda}} \tag{4-35}$$

式中，C_{f} 为叶片设计参数，一般取 1～3；R 为风机叶片半径(m)。

对于恒频/变速变桨距风力发电机组，式(4-36)给出了一种 C_{p} 特性曲线近似描述：

$$C_{\mathrm{p}}=\sum_{i=0}^{4}\sum_{j=0}^{4}\alpha_{i,j}\theta^i\lambda^j \tag{4-36}$$

式中，$\alpha_{i,j}$ 为 C_{p} 拟合系数，当 $2<\lambda<13$ 时，该公式能够很好地拟合曲线。

(2) 桨距控制系统模型。

恒频/变速风力发电系统由于采用变频器并网，变桨距控制可以与变频器控制共同作用，使风机在一定范围内变速运行的同时，还可以在较大的风速范围内实现风机的高效可靠运行，也就是在给定风速下尽可能最大化系统有功功率输出，同时又不超过允许的功率输出额定值。最大化系统有功功率输出可以通过采用基于风机功率-转速最优曲线的控制策略来实现[18]。

风机的输出功率与风速、风机转速直接相关，图 4-31 给出了一个典型的风机功率-转速最优特性曲线示意图。

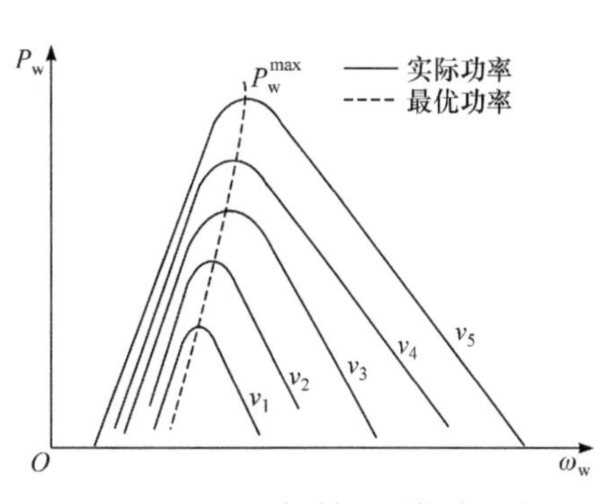

图 4-31　风机功率-转速最优特性曲线

图 4-31 中，$v_i(i=1,2,\cdots,5)$ 表示风速，实线为不同风速下风机的实际功率-转速特性曲线。从图中可以看出，在同一风速下存在一个最优转速，此时风机能够获得最大功率输出 $P_{\mathrm{w}}^{\max}$，当转速变小或变大时，风机输出功率都会降低。将不同风速

下的最大功率点 $P_{\mathrm{w}}^{\max}$ 连接起来，即为风机的功率-转速最优特性曲线，如式(4-37)所示：

$$P_{\mathrm{w}}^{\max}=\frac{1}{2}\rho\pi R^{2}v^{3}C_{\mathrm{p}}(\theta^{\mathrm{opt}},\lambda^{\mathrm{opt}})=\frac{1}{2}\rho\pi R^{2}v^{3}C_{\mathrm{p}}\left(\theta^{\mathrm{opt}},\frac{\omega_{\mathrm{w}}^{\mathrm{opt}}R}{v}\right) \tag{4-37}$$

如果能够控制风机系统使其按照功率-转速最优特性曲线运行，则系统将工作在最优状态，即在给定风速下输出的功率最大，变桨距变速控制系统的目的就是要实现这一点。由于风机的输出功率减去相关的系统功率损耗就等于发电机的实际有功功率输出，而发电机转速可以利用齿轮箱变比由风机转速直接换算得到，因此，图 4-31 给出的风机功率-转速最优特性曲线也可以用发电机功率-转速最优特性曲线来表示，而后者更容易在实际控制系统设计中加以实现。

(3) 绕线式异步电机模型。

在三相坐标系下，绕线式异步电机的磁链和电压方程分别如式(4-38)和式(4-39)所示：

$$\begin{bmatrix}\psi_{\mathrm{A}}\\ \psi_{\mathrm{B}}\\ \psi_{\mathrm{C}}\\ \psi_{\mathrm{a}}'\\ \psi_{\mathrm{b}}'\\ \psi_{\mathrm{c}}'\end{bmatrix}=\begin{bmatrix}L_{11}+L_{1\mathrm{m}} & -\frac{1}{2}L_{1\mathrm{m}} & -\frac{1}{2}L_{1\mathrm{m}} & L_{1\mathrm{m}}\cos\theta & L_{1\mathrm{m}}\cos(\theta+120^{\circ}) & L_{1\mathrm{m}}\cos(\theta-120^{\circ})\\ -\frac{1}{2}L_{1\mathrm{m}} & L_{11}+L_{1\mathrm{m}} & -\frac{1}{2}L_{1\mathrm{m}} & L_{1\mathrm{m}}\cos(\theta-120^{\circ}) & L_{1\mathrm{m}}\cos\theta & L_{1\mathrm{m}}\cos(\theta+120^{\circ})\\ -\frac{1}{2}L_{1\mathrm{m}} & -\frac{1}{2}L_{1\mathrm{m}} & L_{11}+L_{1\mathrm{m}} & L_{1\mathrm{m}}\cos(\theta+120^{\circ}) & L_{1\mathrm{m}}\cos(\theta-120^{\circ}) & L_{1\mathrm{m}}\cos\theta\\ L_{1\mathrm{m}}\cos\theta & L_{1\mathrm{m}}\cos(\theta-120^{\circ}) & L_{1\mathrm{m}}\cos(\theta+120^{\circ}) & L_{21}'+L_{1\mathrm{m}} & -\frac{1}{2}L_{1\mathrm{m}} & -\frac{1}{2}L_{1\mathrm{m}}\\ L_{1\mathrm{m}}\cos(\theta+120^{\circ}) & L_{1\mathrm{m}}\cos\theta & L_{1\mathrm{m}}\cos(\theta-120^{\circ}) & -\frac{1}{2}L_{1\mathrm{m}} & L_{21}'+L_{1\mathrm{m}} & -\frac{1}{2}L_{1\mathrm{m}}\\ L_{1\mathrm{m}}\cos(\theta-120^{\circ}) & L_{1\mathrm{m}}\cos(\theta+120^{\circ}) & L_{1\mathrm{m}}\cos\theta & -\frac{1}{2}L_{1\mathrm{m}} & -\frac{1}{2}L_{1\mathrm{m}} & L_{21}'+L_{1\mathrm{m}}\end{bmatrix}\begin{bmatrix}i_{\mathrm{A}}\\ i_{\mathrm{B}}\\ i_{\mathrm{C}}\\ i_{\mathrm{a}}'\\ i_{\mathrm{b}}'\\ i_{\mathrm{c}}'\end{bmatrix} \tag{4-38}$$

$$\begin{bmatrix} u_A \\ u_B \\ u_C \\ u'_a \\ u'_b \\ u'_c \end{bmatrix} = \begin{bmatrix} r_1 & 0 & 0 & 0 & 0 & 0 \\ 0 & r_1 & 0 & 0 & 0 & 0 \\ 0 & 0 & r_1 & 0 & 0 & 0 \\ 0 & 0 & 0 & r'_2 & 0 & 0 \\ 0 & 0 & 0 & 0 & r'_2 & 0 \\ 0 & 0 & 0 & 0 & 0 & r'_2 \end{bmatrix} \begin{bmatrix} i_A \\ i_B \\ i_C \\ i'_a \\ i'_b \\ i'_c \end{bmatrix} + \frac{d}{dt} \begin{bmatrix} \psi_A \\ \psi_B \\ \psi_C \\ \psi'_a \\ \psi'_b \\ \psi'_c \end{bmatrix} \tag{4-39}$$

式中，ψ_A、ψ_B、ψ_C与ψ'_a、ψ'_b、ψ'_c分别表示三相定子磁链以及折算到定子侧的三相转子磁链；i_A、i_B、i_C与i'_a、i'_b、i'_c分别表示三相定子电流以及折算到定子侧的三相转子电流；u_A、u_B、u_C与u'_a、u'_b、u'_c分别表示三相定子电压以及折算到定子侧的三相转子电压，L_{11}为定子漏感；L'_{21}为折算到定子侧的转子漏感；L_{1m}为主磁通对应的定子电感；θ为转子角；r_1为定子电阻；r'_2为折算到定子侧的转子电阻。

上述模型也可以在两相旋转坐标系下表示，其磁链和电压方程分别如式(4-40)和式(4-41)所示：

$$\begin{bmatrix} \psi_{d1} \\ \psi_{q1} \\ \psi'_{d2} \\ \psi'_{q2} \end{bmatrix} = \begin{bmatrix} L_{11}+L_m & 0 & L_m & 0 \\ 0 & L_{11}+L_m & 0 & L_m \\ L_m & 0 & L'_{21}+L_m & 0 \\ 0 & L_m & 0 & L'_{21}+L_m \end{bmatrix} \begin{bmatrix} i_{d1} \\ i_{q1} \\ i'_{d2} \\ i'_{q2} \end{bmatrix} \tag{4-40}$$

$$\begin{bmatrix} u_{d1} \\ u_{q1} \\ u'_{d2} \\ u'_{q2} \end{bmatrix} = \begin{bmatrix} r_1 & -\omega(L_{11}+L_m) & 0 & -\omega L_m \\ \omega(L_{11}+L_m) & r_1 & \omega L_m & 0 \\ 0 & -(\omega-\omega_r)L_m & r'_2 & -(\omega-\omega_r)(L'_{21}+L_m) \\ (\omega-\omega_r)L_m & 0 & (\omega-\omega_r)(L'_{21}+L_m) & r'_2 \end{bmatrix} \begin{bmatrix} i_{d1} \\ i_{q1} \\ i'_{d2} \\ i'_{q2} \end{bmatrix} + \frac{d}{dt} \begin{bmatrix} \psi_{d1} \\ \psi_{q1} \\ \psi'_{d2} \\ \psi'_{q2} \end{bmatrix} \tag{4-41}$$

式中的电流、电压、磁链都和式(4-38)及式(4-39)相对应。

(4) 双馈风力发电系统结构。

双馈风力发电系统中电机的定子与电网直接连接，转子通过两个变频器连接到电网中，变频器可以改变发电机转子输入电流的频率，进而可以保证发电机定子输出与电网频率保持同步，实现恒频变速控制。

双馈风力发电系统最大的优点是可实现能量双向流动，当风机运行在超同步速度时，功率从转子流向电网；而当风机运行在次同步速度时，功率从电网流向转子。双馈风力发电系统控制方式相对复杂，机组价格昂贵，但是转子侧通过变频器并网，可对有功和无功进行控制，不需要无功补偿装置；风机采用变桨距控制，可以追踪最大风能，提高风能利用率；由于转子侧采用电力电子接口，可降低输出功率的波动，提高电能质量；此外，变频器接在转子侧，相对于装在定子侧的全功率变频器，损耗及投资大大降低。因此，目前的大型风力发电机组一般是这种变桨距控制的双馈风力发电机组。

双馈风力发电系统结构如图 4-32 所示，风机输出的转矩作为电机的原动转矩。双馈风力发电系统中风机与电机之间需要使用齿轮箱进行变速，因此往往需要考虑轴系模型。双馈风力发电系统的轴系一般包含三个质块：风机质块、齿轮箱质块和发电机质块。风机一般惯性较大，而齿轮箱惯性较小，其主要作用是通过低速转轴和高速转轴将风机和发电机啮合在一起。

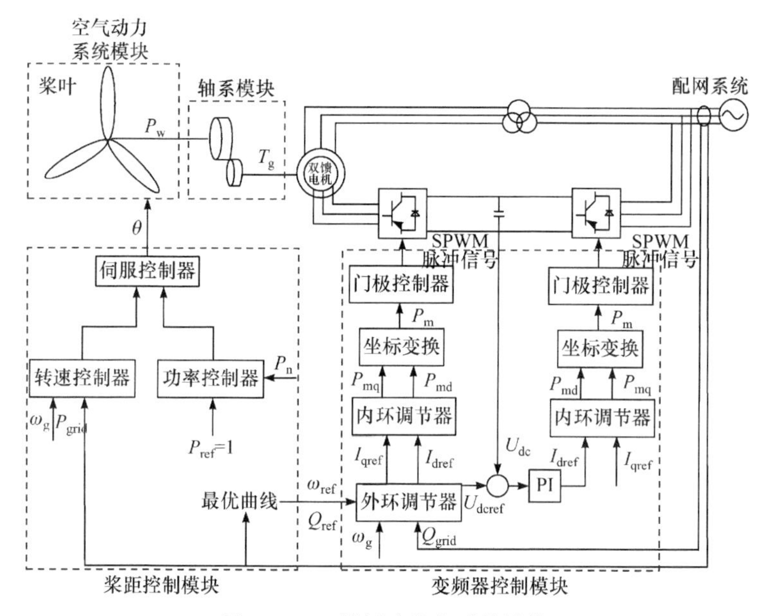

图 4-32　双馈风力发电系统结构

风机的轴系一般采用双质块模型，由于齿轮箱的惯性相比风机和发电机较小，有时可以忽略，将低速轴各量折算到高速轴上，此时的两质块轴系系统如图 4-33 所示。

对应的状态方程如下：

$$\begin{cases} T_w = J'_w \dfrac{d\omega_w}{dt} + D_{tg}(\omega_w - \omega_g) + k_{tg}(\theta_w - \theta_g) \\ -T_g = J_g \dfrac{d\omega_g}{dt} + D_{tg}(\omega_g - \omega_w) + k_{tg}(\theta_g - \theta_w) \end{cases} \tag{4-42}$$

式中，θ_w 为风机质块转角；θ_g 为电机质块转角；D_{tg} 和 k_{tg} 分别为阻尼系数和刚性系数；ω_w、T_w 分别为风机的转速和转矩；ω_g、T_g 分别为电机的转速和转矩。

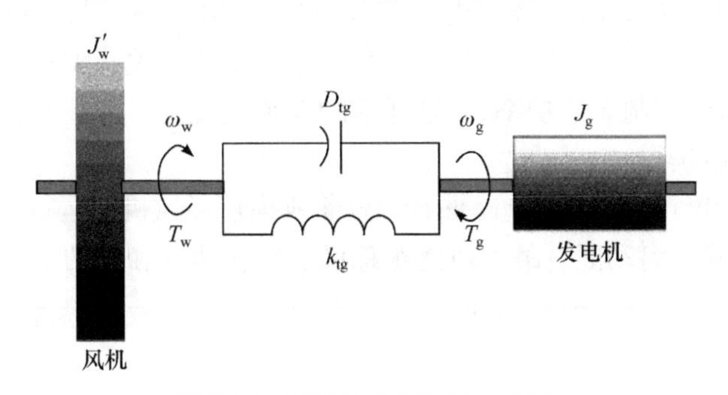

图 4-33　两质块轴系系统示意图

为了简化建模过程，也可采用单质块模型，即以变速比 n 表示风机与电机之间的转速比和转矩比，如式(4-43)所示，而风机与齿轮箱的转动惯量应当折合到电机上去。

$$\begin{cases}\omega_w = \omega_g / n \\ T_w = T_g n\end{cases} \tag{4-43}$$

双馈风力发电系统采用双馈感应发电机，转子侧通过变频器并网，连接电机转子的变流器称为转子侧变流器，另一个称为网络侧变流器，在控制方面除了需要考虑两个变流器的控制系统之外，还需要考虑桨距控制系统。

(5) 并网控制策略。

网络侧变流器的控制目的是控制直流母线电压及网络侧变流器输出无功功率，控制系统采取同步坐标系，通过 PLL 获得网络电压的相角，并把它作为派克变换的角度。利用此角度对网络侧变流器出口电压进行派克变换后，即可进行功率解耦控制。网络侧变流器控制系统如图 4-34 所示。

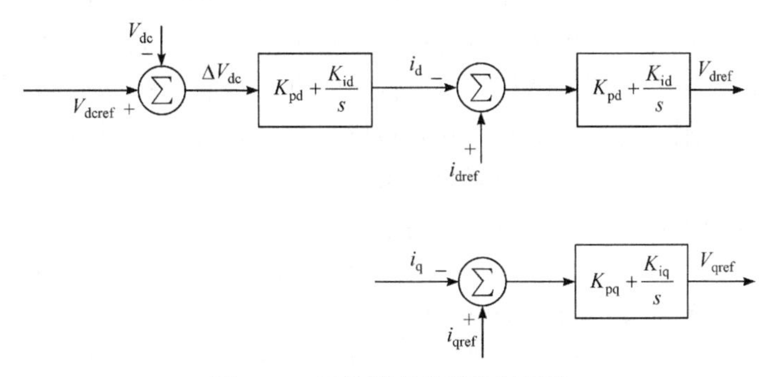

图 4-34　网络侧变流器控制系统

转子侧变流器控制系统同样采用同步坐标系，与网络侧控制不同，它采用定子磁链定向策略，即将派克变换时的 d 轴与电机定子磁链相重合，使得 $\Psi_{\mathrm{d}} = \Psi$，$\Psi_{\mathrm{q}} = 0$。由于电机电动势 E 滞后电机磁链 90°，而电动势 E 与电机端电压 V 基本相等，可得 $V_{\mathrm{d}} = 0$，$V_{\mathrm{q}} = -V$，有功功率只与 q 轴电流有关，无功功率只与 d 轴电流有关，d 轴通道控制无功功率，q 轴通道的参考电流由参考转速和实际转速之差通过外环调节器获得。

图 4-35 给出了最大功率追踪曲线。该曲线描述了风机的运行情况，风机主要有四个运行区域：启动区、最大风能跟踪区、恒转速区和恒功率区。

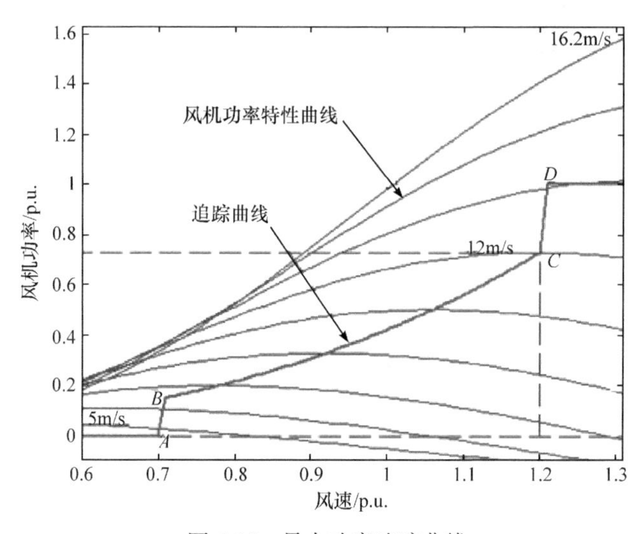

图 4-35　最大功率追踪曲线

启动区：风速小于切入风速，发电机与电网脱离，不做发电运行。

最大风能跟踪区：此时最常用的是定桨距角状态，通过调节发电机的转速来追踪最大风能。

恒转速区：当发电机的转速达到最优转速，而风机的输出功率还小于额定功率时，为了保护机组不受破坏，可通过控制桨距角将转速限制在给定值上。

恒功率区：随着风速的增加，风机输出的机械功率不断增加，当发电机和变流器达到功率极限的时候，就必须同时对机组输出的功率加以限制，使其运行在恒功率状态，这也可以通过控制桨距角来实现。

本节仿真的重点在于最优运行点的跟踪，因此设定风力发电系统运行在最大风能跟踪区，桨距角设定为该区域的最优桨距角，即 0°；其次，ETPDG 和 MATLAB 软件都是在零初始状态下直接带电机启动的，仿真的开始时刻必然会出现功率倒灌、电机定子输出功率为负的情况，这就可能影响变桨距控制的正常工作。

最优转速是通过使用电机输出总有功功率核对功率-转速最优曲线获得的，是一种自动寻优过程。最大风能追踪过程可由图 4-36 定性地解释。假设原先在风速 V_A 下风力机稳定运行在 P_{opt} 曲线的 A 点上，此时风力机的输出功率和发电机的输入机械功率相平衡，为 P_A，风力机将稳定运行在转速 ω_A 上。如果某时刻风速升高至 V_B，风力机运行至 C 点，其输出功率由 P_A 突变至 P_C，由于调节过程的滞后，发电机仍将暂时运行在 A 点，此时发电机的输入功率大于输出功率，功率的失衡导致转速上升。在转速增加的过程中，风力机和发电机分别沿着 $C\to B$ 和 $A\to B$ 曲线增速。到达风力机功率曲线与最佳曲线相交的 B 点时，功率将再一次达到平衡，转速稳定在对应于风速 V_B 的最佳转速 ω_B 上。同理也可以分析从风速 V_A 到 V_B 的逆调节过程。这种自动寻优的方法虽然简单，但是也可能造成暂态时间过长。

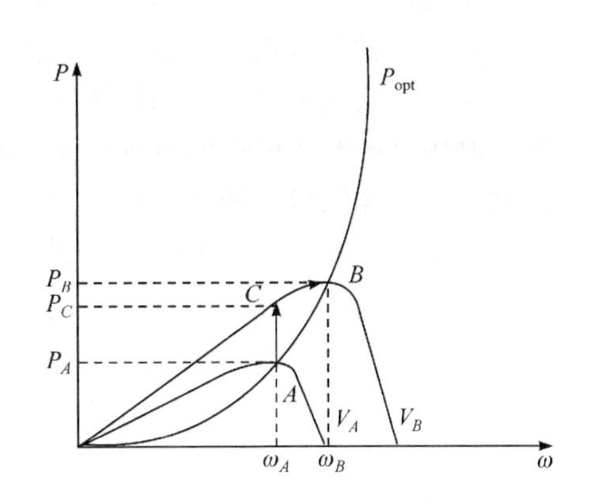

图 4-36　最大风能追踪过程

桨距控制可以实现对电机转速及电机输出功率的限制。当电机转速高于参考转速，或者电机输出总功率高于电机额定功率时，桨距控制开始作用，直到将转速与电机输出功率限制在额定值。图 4-37 给出了实现桨距控制的转子侧变流器控制框图。

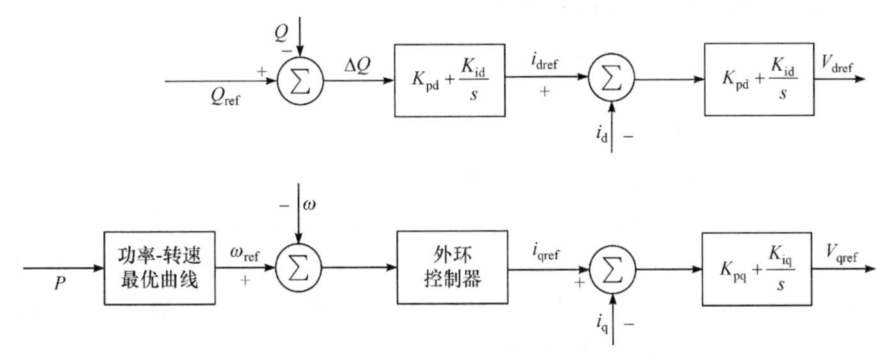

图 4-37　转子侧变流器控制框图

2) 永磁直驱风力发电系统建模

直驱式是指风力机直接与发电机同轴相连，中间不需要其他传动机；非直驱式正好相反，在风力机与发电机之间需要升速齿轮箱来传动。风力机的工作转速比较低，大型风力机的转速低至每分钟几十转甚至十几转。永磁直驱同步风力发电系统的并网电路有两种不同的结构形式。一种是不可控整流加可控逆变，这种并网电路的主要优点是控制比较简单。但由于不可控整流无法实现对同步发电机的有效控制，不能直接调节发电机的转矩，发电机组不具备灵活实现自起动或制动等功能；不能调节无功功率，使得功率因数不可调；不可控整流必然会使发电机定子电流的谐波大增，增加发电机的损耗，引起转矩脉动，影响发电机的使用寿命。另一种是采用“背靠背”结构，即使用双 PWM 变流器作为并网电路，这种并网电路会使系统的结构和控制都变得更加复杂，但可实现对发电机的有效控制。其中，控制发电机的直轴电流为零可以实现最大功率输出；控制发电机的电磁转矩可以控制机组转速，风力机将保持在最佳转速下运行，实现最大风能捕获。由于机侧变流器也采用 PWM 控制，可以减小发电机的定子电流谐波，从而有效减小发电机的转矩脉动，延长发电机的寿命。电网侧变流器通过控制直流侧电压不变，可以实现电网侧输出有功功率、无功功率的解耦控制，因而可对功率因数进行调节。直驱永磁同步风力发电系统大多采用这种并网电路。

虽然风力发电系统的并网形式有多种，但结构上仍有不少相似之处。在对风力发电系统进行仿真建模时，一般需要考虑以下几个子系统模型：空气动力系统模型、桨距控制模型、发电机轴系模型、发电机模型、变频器及其控制系统模型等。其中，空气动力系统模型依据控制方式不同而略有差别；桨距控制模型依据控制方式不同可分为定桨距控制模型和变桨距控制模型；发电机轴系模型根据系统的不同，可考虑三质块模型，两质块模型和单质块模型；发电机模型则需要分别考虑鼠笼式异步感应发电机、双馈感应发电机和永磁同步发电机模型；变频器及其控制系统模型只在恒频/变速风力发电系统中用到，一般采用“背靠背”的电压源型 PWM 可控换流器作为变频器。

本节将对永磁直驱同步风力发电系统进行 EMTDC 的仿真建模，并网结构采用“背靠背”结构，即使用双 PWM 可控换流器。

(1) 永磁同步发电机模型。

永磁同步发电机将风力机通过传动机构送来的机械能转换为电能。它采用高性能的稀土永磁材料或铁氧体制成磁极，无需励磁绕组及电刷、滑环，具有结构简单、可靠性高、效率高、比功率大、体积小、重量轻等优点，因此在中小型风电系统中得到了广泛应用。随着永磁材料制造工艺的不断提高，大容量的风电系统也越来越多地采用永磁同步发电机。

在实际建模中采用单质块模型。如果进一步忽略传动轴的阻尼系数和刚性系数，即假设 $D_{\mathrm{tg}}=0$，$k_{\mathrm{tg}}=0$，则可以得到传统的单质块模型：

$$T_{\mathrm{w}}-T_{\mathrm{g}}=J_{\mathrm{one}}\frac{\mathrm{d}\omega_{\mathrm{g}}}{\mathrm{d}t} \tag{4-44}$$

三相永磁同步电机是个多变量、强耦合、非线性的复杂系统，控制是十分困难的，因此需要利用坐标变换得到其等效模型，其结构如图 4-38 所示。为了简便分析，特意进行如下假设：①定子三相绕组对称；②忽略电动势和磁动势的谐波，即定子绕组相电动势随时间按照正弦规律变化，磁动势沿气隙圆周按照正弦规律分布；③忽略磁路饱和，并且不考虑涡流和磁滞效应的影响。永磁同步电机运行状态方程为

$$\begin{bmatrix} u_a \\ u_b \\ u_c \end{bmatrix} = \begin{bmatrix} R_s & & \\ & R_s & \\ & & R_s \end{bmatrix} \begin{bmatrix} i_a \\ i_b \\ i_c \end{bmatrix} + \frac{d}{dt} \begin{bmatrix} \psi_a \\ \psi_b \\ \psi_c \end{bmatrix} \tag{4-45}$$

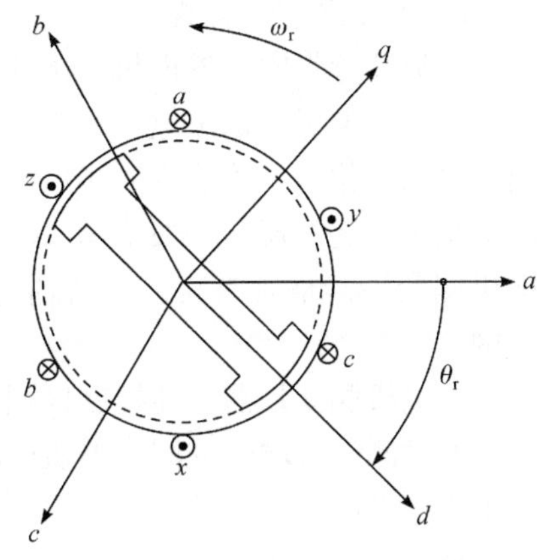

图 4-38　永磁同步电机结构图

永磁同步电机模型可以运行在发电机和电动机状态，运行的状态通过对机械转矩的控制来进行描述，转换到转子参考坐标系(dq 旋转坐标系)下的方程可表示为

$$\begin{cases} \dfrac{d}{dt} i_d = \dfrac{1}{L_d} v_d - \dfrac{R}{L_d} i_d + \dfrac{L_q}{L_d} p\omega_r i_q \\ \dfrac{d}{dt} i_q = \dfrac{1}{L_q} v_q - \dfrac{R}{L_q} i_q - \dfrac{L_d}{L_q} p\omega_r i_d - \dfrac{\lambda p\omega_r}{L_q} \\ T_e = 1.5 p[\lambda i_q + (L_d - L_q) i_d i_q] \end{cases} \tag{4-46}$$

式中，L_d 和 L_q 分别为 d 轴和 q 轴的电抗；R 为定子绕组的电阻；i_d 和 i_q 分别为 d 轴和 q 轴的电流；v_q 和 v_d 分别为 q 轴和 d 轴的电压；ω_r 为转子的角速度；λ 为转子永磁磁通；p 为极对数；T_e 为电磁转矩。

永磁同步电机在 PSCAD 中采用控制系统元件搭建，更能简单有效地模拟无阻尼绕组的永磁电机特性，如图 4-39 所示。控制系统通过联立求解各基本环节的元件特性得到系统的暂态时域解，可同样获得准确的仿真结果。

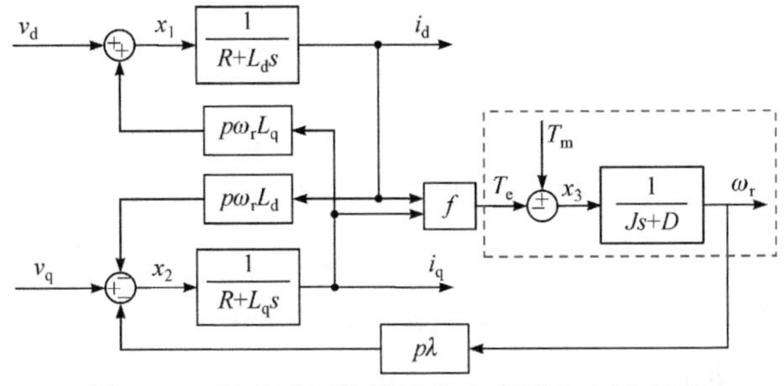

图 4-39　以传递函数描述的永磁同步电机模型

(2) 变频器控制策略。

变流装置将同步发电机输出的频率变化的电能转换为频率恒定的电能送入电网。同步发电机的输出电频率与其转速成正比，因此风速的变化会引起发电机输出频率的变化，为了能将同步风力发电系统并网，必须要经过变流装置的处理。风电系统变流器现在一般采用 AC-DC-AC 模式，即发电机输出的变频电能先通过电机侧变流器整流为直流，再通过电网侧变流器逆变为恒压恒频的交流电送入电网。

发电机侧变频器具体控制框图如图 4-40 所示，由于采用定子磁链定向控制，需要通过测量获取永磁同步电机的转子角作为坐标变换的角度。电机本身都是在转子参考坐标系下建模，得到转子参考坐标系下的电流 i_d 、i_q 。根据发电机功率-转速最优特性曲线确定的实时功率作为有功功率的参考值，又因为当永磁发电机转子结构对称，即 d 轴和 q 轴电感数值相同时，电磁转矩公式可简化为 q 轴电流的正比关系，所以永磁发电机有功功率参考值和实际输出功率经过 PI 控制生成 q 轴电流参考值，再与实际 q 轴电流比较后经过 PI 控制生成电机侧逆变器 q 轴的调制分量。

$$T_e = 1.5p[\lambda i_q + (L_d - L_q)i_d i_q] = 1.5p\lambda i_q \tag{4-47}$$

$$\begin{cases} i_{qref} = K_1\left(1+\dfrac{1}{T_1 s}\right)(P_{ref} - P) \\ p_{mq} = K_2\left(1+\dfrac{1}{T_2 s}\right)(i_{qref} - i_q) \end{cases} \tag{4-48}$$

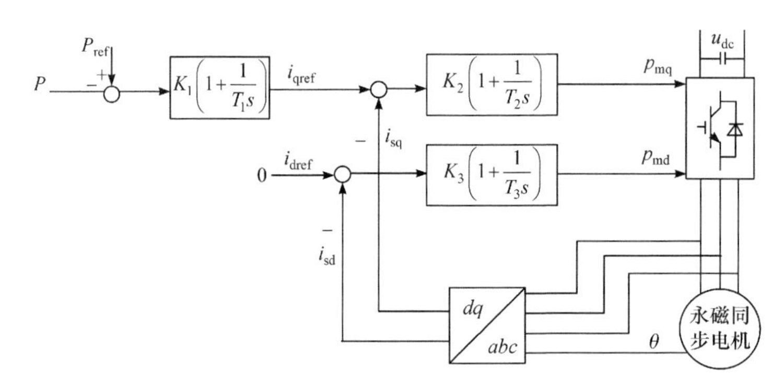

图 4-40　发电机侧变频器矢量控制

d 轴的控制可以设定不同的控制目标，如最小定子电流控制、电机单位功率因数控制及恒压控制。在本书中，风力发电系统建模采用使 $i_d = 0$ 的最小定子电流控制。i_d 为零时可使定子电流 i_s 最小，因此在输出相同有功功率时，有功损耗最小，发热最少。

$$i_s = \sqrt{i_d^2 + i_q^2} \tag{4-49}$$

$$p_{md} = K_3\left(1+\frac{1}{T_3 s}\right)(i_{dref} - i_d) \tag{4-50}$$

网侧变频器的控制目标是控制直流电压为设定值，同时保证变频器与电网交换的无功功率按指定的功率因数变化(一般采用恒功率因数 $\cos\varphi = 1.0$ 的控制模式)。对于网侧变频器，采用基于电网电压定向的矢量控制策略可实现直流电压控制和并网无功控制。

将永磁同步电机的三相电压电流，经过坐标变换之后获得对应定子电压参考坐标系的 d 轴、q 轴分量。变换后可得对应的永磁同步电机输出的有功功率与无功功率表达式为

$$\begin{cases} P = u_{sd} i_{sd} + u_{sq} i_{sq} \\ Q = u_{sq} i_{sd} - u_{sd} i_{sq} \end{cases} \tag{4-51}$$

当采用定子电压定向控制时，将 $u_{sd} = u_s$，$u_{sq} = 0$ 代入式(4-51)，此时有功功率与无功功率的表达式变为

$$\begin{cases} P = u_s i_{sd} \\ Q = -u_s i_{sq} \end{cases} \tag{4-52}$$

调节电网侧变流器交流侧电流的 d 轴、q 轴分量，就可以分别控制输入到电网的有功功率和无功功率。因此，当采用电网电压空间矢量定向的坐标系时，可以实现对有功和无功的解耦控制，这也是对电网侧变流器采用矢量控制的意义所在。

从双 PWM 变流器的电路拓扑结构可知，当发电机输出的有功功率大于变流器输入到电网的有功功率时，多余的有功功率会给电容充电使直流侧电压 u_{dc} 升高；反之，u_{dc} 降低。因此，如果控制 u_{dc} 不变，在忽略变流器自身损耗时，可认为发电机输出的有功功率全部被送到了电网。所以，对 d 轴电流(有功电流)的控制可以采用双闭环结构：外环为直流侧电压控制环，其输出作为 d 轴电流的给定。该控制环节的作用是稳定直流侧电压，其基本思想是，如果直流侧电压高于电压的给定，则表明发电机输出的有功功率大于变流器输入到电网的值，于是增大有功电流给定值，以提高送入到电网的有功功率，从而使直流侧电压下降；反之亦然。内环为电流控制环，其作用是跟踪外环输出的有功电流给定以实现电流的快速控制。这样的结构可保证发电机输出的有功功率能够及时通过变流器送入电网。如果忽略损耗，电容电压、整流侧输入功率和逆变侧输出功率满足：

$$\frac{\mathrm{d}u_{\mathrm{dc}}}{\mathrm{d}t}=\frac{1}{Cu_{\mathrm{dc}}}(P_{\mathrm{s}}-P_{\mathrm{gc}}) \tag{4-53}$$

式中，u_{dc}为直流母线电压；C为直流母线电容值；P_{s}为电机侧注入功率；P_{gc}为向逆变器输出的有功功率。可见，当式(4-53)达到稳态时，整流侧注入有功和逆变侧输出有功达到平衡。在动态过程中，逆变侧对u_{dc}的稳定控制使P_{gs}与P_{s}动态匹配，间接完成了逆变侧的有功控制。

对q轴电流(无功电流)的控制也采用双环控制结构：由设定的无功功率经过PI调节生成对应的无功电流的给定值，将该值作为q轴电流的给定，从而对无功功率进行调节。

因此，外环控制和内环控制方程分别如式(4-54)和式(4-55)所示。采用基于电网电压定向的矢量控制策略，具体控制如图4-41所示。

$$\begin{cases} i_{\mathrm{dref}}=K_1\left(1+\dfrac{1}{T_1 s}\right)(U_{\mathrm{dcref}}-U_{\mathrm{dc}}) \\ i_{\mathrm{qref}}=K_2\left(1+\dfrac{1}{T_2 s}\right)(Q-Q_{\mathrm{ref}}) \end{cases} \tag{4-54}$$

$$\begin{cases} p_{\mathrm{md}}=K_3\left(1+\dfrac{1}{T_3 s}\right)(i_{\mathrm{dref}}-i_{\mathrm{d}}) \\ p_{\mathrm{mq}}=K_4\left(1+\dfrac{1}{T_4 s}\right)(i_{\mathrm{qref}}-i_{\mathrm{q}}) \end{cases} \tag{4-55}$$

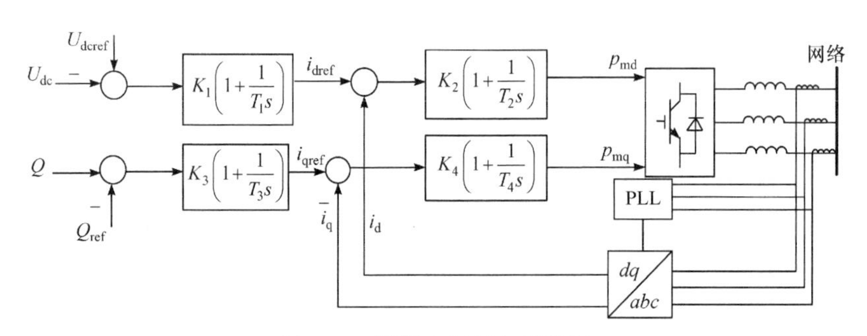

图4-41 网侧变频器矢量控制

(3) 永磁直驱风力发电系统结构。

图4-42给出了典型的永磁直驱风力发电并网控制系统结构图。永磁直驱风力发电系统建模主要包含空气动力系统建模、桨距控制系统建模、电机侧变频器和网侧变频器控制系统建模，以及相应的电气系统建模。

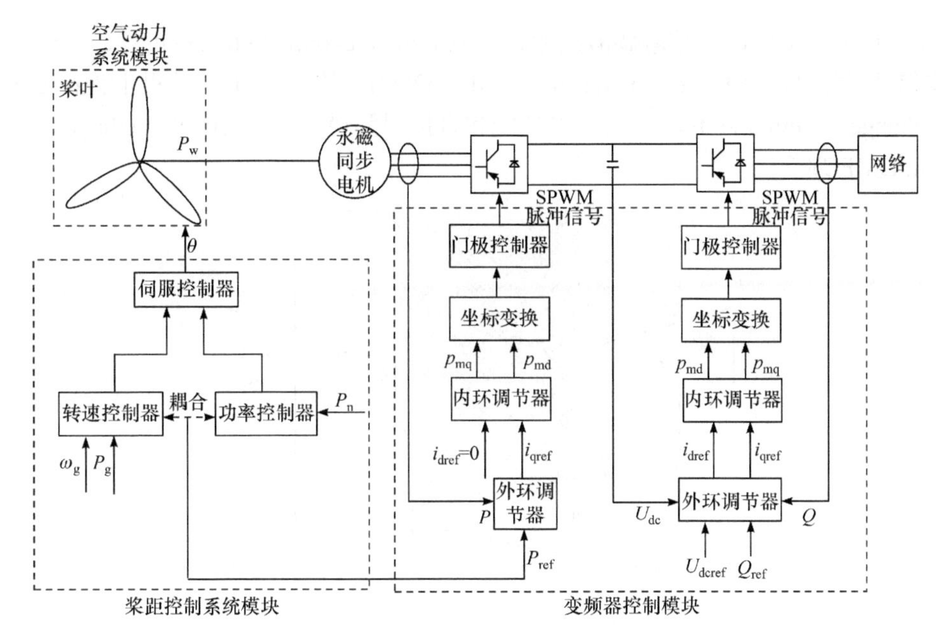

图 4-42　永磁直驱风力发电并网控制系统结构图

2. 低分辨率建模

对于低分辨率动态仿真，主要考虑风机的功率输出与风机轮毂高度处风速的关系，二者的关系可以近似用分段函数表示，表达式如式(4-56)所示。可以看出风机的额定输出功率等于风机输出的上限，也就是风机输出功率波动范围的上限：

$$P_v=\begin{cases}0, & v<v_{ci}, v>v_{co}\\ P_r\dfrac{v-v_{ci}}{v_r-v_{ci}}, & v_{ci}\leqslant v<v_r\\ P_r, & v_r\leqslant v\leqslant v_{co}\end{cases} \tag{4-56}$$

式中，P_r 为风机的额定输出功率；v_r、v_{ci}、v_{co} 分别为风机的额定风速、切入风速和切出风速。

4.4.4　燃料电池多时间尺度暂态建模

燃料电池(fuel cell, FC)是一种等温进行、直接将储存在燃料和氧化剂中的化学能高效(50%～70%)、无污染地转化为电能的发电装置[19]。图 4-43 给出了燃料电池的工作原理。一节燃料电池由阳极、阴极和电解质隔膜构成。燃料在阳极氧化，氧化剂在阴极还原，从而完成整个电化学反应。电解质隔膜的功能为分隔燃料和氧化剂并起到离子传导的作用。燃料电池种类繁多，根据所用电解质的不同，燃料电池可分为碱性燃料电池(alkaline fuel cell, AFC)、磷酸燃料电池(phosphoric acid fuel cell, PAFC)、熔融碳酸盐燃料电池(molten carbonate fuel cell, MCFC)、固体氧化物燃料电池(solid oxide fuel cell, SOFC)、质子交换膜燃料电池(proton exchange membrane fuel cell, PEMFC)和直接甲醇燃料电池(direct methanol fuel cell, DMFC)等。

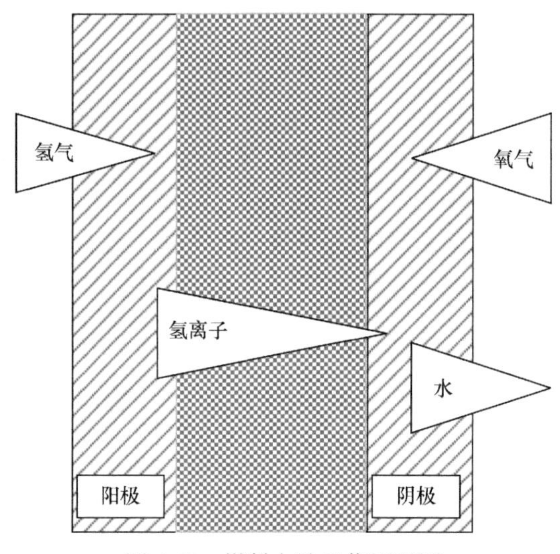

图 4-43 燃料电池工作原理图

燃料电池直接将燃料和氧化剂的化学能转换为电能，不受卡诺热机循环的限制，只要提供燃料即可发电，其特点可概括如下。

(1) 能量转换效率高。理论上燃料电池的能量转化效率可高达 85%～90%。但是实际上燃料电池在工作时会受各种极化的限制，其能量转化效率在 40%～60%。若实现热电联供，燃料的总利用率可达 80%以上。

(2) 对环境污染低。当燃料电池以富氢气体为燃料时，其二氧化碳的排放量比热机过程减少 40%以上；若以纯氢气为燃料，其化学反应产物仅为水，从根本上消除了 CO、NO_x、SO_x、粉尘等大气污染物的排放，可实现零排放。

(3) 噪声较低。燃料电池按电化学反应原理工作，运动部件少、工作噪声低。实验表明，一个 40kW 的 PAFC 电站，与其相距 4.6m 的噪声水平仅为 60dB，而 4.5MW 和 11MW 的大功率 PAFC 电站的噪声水平也不高于 55dB。

(4) 可靠性高。AFC 和 PAFC 作为空间电源、各种应急电源和不间断电源以及分散式电站的实际运行均证明了燃料电池的高度可靠性。

燃料电池具有较宽的功率输出范围，可以面向包括便携式电源、电动汽车驱动及分布式发电等各个层面的应用需求。燃料电池作为分布式电源，常与其他种类的电源及储能装置配合组成混合发电系统。

燃料电池模型具有典型的多时间尺度特性，按照其内部物理过程的时间尺度可分为短期动态模型、中期动态模型及长期动态模型三种，这些模型分别详细考虑了双电层效应、气体分压力变化的电化学过程及温度变化的热力学过程，并在不同层面上对其他动态过程进行了适当化简。

1) 短期动态模型

短期动态模型详细考虑了时间尺度在10^{-3}s至1s左右的燃料电池的动态过程，计及燃料电池中的双电层效应，而同时认为此时的气体分压力和温度保持不变。相对于解析模型及经验模型，采用等效电路形式描述的燃料电池短期动态模型可能更适于仿真建模。图 4-44 给出了形式简单且应用广泛的燃料电池短期动态模型，该模型适用于多种类型的燃料电池，差别仅在于模型中各参数计算公式不同。

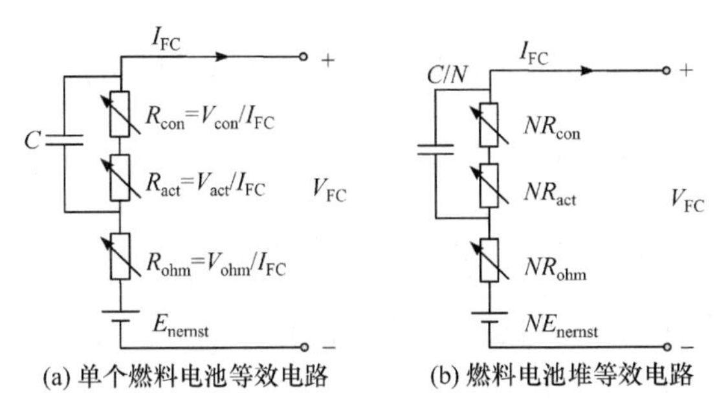

图 4-44　燃料电池短期动态模型

图 4-44 中，V_{FC}为燃料电池的输出电压；I_{FC}为燃料电池的运行电流；E_{nernst}为电池的可逆开路电压，也称为“能斯特电压”；R_{ohm}为欧姆过电压等效电阻，其压降V_{ohm}为欧姆过电压，是离子通过电解质和电子通过电极及连接部件时引起的电压降部分；R_{act}为活化过电压等效电阻，其压降V_{act}为燃料电池阳极和阴极激活产生的活化过电压；R_{con}为浓度过电压等效电阻，其压降V_{con}表示反应气体浓度发生变化引起的浓度过电压；N为串联的燃料电池个数；C为反映燃料电池双电层效应的等效电容，主要用于模拟由双电层效应引起的活化和浓度过电压的延迟特性。对于 PEMFC，图中各量可由式(4-57)计算得到：

$$E_{nernst}=\frac{\Delta G}{2F}+\frac{\Delta S}{2F}(T-T_{ref})+\frac{RT}{2F}\left(\ln p_{H_2}+\frac{1}{2}\ln p_{O_2}\right) \tag{4-57}$$

$$V_{act}=-[\xi_1+\xi_2 T+\xi_3 T\ln C_{O_2}+\xi_4 T\ln(I_{FC}+I_n)] \tag{4-58}$$

$$V_{ohm}=I_{FC}(R_M+R_C) \tag{4-59}$$

$$V_{con}=-B\ln\left(1-\frac{J}{J_{max}}\right) \tag{4-60}$$

$$R_{\mathrm{M}} = \frac{\rho_{\mathrm{M}} l}{A} \tag{4-61}$$

式中，ΔG 为吉布斯自由能的变化值(J/mol)；F 为法拉第常数(96485.34C/mol)；ΔS 为熵的变化值(J/(K · mol))；R 为气体常数(8.314J/(K · mol))；$p_{\mathrm{H_2}}$ 和 $p_{\mathrm{O_2}}$ 分别为氢气和氧气的气体分压力(atm，1atm = 1.01 × 10⁵Pa)；T 为电池的工作温度(K)；T_{ref} 为参考温度(K)；$\xi_i (i=1,\cdots,4)$ 为活化过电压系数；$C_{\mathrm{O_2}}$ 为阴极催化剂表面的氧气浓度(mol/cm³)；I_{n} 为内部短路电流(A)；B 为浓度过电压的系数(V)；J 为电池的实际电流密度(A/cm²)；R_{M} 为电解质膜电阻(Ω)；R_{C} 为连接电阻(Ω)；ρ_{M} 为电解质膜的电阻率(Ω · cm)；l 为电解质膜的厚度(cm)；A 为电池的活性面积(cm²)。

在标准大气压和 25℃的参考温度下，式(4-57)可化简为

$$E_{\mathrm{nernst}} = 1.229 - 0.85 \times 10^{-3}(T - 298.15) + 4.308 \times 10^{-5} T \left(\ln p_{\mathrm{H_2}} + \frac{1}{2} \ln p_{\mathrm{O_2}} \right) \tag{4-62}$$

而对于管式 SOFC，可逆开路电压可由式(4-63)计算得到：

$$E_{\mathrm{nernst}} = E_0 + \frac{RT}{2F} \left(\ln p_{\mathrm{H_2}} + \frac{1}{2} \ln p_{\mathrm{O_2}} - \ln p_{\mathrm{H_2O}} \right) \tag{4-63}$$

式中，E_0 为标准大气压下的可逆开路电压(V)；$p_{\mathrm{H_2O}}$ 为水蒸气的分压力(atm)；其余各量与 PEMFC 模型中的含义相同。

由于在 SOFC 中温度较高，水以气态形式存在，因此式(4-63)中需要考虑水蒸气分压力的影响，阳极和阴极的活化过电压可分别表示为

$$V_{\mathrm{act}.i} = \frac{RT}{F} \operatorname{arsinh}\left(\frac{J}{2J_{0.i}} \right) = \frac{RT}{F} \ln \left[\frac{J}{2J_{0.i}} + \sqrt{\left(\frac{J}{2J_{0.i}} \right)^2 + 1} \right] \tag{4-64}$$

式中，$J_{0.i}$ 和运行条件有关，$i = \mathrm{a}$ 表示阳极，$i = \mathrm{c}$ 表示阴极。欧姆过电压等效电阻由阳极、阴极、电解质和连接部件的电阻决定，可以用如下表达式计算：

$$R_{\mathrm{ohm}} = \sum \frac{\rho_i l_i}{A_i} \tag{4-65}$$

在实际应用中，电解质的电阻较大，因此通常仅考虑电解质的电阻。此外，SOFC 中阳极和阴极的浓度过电压可分别表示为

$$V_{\mathrm{con.c}} = \frac{RT}{2F} \ln \left(\frac{p_{\mathrm{H_2}}^{\mathrm{r}} p_{\mathrm{H_2O}}}{p_{\mathrm{H_2}} p_{\mathrm{H_2O}}^{\mathrm{r}}} \right) \tag{4-66}$$

$$V_{\mathrm{con.a}} = \frac{RT}{4F} \ln \left(\frac{p_{\mathrm{O_2}}^{\mathrm{r}}}{p_{\mathrm{O_2}}} \right) \tag{4-67}$$

式中，上角 r 表示仅考虑电解质电阻情况。

从上述模型中可以看到，不论是 PEMFC 还是 SOFC，即使在不考虑燃料电池气体分压力的情况下，短期动态模型仍具有十分复杂的非线性特性，这将对模型的实现提出较大的挑战。

2) 中期动态模型

燃料电池短期动态模型的时间尺度主要受双电层效应时间常数的影响，它通常较小。因此，即使对于暂态仿真，有时也需要计及气体分压力变化的影响，此时的燃料电池模型称为中期动态模型，如图 4-45 所示，它由量测环节、燃料平衡控制系统、电化学动态部分及电气部分等组成。图中，u_{max}、u_{min} 分别为最大、最小燃料利用率；u_{opt} 为最佳燃料利用率；I_{FC}^{stack} 为电池输出电流；I_{FC}^{r} 为燃料平衡控制系统输出电流；$r_{H\text{-}O}$ 为氢气-氧气阻抗；E_0 为理想开路电压、V_{FC}^{stack} 为电池输出电压；R_{con}^{stack} 为过渡过电压等效电阻；R_{act}^{stack} 为活化过电压等效电阻；N_f 为天然气进气量的流速率(mol/s)；$N_{H_2}^{in}$ 和 $N_{O_2}^{in}$ 分别为氢气和氧气进气量的流速率(mol/s)；K_r 为常数；K_{H_2}、K_{H_2O} 和 K_{O_2} 为相应气体的阀门摩尔常数(mol/(s·atm))；τ_e 为气体响应时间常数；τ_{H_2}、τ_{H_2O} 和 τ_{O_2} 为相应气体的反应时间常数(s)。

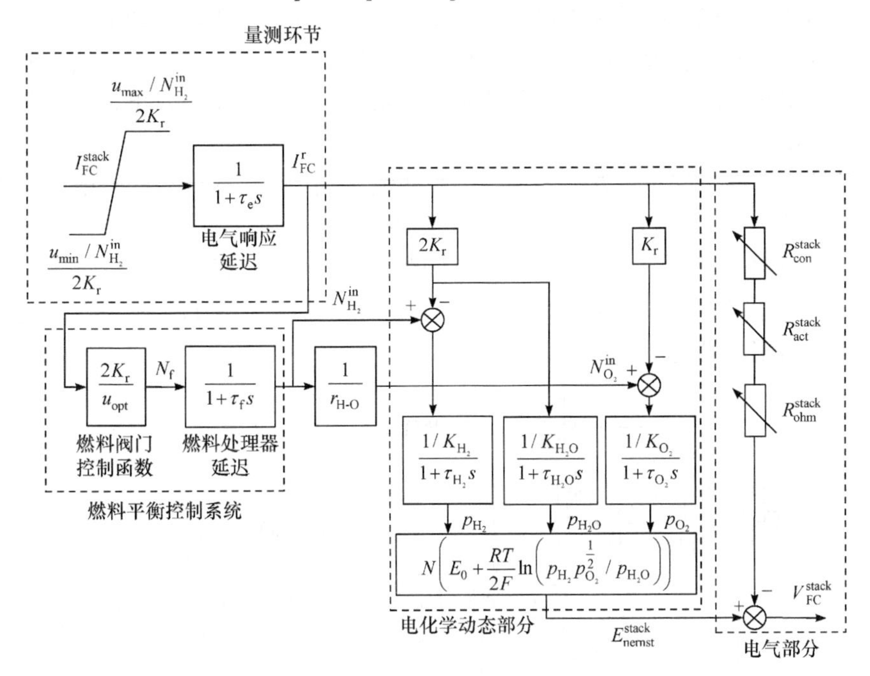

图 4-45　燃料电池中期动态模型

在燃料电池中期动态模型中，忽略了双电层效应的影响，同时由于各气体分压力变化的时间常数通常在几十至上百秒，可近似认为模型中燃料电池的运行温度保持恒定。在面向更低分辨率的仿真应用时，则需要计及温度变化的影响。此时，温度值是由能量守恒方程计算得到的，这称为燃料电池的长期动态模型。由于燃料电池长期动态模型的应用已经超越了暂态仿真的应用范围，本书对此不再加以介绍。

如前所述，燃料电池模型具有十分复杂的静态非线性特性及鲜明的时间尺度特性。当考虑较高分辨率动态过程时，需要计及燃料电池内部的双电层效应，而认为此时气体分压力及燃料电池工作温度保持恒定，短期动态模型的复杂性主要体现在静态非线性特性上；在稍长的时间尺度范围内，则需要计及气体分压力的影响，此时则忽略双电层效应并认为温度同样保持不变，中期动态模型的复杂性不仅体现在静态特性上，其中的动态环节也十分复杂；在更长的时间尺度范围内，则主要考虑燃料电池温度变化下的热力学动态过程。对于暂态仿真，根据问题的特性，应用短期动态模型和中期动态模型都是合适的；而对于稳定性仿真，则更关心中期和长期动态模型的应用。

4.4.5　微型燃气轮机多时间尺度暂态建模

微型燃气轮机发电系统以可燃性气体为燃料，同时产生热能和电能，由于具有有害气体排放少、效率高、安装维护方便等优点，广泛应用于冷、热、电联产系统。根据结构的不同，微型燃气轮机发电系统可以分为两类：单轴式微型燃气轮机发电系统和分轴式微型燃气轮机发电系统。

单轴式微型燃气轮机发电系统的结构如图 4-46 所示。压气机与发电机安装在同一个转轴上，通常燃气涡轮的转速高达 30000～100000r/min，发电机需要采用高能永磁材料(如钕铁硼材料或钐钴材料)的永磁同步发电机。发电机产生的高分辨率交流电通过电力电子装置(整流器、逆变器及其控制环节)转换为直流电或工频交流电向用户供电。

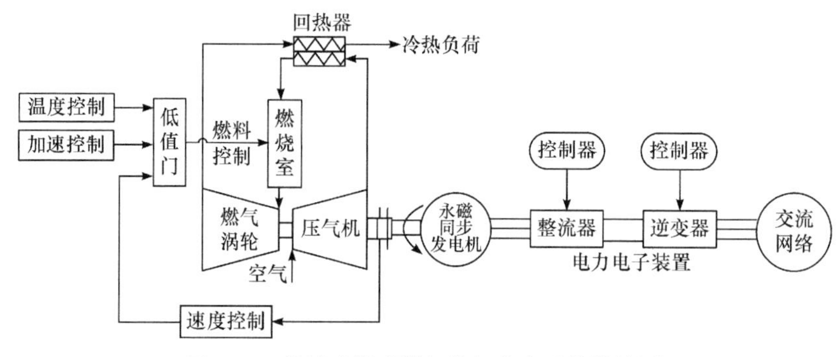

图 4-46　单轴式微型燃气轮机发电系统结构图

分轴式微型燃气轮机发电系统的燃气涡轮与发电机的动力涡轮采用不同的转轴，通过齿轮箱将高转速的系统转换成低转速系统，可直接驱动发电机。分轴式微型燃气轮机可以直接与电网相连，不需要电力电子变流器，因此结构更为简单。通常，分轴式微型燃气轮机包括压气机、燃气涡轮、动力涡轮、燃烧室和回热器五个部分。其工作原理与单轴式微型燃气轮机相似，不同之处在于燃气涡轮产生的能量除了为压气机提供动力外，其余部分以高温高压燃气的形式进入动力涡轮，经由齿轮箱带动发电机工作。发电机可以采用同步发电机或感应发电机，直接与电网相连。由于回热器动作缓慢，在分析微型燃气轮机与电网的相互作用时可忽略其影响。分轴式微型燃气轮机发电系统结构如图 4-47 所示。

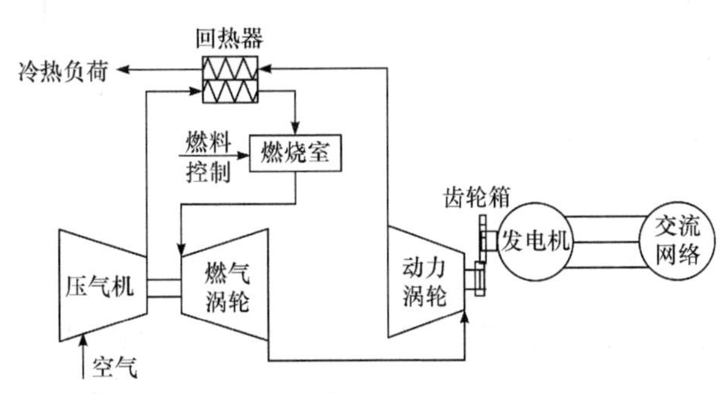

图 4-47　分轴式微型燃气轮机发电系统结构图

微型燃气轮机可以使用多种气态或液态的化石燃料，通过高温高压蒸气驱动电机旋转，从而实现化学能向电能的转换。与传统发电机组相比，微型燃气轮机具有体积小、可靠性高、有害气体排放少、安装维护方便等优点，同时发电产生的余热可用于供热或制冷，提高了一次能源的整体利用效率，是当前实现冷热电联供的主要形式。微型燃气轮机发电系统转速较高，最高可达 120000r/min，因此需采用电力电子装置并网。相对于其他种类的分布式电源，微型燃气轮机发电系统具有较好的动态响应速度与调节特性，可用于分布式电源出力变化或负载波动时的系统电压与频率调节，具有良好的负荷跟踪特性。

1. 高分辨率模型

1) 单轴式微型燃气轮机的数学模型

单轴式微型燃气轮机系统的数学模型如图 4-48 所示，其中包括速度控制环节、燃料控制环节、燃气轮机环节和温度控制环节四部分。

(1) 速度控制环节。

速度控制环节的作用是在一定的负荷变化内维持转速基本不变，它主要通过调节微型燃气轮机的燃料需求量来实现。其中，P_{ref} 为负荷参考值；$\Delta\omega_{\mathrm{g}}$ 为发电

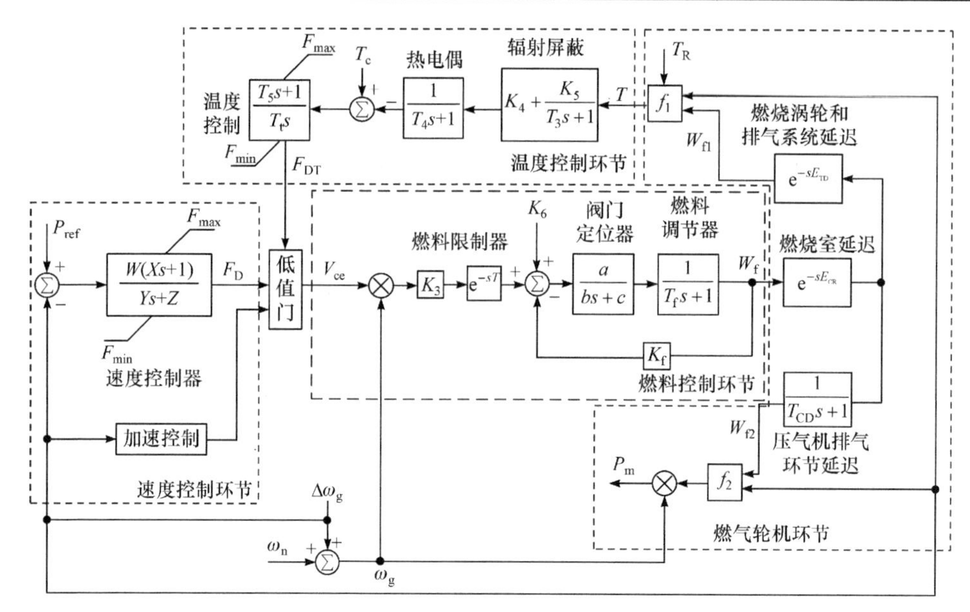

图 4-48　单轴式微型燃气轮机系统的数学模型

机转速偏差信号；F_D为燃料需求量；Z代表控制器的控制模式，当 $Z=1$ 时通过超前滞后环节实现控制，当 $Z=0$ 时通过 PI 环节实现无差调节；W 为控制器的增益；X、Y 分别为控制器的超前与滞后时间常数(s)；F_{max}、F_{min} 分别为速度控制器中非终端限幅的最大与最小限幅值。

速度控制器还包括加速控制环节，主要用于限制启动过程中机组的加速率，当机组启动到额定转速后，加速控制将自动关闭。

(2) 燃料控制环节。

燃料控制环节包括燃料限制器、阀门定位器和燃料调节器，其中燃料限制器用一个延迟环节模拟，阀门定位器和燃料调节器均用一个一阶惯性环节模拟。图中，V_{ce} 表示系统某特定运行点所需的最小燃料信号；ω_n 为发电机额定转速，ω_g 为发电机实际转速，转速偏差信号 $\Delta\omega_g=\omega_g-\omega_n$；$K_3$ 为延迟环节比例系数，T 为燃料限制器时间常数(s)，与燃料限制器的结构有关；a、c 为给定的阀门定位器参数，b 为阀门定位器时间常数(s)；T_f 为燃料调节器的时间常数(s)；K_f 为阀门定位器和燃料调节器的反馈系数；K_6 为微型燃气轮机空载条件下保持额定转速的燃料流量系数，输出信号 W_f 为燃料流量信号。稳态时低值门的输出信号 V_{ce} 与燃料流量信号 W_f 之间的对应关系为

$$V_{ce}=\frac{1}{K_3}\left(\frac{c}{a}W_f+K_fW_f-K_6\right) \tag{4-68}$$

(3) 燃气轮机环节。

燃气轮机环节是微型燃气轮机的核心，包括燃烧室、压气机和燃气涡轮三部分。其中分别用两个延迟环节模拟燃烧室中的燃烧过程、涡轮和排气系统的工作过程，用一个一阶惯性环节模拟压气机释放气体的过程。该环节的输入信号为燃料控制环节的输出信号 W_{f} 与发电机转速偏差信号 $\Delta\omega_{\mathrm{g}}$，输出信号为机械功率 P_{m} 与排气口温度 T_0。

图 4-48 中，E_{CR} 为燃烧室反应的延迟时间常数(s)，其大小与燃烧室的结构有关，由于反应较快，该值一般较小；E_{TD} 为燃气涡轮和排气系统的延迟时间常数(s)，W_{f1} 为其输出信号；T_{CD} 为压气机排气时间常数(s)，W_{f2} 为其输出信号。微型燃气轮机排气口温度函数 f_1、转矩输出函数 f_2 分别为

$$f_1 = T_{\mathrm{R}} - a_{\mathrm{f1}}\left(1 - W_{\mathrm{f1}}\right) - b_{\mathrm{f1}}\Delta\omega_{\mathrm{g}} \tag{4-69}$$

$$f_2 = a_{\mathrm{f2}} + b_{\mathrm{f2}}W_{\mathrm{f2}} - c_{\mathrm{f2}}\Delta\omega_{\mathrm{g}} \tag{4-70}$$

式中，T_{R} 为燃气涡轮的额定运行温度(K)，由微型燃气轮机的类型决定；a_{f1}、b_{f1}、a_{f2}、b_{f2}、c_{f2} 为给定常数。根据转矩输出函数 f_2 及微型燃气轮机的转速 ω_{g} 即可得到其输出的机械功率为

$$P_{\mathrm{m}} = T_{\mathrm{m}}\omega_{\mathrm{g}} = f_2\omega_{\mathrm{g}} = \left(a_{\mathrm{f2}} + b_{\mathrm{f2}}W_{\mathrm{f2}} - c_{\mathrm{f2}}\Delta\omega_{\mathrm{g}}\right)\omega_{\mathrm{g}} \tag{4-71}$$

在稳态情况下，$\Delta\omega_{\mathrm{g}} = 0$、$\omega_{\mathrm{g}} = 1.0$，可得到

$$W_{\mathrm{f2}} = \frac{P_{\mathrm{m}} - a_{\mathrm{f2}}}{b_{\mathrm{f2}}} \tag{4-72}$$

由于稳态时 $s = 0$，燃料控制环节的输出信号与压气机排气环节输出信号之间的关系为

$$W_{\mathrm{f}} = W_{\mathrm{f2}} \tag{4-73}$$

根据上述公式可得到燃料控制环节中低值门的输出信号 V_{ce} 与稳态时由燃气涡轮输出的机械功率 P_{m} 之间的对应关系：

$$V_{\mathrm{ce}} = \frac{1}{K_3}\left(\frac{c}{a}W_{\mathrm{f}} + K_{\mathrm{f}}W_{\mathrm{f}} - K_6\right) = \frac{1}{K_3}\left[\left(\frac{c}{a} + K_{\mathrm{f}}\right)\frac{P_{\mathrm{m}} - a_{\mathrm{f2}}}{b_{\mathrm{f2}}} - K_6\right] \tag{4-74}$$

因此，稳态时速度控制环节中负荷参考值 P_{ref} 与燃气涡轮输出的机械功率 P_{m} 之间的对应关系为

$$P_{\mathrm{ref}} = \frac{Z}{W}V_{\mathrm{ce}} = \frac{Z}{WK_3}\left[\left(\frac{c}{a} + K_{\mathrm{f}}\right)\frac{P_{\mathrm{m}} - a_{\mathrm{f2}}}{b_{\mathrm{f2}}} - K_6\right] \tag{4-75}$$

(4) 温度控制环节。

温度控制环节主要用于微型燃气轮机的保护，正常运行时，主要通过改变燃料量来控制燃气涡轮的温度不超过最大设计值。该部分的工作原理是通过使用带辐射屏蔽的热电偶测量排气口温度，将其与设定的控制温度比较，二者的偏差值作为温度控制环节的输入信号。图 4-48 中，K_4、K_5 为辐射屏蔽比例系数；T_3 为辐射屏蔽环节时间常数(s)；T_4 为热电偶时间常数(s)；T_t 为温度控制器积分时间常数(s)；T_5 为温度控制比例系数(s)；T_c 为给定的控制温度(K)；F_{max}、F_{min} 为限幅值。

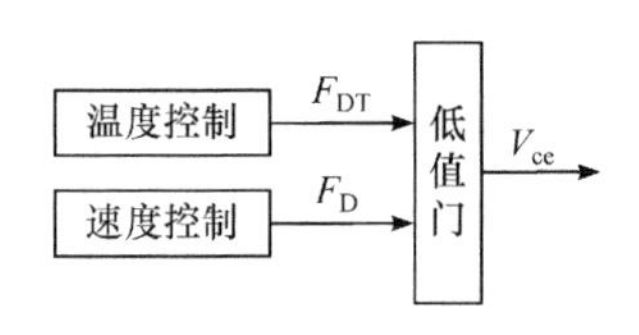

图 4-49　温度控制系统与速度控制系统的关系

低值门的实现原理如图 4-49 所示，正常运行时给定的控制温度略高于热电偶的输出信号，因此温度控制环节的输出值停留在最大值 F_{max}，从而使速度控制环节的输出信号通过低值门。当热电偶输出的温度超过控制温度时，两者差值为负，温度控制环节输出值 F_{DT} 逐渐减小，当温度控制环节的输出信号小于速度控制环节的输出信号 F_D 时，温度控制信号 F_{DT} 会通过低值门，从而限制燃气轮机功率输出、控制燃气涡轮温度，使得机组运行在安全范围之内。

2) 单轴式微型燃气轮机发电系统的控制

单轴式微型燃气轮机发电系统一般采用永磁同步发电机，通过整流器、逆变器、滤波器及线路实现并网运行。其中，整流器用于将永磁同步发电机输出的高分辨率交流电转换为工频交流电，它既可以采用不可控整流器，又可以采用可控整流器。不可控整流器结构简单、成本低、易于实现，但是由于无法控制输出电压和电流，发电机的功率因数较低，电流波形畸变较大；可控整流器既可以控制永磁同步发电机的转速，又可以控制发电机输出的功率因数，但是结构和控制方式复杂，造价成本高。

图 4-50 为单轴式微型燃气轮机发电系统典型并网拓扑结构，给出了整流器和逆变器的控制框图。

整流器控制系统主要对永磁同步发电机进行控制。永磁同步发电机有多种控制方式，目前应用较为广泛的是矢量控制。矢量控制的基本思想是通过转子磁场定向(假设永磁体位于发电机转子)和矢量旋转变换，将定子电流分解为与转子磁场方向一致的励磁分量和与磁场方向正交的转矩分量，从而得到与直流电机相似的解耦数学模型，进而达到直流发电机的控制效果。矢量控制方法的关键是对定子电流矢量的幅值和相位进行控制。常用的矢量控制方法主要有定子 d 轴零电流控制($i_{Gd}=0$ 控制)、输出电压控制、$\cos\varphi=1$ 控制($\cos\varphi$为发电机输出侧的功率因数)、最大转矩电流比控制、最大输出功率控制等。其中，$i_{Gd}=0$ 控制可使得定子磁场与转子永磁磁场相互独立，控制最为简单；输出电压控制可对永磁同步发电

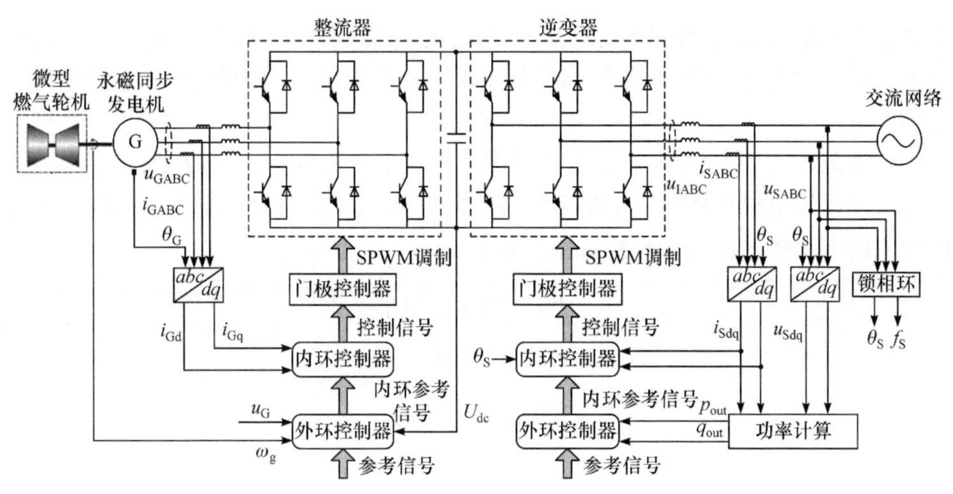

图 4-50 单轴式微型燃气轮机发电系统典型并网拓扑结构

机的输出电压进行调节；$\cos\varphi = 1$ 控制可降低与之匹配的整流器容量；最大转矩电流比控制也称为单位电流输出最大转矩控制，是凸极永磁同步电机中应用较多的控制策略，对于隐极永磁同步电机，该种控制即为 $i_{Gd} = 0$ 控制；最大输出功率控制可实现发电机最大功率输出。本书主要详细介绍 $i_{Gd} = 0$ 控制和输出电压控制。

图 4-51 给出了 $i_{Gd} = 0$ 矢量控制的控制系统框图。图 4-51 中，外环控制器控制发电机转速ω_g，将测量得到的发电机转速与额定转速ω_n进行比较，并对误差进行 PI 控制，从而得到内环控制器 q 轴参考信号 I_{Gqref}。d 轴参考信号 I_{Gdref} 设为零，实现 $i_{Gd} = 0$ 控制效果。外环控制器除了控制发电机转速外，还可以控制整流器输

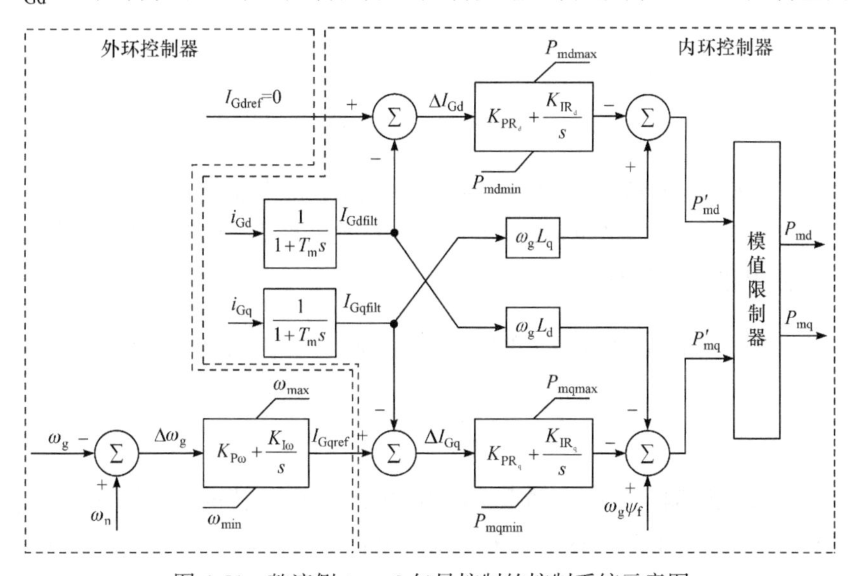

图 4-51 整流侧 $i_{Gd} = 0$ 矢量控制的控制系统示意图

出侧的电容电压 U_{dc}，将外环控制器中的ω_g与ω_n分别替换为 U_{dc} 与 U_{dcref}，即可控制电容电压恒定。内环控制器的结构与永磁同步发电机 dq 旋转坐标系下的电压方程相关。

假设图 4-51 中永磁同步发电机输出的三相电压为 u_{GABC}，输出的三相电流为 i_{GABC}，采用发电机惯例时，忽略阻尼绕组的影响，dq 旋转坐标系下永磁同步发电机的磁链方程和电压方程分别如下所示：

$$\begin{cases}\psi_d = -i_{Gd}L_d + \psi_f \\ \psi_q = -i_{Gq}L_q\end{cases} \tag{4-76}$$

$$\begin{cases}u_{Gd} = \dfrac{d\psi_d}{dt} - \omega_g\psi_q - i_{Gd}R_S \\ u_{Gq} = \dfrac{d\psi_q}{dt} + \omega_g\psi_d - i_{Gq}R_S\end{cases} \tag{4-77}$$

式中，ψ_d 、ψ_q 分别为定子磁链经派克变换后的 d、q 轴分量；ψ_f 为永磁体磁链；L_d、L_q 分别为 d、q 轴电感；u_{Gd}、u_{Gq} 分别为发电机输出的三相电压经派克变换后的 d、q 轴分量；i_{Gd}、i_{Gq} 分别为发电机输出的三相电流经派克变换后的 d、q 轴分量；ω_g 为发电机转速；$d\psi_d / dt$ 与 $d\psi_q / dt$ 为磁链对时间的导数，称为变压器电势；$\omega_g\psi_q$ 与 $\omega_g\psi_d$ 为磁链同转速的乘积，称为发电机电势；R_S 为定子绕组的电阻。

将式(4-76)代入式(4-77)可得

$$\begin{cases}u_{Gd} = -L_d\dfrac{di_{Gd}}{dt} + \omega_g i_{Gq}L_q - i_{Gd}R_S \\ u_{Gq} = -L_q\dfrac{di_{Gq}}{dt} - \omega_g i_{Gd}L_d + \omega_g\psi_f - i_{Gq}R_S\end{cases} \tag{4-78}$$

由式(4-78)可得图 4-52 中内环控制器的结构。稳态情况下，由于 $d\psi_d/dt = d\psi_q/dt = 0$，略去定子绕组的电阻 R_S 时，可得正交派克变换情况下永磁同步发电机的功率方程和转矩方程分别为

$$P_g = u_{Gd}i_{Gd} + u_{Gq}i_{Gq} = \omega_g\psi_q i_{Gd} + \omega_g\psi_d i_{Gq} = \omega_g\left(\psi_d i_{Gq} - \psi_q i_{Gd}\right) \tag{4-79}$$

$$T_e = \frac{P_g}{\Omega} = \frac{P_g}{\omega_g / p} = p\left(\psi_d i_{Gq} - \psi_q i_{Gd}\right) \tag{4-80}$$

式中，P_g 为发电机输出的有功功率；T_e 为发电机的电磁转矩；Ω 为发电机的机械角速度；p 为发电机的极对数。当采用 $i_{Gd} = 0$ 控制时，$\psi_d = \psi_f$，可进一步简化为

$$\begin{cases} u_{\mathrm{Gd}} = -L_{\mathrm{d}} \dfrac{\mathrm{d}i_{\mathrm{Gd}}}{\mathrm{d}t} + \omega_{\mathrm{g}} i_{\mathrm{Gq}} L_{\mathrm{q}} \\ u_{\mathrm{Gq}} = -L_{\mathrm{q}} \dfrac{\mathrm{d}i_{\mathrm{Gq}}}{\mathrm{d}t} - \omega_{\mathrm{g}} i_{\mathrm{Gd}} L_{\mathrm{d}} + \omega_{\mathrm{g}} \psi_{\mathrm{f}} \end{cases} \tag{4-81}$$

$$P_{\mathrm{g}} = \omega_{\mathrm{g}} \psi_{\mathrm{d}} i_{\mathrm{Gq}} = \omega_{\mathrm{g}} \psi_{\mathrm{f}} i_{\mathrm{Gq}} \tag{4-82}$$

$$T_{\mathrm{e}} = p \psi_{\mathrm{d}} i_{\mathrm{Gq}} = p \psi_{\mathrm{f}} i_{\mathrm{Gq}} \tag{4-83}$$

由于不存在 d 轴电枢反应，q 轴电流 i_{Gq} 即为定子电流矢量，永磁同步电机相当于他励直流电机，电机的控制得到简化；有功功率及电磁转矩仅与 q 轴分量有关，故在输出所要求的有功功率及电磁转矩情况下，只需要最小的定子电流，就能使铜耗降低，效率有所提高。同时由于图 4-51 中对发电机转速(或电容电压)的控制产生 q 轴参考信号 I_{Gqref}，且据上述分析有功功率仅与 q 轴分量有关，因此在 $i_{\mathrm{Gd}}=0$ 的控制方式下，对发电机转速(或电容电压)的控制等同于对有功功率的控制。

输出电压控制与 $i_{\mathrm{Gd}}=0$ 控制类似，通过外环控制器调节永磁同步发电机输出的电压幅值 u_{G} 和整流器输出侧电容电压 U_{dc}，将其维持在给定的参考值，如图 4-52 所示，内环控制器与 $i_{\mathrm{Gd}}=0$ 控制中的内环控制器结构一致，不再赘述。

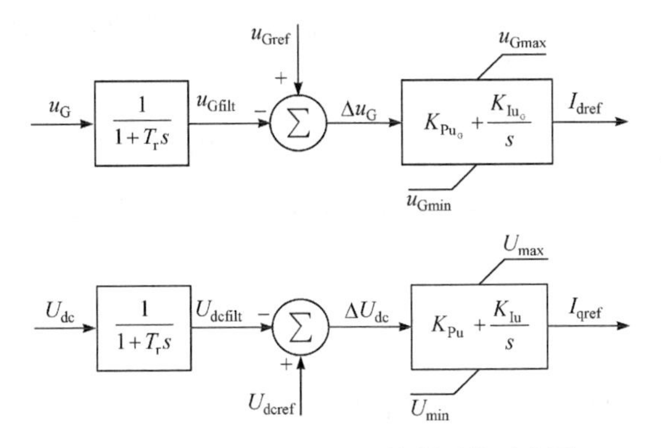

图 4-52　整流侧输出电压控制系统示意图

3) 分轴式微型燃气轮机数学模型

分轴式微型燃气轮机可以通过同步发电机或感应发电机直接与电网相连，该系统的有功功率控制主要通过微型燃气轮机的调节方式实现，而无功功率控制通过发电机本身的励磁调节系统实现。对于采用感应电机的发电系统，还需要采用无功补偿装置进行无功功率调节。图 4-53 给出一种常用的采用下垂控制方式的分轴式微型燃气轮机仿真模型，该模型对微型燃气轮机内部进行了简化，由速度控制环节、燃料控制环节、温度控制环节三部分组成。

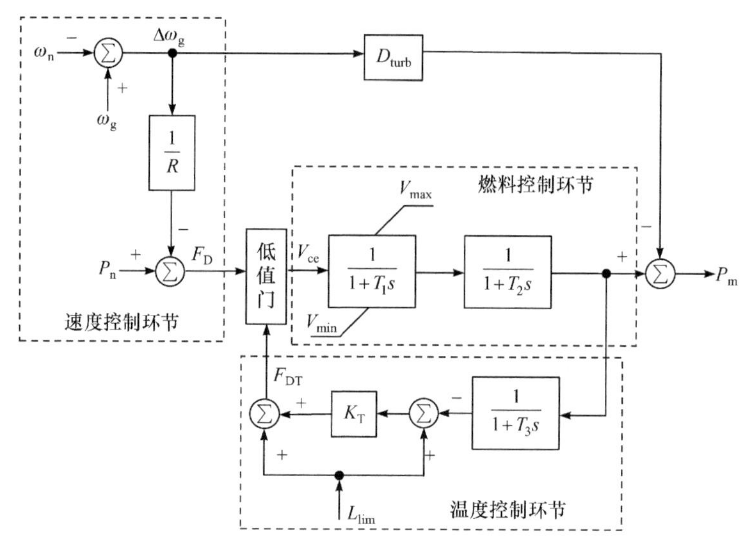

图 4-53　分轴式微型燃气轮机发电系统结构图

下垂控制是分布式电源典型控制方式之一，分轴式微型燃气轮机采用 P-ω 下垂特性调节微型燃气轮机的燃料输入量。P-ω 下垂特性曲线如图 4-54 所示。

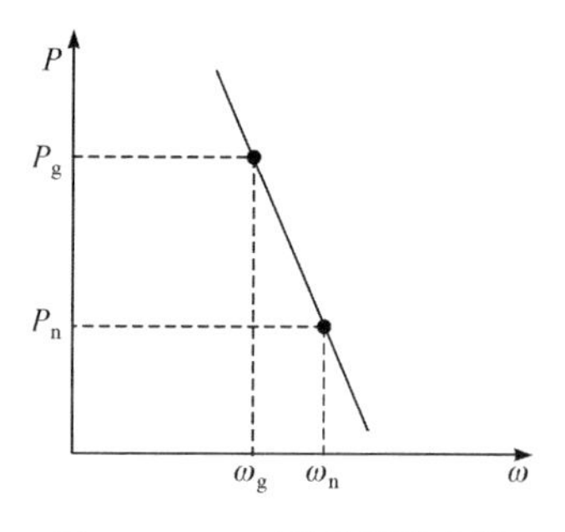

图 4-54　P-ω 下垂特性曲线

由该下垂特性曲线所决定的 P-ω 关系式为

$$-\frac{P_g - P_n}{\omega_g - \omega_n} = -\frac{P_g - P_n}{\Delta\omega_g} = \frac{1}{R} \tag{4-84}$$

式中，ω_n 为发电机的额定转速；ω_g 为发电机实际转速；$\Delta\omega_g$ 为发电机转速偏差；P_n 为微型燃气轮机输出的额定功率；P_g 为当发电机转速为 ω_g 时，燃气轮机输出的有功功率；$1/R$ 为给定的下垂控制参数。由式(4-84)可得

$$P_g = P_n - \frac{\Delta\omega_g}{R} \tag{4-85}$$

图 4-53 中，采用带非终端限幅的一阶惯性环节模拟燃料阀门调节过程，T_1 为一阶惯性环节时间常数(s)，V_{max}、V_{min} 分别为非终端限幅的最大限幅值与最小限幅值；采用一阶惯性环节模拟燃烧室中的燃烧反应，T_2 为二阶惯性环节时间常数(s)。燃料控制环节的输入信号为低值门的输出信号 V_{ce}，输出信号为燃气轮机产生的总机械功率，该机械功率去除转子阻尼功率后即为燃气轮机输出的机械功率 P_m。D_{turb} 为燃气轮机的转子阻尼系数。

温度控制环节主要对微型燃气轮机的运行起保护作用。温度控制环节的输入信号为燃气轮机输出的机械功率，输出信号为燃料需求量信号 F_{DT}。T_3 为排气温度测量环节的时间常数(s)；K_T 为温度限制环节的增益；L_{lim} 为反映温度限制值的参数，具体数据由生产厂家提供。

低值门的输出信号产生过程为：正常运行时，微型燃气轮机运行在正常温度范围内，温度控制环节不起作用，速度控制环节的输出信号 F_D 通过低值门，即 $V_{ce} = F_D$；当微型燃气轮机的运行温度过高时，温度控制环节输出信号 F_{DT} 通过低值门，此时 $V_{ce} = F_{DT}$。因此，对于分轴结构的微型燃气轮机，转速和温度是通过联合控制的方式实现的。典型的分轴式微型燃气轮机并网示意图如图 4-55 所示。

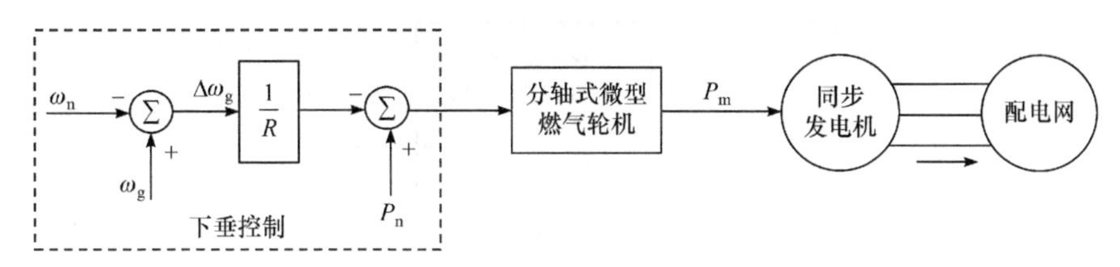

图 4-55　分轴式微型燃气轮机并网结构示意图

2. 低分辨率模型

考虑低分辨率的系统动态仿真，单轴式微型燃气轮机与分轴式微型燃气轮机可视为功率可调控的同步发电机。同步发电机作为较典型的分布式电源接口，能通过电压调节器来维持机端电压，因此可将同步发电机当作 PV 节点来处理。在某些情况下，同步发电机最终维持的并不是电压恒定，而是功率和功率因数恒定，因此会加上功率因数控制器，此时，可以处理为 PQ 节点。

4.4.6　电力电子变流器多时间尺度暂态建模

除少数的分布式电源可通过同步或异步电机直接并网外，大多数类型的分布式电源需要通过电力电子装置与工频交流电网(或负荷)接口，以解决不同电压等级、不同频率以及交直流系统间的能量传递问题[20-27]。当前，各种形式的整流器、逆变器及斩波电路等在分布式发电系统中均获得了广泛的应用。

电力电子装置通常由电力电子电路及控制器组成。图 4-56 给出了当前分布式发电系统中常见的电力电子变流器的拓扑结构。图 4-56(a)给出了用于直流电压变换的 Boost 电路的结构图，Boost 电路常接在直流型分布式电源的输出端用，以提高分布式电源的输出电压。图 4-56(b)给出了三相不可控整流电路的结构图，用该电路可实现 AC/DC 的转换，该电路常用于微型燃气轮机发电系统的整流器，由于输出不可控限制了其应用范围，未来可能会被各种可控的整流(变流)器所取代。图 4-56(c)给出了三相可控变流器，根据功率流向的不同，三相可控变流器既可用作整流器，也可用作逆变器，以实现交直流转换，它常作为各种分布式电源的并网逆变器。

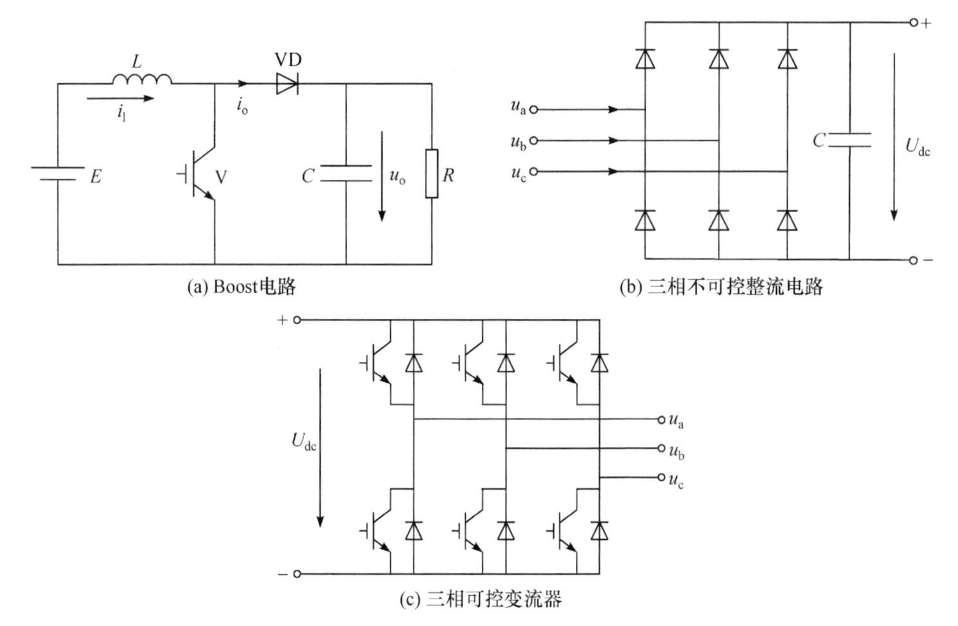

图 4-56　分布式发电系统中常见的电力电子变流器的拓扑结构

暂态仿真建模时，一般需要计及电力电子装置详细的动态过程，以便进行系统分析，如谐波分析等，此时可利用基本的电力电子元件通过拓扑连接实现对电力电子电路的建模，部分商业软件则通过内部封装向用户提供典型的电力电子电路的拓扑结构。在面向系统级仿真时，包括二极管、晶闸管、绝缘栅双极型晶体管(insulated gate bipolar transistor，IGBT)等在内的各种电力电子元件均采用开关模型表示，但它们具有不同的开关逻辑。在某些低分辨率场景下的应用中，如果不需要考虑电力电子装置输出的谐波成分，可基于状态空间平均模型对电力电子装置进行化简。

采用详细的开关模型表示的各种电力电子变流器对暂态仿真程序提出了新的挑战。传统 EMTP 程序中断路器等开关动作的时间尺度是秒(s)级(对仿真而言)，此时采用计算机辅助设计(computer aided design, CAD)技术可以很好地解决梯形法在开关动作时刻引起的数值振荡问题；对于系统中随后出现的各种自然换向的电力电子电路(如三相不可控整流电路)，开关动作的时间尺度在毫秒(ms)级(工频左右)，采用插值方法能很好地解决仿真中的非特征谐波问题；对于分布式发电系统中广泛应用的各种 PWM 换流器，其开关动作的时间尺度则在毫秒(ms)级以下(与 PWM 换流器的载波频率有关)，此时欲实现电力电子电路的精确仿真，需要对开关动作时刻进行重初始化。

本节以可控电压型逆变器为例，主要讨论三种电力电子变流装置模型，主要考虑到如下因素：

(1) 可控逆变器存在详细模型、开关函数模型和平均值模型，而其他电力电子变流装置并不总存在这三种模型，例如，Boost 变换器的拓扑结构包含电感，其输入输出关系受电感等寄生元件的影响，并不存在开关函数模型。以可控逆变器为例可以较全面地分析这三种模型的适应性。

(2) 分布式电源可以简单地划分为直流型(光伏电池、燃料电池等)和交流型电源(风机、微型燃气轮机等)，前者产生直流电，后者产生非工频交流电，两者通常都需要逆变器产生工频交流电。

(3) 由于电流型逆变器要求输入端有大电感，成本较高，同时提高了前级直流变换器和保护装置的要求，而且分布式电源通常通过直流变换器得到恒定的直流侧电压，因此分布式发电系统中普遍采用电压型逆变器。

1. 可控逆变器的详细模型

详细模型是拓扑建模法的一种实现形式，是在电力电子开关元件独立建模的基础上，利用实际的拓扑连接关系对电力电子变流装置进行建模，部分商业软件则通过内部封装向用户提供典型的电力电子变流装置模型。

利用拓扑建模法中的详细模型对电力电子变流装置进行建模时，需要先对每个电力电子开关器件(包括二极管、晶闸管、IGBT 等)进行单独建模，在此基础上按照各种变流装置的实际拓扑电路结构组合完成装置建模，该方法计及所有开关的开关动作状态，各个开关状态仅由其自身的电压电流和控制信号决定。开关器件模型通常按建模详细程度分为器件级和系统级：器件级模型可以精确地反映器件本身物理特性和参数对其工作特性和开关过程的影响，但是比较复杂，模型参数不易获得，适用于功率器件的设计和研究；系统级模型用较简单的等效电路表征电力电子开关器件的端点变量，常用理想开关模型和双电阻模型。通常对于电力系统暂态仿真，系统级模型满足大多数情况下的仿真要求。本节主要研究电力电子变流装置的整体特性，所以采用高层次的系统级模型，书中也称为详细模型，但采用详细模型会导致仿真时间过长，占用存储资源，可能存在收敛问题，尤其对于含有大量电力电子变流装置的分布式发电系统仿真，这些问题更为明显。

采用双电阻模型对逆变器的建模如图 4-57 所示，开关闭合时采用小电阻来表示，模拟短路状态，开关打开时采用大电阻来表示，模拟开路状态。

如图 4-57 所示，逆变器的建模是在每个独立的电力电子开关器件模型的基础上，通过实际电路拓扑结构进行组合建模，所以采用详细模型可以对任意拓扑结构的电力电子变流装置进行建模，具有较好的通用性，这也是拓扑建模法的优点之一。

采用详细模型对电力电子变流装置进行仿真时，由于开关器件时序上的不确定性，对暂态仿真程序提出了诸多挑战，主要包括：①确定开关动作时刻；②数

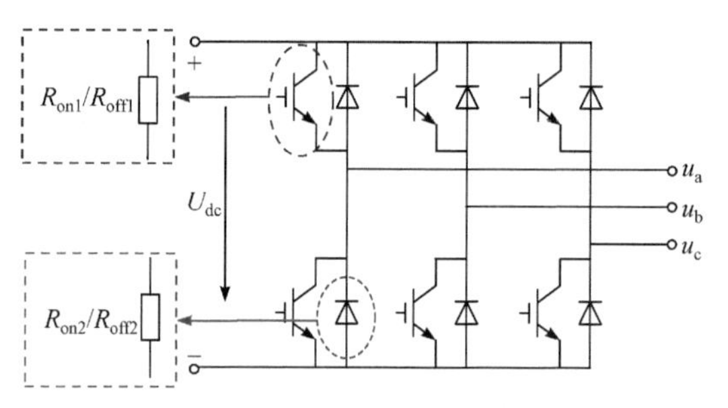

图 4-57　可控逆变器的双电阻模型

值振荡问题；③同步开关检测；④多重开关动作。EMTP 类电力系统仿真程序通常采用定步长结合梯形法进行求解。定步长仿真算法导致开关动作时间存在延迟，早期通常采用整体或局部小步长积分法进行处理，现在更为有效且被广泛使用的方式是采用线性插值算法；梯形法会引起数值振荡问题，针对该问题有多种不同的处理方法，其中临界阻尼调整(critical damping adjustment, CDA)技术得到广泛应用；同步开关(simultaneous switching)是指在仿真过程的某个时刻有多个开关动作的情况。研究表明，在同步开关动作时刻对系统重新进行初始化可以解决该问题。多重开关(multiple switching)是指在一个步长内的不同时刻会出现多次开关动作，可以通过插值重复求解进行处理。

2. 可控逆变器的开关函数模型

输出建模法利用多端口网络对电力电子变流装置进行建模，忽略内部具体拓扑结构。和拓扑建模法相比，两者最大的区别在于拓扑建模法是将电力电子变流装置中的开关器件作为最小单元进行建模，而输出建模法将电力电子变流装置作为最小单元进行建模。该方法可以避免使用详细模型而产生的仿真速度慢和收敛性问题，开关函数模型和平均值模型都属于此类方法。

开关函数建模法根据电力电子变流装置的物理特性和主电路拓扑结构，列出其基本方程，并引入开关函数，通过求解这些电路约束方程，实现电力电子变流装置的建模。

逆变器开关函数模型。在同一时刻，假定逆变器每相中只有一个开关器件导通，定义三相桥臂开关函数 $S_k(k=\mathrm{a},\ \mathrm{b},\ \mathrm{c})$，当上桥臂开关闭合时取值为 1，断开时取值为 0，此时三相电压型 PWM 逆变器的拓扑结构变为如图 4-58 所示形式。

根据该电路拓扑结构得到逆变器交流侧线电压与直流电压 u_{dc} 的关系：

$$\begin{bmatrix} u_{ab} \\ u_{bc} \\ u_{ca} \end{bmatrix} = \begin{bmatrix} S_a - S_b \\ S_b - S_c \\ S_c - S_a \end{bmatrix} u_{dc} \tag{4-86}$$

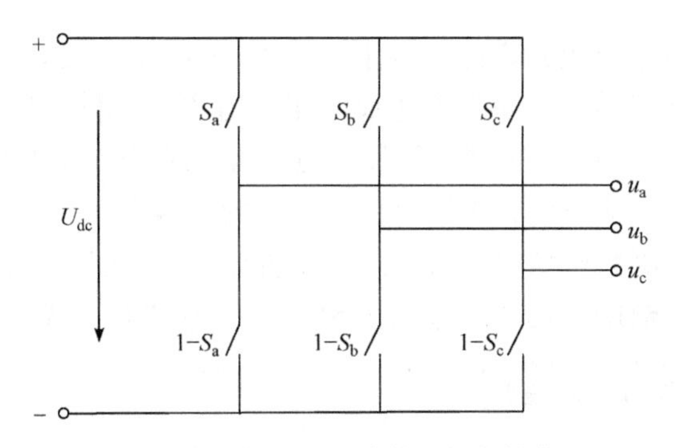

图 4-58　逆变器电路简化拓扑结构

式中，u_{ab}表示逆变器 A 相和 B 相之间的线电压，数值上等于u_a-u_b，其他与此相似。利用拓扑建模法进行建模时，通常忽略电力电子开关器件的导通和关断过程，视为理想情况处理，不计功率损耗，则逆变器直流侧输入电流 i_{dc} 可以通过能量守恒计算得到，如式(4-87)所示：

$$i_{dc}=P_{ac}/u_{dc}=\left(u_{ab}i_a-u_{bc}i_c\right)/u_{dc} \tag{4-87}$$

式中，P_{ac} 表示交流侧功率。

结合式(4-86)、式(4-87)和图 4-59 所示基于输出建模法的逆变器模型结构图，就可以实现可控逆变器的开关函数模型。图 4-59 基于输出建模法的逆变器模型结构图中的矩形框表示一个多端口网络，该多端口网络由两个可控电压源和一个可控电流源组成，由开关函数模型对应的数学计算模块输出决定其参数，另外还包含一个电压测量环节和两个电流测量环节，作为开关函数模型对应的数学计算模块的输入。平均值模型也可以采用这种结构，只是可控电压源和电流源的具体求解计算式有所区别。

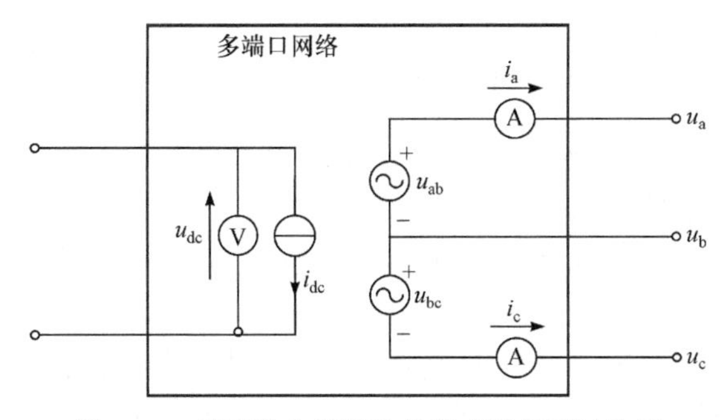

图 4-59　基于输出建模法的逆变器模型结构图

开关函数模型采用输出建模法对电力电子变流装置进行建模，将电力电子变流装置当成黑箱进行考虑，此时不再具有开关元件的实际物理意义，也就不能使用开关函数模型进行内部开关的电压电流特性分析。值得一提的是，由于开关函数模型是通过电力电子变流装置的拓扑关系获得的，相互之间是瞬时值关系，所以要求电力电子变流装置中不存在电感、电容等寄生元件，也就是说，Boost 电路、Buck 电路等不存在开关函数模型，这也是本书在分析详细模型、开关函数模型以及平均值模型的适应性时采用可控逆变器的原因之一。

本书利用开关函数模型对分布式发电系统建模实现时仍然保留了原有的脉宽调制环节，也可以根据仿真需要考虑对 SPWM 模块进行化简。

3. 可控逆变器的平均值模型

平均值模型是通过开关周期平均运算，用变量在开关周期内的平均值代替其实际值。平均值模型运算的定义如下：

$$\overline{x}(t)=\frac{1}{T_{\mathrm{s}}}\int_{t}^{t+T_{\mathrm{s}}}x(\tau)\mathrm{d}\tau \tag{4-88}$$

式中，T_{s} 表示开关周期；$\overline{x}(t)$ 表示变量 $x(t)$ 在开关周期 T_{s} 内的平均值。

当对变流装置电压、电流等进行平均值模型运算时，原信号的直流和低分辨率部分将被保留，而滤除开关频率分量、开关频率谐波分量及变频分量。

平均值模型根据简化程度不同具有多种形式。平均值模型和开关函数模型近似，具有相同的模型结构图，只是可控电压源和电流源的具体求解计算式存在区别。平均值模型中逆变器交流侧线电压与直流电压 u_{dc} 的关系如下所示：

$$\begin{bmatrix} u_{\mathrm{ab}} \\ u_{\mathrm{bc}} \\ u_{\mathrm{ca}} \end{bmatrix}=\frac{u_{\mathrm{dc}}}{2}\begin{bmatrix} u_{\mathrm{PWMa}}-u_{\mathrm{PWMb}} \\ u_{\mathrm{PWMb}}-u_{\mathrm{PWMc}} \\ u_{\mathrm{PWMc}}-u_{\mathrm{PWMa}} \end{bmatrix} \tag{4-89}$$

式中，u_{ab} 表示逆变器 a 相和 b 相之间的线电压，数值上等于 $u_{\mathrm{a}}-u_{\mathrm{b}}$；$u_{\mathrm{PWMa}}$ 表示控制系统输出的 A 相调制信号，其他与此相似。逆变器直流侧输入电流的计算和平均值函数模型相同，如式(4-90)所示：

$$i_{\mathrm{dc}}=P_{\mathrm{ac}}/u_{\mathrm{dc}}=\left(u_{\mathrm{ab}}i_{\mathrm{a}}-u_{\mathrm{bc}}i_{\mathrm{c}}\right)/u_{\mathrm{dc}} \tag{4-90}$$

式中，P_{ac} 表示交流测功率。

结合图 4-59 所示的逆变器模型结构，就可以实现可控逆变器的平均值模型建模。

在分布式发电系统仿真中，控制系统对电力电子装置的控制主要包含以下环节：控制系统生成调制信号，调制信号经过 PWM 模块调制产生开关信号，开关信号接入电力电子变流装置，如图 4-60 所示。

在对整个系统进行详细建模时，控制系统、PWM 模块和电力电子部分全部采用详细模型；在利用开关函数模型进行简化建模时，电力电子部分采用开关函数模型，PWM 模块也可以进行适当化简，但是这两部分模型仍然是相对独立的；在利用文中的平均值模型进行简化建模时，本质是将 PWM 模块和电力电子部分同时进行简化。

图 4-60　电力电子变流装置控制示意图

在 PWM 模块中，根据香农定理，采样频率至少要 2 倍于载波频率才能满足采样要求，所以 PWM 模块中的载波频率直接限制了整个系统的仿真步长。在采用详细模型和开关函数模型进行仿真时，系统中存在 PWM 模块，使得仿真步长受限于 PWM 发生器的载波频率；而采用平均值模型进行仿真时，由于不含有 PWM 模块所以不受载波频率限制，可以采用较大的步长来对整个系统进行仿真，只需要保证该步长满足系统最小时间常数的要求。

4. 直流斩波电路的平均值模型

直流斩波电路的种类很多，这里仅以分布式发电系统暂态仿真中常用的 Boost 电路和 Buck 电路为研究对象，对它们的平均值模型进行讨论。

Boost 电路的平均值模型如图 4-61 所示。图 4-61 中，d 表示导通占空比，稳态时输出电压满足：

$$u_o = \frac{E}{1-d} \tag{4-91}$$

当 $0 \leqslant d < 1$ 时，输出电压 u_o 总是大于输入电压，因此称为 Boost 电路。输出电流满足：

$$i_o = (1-d)i_l \tag{4-92}$$

与 Boost 电路类似，Buck 电路的平均值模型如图 4-62 所示。图中 d 表示导通占空比，稳态输入电流满足：

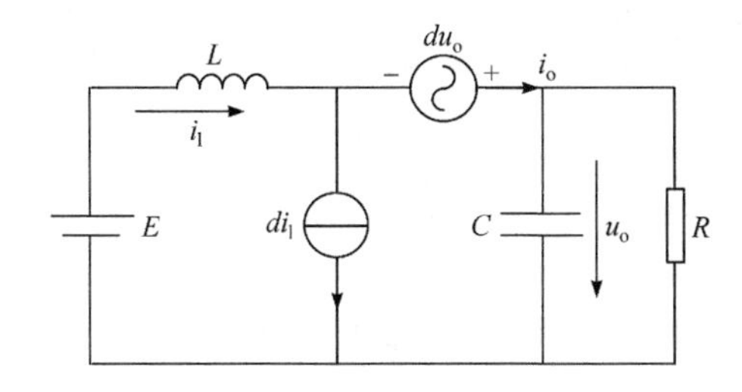

图 4-61　Boost 电路的平均值模型

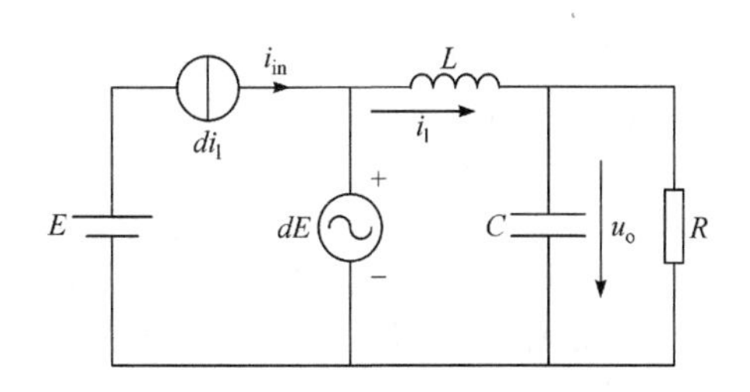

图 4-62　Buck 电路的平均值模型

$$i_{\text{in}} = di_{1} \tag{4-93}$$

输出电压满足：

$$u_{\text{o}} = dE \tag{4-94}$$

当$0 \leqslant d < 1$时，输出电压u_{o}总是小于输入电压，因此称为 Buck 电路。

Boost 电路和 Buck 电路平均值模型的实现是通过可控电压源和电流源代替详细模型中的电力电子开关，这和可控逆变器平均值模型的实现是一样的。

参 考 文 献

[1] 汤涌. 电力系统全过程动态机电暂态与中长期动态过程仿真技术与软件研究[D]. 北京: 中国电力科学研究院, 2002.
[2] 李亚楼, 周孝信, 吴中习. 基于 PC 机群的电力系统机电暂态仿真并行算法[J]. 电网技术, 2003, 27(11): 6-12.
[3] 赵金利, 范朕宁, 李鹏, 等. 基于 SUNDIALS 的有源配电网随机动态仿真方法[J]. 电力系统自动化, 2017, 41(6): 51-58, 91.
[4] 张宝珍. 大规模电力系统动态等值方法及相关问题研究[D]. 广州: 华南理工大学, 2013.
[5] 岳程燕, 周孝信, 李若梅. 电力系统电磁暂态实时仿真中并行算法的研究[J]. 中国电机工程学报, 2004, 24(12): 1-7.
[6] 叶华, 安婷, 裴玮, 等. 含 VSC-HVDC 交直流系统多尺度暂态建模与仿真研究[J]. 中国电机工程学报, 2017, 37(7): 1897-1909.
[7] 汤涌. 交直流电力系统多时间尺度全过程仿真和建模研究新进展[J]. 电网技术, 2009, 33(16): 1-8.
[8] 丁明, 王伟胜, 王秀丽, 等. 大规模光伏发电对电力系统影响综述[J]. 中国电机工程学报, 2014, 34(1): 1-14.
[9] 赵为. 太阳能光伏并网发电系统的研究[D]. 合肥: 合肥工业大学, 2003.
[10] 杨文杰. 光伏发电并网与微网运行控制仿真研究[D]. 成都: 西南交通大学, 2010.
[11] 王厦楠. 独立光伏发电系统及其 MPPT 的研究[D]. 南京: 南京航空航天大学, 2008.
[12] 张凌. 单相光伏并网逆变器的研制[D]. 北京: 北京交通大学, 2007.
[13] 王羿, 郭玲, 吕文, 等. 分布式光伏电源并网控制策略的研究[J]. 电源技术, 2019, 43(4): 637-640, 657.
[14] 刘其辉. 变速恒频风力发电系统运行与控制研究[D]. 杭州: 浙江大学, 2005.
[15] 李晶, 宋家骅, 王伟胜. 大型变速恒频风力发电机组建模与仿真[J]. 中国电机工程学报, 2004, 24(6): 104-109.
[16] 杨淑英. 双馈型风力发电变流器及其控制[D]. 合肥: 合肥工业大学, 2007.
[17] 唐芬. 直驱永磁风力发电系统并网技术研究[D]. 北京: 北京交通大学, 2012.
[18] 王江. 风力发电变桨距控制技术研究[D]. 合肥: 合肥工业大学, 2009.
[19] 杨伟, 林弘, 赵虎. 燃料电池并网控制策略研究[J]. 电力系统保护与控制, 2011, 39(21): 132-137.
[20] 何湘宁, 宗升, 吴建德, 等. 配电网电力电子装备的互联与网络化技术[J]. 中国电机工程

学报, 2014, 34(29): 5162-5170.
[21] 赵剑锋. 输出电压恒定的电力电子变压器仿真[J]. 电力系统自动化, 2003, 27(18): 30-33, 46.
[22] 李子欣, 王平, 楚遵方, 等. 面向中高压智能配电网的电力电子变压器研究[J]. 电网技术, 2013, 37(9): 2592-2601.
[23] 刘海波, 毛承雄, 陆继明, 等. 电子电力变压器储能系统及其最优控制[J]. 电工技术学报, 2010, 25(3): 54-60.
[24] 卢子广, 赵刚, 杨达亮, 等. 配电网电力电子变压器技术综述[J]. 电力系统及其自动化学报, 2016, 28(5): 48-54.
[25] 王婷. 基于模块化多电平矩阵变换器的电力电子变压器研究[D]. 济南: 山东大学, 2015.
[26] 兰征, 涂春鸣, 肖凡, 等. 电力电子变压器对交直流混合微网功率控制的研究[J]. 电工技术学报, 2015, 30(23): 50-57.
[27] 张爱萍, 陆振纲, 宋洁莹, 等. 应用于交直流配电网的电力电子变压器[J]. 电力建设, 2017, 38(6): 66-72.

第5章　复杂有源配电网离线/在线仿真理论

5.1　配电网仿真概述

作为配电技术研究与运行分析的基础手段与重要工具，配电网仿真展现了配电网在不同配置、结构与工况下各节点及支路的电气特征，据此可进行规划设计、运行维护或调度决策，最终有效提高配电网建设投资的合理性与运维方案的可靠性。因此，配电网仿真的完善程度直接制约了我国配电网技术的发展，成为目前提高配电网可靠经济运行水平过程中亟须突破的一大瓶颈。

当前配电网仿真工具多为离线工具[1-4]，不基于实际运行数据，并且未提供与配电网运行系统的相关接口。另外，复杂有源配电网中分布式电源、充电桩、燃料电池等设备的出现，导致仿真模型库中的新型元件模型欠缺；当前主流配电网仿真软件均只涵盖潮流、短路计算及暂态仿真等基本仿真功能，不具备配电网线损计算、可靠性计算、风险分析、故障分析与负荷转供等针对性较强的配电网高级仿真功能；当前配电网在线仿真主要为针对时序数据进行某个时间断面的在线仿真，不能进行多个连续状态的连续仿真。本章将详细介绍在配电网离线/在线仿真方面取得的成绩。

5.2　复杂有源配电网离线/在线仿真方法

配电网离线/在线一体化仿真是基于配电网多运行状态仿真引擎构造仿真计算的核心。通过仿真引擎计算能力的灵活切换，实现暂态、稳态和中长期动态仿真，设计配电网多维分辨率模型优选与自适应匹配机制，从而能够使得当前仿真所用的模型与不同运行状态仿真引擎相匹配。

5.2.1　复杂有源配电网多运行状态仿真引擎构建方法

仿真引擎主要由仿真内核算法引擎、引擎控制模块、时序事件推进模块、通信模块、多源数据处理模块、结果分析模块等组成。如图 5-1 所示，仿真内核算法引擎主要包括配电网三相不平衡潮流、故障、风险、供电恢复等算法模块，引擎控制模块负责根据不同运行状态切换算法模块，由于不同运行状态中仿真内核引擎的算法与参数需要适应性调整，在执行过程中需要引擎控制模块进行控制和驱动。时序事件推进模块是牵引仿真引擎按照特定策略朝前持续运行的进程机驱动模块，通过进程的中断、并行、切换等实现对各类仿真事件的响应。

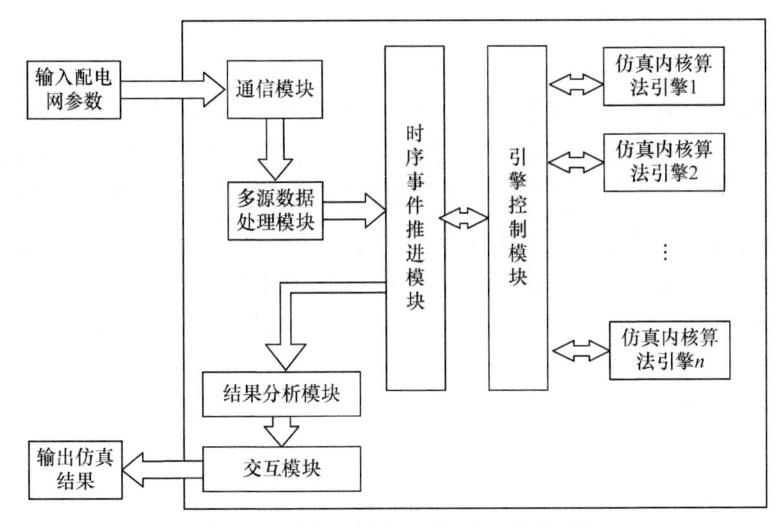

图 5-1　有源配电网多运行状态仿真引擎

1. 仿真内核算法引擎

复杂有源配电网仿真内核算法引擎主要用于求解配电网微分仿真、大规模的线性方程。本节提出了一种基于单元级、功能级、状态级等层次化的有源配电网仿真内核算法引擎构建方法，如图 5-2 所示。单元级主要由实现各种仿真计算功能的数值计算方法库构成，包括大型微分代数方程(differential algebraic equation，DAE)数值积分算法、大型稀疏线性方程求解算法、大型稀疏非线性方程求解算法、矩阵加减乘除操作等；功能级主要面向复杂有源配电网各个功能的求解，如牛顿法潮流计算方法、单相接地短路故障计算方法、序贯蒙特卡罗可靠性计算方法等；

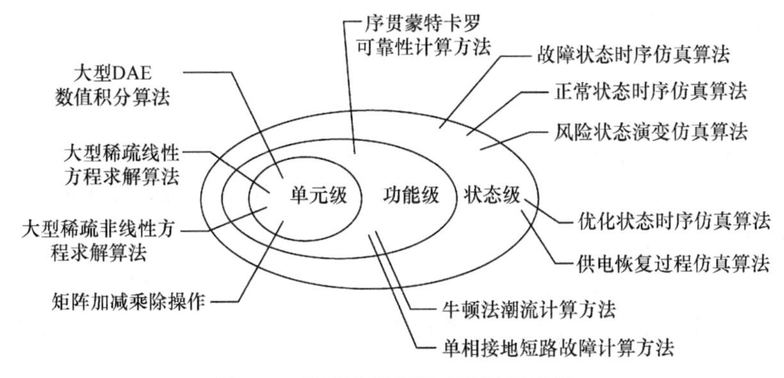

图 5-2　仿真内核算法引擎构建方法

状态级主要是面向有源配电网的不同运行状态，即正常、风险、故障、优化、恢复等，针对不同运行状态时序的求解，由状态级算法内核构成。

2. 引擎控制模块

复杂有源配电网仿真引擎控制模块主要用于实现不同运行状态仿真内核算法引擎的切换及配置管理。本节提出一种基于多参量辨识的引擎控制模块构建方法，如图 5-3 所示。仿真引擎控制模块首先利用初始运行参数对模型进行赋值，利用稳态模型进行一次计算，进而使模型进入连续仿真过程。在多状态仿真模型以稳态或动态模型完成一个时间步长的运算后，以该步长内的运算结果更新全部运行参数，同时判断运算过程是否达到预设仿真时长：若已达到预设时长，则终止本次仿真；若未达到预设时长，则再次判断系统运行状态，从而判定下一步长运算中系统的运行状态。

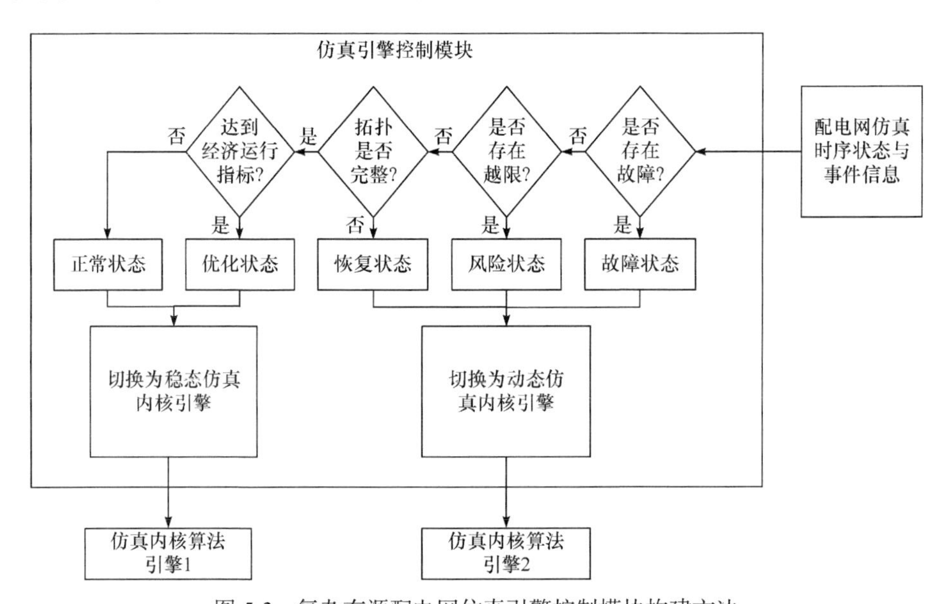

图 5-3　复杂有源配电网仿真引擎控制模块构建方法

基于多参量辨识的引擎控制模块，其主要特点为针对正常、风险、故障、优化、恢复等五种配电网运行状态设计了不同的特征量及其判别条件作为不同运行状态下仿真引擎切换控制的触发条件。

(1) 正常状态：当有源配电网运行区域内未出现风险、故障等情况，且系统运行中各节点电压、线路电流以及网损指标处于待优化状态时，视为系统处于正常运行状态。

(2) 优化状态：配电网运行指标达到优化目标时的运行状态。以网损率为例，当系统通过优化重构等方式使网损率降至阈值 η_{opt} 以下时，系统转移至优化状态；反之则系统由优化状态转移至其他状态。通常，优化状态阈值 η_{opt} 按正常运行情况下目标区域平均网损的 2/5 选取。

(3) 风险状态：系统接近无法保持正常运行的临界状态。当最大电压偏差超过风险阈值 U_r 时，系统进入风险状态；反之转移至其他状态。

(4) 故障状态：当保护装置检测到过流信号或电压偏差超过安全运行极限值时，即判定配电网进入故障状态。设电压故障阈值为 U_f，继电保护整定值为 I_f。

(5) 恢复状态：当系统发生故障后，故障已被切除，但仍存在失电区域时，系统处于恢复状态；当拓扑完整且恢复供电时，系统脱离恢复状态。

3. 时序事件推进模块

复杂有源配电网多状态仿真是一个典型的离散状态与连续时间过程的混合仿真问题，针对该问题的求解仿真，本节提出一种基于有限状态机与时域仿真相结合的时序事件推进模块，作为复杂有源配电网多状态仿真引擎的牵引模块，为仿真引擎的切换以及持续仿真提供方向。

如图 5-4 所示，时序事件仿真模块所采用基于有限状态机与时域仿真相结合的时序事件具体结合方式为：有源配电网仿真受时序事件推进模块牵引，沿时间轴持续向前进行时域仿真，在每个运行状态(正常状态、风险状态、故障状态、优化状态、恢复状态)的事件触发时刻 t_f，进行模型及仿真核心算法引擎切换，并以 $t_f-\Delta t$ 时的数据作为初始化数据，进行小步长暂态精细化仿真，并持续至 $t_f+\Delta t$，之后将仿真引擎调节为大步长仿真或稳态仿真。这样能够在有源配电网沿时间轴递进的同时实现不同状态之间仿真引擎的离散切换。

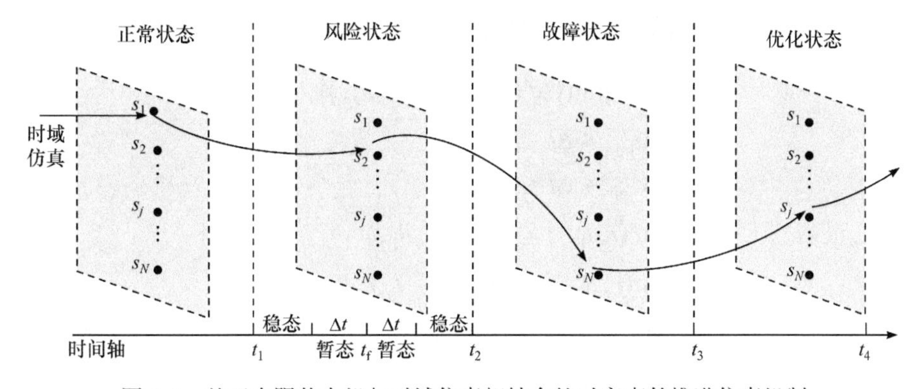

图 5-4　基于有限状态机与时域仿真相结合的时序事件推进仿真机制

5.2.2 配电网多维分辨率模型优选与自适应匹配机制

配电网模型优选与自适应匹配机制主要解决采用不同状态的仿真引擎计算过程中如何选择合适的仿真模型的问题，从而实现仿真模型与计算引擎的匹配。针对这种情况，本节提出一种配电网多维分辨率模型优选与自适应匹配机制，具体技术实现包括配电网多分辨率仿真模型的优选、仿真模型切换与参数集成。

1. 配电网多分辨率仿真模型的优选方法

如图 5-5 所示，本节构建了包括 18 类设备模型、17 类负荷模型、9 类节点模型和 12 类分布式电源模型，组成有源配电网仿真模型库，针对每个模型，分别构建了多维分辨率模型，以 VSC 为例，在模型库中包括细粒度的详细模型、中粒度的开关函数模型和粗粒度的等效模型，各种模型能够适用于不同运行状态的仿真，从而使仿真误差最小及仿真速度最快。

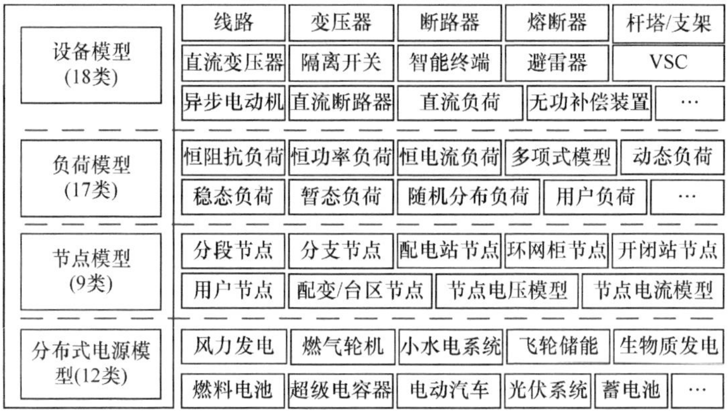

类别						
设备模型(18类)	线路	变压器	断路器	熔断器	杆塔/支架	
	直流变压器	隔离开关	智能终端	避雷器	VSC	
	异步电动机	直流断路器	直流负荷	无功补偿装置	…	
负荷模型(17类)	恒阻抗负荷	恒功率负荷	恒电流负荷	多项式模型	动态负荷	
	稳态负荷	暂态负荷	随机分布负荷	用户负荷	…	
节点模型(9类)	分段节点	分支节点	配电站节点	环网柜节点	开闭站节点	
	用户节点	配变/台区节点	节点电压模型	节点电流模型		
分布式电源模型(12类)	风力发电	燃气轮机	小水电系统	飞轮储能	生物质发电	
	燃料电池	超级电容器	电动汽车	光伏系统	蓄电池	…

图 5-5 配电网多分辨率仿真模型的优选

本节提出的配电网多分辨率仿真优选模型如式(5-1)所示：

$$
\begin{cases}
\min \ F = \min\left\{\Delta f(r, R_{i,j}), \Delta t(r, R_{i,j})\right\} \\
\text{s.t} \quad \Delta t_{\min} \leqslant \Delta t \leqslant \Delta t_{\max} \\
\qquad \Delta f_{\min} \leqslant \Delta f \leqslant \Delta f_{\max} \\
\qquad \Delta f(r, R_{i,j}) = \sum\left[f^{k}(r, R_{i,j}) - f^{k-1}(r, R_{i,j})\right] \\
\qquad \Delta t(r, R_{i,j}) = t_{\mathrm{z}}(r, R_{i,j}) - t_{\mathrm{s}}(r, R_{i,j}) \\
\qquad r = \left\langle r_1\%, r_2\%, \cdots, r_i\%, \cdots, r_n\% \right\rangle \\
\qquad R_{i,j} : Y_R^i \to X_R^j
\end{cases}
\tag{5-1}
$$

式中，F 为模型优选目标；$\Delta f(r,R_{i,j})$ 为仿真累积误差；$\Delta t(r,R_{i,j})$ 为仿真耗时；$f^k(r,R_{i,j})$、$f^{k-1}(r,R_{i,j})$ 为第 k、k–1 次迭代计算的计算值；$t_s(r,R_{i,j})$、$t_z(r,R_{i,j})$ 分别为仿真一次计算的起、止时间；r 为配电网仿真所选用的模型组合；r_i% 为第 i 个设备模型的分辨率；$R_{i,j}$ 表示由状态 Y_R^i 转换到状态 X_R^j 的过程。

通过如式(5-1)所示的配电网多分辨率仿真模型可以优选出当前状态以及状态转换过程中的模型组合。由于配电网系统级仿真是由多个设备连接构成的，因此相较于传统单一仿真模型匹配方法该模型优先方法有两个明显特征：①优选出来的是系统级组合分辨率模型，确定了各个设备的不同分辨率，从而最大限度减小了由单个模型构建系统级模型过程的级联误差；②优选方法中考虑的不同状态迁移过程的累积误差，相较于传统单一仿真模型仅考虑一个状态的仿真挑选模型，有显著优势：从时间尺度考虑，最大限度避免了状态不断切换带来的累积误差扩散而导致的仿真精度的明显下降。

2. 模型切换与参数继承方法

配电网模型跟踪仿真引擎进行切换，除了进行配电网多分辨率仿真模型的优选外，还必须解决不同仿真模型的参数继承。不合理的模型参数继承容易导致模型切换过程中仿真结果的突变，在结果曲线上会产生较多的“毛刺”，从而导致仿真精度下降。为了解决这个问题，本节提出基于初始参数与继承参数划分的仿真模型参数切换方法，用于协调稳态仿真与动态仿真之间的模型参数平稳过渡。如图 5-6 所示，将仿真模型相关参数从初始化参数和继承参数角度进行划分，其中，将负荷模型、负荷数据、转供预设方案、逆变器控制策略等作为初始参数在模型切换后直接加载至新的模型中；将电源点电压、拓扑结构及各分布式电源输出功率作为继承参数，保证模型前后各节点电压的误差不出现突变，从而使仿真结果曲线相对平滑，避免了突变引起的仿真失稳。

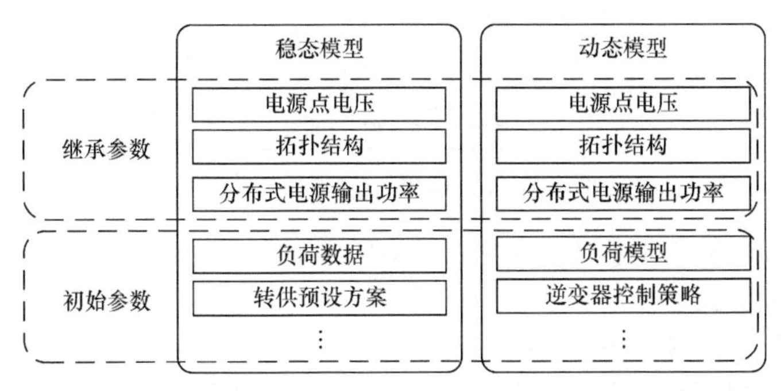

图 5-6　基于初始参数与继承参数划分的仿真模型参数切换方法

5.2.3　配电网离线/在线一体化仿真系统的多运行状态仿真场景实现

配电网离线/在线一体化仿真系统多运行状态仿真场景的实现主要基于事件驱动机制以及变步长技术。

1. 基于事件驱动的配电网多运行状态仿真方法

配电网的运行状态不是保持不变的,其五种运行状态之间的转换关系如图 5-7 所示。当配电网的运行状态发生改变时，需要切换仿真模型并进行某些初始化。基于有限状态机理论，配电网状态的运行过程可等效为由事件驱动的状态转换过程。本节基于事件驱动进行配电网多运行状态仿真。通过对典型事件及其对应的特征参数的判定，驱动有源配电网运行状态的保持或转移，进而指导仿真模型随着运行状态的变化而自动切换，实现配电网多运行状态仿真。基于事件驱动的有源配电网多运行状态仿真工作原理如图 5-8 所示。

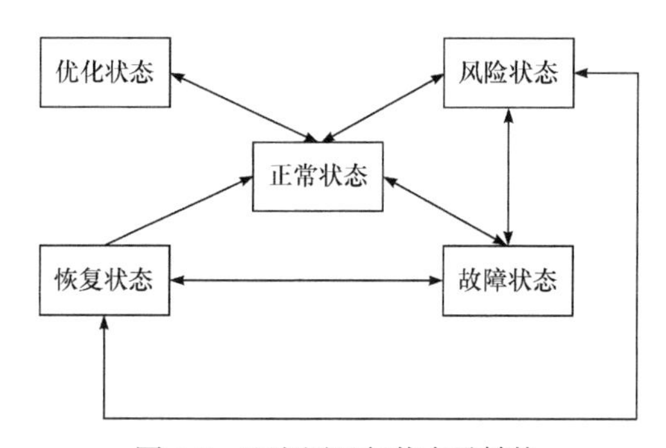

图 5-7　配电网运行状态及转换

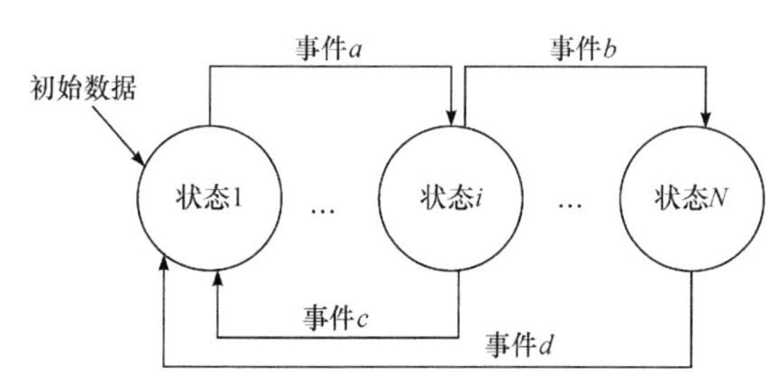

图 5-8　基于事件驱动的有源配电网多运行状态仿真工作原理

事件驱动的核心是事件。它是以一系列的事件点为基础，由事件点来触发仿真计算的驱动方式。

下面以配电网潮流仿真为例说明由事件点触发仿真的方式。能够改变潮流分布的事件主要包括负荷大小变化、设备参数变化、线路或设备故障等。这些事件有的是仿真开始时就已经给定的，如确定的负荷变化情况、故障情况等；有的是仿真开始时无法完全预知，但仿真过程中可以预见的，如各个可控元件的投切变化情况、在一定条件下随机发生的故障等。对于初始时已经确定的事件点，明确各事件的优先级，将其一一列出并进行排序，作为潮流计算的触发点；对于在仿真中可以预见到的事件点，可以在预见到该事件时将这一事件插入后续事件的队伍中，以适时触发潮流计算。这样，在每个事件点处计算更新完毕后，仿真程序应该已经知道下一个事件点的发生时刻。由于在仿真中发生的所有事件都是由仿真程序产生的，即都是由既定的外部输入或内部参数决定的，因此不会遗漏未预见到的事件。因此，除随机事件外，所有事件都是可以准确预见的。而随机事件虽然无法准确预见，但可以完全枚举出其可能发生的时间点，从而杜绝遗漏随机事件的可能性。

当事件驱动方式在触发计算时，对各个事件进行排序的依据一般是其发生时刻，用发生时刻来对各个事件进行标记，可以方便地对事件进行管理。因此，在事件驱动方式下，需设定一个时间轴，将事件点根据其发生时刻一一插入时间轴上的对应刻度。事件驱动方式如图 5-9 所示。

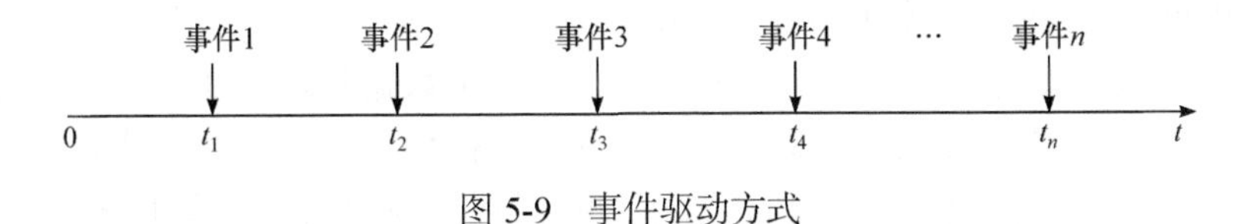

图 5-9　事件驱动方式

如果两个或多个事件在同一时间点发生，按照一定的优先级对这些事件进行处理。具体而言，当一些重要的事件同时出现时，其优先级逻辑由软件系统规定，当其他不重要的事件同时出现时，其优先级逻辑采用软件系统的默认设定。

2. 变步长技术

在线仿真过程中，针对某一断面的时序数据进行仿真，对仿真对象进行采样计算的频率必须小于仿真对象的波动频率。配电网潮流的波动主要是由负荷变化引起的：在高峰时段和低谷时段，负荷变化较为缓慢；而在峰谷交替的时段中，负荷变化较为剧烈。在分布式能源大量接入的配电网中，负荷的变化更加剧烈而难以预测。因此，如果采取定步长的仿真方式，必然要求极小的仿真步长，从而极大地降低仿真速度、浪费计算资源。

在配电网离线/在线一体化仿真系统中，使用变步长仿真技术，仿真步长随着仿真对象波动情况的变化而改变，自动适应其要求，以缩短仿真时间、提高仿真精度。变步长技术要求在仿真计算中时刻关注仿真对象的变化情况，计算其速度，并依此调整仿真步长。变步长仿真可以有效解决定步长仿真下仿真精度与仿真速度之间的矛盾，并有效节省计算资源。

当配电网运行状态发生某些改变时，需进行仿真模型切换，并执行相应的初始化过程。

(1) 当配电网从正常状态或优化状态切换至预警状态或故障状态时，仿真模型需从稳态模型切换至动态模型，切换后的电源点电压、负荷功率以及分布式光伏输出功率的初始值等于切换前最后一个时间断面中稳态模型的计算结果。

(2) 当配电网从预警状态、故障状态或恢复状态切换至正常状态或优化状态时，仿真模型需从动态模型切换至稳态模型，切换后的各节点电压、负荷功率以及分布式光伏输出功率的初始值等于模型切换前最后一个步长的计算结果。

5.2.4　配电网离线/在线一体化仿真方法

配电网离线/在线一体化仿真系统针对配电网络，通过配电自动化终端采集系统各点量测数据作为在线数据源，在仿真系统中形成配电网的数字仿真模型，执行配电网在线潮流、故障、可靠性、风险、状态估计、网络重构，生产辅助决策信息，为能源系统运行评估、故障快速供电恢复提供决策依据。

配电网离线/在线一体化仿真系统由服务器端、客户端与数据接口组成。服务器端部署在服务器群上，包含三部分功能，即基本数据处理功能、支撑功能与应用功能。其中基本数据处理功能由基本数据处理模块实现，支撑功能包括潮流计算模块、故障分析模块、状态估计模块与可靠性计算模块，应用功能包含风险扫描模块、网络重构模块等。客户端可以部署在用户台式机或显示大屏幕上，包括图模库一体化系统、数据可视化模块。配电网离线/在线一体化仿真系统的主要功能模块如图 5-10 所示。

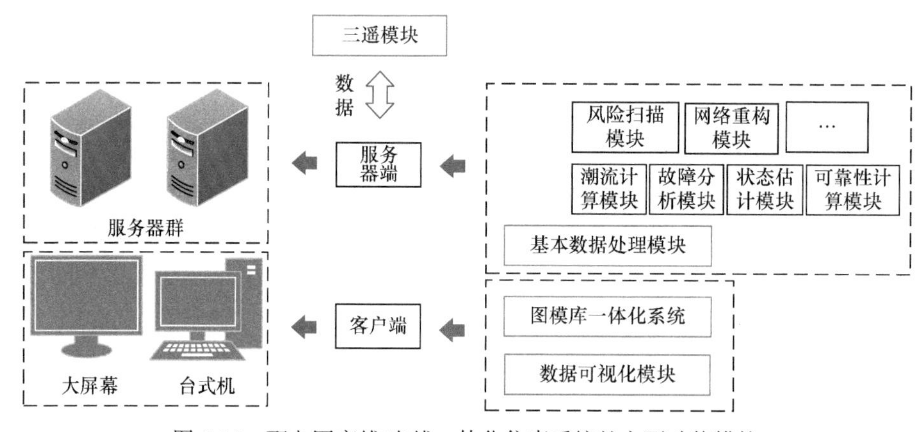

图 5-10　配电网离线/在线一体化仿真系统的主要功能模块

(1) 图模库一体化系统：用于将仿真图形和与之在数据库中对应的信息作为一个整体，使得图形和数据按照一定关系关联在一起，关联数据和仿真图形通过操作仿真图形，把数据库中的数据当作图形的属性来定义和修改，实现数据与图形的绑定。

(2) 状态估计：当量测数据中出现不良数据时，仿真系统基于量测数据进行状态估计，识别并剔除不良数据然后计算出正确值，支撑电力系统高级应用。

(3) 潮流仿真：针对能源系统中运行状态、负荷波动等参数的变化，实现在线、离线一体化潮流仿真，展示系统中各个节点电气量的变化与趋势。

(4) 可靠性计算：实现对当前目标系统在未来时段内的可靠性预测，通过减少可靠性评估模型的输入数据，简化建模难度。对影响供电可靠性指标的相关因素进行灵敏度分析，获得对供电可靠性指标较敏感的相关特征量。

(5) 风险扫描：利用电网运行数据，能够实现配电网风险批量扫描和薄弱点分析、风险源统计评级以及风险预警，快速扫描目标区域的运行风险、外部风险、设备本体风险，针对扫描到的风险可以针对性地开展运维策略，提升配电网健壮性。

(6) 故障分析：能够模拟系统由物理攻击、人为破坏、线路及设备问题而导致的各种短路和断线故障，计算出系统发生故障时的电压、电流水平，评估系统发生故障时的严重程度，并生成故障隔离方案，从而为故障的应急处置提供辅助决策依据。

(7) 网络重构：通过改变系统中各位置开关的开、合状态，实现对系统拓扑结构的改变，当系统中一点或多点发生故障时，利用网络中的备用线路和开关，生成网络重构恢复供电方案，完成负荷转供，最大限度保证系统负荷供电。

在线/离线一体化仿真系统可以进行在线和离线仿真。

1. 在线仿真

在线/离线一体化仿真系统网络连接方式为双总线方式，在数据读写和外部数据源抽取上采用独立网络，保证数据传输的实时性。通信总线连接仿真客户端与仿真服务器，客户端基于开放的接口使用分布式组件对象模式(distributed component object model，DCOM)调用服务器提供的仿真服务，仿真协调服务器将待处理任务分发到每一个集群节点上。若网络规模较大，则需调用任务切割服务，对网络自动分区实现并行计算。

仿真系统服务器端数据流如图 5-11 所示，服务器端提供统一的仿真服务，具体包括以下步骤。

步骤 1　通过指定方式从分布式集群中定义一台协调服务器，该服务器的主要功能是响应客户端访问请求，维持一个待处理任务队列 $A=\{a_1,a_2,a_3,\cdots\}$ 并基于动态轮询法分配仿真任务，具体选取过程如下。

(1) 对所有参与仿真的节点(节点数量为 N)进行轮询，获取各节点实时性能与当前任务量，预估当前任务量时间为 $t_i(i<N)$。

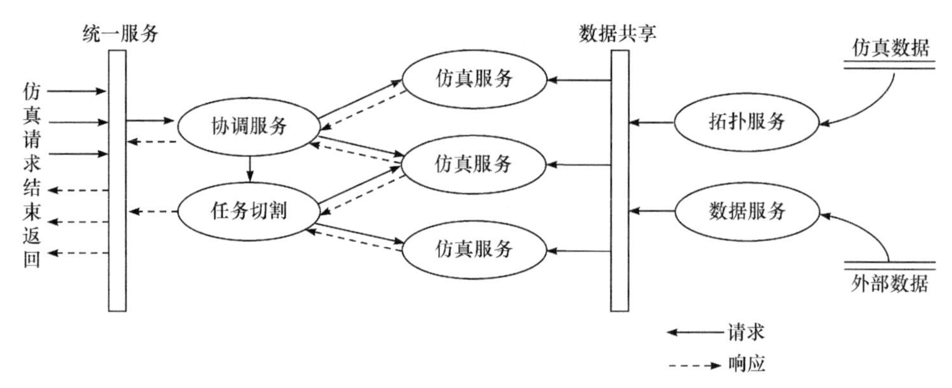

图 5-11　在线数字仿真数据流图

(2) 计算所有节点的当前任务预估时间 $T=\{t_1,t_2,t_3,\cdots\}$ 和性能系数 $\partial=\{\partial_1,\partial_2,\partial_3,\cdots\}$，得到待分配任务节点集合 $R_e=f_{\min}(T\times\partial,m)$，这里的 $f_{\min}(S,m)$ 表示取集合 S 最小的 m 个数。

(3) 根据集合 R_e 分配 m 个任务，更新待处理任务队列。

步骤 2　从数据库读取任务队列中的目标网络，进行统一拓扑并共享到每一台仿真服务器上，同时协调服务器对各个服务器的持续监控，并且不断更新，基于每一个仿真服务器的实时性能分析将任务合理分配到集群中。若发现某个任务网络节点数量超过阈值，则跳转至步骤 3，否则跳转至步骤 4。

步骤 3　将网络规模复杂、节点较多的仿真任务进行切割，分发到空闲仿真服务器中，同时维持一个协调通信进程，然后通过整合各个节点的中间结果，得到最终结果。

步骤 4　仿真计算结束，返回仿真结果。

2. 离线仿真

在线/离线一体化仿真系统基于某一时刻断面数据进行仿真分析。在线/离线一体化仿真系统与电网配合开展在线仿真的工作原理为基于在线运行数据进行分析、预测、控制，在线/离线一体化仿真系统独立于电网开展离线仿真的工作原理为基于历史数据和用户输入数据进行分析、预测、仿真。

5.3　复杂有源配电网离线/在线仿真典型功能

5.3.1　在线数据读取与处理方法

在线数据读取与处理方法中的关键技术有在线数据接口和在线数据整合。

1. 在线数据接口

现有在线数据的来源主要包括安全防护III区的配电网自动化系统、调度自动化系统、III区的GIS系统、配电生产管理系统、营销自动化系统等。配电网在线仿真系统与其他系统中的数据交互接口如图5-12所示。

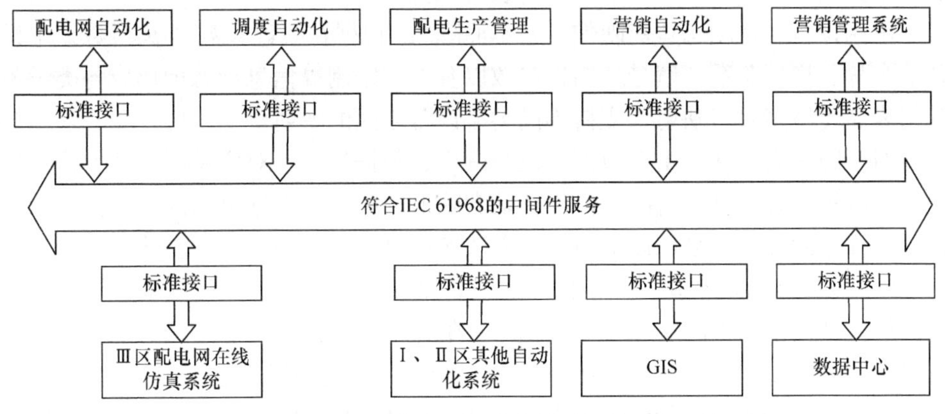

图5-12 配电网在线仿真系统与其他系统数据交互接口图

2. 在线数据整合

在线数据整合中，无论是以离线数据为基础的数据整合还是以在线计算数据为基础的数据整合，都需要利用两项最基本的技术：在线计算数据拼接与设备动态智能映射。在线计算数据拼接是获得全网详细在线计算数据的基础；设备映射表是联系在线计算数据与离线数据的桥梁。

电网调度中心一般采用分层分区的电网监控方式。一般来说，特定电能管理系统只建立本辖区的主网模型，外部电网或下级电网采用等值处理。分散、独立的建模方式使得现实世界中统一的物理电网在计算数据中被分割开来，无法为在线数据整合程序提供全网详细描述的在线计算数据。

在线计算数据拼接通过分析上下级调度系统之间的边界信息，可对分散的上下级在线计算数据进行自动拼接，形成一套描述本辖区详细电网模型的在线计算数据。整合后的电网在线计算数据不但包含了辖区内的主网信息，还包括了子区的电网信息，从而提供了统一、详细的电网模型与实时信息，为后续的在线数据整合打下了基础。同时，各电能管理系统本质上还是各自维护所辖设备信息，负担并没有加重，只不过原来分散独立的维护工作成果现在可以相互共享了。

在线数据整合方案设计中提到，以离线数据为基础的数据整合，需要将在线计算数据中的基本运行信息刷新到离线数据中相应的设备上，而且需要根据在线计算数据与离线数据的对应关系调整离线数据的拓扑关系，使它与在线计算数据的拓扑关系基本保持一致；方案二以在线计算数据为基础的数据整合，需要根据设备映射表，将离线数据的内网部分全部删除，再与在线计算数据拼接，而且只有通过映射表，离线数据中的模型和参数才能刷新到在线计算数据中。设备映射表是在线计算数据与离线数据之间联系的桥梁。设备名称映射表看似简单，但在实践中直接形成所有电气设备的映射表有很大难度。

电网设备名称动态智能映像的基本原理为：根据在线计算数据/离线数据中设备的名称、连接关系、编号、组件参数以及人工定制等信息动态地形成各类设备映射表，支持多对多映射，支持不同类型设备之间的映射。

对于跨区大电网，由于数据涉及范围广、数据量大、对应关系复杂，采用传统人工维护的方法难以解决电网设备动态映射的问题。根据电网的实际情况和规律，在程序的开发中采用以下原则和方法实现电网设备的动态智能映射。

(1) 以厂站为基本映射单位的动态设备映射。在电网计算数据中，厂站位于电网层次结构中的中间层，其数量相对有限，不同数据之间的厂站映射相对易于维护。同时形成厂站映射后，厂内/外的电网设备映射的形成也大为简化。

(2) 设备名称动态智能映射以厂站和设备的标准命名为核心技术，同时参考设备的连接关系、编号及参数等相关信息进行映射。

(3) 根据联络设备(线路或变压器)和设备的等值属性实现等值设备和等值网络的复杂映射。由于离线数据与在线计算数据建模不一致，一些情况下在线计算数据只有厂站出线的等值量测；另外一些情况下，实际系统存在提前投运的厂站，在线计算数据具有详细的厂站建模，而离线数据相对比较简单。在这类在线计算数据/离线数据不一致的情况下，需要建立复杂的映射关系，保证等值设备、等值电网的在线量测能够在整合潮流中得到准确、完整的体现。

基于以上分析，映射表形成的主要流程如下：

(1) 结合智能匹配和人工指定的方法生成厂站映射表；

(2) 形成发电机、厂用电映射表；

(3) 形成变压器映射表；

(4) 形成交流线路(T 接线路)；

(5) 形成负荷、负荷与线路、负荷与变压器映射表；

(6) 形成串/并联电容/电抗器、直流线路等其他电气设备映射表。

电网设备名称的映射还包括在线计算数据与在线计算数据之间，离线数据与离线数据之间的设备名称映射。通过主区/子区在线计算数据之间电网设备名称的映射关系，可以比较同一电气设备在不同分区中潮流以及参数的差异，及时地评估在线计算数据的质量，为在线数据整合打下良好的基础，同时通过等值设备与具体设备的映射表实现主区与子区在线计算数据的拼接。当在线数据整合程序需要更新离线数据时，通过新老离线数据之间电网设备名称映射关系，可以及时地发现名称改变的设备和新增的设备，为调试和维护程序带来便利。

5.3.2　潮流在线仿真方法

1. 快速潮流计算方法

潮流计算是配电网能量管理系统进行分析、预测、仿真、控制等高级应用的功能基础，地位非常重要。传统的潮流算法一般是针对输电网提出的，配电网具有许多不同于输电网的显著特征。

(1) 线路不对称。单相、两相和三相线路可能同时存在。

(2) 负荷类型多，包括恒功率、恒电流、恒阻抗负荷；星形、三角形连接方式共存；负荷三相不平衡。

(3) 拓扑结构随意多变，短距离间隔的大量分布式负荷。

(4) 线路 R/X 比值大，传统解耦方法会有较大误差。

(5) 分布式电源的不确定性影响。

(6) 电压调节器、无功补偿装置等控制设备的使用。

配电网网络结构复杂、处理对象多、数据量大、三相不平衡，其潮流计算及程序实现方法均面临较大挑战。

对于配电网，其潮流计算必须在满足适用对象的基础上，达到良好的精度、速度、收敛性、鲁棒性指标。潮流计算是电力系统分析的基础工具，具有深刻的理论研究基础；相关内容包括确定性潮流、随机潮流、模糊潮流、区间潮流、优化潮流等，计算方法有牛顿-拉弗森法、P-Q 分解法、前推回代法、回路阻抗法、隐式高斯法等，改进手段有网络分解、分布/并行计算、智能方法求解等。当前配电网潮流计算的理论研究资源也很丰富，但进入实际应用的却极为有限，主要是针对单相前推回代型潮流计算方法，其计算结果精度不高，难以满足实际应用需求。

因此，针对复杂有源配电网，本节基于隐式高斯潮流计算方法的基本原理，计及线路不对称，考虑负荷不平衡、类型多样、星形/三角形连接共存的特点，分析分布式电源的特殊性，对配电网进行拓扑分析，建立节点导纳矩阵，编码无连接节点，分解节点导纳矩阵，迭代计算节点电压，获得潮流计算结果。

根据潮流计算节点法的基本原理，配电网系统方程为

$$YU = I \tag{5-2}$$

式中，Y 为节点导纳矩阵；U 为节点电压矩阵；I 为节点注入电流矩阵；Y、U、I 的矩阵元素均为复数。

潮流计算详细步骤如下。

步骤 1　载入数据及预处理。输入原始数据，包括配电网线路、开关、负荷、DG 连接关系，线路、DG 参数，系统额定电压，平衡节点；以平衡节点为始点进行宽度优先搜索，对节点重新编号，建立新旧节点编号之间的映射关系，同时按节点顺序对支路进行排序；对于开关，合并其两端节点为一个节点，相应连接关系全部转移到该节点上，该支路不包含在新支路序列中；统计得出母线数量 n。

步骤 2　构建节点导纳矩阵 Y，计算线路阻抗：

$$Z_{ij} = lz_{ij} \tag{5-3}$$

式中，Z_{ij} 为线路阻抗；l 为线路长度；z_{ij} 为与线路型号相关联的单位长度的阻抗值。

计算线路导纳：对于三相线路，有 $Y_{ij} = Z_{ij}^{-1}$。对于单相、两相线路，有

(1) 标记 Y 存在相位置；

(2) 提取存在相关联的阻抗矩阵元素，构建新的满秩子阻抗矩阵；

(3) 使子导纳矩阵等于子阻抗矩阵的逆；

(4) 建立三阶零矩阵，按照标记将子导纳矩阵的元素填入相应位置，结果即为线路导纳矩阵 Y_{ij}。

初始化节点导纳矩阵：$Y = \text{zeros}(3n)$。

计算互导纳元素：对于每一条支路，依次进行下列计算：

$$\begin{cases} Y(3i-2:3i, 3j-2:3j) = -Y_{ij} \\ Y(3j-2:3j, 3i-2:3i) = -Y_{ij} \end{cases} \quad i,j \in \{1,2,\cdots,n\}, i \neq j \tag{5-4}$$

计算自导纳元素：对于所有 $i = 1,2,\cdots,n$，有

$$Y(3i-2:3i, 3i-2:3i) = -\sum_{j=1}^{n} Y(3i-2:3i, 3j-2:3j) \tag{5-5}$$

步骤 3　初始化节点电压矩阵 U。

建立节点电压数据结构：

$$U = [U_1 \quad U_2 \quad \cdots \quad U_i \quad \cdots \quad U_n]^{\mathrm{T}} \tag{5-6}$$

式中，母线 i 电压 $U_i = [U_i^{\mathrm{a}}, U_i^{\mathrm{b}}, U_i^{\mathrm{c}}]^{\mathrm{T}}$，$U_i^{\mathrm{a}}$、$U_i^{\mathrm{b}}$、$U_i^{\mathrm{c}}$ 分别为母线 i 处 a 相、b 相、c 相的相电压。与之相对应，节点注入电流 $I = [I_1, I_2, \cdots, I_i, \cdots, I_n]^{\mathrm{T}}$，$I_i = [I_i^{\mathrm{a}}, I_i^{\mathrm{b}}, I_i^{\mathrm{c}}]^{\mathrm{T}}$，$I_i^{\mathrm{a}}$、$I_i^{\mathrm{b}}$、$I_i^{\mathrm{c}}$ 分别为母线 i 处 a 相、b 相、c 相的节点注入电流。

终端(负荷与分布式电源)复功率 $S = [S_1, S_2, \cdots, S_i, \cdots, S_n]^{\mathrm{T}}$，当母线 i 终端为 YN 连接时，$S_i = [S_i^{\mathrm{a}}, S_i^{\mathrm{b}}, S_i^{\mathrm{c}}]^{\mathrm{T}}$，$S_i^{\mathrm{a}}$、$S_i^{\mathrm{b}}$、$S_i^{\mathrm{c}}$ 分别为母线 i 处 a 相、b 相、c 相的节点

注入复功率；当母线 i 终端为 D 连接时，$S_i=[S_i^{\mathrm{ab}},S_i^{\mathrm{bc}},S_i^{\mathrm{ca}}]^{\mathrm{T}}$，$S_i^{\mathrm{ab}}$、$S_i^{\mathrm{bc}}$、$S_i^{\mathrm{ca}}$ 分别为母线 i 处 ab 相间、bc 相间、ca 相间消耗的复功率。设定负荷功率值为正，分布式电源功率为负。

初始化节点电压矩阵：

$$U_i=[1 \quad \mathrm{e}^{-\mathrm{j}2\pi/3} \quad \mathrm{e}^{\mathrm{j}2\pi/3}]^{\mathrm{T}},\quad i\in\{1,2,\cdots,n\} \tag{5-7}$$

平衡节点电压矢量为已知值，不参加迭代过程；其电源效果采用恒定电流源代替；计算平衡节点注入电流：

$$b=-YV_{\mathrm{b}} \tag{5-8}$$

V_{b} 为平衡节点电压矩阵，其定义为

$$\begin{aligned}&V_{\mathrm{b}}=\mathrm{zeros}(3n,1)\\&V_{\mathrm{b}}(3s-2:3s)=[1 \quad \mathrm{e}^{-\mathrm{j}2\pi/3} \quad \mathrm{e}^{\mathrm{j}2\pi/3}]^{\mathrm{T}}\end{aligned} \tag{5-9}$$

式中，s 为平衡节点的编号。

针对所有母线的三相电压、三相电流、三相功率及节点导纳矩阵，剔除无须计算的数据对象，包括单相、两相线路中无线路节点及平衡节点的电压、电流和功率。具体算法步骤如下：

(1) 初始化 $\mathrm{num}=0,\mathrm{coding}=\mathrm{zeros}(3n,1)$；

(2) 对于所有 $i=1,2,\cdots,3n$，依次进行下列计算；如果有 $Z(i,i)\sim=0\ \&\ \mathrm{ceil}(i/3)\sim=s$，那么有 $\mathrm{num}=\mathrm{num}+1$，$\mathrm{coding}(\mathrm{num})=i$。其中，符号 & 表示逻辑与；符号 ~= 含义为不等于；函数 ceil 表示大于等于目标的最小整数。

分解编码后的节点导纳矩阵 $[Q,R,P]=\mathrm{qr}(Y(\mathrm{coding},\mathrm{coding}))$，函数 qr(·)表示正交三角分解，矩阵 Q、R、P 将用于线性方程求解。计算编码后的节点导纳矩阵的逆矩阵 H 为

$$H=P(R\backslash Q^{\mathrm{T}}) \tag{5-10}$$

式中，符号 \ 表示矩阵的左除运算。

步骤 4　计算节点注入电流矩阵 $I^{(t)}$。在第 t 次迭代中，根据节点电压矩阵 $U^{(t)}$、额定电压 U_{N} 条件下的节点负荷矩阵 $S^N=[S_1^N,S_2^N,\cdots,S_i^N,\cdots,S_n^N]^{\mathrm{T}}$ 计算节点注入电流矩阵 $I^{(t)}$。对于任意母线 i 上所接终端，有如下公式成立。

负荷端电压 $U_{\mathrm{L},i}^{(t)}$ 为

$$U_{\mathrm{L},i}^{(t)}=C_U U_i^{(t)} \tag{5-11}$$

当负荷为 YN 连接时，有

$$C_U=\begin{bmatrix}1&0&0\\0&1&0\\0&0&1\end{bmatrix} \tag{5-12}$$

当负荷为 D 连接时，有

$$C_U=\begin{bmatrix}1&-1&0\\0&1&-1\\-1&0&1\end{bmatrix} \tag{5-13}$$

负荷实际复功率为

$$S_i^{(t)}=C_S.*S_i^N \tag{5-14}$$

式中，符号.* 表示矩阵或向量的对应元素相乘；若负荷为恒功率类型，则 $C_S=[1,1,1]^{\mathrm{T}}$。若负荷为恒电流类型，则有

$$C_S=\mathrm{abs}(U_{\mathrm{L},i}^{(t)})/U_{\mathrm{N}}.*[1,1,1]^{\mathrm{T}} \tag{5-15}$$

其中，函数 abs(·)表示取矩阵元素的幅值。若负荷为恒阻抗类型，则有

$$C_S=\mathrm{abs}(U_{\mathrm{L},i}^{(t)}).\wedge 2/U_{\mathrm{N}}^2.*[1,1,1]^{\mathrm{T}} \tag{5-16}$$

其中，符号.^ 表示矩阵或向量的对应元素的乘方。

流经终端的电流计算公式为

$$I_{\mathrm{L},i}^{(t)}=(S_i^{(t)}./U_{\mathrm{L},i}^{(t)})^* \tag{5-17}$$

其中，符号./ 表示矩阵或向量的对应元素相除，符号 * 表示对矩阵或向量元素求共轭值。

节点注入电流计算公式为

$$I_i^{(t)}=-C_I I_{\mathrm{L},i}^{(t)}+b_i \tag{5-18}$$

其中，$b_i=b(3i-2:3i)$，当负荷为 YN 连接时，有

$$C_I=\begin{bmatrix}1&0&0\\0&1&0\\0&0&1\end{bmatrix} \tag{5-19}$$

当负荷为 D 连接时，有

$$C_I=\begin{bmatrix}1&0&-1\\-1&1&0\\0&-1&1\end{bmatrix} \tag{5-20}$$

步骤 5　计算第 $t+1$ 次迭代中的节点电压矩阵 $U^{(t+1)}$：

$$U^{(t+1)}(\text{coding}) = HI^{(t)}(\text{coding}) \tag{5-21}$$

步骤 6　判断收敛情况：收敛标准为 $\max(\text{abs}(\Delta U^{(t)})) < 1\times 10^{-6}$ 或 $t > t_{\text{lim}}$。式中，函数 max(·)表示取向量中最大的元素；节点电压变化量 $\Delta U^{(t)} = U^{(t+1)} - U^{(t)}$；$t_{\text{lim}}$ 表示最大迭代限制次数。若未满足收敛标准，迭代次数 t 自增 1，转步骤 4 继续迭代求解；若满足收敛标准，完成潮流计算，按照需求输出潮流计算结果。

为了验证本算法及程序实现的可行性和有效性，选择 IEEE 123 配电系统为实验对象，Cyme 仿真结果为参照，选用 MATLAB 工具实现本算法与经典前推回代算法的验证；实验结果显示，三者计算结果完全一致，本算法在潮流迭代过程中花费时间的均值为 3.207ms，约为经典前推回代算法迭代过程的 1/15，表明了本算法的可行性、有效性、精度及实时性。

2. 最优潮流计算方法

1) 优化数学模型

最优潮流解决的是电力网络的最优化配置问题，通过调整系统中可调节量来使网络在满足系统约束的同时达到所要求的最优化运行状态。传统最优潮流(optimal power flow, OPF)的数学模型可以表述如下：

$$\begin{cases} \min \ \ f(x,u) \\ \text{s.t.} \ \ h(u,x) = 0 \\ \qquad g(u,x) \geqslant 0 \end{cases} \tag{5-22}$$

$f(x,u)$ 是最优潮流的目标函数，它有很多种类型，如最小发电成本、最小网损、最小操作数等。x 表示独立的控制量，如发电机有功出力或者变压器抽头，u 表示的是状态量，如电压的幅值与相角。在电力系统中最优潮流模型的等式约束即为潮流功率方程约束，而不等式约束为线路的功率约束或者电压幅值的约束。将上述非线性最优问题的数学模型应用到电力系统中，即如式(5-24)所示：

$$\begin{cases} P_{gi} - P_{di} - V_i \sum_{j=1}^{n} V_j (G_{ij}\cos\theta_{ij} + B_{ij}\sin\theta_{ij}) = 0 \\ Q_{gi} - Q_{di} - V_i \sum_{j=1}^{n} V_j (G_{ij}\cos\theta_{ij} + B_{ij}\sin\theta_{ij}) = 0 \end{cases} \tag{5-23}$$

$$\begin{cases} P_{gi}^{\min} \leqslant P_{gi} \leqslant P_{gi}^{\max} \\ Q_{gi}^{\min} \leqslant Q_{gi} \leqslant Q_{gi}^{\max} \\ V_i^{\min} \leqslant V_i \leqslant V_i^{\max} \end{cases} \tag{5-24}$$

$$\left|S_{ij}\right|=\left|V^2G_{ij}-V_iV_j(G_{ij}\cos\theta_{ij}+B_{ij}\sin\theta_{ij})\right|\leqslant S_{ij}^{\max} \tag{5-25}$$

式中，P_{gi} 和 Q_{gi} 分别为各节点处发电机的有功和无功输出；P_{di} 和 Q_{di} 分别为各节点的有功、无功负荷；S_{ij} 为节点 i 与节点 j 之间线路的流通视在功率。式(5-23)为潮流平衡方程。式(5-24)和式(5-25)为节点电压幅值和线路功率的约束方程。

2) 含分布式电源的配电网 OPF 模型

在这里的目标为最小发电机成本的 OPF 问题，包括两个部分：一是传统发电机的成本，二是分布式电源的成本。如果配电网络中平衡节点处不是传统发电机，那么认为平衡节点母线处的发电价格为一个虚拟的相对于网络中分布式电源较高的价格。这是为了与配电网络中总是希望分布式电源在网络允许条件下尽量多输出有功的原则相一致。

分布式电源的价格系数通常都是不一样的，选用二次成本模型作为分布式电源的成本模型，则问题的目标函数如下：

$$\begin{aligned}\min F(x,u)&=f_{\mathrm{DG}}(x,u)+f_{\mathrm{PG}}(x,u)\\&=\sum_{i=1}^{N_{\mathrm{DG}}}(c_i+b_iP_{\mathrm{DG}_i}+a_iP_{\mathrm{DG}_i}^2)+(c_{\mathrm{s}}+b_{\mathrm{s}}P_{\mathrm{s}}+a_{\mathrm{s}}P_{\mathrm{s}}^2)\end{aligned} \tag{5-26}$$

式中，c_i、b_i、a_i 为分布式电源 i 的三次成本系数；c_{s}、b_{s}、a_{s} 为松弛母线处的成本系数。为了将式(5-26)变成增量模型，假定各电源的初始出力为 P_{DG}^0 和 P_{s}^0，出力调整增量为 ΔP_{DG_i} 和 ΔP_{s}，则有

$$f_{\mathrm{DG}}(P_{\mathrm{DG}_i}^0+\Delta P_{\mathrm{DG}_i})=f_{\mathrm{DG}}(P_{\mathrm{DG}_i}^0)+a_i\Delta P_{\mathrm{DG}_i}^2+(2a_iP_{\mathrm{DG}_i}^0+b_i)\Delta P_{\mathrm{DG}_i} \tag{5-27}$$

$$f_{\mathrm{PG}}(P_{\mathrm{s}}^0+\Delta P_{\mathrm{s}})=f_{\mathrm{s}}(P_{\mathrm{s}}^0)+a_{\mathrm{s}}\Delta P_{\mathrm{s}}^2+(2a_{\mathrm{s}}P_{\mathrm{s}}^0+b_{\mathrm{s}})\Delta P_{\mathrm{s}} \tag{5-28}$$

将目标函数变为如下增量形式：

$$\begin{aligned}F&=\sum_{i=1}^{N_{\mathrm{DG}}}\Delta P_{\mathrm{DG}_i}+\Delta P_{\mathrm{s}}\\&=\sum_{i=1}^{N_{\mathrm{DG}}}\left[f_{\mathrm{DG}}(P_{\mathrm{DG}_i})-f_{\mathrm{DG}}(P_{\mathrm{DG}_i}^0)\right]+\left[f_{P_{\mathrm{G}}}(P_{\mathrm{s}})-f_{P_{\mathrm{G}}}(P_{\mathrm{s}}^0)\right]\\&=[c][\Delta P]+\frac{1}{2}[\Delta P]^{\mathrm{T}}H[\Delta P]\end{aligned} \tag{5-29}$$

式中，H 为海森矩阵，

$$H=\left\{h_{ij}\right\}_{(N_{\mathrm{DG}}+1)\times(N_{\mathrm{DG}}+1)},\quad h_{ij}=\begin{cases}2a_i, & i=j\\0, & i\neq j\end{cases}, \tag{5-30}$$

$$[\Delta P]^{\mathrm{T}}=\left[\Delta P_{\mathrm{DG}_1},\Delta P_{\mathrm{DG}_2},\cdots,\Delta P_{\mathrm{DG}(N_{\mathrm{DG}})},\Delta P_{\mathrm{s}}\right] \tag{5-31}$$

$$[c]=\left[c_1,c_2,\cdots,c_{N_{\mathrm{DG}}},c_{\mathrm{s}}\right],\quad c_i=2a_iP_i^0+b_i \tag{5-32}$$

系统有功平衡方程如下：

$$\sum_{i=1}^{N_{\mathrm{DG}}}P_{\mathrm{DG}_i}+P_{\mathrm{s}}=P_{\mathrm{D}}+P_{\mathrm{L}} \tag{5-33}$$

式中，P_{D} 为系统总负荷；P_{L} 为系统总网损。

对式(5-33)求取 P_{DG_i} 偏导有

$$\sum_{\substack{i=1\\ i\neq j}}^{N_{\mathrm{DG}}}\Delta P_{\mathrm{DG}_i}+\Delta P_{\mathrm{s}}=\sum_{i=1}^{N_{\mathrm{DG}}}\frac{\partial P_{\mathrm{L}}}{\partial P_{\mathrm{DG}_1}}\Delta P_{\mathrm{DG}_i} \tag{5-34}$$

进一步化简为

$$\beta_1\Delta P_{\mathrm{DG}_1}+\beta_2\Delta P_{\mathrm{DG}_2}+\cdots+\beta_{N_{\mathrm{DG}}}\Delta P_{N_{\mathrm{DG}}}=-\Delta P_{\mathrm{s}} \tag{5-35}$$

式中，ΔP_{s} 为松弛母线处有功增量；$\beta_i=(1-\partial P_{\mathrm{L}}/\partial P_{\mathrm{DG}_1})$ 为网损相关系数。

当分布式电源有功出力变化时，线路流过的功率会变化，而每条线路都有其视在功率极限值，将线路视在功率约束不等式变为增量形式后有

$$\Delta S_b^2<(\Delta S_b^{\max})^2=(\Delta S_b^{\max})^2-\Delta S_b^2 \tag{5-36}$$

式中，ΔS_b^2 是线路视在功率平方的增量，由有功与无功增量组成。

定义系统线路功率灵敏度矩阵 D，则有

$$\Delta P_b=D\times\Delta P_{\mathrm{DG}} \tag{5-37}$$

$$\Delta Q_b=D\times\Delta Q_{\mathrm{DG}} \tag{5-38}$$

式中，ΔP_b 与 ΔQ_b 分别为线路流过的有功功率增量与无功功率增量；矩阵 D 为当分布式电源节点有功或无功变化时，线路流过有功和无功的变化量。在辐射状配电网中，这两个矩阵与路径矩阵有着紧密联系，如果 T 为各分布式电源节点的路径矩阵，则如下方程成立：

$$\Delta(P_b/U_b)=T\times(\Delta P_{\mathrm{DG}}/U_{\mathrm{DG}}) \tag{5-39}$$

$$\Delta(Q_b/U_b)=T\times(\Delta Q_{\mathrm{DG}}/U_{\mathrm{DG}}) \tag{5-40}$$

式中，U_b 为支路 b 首段电压幅值；U_{DG} 为分布式电源电压幅值。考虑到网络各节点电压均在线路额定电压附近，并综合式(5-39)和式(5-40)，有 $D\approx T$。另外由于 PV 型 DG 的无功并非独立控制的，当 PV 型 DG 有功变化时，无功会在其约束范围内进行调整使得节点电压幅值保持不变，忽略节点电压虚部对幅值的影响，有如下等式成立：

$$R\Delta P_{\mathrm{DG}}+X\Delta Q_{\mathrm{DG}}=0 \tag{5-41}$$

式中，R 和 X 为系统节点阻抗矩阵中分布式电源节点所对应行列的实部和虚部。定义矩阵 $M = R^{-1}X$ 有

$$\Delta Q_{\mathrm{DG}} = M\Delta P_{\mathrm{DG}} \tag{5-42}$$

当某 PV 型节点无功已达到极限时，应将 M 矩阵中对应行置零。对于线路视在功率平方的增量有

$$\Delta S_b^2 = 2\times P_b \times \Delta P_b + 2\times Q_b \times \Delta Q_b + \Delta P_b^2 + \Delta Q_b^2 < (\Delta S_b^{\max})^2 \tag{5-43}$$

略去平方项，综合式(5-35)～式(5-43)，形成只有各电源有功作为控制量的 OPF 模型如下：

$$\begin{cases} \min \ \ F = c\Delta P_R + \dfrac{1}{2}\Delta P_R^{\mathrm{T}} H \Delta P_R \\ \text{s.t.} \ \ \displaystyle\sum_{i=1}^{N_{\mathrm{DG}}} \beta_i \Delta P_{\mathrm{DG}_i} + \Delta P_{\mathrm{s}} = 0 \\ \qquad (2P_b D + 2Q_b DM)\Delta P_{\mathrm{DG}} < (\Delta S_b^{\max})^2 \\ \qquad \Delta P_{\mathrm{DG}}^{\min} \leqslant \Delta P_{\mathrm{DG}} \leqslant \Delta P_{\mathrm{DG}}^{\max} \end{cases} \tag{5-44}$$

如上所示，OPF 问题变成了一个序列二次规划(sequential quadratic programming，SQP)的问题，而向量 $\Delta P_R^{\mathrm{T}} = \begin{bmatrix} \Delta P_{\mathrm{DG}} & \Delta P_{\mathrm{s}} \end{bmatrix}$ 则为需要求解的向量。

3) 序列二次规划法

OPF 问题的计算方法有线性规划方法、二次规划方法、非线性规划方法和智能算法等。当目标函数是二次形式，其约束条件是线性时可以用二次规划的方法解决，对于含有 DG 的 OPF 问题，可以用求解一系列二次规划问题的方法来得到最优解，这就是本节所提出的 SQP-DG 算法。

式(5-44)中，目标函数是二次的形式，而约束集是线性约束，问题的求解可以用序列 SQP 算法。SQP 算法实质上是运用 K-T(Kuhn-Tucker)最优化条件所形成的非线性方程进行迭代计算，而这一迭代过程恰好可以用求解相应的二次规划问题替代，故原问题的求解过程转化为求解一个近似二次规划的序列。对不等式约束方程，可以通过添加松弛变量将其转化为等式约束方程，因此可以用以下非线性模型抽象表示：

$$\begin{cases} \min \ \ f(x) \\ \text{s.t.} \ \ c(x) = 0 \\ \qquad x_{\mathrm{l}} \leqslant x \leqslant x_{\mathrm{u}} \end{cases} \tag{5-45}$$

式中，$f:\mathbf{R}^n \to \mathbf{R}$，$c:\mathbf{R}^n \to \mathbf{R}^m$，SQP 算法通过求解一系列的 QP 子问题来得到式(5-45)的最优解，在迭代点 x_k，QP 子问题表示为

$$\begin{cases} \min \left(\dfrac{1}{2} d^{\mathrm{T}} B_k d + \nabla g(x_k)^{\mathrm{T}} d \right) \\ \text{s.t.} \quad A^{\mathrm{T}}(x_k) d + c(x_k) = 0 \\ \qquad x_{\mathrm{l}} - x_k \leqslant d \leqslant x_{\mathrm{u}} - x_k \\ \qquad x_{k+1} = x_k + \lambda d_k \end{cases} \tag{5-46}$$

最优潮流问题求解中，该子问题对应式(5-46)。式(5-46)中 d 为搜索方向，∇g 是 f 导数，A 为 C 的雅可比矩阵，B_k 为拉格朗日函数的海森矩阵近似，用拟牛顿法进行迭代更新。拉格朗日函数为

$$L(x,\lambda,v,\pi) = f(x) + \lambda^{\mathrm{T}} c(x) + v^{\mathrm{T}}(x - x_{\mathrm{u}}) - \pi^{\mathrm{T}}(x - x_{\mathrm{l}}) \tag{5-47}$$

4) OPF 问题的 SQP-DG 算法的流程

如图 5-13 所示，SQP-DG 算法流程如下：

(1) 初始化系统各变量，如网络拓扑与编号、母线电压、节点负荷等信息以及二次规划参数 μ、ε 和初始解 $x^{(0)}$；

(2) 进行网络的潮流计算；

(3) 判断线路是否过载以及发电机和分布式电源有功无功出力是否越界；

(4) 若约束方程均满足则跳到步骤(5)，否则跳到步骤(6)；

(5) 判断目标函数值是否最小，如果已达到最小则跳转到步骤(10)，否则跳到步骤(6)；

(6) 修正网损相关系数；

(7) 计算雅可比矩阵和二次规划问题的海森矩阵；

(8) 形成一个二次规划子问题，求解子问题搜索方向 $d^{(k)}$ 及步长 $\lambda^{(k+1)}$；

(9) 修正平衡节点母线处出力和各分布式电源出力，跳转到步骤(2)；

(10) 输出最优潮流结果。

收敛的条件为搜索方向 $d^{(k)}$ 小于某一预设值，如 $\left\| d^{(k)} \right\| \leqslant \varepsilon$，$\varepsilon$ 是一个预设的浮点型的较小正数。

3. 运行潮流分析

在进行运行潮流仿真分析时，不仅需要电网结构、元件参数等这些在基本的潮流计算中所需的信息，还需要一些必要的运行数据，如负荷运行曲线、发电机运行曲线、光伏发电运行曲线及储能元件运行曲线等。

电力系统的负荷涉及广大地区的各类用户，每个用户的用电情况很不相同，且事先无法确认在什么时间、什么地点、增加哪一类负荷。因此，电力系统的负荷变化带有很大的随机性。负荷运行曲线记录负荷随时间变化的情况，并据此研

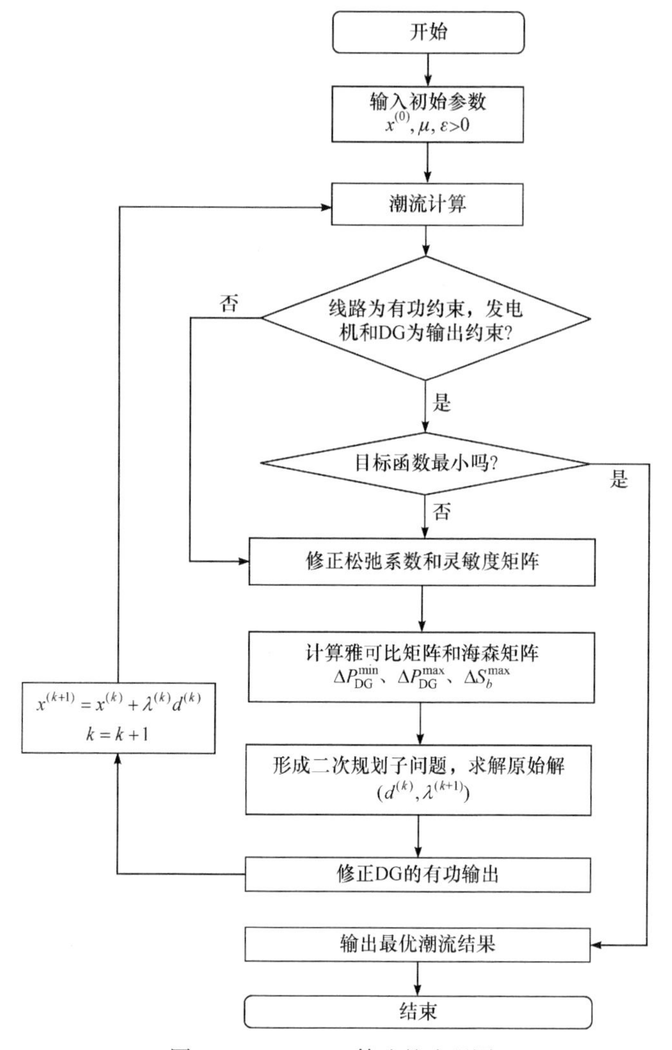

图 5-13　SQP-DG 算法的流程图

究负荷变化的规律性。电力系统中各类电力负荷的运行曲线是电力系统进行电力调度和规划的依据。负荷运行曲线一般指负荷的有功功率随时间变化的曲线，因此通常所说的负荷运行曲线是指有功功率负荷曲线。而在某些情况下，也会考虑负荷的无功运行曲线。

发电机不仅提供系统的有功支撑，还经常参与系统的无功调节和控制，因此发电机运行曲线通常分为有功运行曲线和无功运行曲线，分别与发电机的有功调度和无功控制相关。

太阳能光伏发电作为清洁无污染的新能源方式之一，正在受到越来越多的重视，具有广阔的前景。但由于太阳能光伏发电同四季、昼夜及阴晴等气象条件有密切关系，因此其发电功率也带有很大的随机性，这点是和负荷类似的。光伏发电运行曲线记录光伏元件随时间的变化情况，以供电力部门进行电力调度参考。

电力系统的负荷存在峰谷差，必须留有很大的备用容量，造成系统设备运行效率低。应用储能技术可以对负荷削峰填谷，减少系统备用需求及停电损失。另外，随着新能源发电规模的日益扩大和分布式发电技术的不断发展，储能系统的重要性也日益凸显。因此，掌握储能元件的充放电运行曲线对提高电网运行的安全性、可靠性、经济性、灵活性有较大帮助。

针对上述运行曲线，根据潮流计算运行仿真的时间长短不同，潮流分析可分为日潮流分析、年潮流分析，甚至是更短时间的潮流分析。

1) 日潮流分析

日潮流分析是对系统进行全天的潮流计算，选择一天中的多个时间点来进行潮流计算，从而掌握系统全天的潮流情况。日潮流分析可以指导发电厂的开机方式，有功、无功调整方案及负荷调整方案，以满足线路、变压器热稳定要求及电压质量要求。

一般情况下，日潮流计算以小时为单位，认为一天中有 24h，用户也可以根据自己的需求进行设置。

对于实际中的配电系统，负荷、发电机出力、光伏发电的功率以及储能装置的充放电功率并不是一成不变的，潮流计算需要掌握当前时刻它们的运行状况。用户可以为负荷定义日负荷曲线，以模拟负荷全天的变化情况，当前时刻的负荷运行功率由日负荷曲线和当前年份的负荷增长系数来决定，在某些情况下，用户还需要考虑系统的全局负荷水平。同样，发电机和 PV 元件有日发电曲线，储能元件有充放电运行曲线。

(1) 负荷模型处理。

日负荷曲线描述了一天中各时间段的用电负荷情况，如图 5-14 所示。

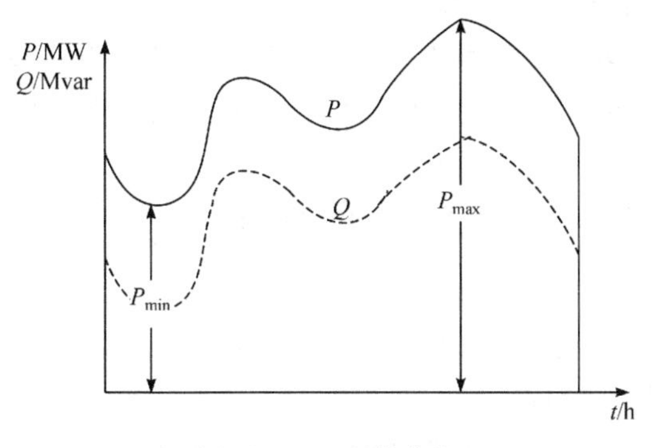

图 5-14　日负荷曲线

负荷的当前运行功率需要考虑年增长系数、全系统负荷系数及负荷运行系数，如式(5-48)所示：

$$\begin{cases} P_{\mathrm{n}} = P_{\mathrm{base}} K_{\mathrm{Y}} K_{\mathrm{M}} K_{\mathrm{LP}} \\ Q_{\mathrm{n}} = Q_{\mathrm{base}} K_{\mathrm{Y}} K_{\mathrm{M}} K_{\mathrm{LQ}} \end{cases} \tag{5-48}$$

式中，P_{n}、Q_{n} 分别为负荷在当前时刻输出的有功功率和无功功率；P_{base} 和 Q_{base} 分别为负荷的给定基准有功功率和无功功率；K_{LP}、K_{LQ} 分别为从日负荷运行曲线中得到的负荷有功功率系数和无功功率系数；K_{M} 为全系统发电机的发电系数，在不考虑系统负荷水平时忽略该参数；K_{Y} 为从负荷年增长曲线中得到的负荷年增长系数。

(2) 发电机模型处理。

发电机的日发电曲线模拟发电机全天随时间的变化情况，由发电机的运行功率系数、全系统发电机的发电系数以及发电机的给定基准功率可计算得到发电机当前的输出功率：

$$\begin{cases} P_{\mathrm{n}} = P_{\mathrm{base}} K_{\mathrm{GP}} K_{\mathrm{M}} \\ Q_{\mathrm{n}} = Q_{\mathrm{base}} K_{\mathrm{GQ}} K_{\mathrm{M}} \end{cases} \tag{5-49}$$

式中，P_{n}、Q_{n} 分别为发电机在当前时刻输出的有功功率和无功功率；P_{base} 和 Q_{base} 分别为发电机的给定基准有功功率和无功功率；K_{GP}、K_{GQ} 分别为从发电机运行曲线中得到的发电机有功功率系数和无功功率系数；K_{M} 为全系统发电机的发电系数。

(3) 光伏元件模型处理。

在日潮流分析时，首先需要输入光伏系统一天内的辐照度曲线和温度曲线。根据辐照度和温度来计算光伏系统的输出功率，如式(5-50)所示：

$$P_{\mathrm{PV}} = S_{\mathrm{rr}} P_{\mathrm{mpp}} F_T \tag{5-50}$$

式中，P_{PV} 为光伏系统中光伏板输出的有功功率；P_{mpp} 为某温度下、辐照度为 $1\mathrm{kW/m^2}$ 时，光伏阵列输出功率的基准值；S_{rr} 为从辐照度曲线上得到的当前辐照度；F_T 为当前温度对应的光伏板输出功率系数，描述光伏板输出功率与温度的关系。

考虑逆变器的工作效率，PV 系统最终的输出功率为

$$P_{\mathrm{n}} = P_{\mathrm{PV}} E_{\mathrm{FF}} \tag{5-51}$$

式中，P_{n} 为整个光伏系统的有功输出；E_{FF} 为逆变器的工作效率系数。

(4) 储能装置模型处理。

储能装置的日运行曲线模拟储能装置全天随时间的变化情况，由储能装置的功率系数和额定功率即可计算得到储能装置当前的输出功率，如式(5-52)所示：

$$
\begin{cases}
P_{\mathrm{n}} = P_{\mathrm{base}} K_{\mathrm{SP}} \\
Q_{\mathrm{n}} = Q_{\mathrm{base}} K_{\mathrm{SQ}}
\end{cases}
\tag{5-52}
$$

式中，P_{n}、Q_{n}分别为储能装置在当前时刻输出的有功功率和无功功率；P_{base}、Q_{base}分别为储能装置的基准输出有功功率和无功功率；K_{SP}、K_{SQ}分别为从储能装置日运行曲线中得到的储能装置有功功率系数和无功功率系数。

储能元件在每次求解后更新当前的运行参数来确定储能装置的工作状态和存储的能量。

2) 峰值负载日潮流分析

峰值负载日潮流分析可看成日潮流分析的一种，仅在负载峰值时进行日潮流计算，用来分析负荷最大时电力系统的安全性和稳定性。与日潮流分析相同，在峰值负载日潮流计算模式中,用户可通过选取一天中的多个时间点进行潮流计算，从而掌握系统全天的潮流情况。一般情况下，峰值负载日潮流分析以小时(h)为单位，认为一天中有 24h，用户也可以根据自己的需求进行设置。

由于峰值负载日潮流分析模式计算的是全系统负荷水平较高时网络的运行状态，在对负荷模型处理时，全系统负荷水平系数等于 1。因此，在计算当前时刻的负荷功率时忽略负荷水平系数，则有

$$
\begin{cases}
P_{\mathrm{n}} = P_{\mathrm{base}} K_{\mathrm{LP}} K_{\mathrm{Y}} \\
Q_{\mathrm{n}} = Q_{\mathrm{base}} K_{\mathrm{LQ}} K_{\mathrm{Y}}
\end{cases}
\tag{5-53}
$$

式中物理量含义同式(5-48)中。

对于发电机、光伏元件及储能装置模型的处理与日潮流分析相同，这里不再赘述。

3) 年潮流分析

年潮流计算是对系统进行全年的潮流计算。在年潮流计算模式中，用户可通过选取一年中的多个时间点来进行潮流计算，从而掌握系统全年的潮流情况。根据年潮流计算得到的信息，可以发现电网中的薄弱环节，供调度员日常调度控制参考，并对规划、基建部门提出改进网架结构，加快基建进度的建议。一般情况下，年潮流计算分析以小时为单位，近似认为一年中有 8760h，用户也可以根据自己的需求进行设置。

(1) 负荷模型。

负荷的年运行曲线模拟负荷全年随时间的变化情况。与日潮流分析类似，也可计算出负荷在当前时刻的有功和无功功率。不同的是，在年潮流分析中，负荷运行系数从年负荷曲线上得到当前时刻负荷的运行功率系数。

(2) 发电机模型。

发电机的年发电曲线模拟发电机全年随时间的变化情况。与日潮流分析类似，

可采用式(5-47)来计算发电机在当前时刻输出的有功和无功功率。不同的是，在年潮流分析中，发电系数是从年发电曲线上得到当前时刻发电机的运行功率系数。

(3) 光伏元件模型。

与日潮流分析类似，可计算整个光伏系统发出的有功功率。同样，S_{rr}是从辐照度年变化曲线上得到的当前辐照度；T为从温度年变化曲线上得到的当前温度。

(4) 储能装置模型。

储能装置的年运行曲线模拟储能装置全年随时间的变化情况，可计算储能装置在当前时刻输出的有功和无功功率。而功率系数改为从储能装置年运行曲线中得到的储能装置有功功率系数和无功功率系数。

4) 短期潮流分析

日潮流计算模式和年潮流计算模式可以方便用户了解系统全天或全年的潮流情况。但当系统中接入了风机、轧钢机、碎石机这种大功率的短期负荷以及波动性很大的发电装置时，想了解短时间内(通常是1h范围内)系统的潮流变化情况，从而研究它们的接入对系统的影响，采用日潮流计算模式和年潮流计算模式显然是无法达到要求的，因为这两种模式的时间步长通常是千秒级的，而大型电机负载的周期通常只有几秒，如果用户想深入研究大型电机负载接入系统中的潮流变化情况，则需要采用短期潮流分析。一般情况下，短期潮流分析以秒为单位，用户也可以根据自己的需求进行设置。

(1) 负荷模型处理。

负荷的短期运行曲线模拟负荷短期内随时间的变化情况。与日潮流分析类似，也可计算负荷在当前时刻输出的有功功率和无功功率。不同的是，在短期潮流分析中，负荷系数是从负荷短期运行曲线上得到的当前时刻负荷的运行功率系数。

(2) 发电机模型处理。

发电机的短期发电曲线模拟发电机短期内随时间的变化情况，可计算出发电机在当前时刻输出的有功和无功功率。只是发电系数是从发电机短期发电曲线上得到当前时刻发电机的运行功率系数。

(3) 光伏元件模型处理。

与日潮流分析类似，可计算出整个光伏系统发出的有功功率。只是S_{rr}是从辐照度短期变化曲线上得到的当前辐照度；T为从温度短期变化曲线上得到的当前温度。

(4) 储能装置模型处理。

储能装置的短期运行曲线模拟储能装置短期内随时间的变化情况，可采用前文来计算储能装置在当前时刻输出的有功和无功功率。只是功率系数是从储能装置短期运行曲线中得到的储能装置有功功率系数和无功功率系数。

5) 持续潮流分析

前面已经提到过，通过日潮流分析模式，负荷、发电机、新能源及储能装置均按照日运行曲线变化，可以掌握系统全天的潮流情况。而第一种持续潮流分析可看成一系列的日潮流分析，其运行仿真天数可以由用户设定。

(1) 持续潮流分析方法 1。

在持续潮流分析方法 1 中，日负荷曲线描述的是一天内负荷的整体变化趋势，如图 5-15 所示。负荷水平曲线描述的是系统负荷每一天的负荷水平变化，如图 5-16 所示。持续潮流分析方法 1 假定系统负荷每天的变化趋势相同，分析不同的负荷水平下系统潮流。具体来说，即对系统依次进行日潮流分析，负荷系数考虑日负荷曲线及全系统负荷水平。

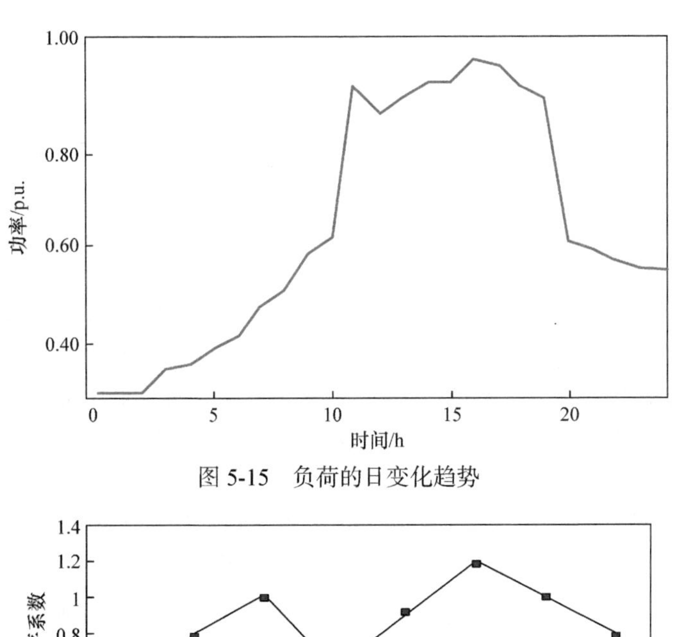

图 5-15　负荷的日变化趋势

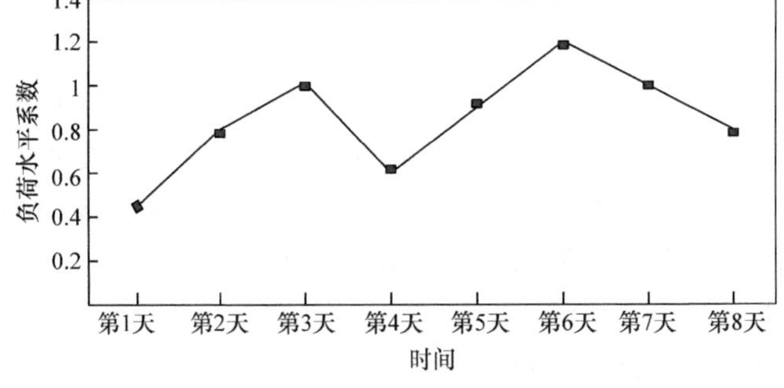

图 5-16　负荷水平变化曲线

同样可以计算得到负荷在运行过程中的有功和无功功率，但不同的是，在持续潮流分析方法 1 中，负荷水平需按照负荷水平曲线变化，因此 K_M 是从负荷水平曲线上得到当天的全系统负荷水平系数。

(2) 持续潮流分析方法 2。

持续潮流分析方法 2 与持续潮流分析方法 1 的原理类似，只是每天不再进行日潮流分析，而是选取某一固定时刻进行潮流计算。持续潮流分析方法 2 用于分析随着负荷水平的变化，系统在每天某一固定时刻的潮流运行状况。

在计算负荷在当前时刻的有功和无功功率时方法与持续潮流分析方法 1 相同，都可进行计算。只是每天只对某一固定时刻进行潮流计算，因此负荷运行系数是从日负荷曲线中得到的某一固定时刻的运行系数。

6) 算例分析

为了验证日潮流算法，这里采用 IEEE 4 节点算例进行测试，该算例的结构如图 5-17 所示。

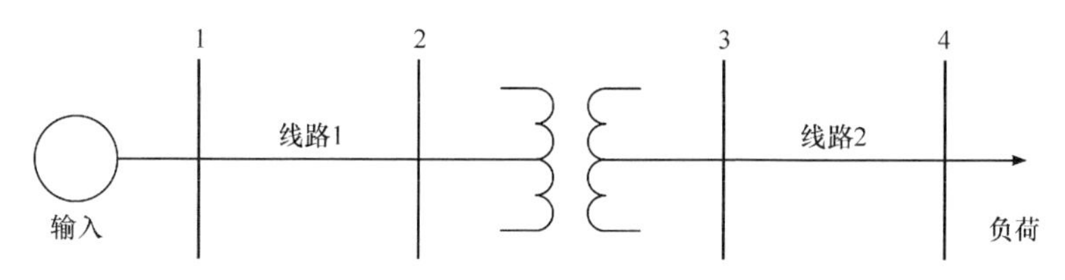

图 5-17　IEEE 4 节点算例

本算例中共有四个节点，连接在 2 号节点和 3 号节点上的变压器容量为 6000kV · A，采用 Dyn1 连接方式；4 号节点上接入恒阻抗角型负荷，有功功率为 5400kW，功率因数为 0.9(感性)；为了测量该负荷，在算例中加入两个监视器，第一个监视器工作在模式 1 下，用以检测负荷功率，第二个监视器工作在模式 0 下，用以检测节点 4 的电压以及流过负荷的电流。

算例中设置了日潮流计算所需的参数。当前潮流计算的年份为 2002 年；全局负荷系数水平为 0.7，并为负荷定义了年增长曲线以及日运行曲线；两次求解之间的时间步长为 3600s，即 1h，需求解 24 次，每整小时数时进行潮流计算。运行该算例，得到的运行结果如图 5-18 和图 5-19 所示，分别为负荷的三相功率随时间的变化曲线、4 号节点电压幅值变化曲线以及流过负荷的电流幅值变化曲线。

通过上面的仿真结果，得知运用日潮流计算模式，可以更清楚地掌握系统全天的潮流变化情况。

由图 5-18 发现负荷在 14:00 时达到最大，从 1:00 到 4:00 逐渐降低，从 4:00 到 11:00 逐渐升高，14:00 达到了这一天的最大值，从 14:00 到 24:00 又逐渐降低，1:00 到 4:00 是一天当中负荷最轻的时候。这可能更趋近于夏季的用电情况，因此具有实际的物理意义，电力公司可利用其进行调度安排。

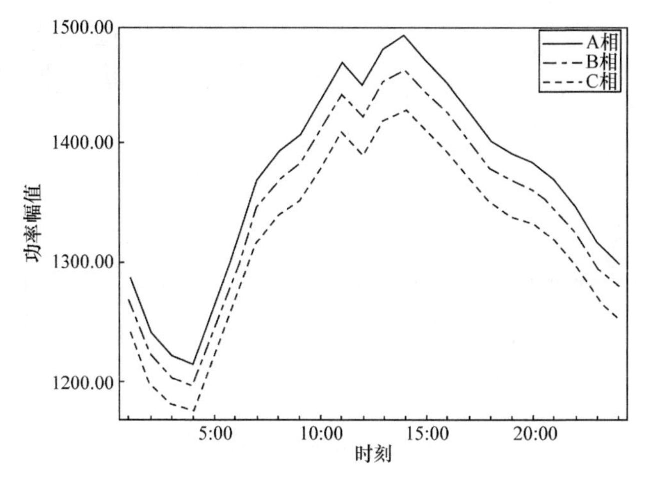

图 5-18 全天负荷的三相视在功率幅值

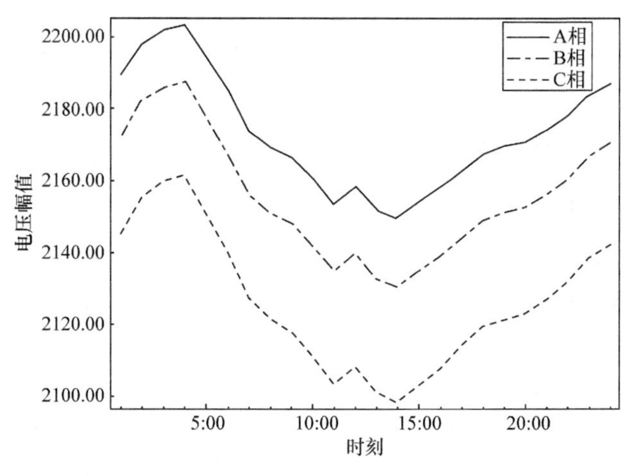

图 5-19 全天 4 号节点的三相电压幅值

分析图 5-19 可知 4 号节点全天的电压变化情况与图 5-20 中负荷变化情况相反，这不难理解，负荷高峰时节点电压水平低，负荷低谷时节点电压水平相对较高。根据仿真结果可以进行电压控制，从而保证电力质量水平。

由图 5-20 可知流过负荷全天的电流变化情况与图 5-18 中负荷变化情况大致相同。掌握了流过负荷全天的电流情况，可为设定保护动作提供一定依据。

5.3.3 风险在线仿真方法

配电网风险在线仿真属于配电网在线仿真重要的功能模块之一。完成在线数据读取和在线拓扑之后，可以进行配电网风险在线仿真。

配电网风险仿真分析包括两个过程：一个是识别风险来源，即通过技术或其

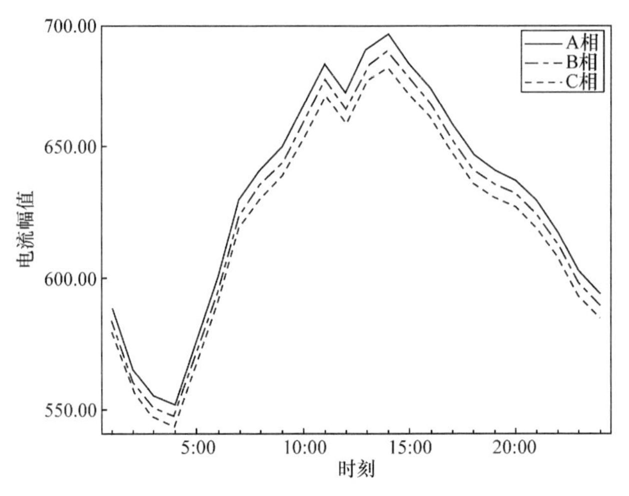

图 5-20 全天负荷上流过的三相电流幅值

他手段找到并标识出风险所在；另一个是评估风险大小。风险分析是积极主动的电力系统管理过程的必要部分，并且是对各种威胁采取必要的方法或措施以让负面结果降至最低的决策基础[5-12]。

1. 风险辨识方法

1) 风险辨识机理

在配电网中，大多数故障都有一个发生、发展的过程，在故障发生初期会有明显的先兆性现象和特征。配电网风险辨识旨在通过数据挖掘、多源信息融合、相关性分析等技术手段，对配电网采集到的多源信息数据进行分析、处理，根据不同风险类型对应的风险辨识规则，及时、准确地感知故障发生前的先兆性特征，分析事故发生的原因以及事故发生发展的趋势，实时、自动地找出配电系统中的各类安全隐患，给出综合风险等级，进行风险预警。

2) 风险辨识指标体系

风险辨识指标是对配电网风险特征进行定量评价的依据，合理的风险辨识指标体系对风险辨识的准确性有着重要的作用。在此，本节建立配电网风险辨识指标体系，并对所采用的风险辨识指标进行简要阐述。风险辨识指标体系如表 5-1 所示。

表 5-1 配电网风险辨识指标体系

一级指标	二级指标
过负荷风险辨识指标	过负荷倍数
	过负荷持续时间

续表

一级指标	二级指标
过负荷风险辨识指标	设备过负荷数量占整个中压配电网设备总数量的比例
	过负荷节点数量占整个配电网总节点数量的比例
	10kV 出口过负荷的馈线数量占整个中压配电网馈线总数的比例
	10kV 出口总负荷与中压系统供电能力的比值
过电压风险辨识指标	过电压倍数
	过电压持续时间
	设备过电压数量占整个中压配电网设备总数量的比例
	过电压节点数量占整个配电网总节点数量的比例
低电压风险辨识指标	低电压倍数
	低电压持续时间
	低电压节点数量占整个配电网总节点数量的比例
隐含性短路故障风险辨识指标	上游开关节点流过的电流与相邻下游开关节点流过的电流以及节点关联区间内所有负荷的电流之差
隐含性断线故障风险辨识指标	节点关联支路的线路阻抗
三相不平衡风险辨识指标	三相不平衡度
	三相不平衡持续时间
	三相不平衡节点数量占整个配电网节点数量的比例
谐波风险辨识指标	谐波畸变率
	谐波持续时间
局部放电风险辨识指标	设备泄漏电流
	设备泄漏电流持续时间
绝缘老化风险辨识指标	设备使用年限
	污秽区影响因子
	绝缘电阻

(1) 过负荷风险辨识指标。

指标 1：过负荷倍数，用于反映设备、节点的过负荷情况。

指标 2：过负荷持续时间，用于反映过负荷现象的持续性。

指标 3：设备过负荷数量占整个中压配电网设备总数量的比例，用于反映设备过负荷分布情况。

指标 4：过负荷节点数量占整个配电网总节点数量的比例，用于反映节点过负荷分布情况。

指标 5：10kV 出口过负荷的馈线数量占整个中压配电网馈线总数的比例，用来反映馈线出口过负荷分布情况。

指标 6：10kV 出口总负荷与中压系统供电能力的比值，用来反映整个配电网是否过负荷以及过负荷的严重程度。

(2) 过电压风险辨识指标。

指标 1：过电压倍数，用于反映设备、节点的过电压情况。

指标 2：过电压持续时间，用于反映过电压现象的持续性。

指标 3：设备过电压数量占整个中压配电网设备总数量的比例，用于反映过电压设备分布情况。

指标 4：过电压节点数量占整个配电网总节点数量的比例，用于反映节点过电压分布情况。

(3) 低电压风险辨识指标。

指标 1：低电压倍数，用于反映节点的低电压情况。

指标 2：低电压持续时间，用于反映低电压现象的持续性。

指标 3：低电压节点数量占整个配电网总节点数量的比例，用于反映节点低电压分布情况。

(4) 隐含性短路故障风险辨识指标。

指标 1：上游开关节点流过的电流与相邻下游开关节点流过的电流以及节点关联区间内所有负荷的电流之差，用于反映上游节点与下游节点所关联的区段内的电流泄漏、绝缘破坏、局部放电的情况。

(5) 隐含性断线故障风险辨识指标。

指标 1：节点关联支路的线路阻抗，用于反映配电网线路参数变化情况。

(6) 三相不平衡风险辨识指标。

指标 1：三相不平衡度，用于反映配电网三相不平衡情况。

指标 2：三相不平衡持续时间，用于反映配电网三相不平衡现象的持续性。

指标 3：三相不平衡节点数量占整个配电网节点数量的比例，用于反映配电网三相不平衡节点分布情况。

(7) 谐波风险辨识指标。

指标 1：谐波畸变率，用于反映节点及整个配电网的谐波情况。

指标 2：谐波持续时间，用于反映配电网谐波问题的持续性。

(8) 局部放电风险辨识指标。

指标 1：设备泄漏电流，用于反映配电网设备本身潜伏性局部放电情况。

指标 2：设备泄漏电流持续时间，用于反映配电网设备局部放电现象的累积持续性。

(9) 绝缘老化风险辨识指标。

指标 1：设备使用年限，用于反映配电网设备寿命。

指标 2：污秽区影响因子，用于反映设备所处环境对于设备潜伏性故障的影响。

指标 3：绝缘电阻，用于反映设备本身的绝缘水平。

3) 风险辨识步骤

配电网风险辨识可以对系统级、节点级的过负荷风险、过电压风险、低电压风险、三相不平衡风险、断线风险、短路风险、谐波风险，以及组件级的过负荷风险、过电压风险、绝缘老化风险、局部放电风险进行辨识。风险辨识总体流程框架如图 5-21 所示。

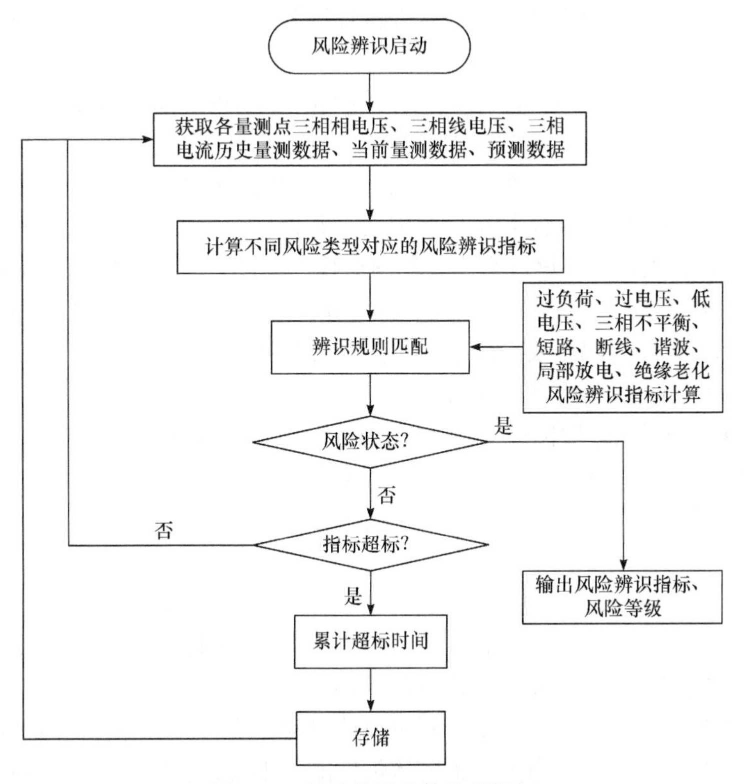

图 5-21　风险辨识总体流程框架

风险辨识步骤如下：

(1) 获取某一时间段内的配电网各量测点的三相相电压、三相线电压、三相电流历史量测数据、当前量测数据、预测数据。

(2) 计算不同风险类型对应的风险辨识指标。

(3) 将风险辨识指标计算结果与各风险辨识规则进行匹配，若规则匹配为风险状态，则根据辨识规则给出风险辨识指标、风险等级。

(4) 若规则匹配不是风险状态，则继续判断辨识指标是否超标；若不超标，则返回步骤(1)，继续进行风险辨识；若超标，则进入步骤(5)。

(5) 累计超标时间，并对超标时间进行存储，且继续返回步骤(1)，进行风险辨识。

4) 风险辨识分析方法

配电网风险发生原因和风险征兆之间存在复杂的非线性关系，一种风险原因会引起多种风险征兆，或者一种风险征兆可能是由多种原因造成的，甚至有些风险是潜在缓变的，不能片面地判断电网是否处于风险状态。

配电网风险辨识分析方法主要包括因果分析法、隐马尔可夫链和置信规则库分析方法、多源信息融合法、不确定性推理法等。下面主要介绍前两种方法。

(1) 因果分析法。

因果分析法又称鱼骨图法，是一种较严谨、详细的风险辨识方法。将因果分析法应用于复杂有源配电网风险辨识中，以结果(即风险类型)作为特性，以原因作为因素，可逐步深入研究和讨论目前存在的问题。问题的特性总是受到一些因素的影响，通过头脑风暴法找出这些因素，并将它们与特性值一起按相互关联性整理，并标出重要因素，该过程形成的图形称为特性要因图。因该图形状如鱼骨，所以又称鱼骨图，它是一种透过现象看本质的分析方法。利用此方法对配电网进行风险辨识，可以找出不安全因素及其隐患部位和敏感环节。

制作鱼骨图可分如下两个步骤：

步骤 1　分析问题原因或结构。①针对问题点，选择层别法(如人机料法环测量等)；②按头脑风暴法找出所有可能原因(因素)；③将找出的各因素进行归类、整理，明确其从属关系；④分析选取重要因素；⑤检查各要素的描述方法，确保语法简明、意思明确。

步骤 2　绘制鱼骨图。①填写鱼头(按风险类型描述)，画出主骨。②画出大骨，填写大要因。③画出中骨、小骨，填写中小要因。④用特殊符号标识重要因素。

下面将以配电网变压器过负荷风险为例说明。

按照因果分析法，以配电变压器过负荷风险作为特性，寻找导致配电变压器过负荷的主要原因：①配电变压器整体供电能力不足，台区变压器整体容量增长幅度低于用电负荷的增长速度，使得许多台区变压器超负荷供电、可靠性下降；②部分台区分布不合理；③单台配电变压器设计容量偏小，造成这一状况的原因是设计年增长率偏低及设计负荷密度偏小。最后绘制的因果分析图如图 5-22 所示。

(2) 隐马尔可夫链和置信规则库分析方法。

在配电网中，有些变量可以直接观测，有些变量则无法直接观测(即隐含变量)，只能通过其他一些可观测量来反映。相比较而言，对隐含变量进行在线建模比较困难。同时，隐含变量往往会受到外界环境因素的影响。例如，输电线路的

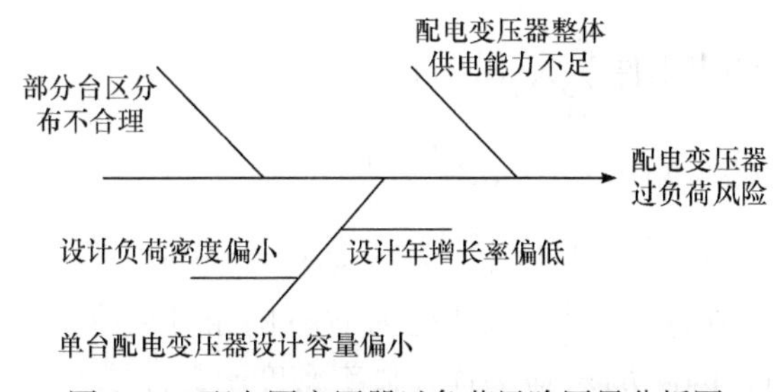

图 5-22　配电网变压器过负荷风险因果分析图

故障过程会受到气候和外界温度的影响，虽然一些研究成果考虑了环境因素的影响，且使用了一个精确的确定性数学模型来反映环境因素对隐含变量的影响，但由于配电系统存在复杂性和不确定性，往往无法建立精确的数学模型来反映环境因素与隐含变量之间的关系，只能获取包含部分定量测试数据、定性专家知识以及历史数据等不完整信息，即半定量信息。

为了有效地利用半定量信息，解决存在环境影响的复杂有源配电网在线风险辨识问题，介绍一种基于隐含马尔可夫链(hidden Markov chain, HMC)和置信规则库(belief rule base, BRB)的风险分析方法，该方法简称 HMC-BRB 方法。首先，利用 BRB 系统建立环境因素与隐含变量之间的模型，利用 HMC 建立隐含变量与可观测变量之间的模型；然后，介绍 HMC-BRB 模型参数在线估计方法，并将其应用于存在环境影响的复杂有源配电网故障风险在线辨识。经大量研究事实证明，配电系统的状态或参数满足马尔可夫方程。

首先，建立 HMC-BRB 模型的描述如下。

① 假设 S 为状态有限、事件离散的一阶马尔可夫过程，在 n 时刻，$S(n)\in\{s_1,s_2,\cdots,s_N\}$。同时，假设 $S(n)$ 不能直接被观测，但可以通过 y_n 间接反映。因此 $s_i(i=1,2,\cdots,N)$ 是隐含的。

② 令 $\pi_n=[\pi_1(n),\pi_2(n),\cdots,\pi_N(n)]^{\mathrm{T}}$ 表示由隐含状态概率分布所构成的向量，其中 $\pi_i(n)(i=1,2,\cdots,N)$ 表示在 n 时刻处于隐含状态 s_i 的概率，且

$$\pi_i(n)=P(S(n)=s_i\,|\,y(0),y(1),\cdots,y(n-1),Q) \tag{5-54}$$

式中，$\pi_i(n)$ 满足约束条件 $\sum_{i=1}^{N}\pi_i(n)=1$，表示由 HMC-BRB 模型中参数所构成的列向量；$P(\cdot|\cdot)$ 表示条件概率。

③ 假设 $\lambda(n)$=$[\lambda_{i,j}(n)]_{N\times N}$ 表示由 HMC 中各状态之间的转移概率组成的状态转移矩阵，且

$$\lambda_{i,j}(n)=P(S(n+1)=s_j\,|\,S(n)=s_i,Q),\quad i=1,2,\cdots,N,\ j=1,2,\cdots,N \tag{5-55}$$

式中，$\lambda_{i,j}(n)$满足约束条件$\sum_{i=1}^{N}\lambda_{i,j}(n)=1$。

④ 令$b(n)=\left[b_1(n),b_2(n),\cdots,b_N(n)\right]^{\mathrm{T}}$，且

$$b_i(n)=P(y(n)\big|S(n)=c,Q),\quad i=1,2,\cdots,N \tag{5-56}$$

式中，$b_i(n)$表示当$S(n)=s_i$时，观测值为$y(n)$的条件概率；$y(n)$是通过传感器获取的连续观测值，因此$b_i(n)$应为连续概率密度函数。

⑤ 由于 HMC 中有N个隐含状态，且一个 BRB 只能用来反映环境因素与从隐含状态$s_i(i=1,2,\cdots,N)$到所有状态$s_1,s_2,\cdots,s_N$的转移概率之间的关系，因此总共需要构造N个 BRB 系统。其中，第i个 BRB(记为 BRB_i)中第k条规则的描述为

$R_{i,k}$: If u_1 is $A_1^k \wedge u_2$ is $A_2^k \wedge\cdots\wedge u_M$ is A_M^k

Then{($D_{i,1},\beta_{1,k}^i$)，($D_{i,2},\beta_{2,k}^i$)，$\cdots$，($D_{i,N},\beta_{N,k}^i$)}

With a rule weight θ_k^i and attribute weight $\overline{\delta_1^i},\overline{\delta_2^i},\cdots,\overline{\delta_M^i}$

其中，$u_1,u_2,\cdots,u_M$表示前提属性(输入)，这里代表环境因素；$A_m^k(m=1,2,\cdots,M$，$k=1,2,\cdots,L)$表示第 k 条规则中第 m 个输入的参考值，且$A_m^k\in A_m$；$A_m=\left\{A_{m,j},j=1,2,\cdots,J_m\right\}$表示由第$m$个输入的参考值构成的集合，且$J_m$为参考值的数目；$\theta_k^i\in\mathbf{R}^+(k=1,2,\cdots,L)$表示第$k$条规则的规则权重；$\overline{\delta_1^i},\overline{\delta_2^i},\cdots,\overline{\delta_M^i}$表示输入权重；$\beta_{j,k}^i(i=1,2,\cdots,N$，$j=1,2,\cdots,N$，$k=1,2,\cdots,N)$表示相对于$D_{i,j}$的置信度。令$V_i$表示由 BRB_$i$ 中的参数构成的列向量，描述为

$$V_i=\left[\theta_1^i,\theta_2^i,\cdots,\theta_L^i,\overline{\delta_1^i},\overline{\delta_2^i},\cdots,\overline{\delta_M^i},\beta_{1,1}^i,\cdots,\beta_{N,L}^i\right] \tag{5-57}$$

BRB_i 用来反映环境因素与转移概率之间的关系，且用如下非线性映射来描述：

$$O_i(u(n))=\{(D_{i,j},\lambda_{i,j}(n),j=1,2,\cdots,N\} \tag{5-58}$$

式中，$O_i(u(n))$表示 BRB_i 的输出，且$u(n)=[u_1(n),u_2(n),\cdots,u_M(n)]^{\mathrm{T}}$。

根据以上描述，可得到如图 5-23 所示的 HMC-BRB 模型结构图。图 5-23 中，$u_1(n),u_2(n),\cdots,u_M(n)$表示模型输入，$\hat{y}(n)$表示由模型产生的输出的估计值。

接下来介绍适用于配电网隐含故障风险在线辨识模型方法。

配电系统一般运行在正常状态，当系统偏离正常运行状态后，会缓慢地演变到故障状态。在系统从正常到故障的变化过程中，它仍可以继续工作，此时系统处于性能退化阶段，也处于风险状态。

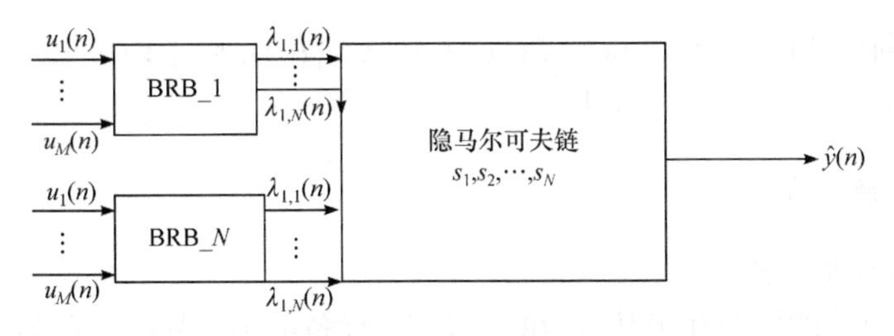

图 5-23　HMC-BRB 模型结构图

假设系统中某个特征变量 S 能够反映系统的运行状况，S 一旦超过设定阈值，则表明系统发生故障，S 为隐含变量。把 S 从正常变化到故障发生前的过程称为系统的风险发生过程。值得注意的是，系统中某个部件故障或多个部件同时发生故障时，都可能导致整个系统故障。因此，S 既可以是能够直接反映系统故障的变量，也可以是间接反映系统故障的变量。

假设隐含状态 $s_i(i=1,2,\cdots,N)$ 表示系统的故障状态，则在线风险辨识预测的实质为判断以下描述是否成立，即

$$\text{if } P\{S(n+\Delta n)\in s_i \left| I(n)\right.\} \geqslant P_{\text{th}}, \text{then the systerm is failure}$$

其中，$\left|I(n)\right.$ 表示到 n 时刻为止所获取的关于系统的有效信息；$P\{S(n+\Delta n)\in s_i\left|I(n)\right.\}$ 表示 Δn 步后相对于故障风险状态的概率预测值；P_{th} 表示预先给定的阈值，且 $0\leqslant P_{\text{th}}\leqslant 1$。

当输入和输出到来后，分成如下几步实现风险辨识：

① 利用式(5-58)对 HMC-BRB 模型中的参数向量 $Q(n)$、隐含状态概率分布向量 $\pi(n)$、期望 $u(n)$ 和概率转移矩阵 $\lambda(n)$ 进行估计。

② 根据马尔可夫过程的特点，可计算得到特征变量 S 在 Δn 步后的期望预测值为

$$E(S(n+\Delta n))=[\lambda(n)^{\Delta n} \quad \pi(n)]^{\mathrm{T}} \mu(n) \tag{5-59}$$

式中，$E(\cdot)$ 表示数学期望；Δn 表示预测步数。

③ 假设 $N=2$，即 $s(n)\in\{s_1,s_2\}$ 可以看成是两个评价等级，并由专家给出与这两个等级相对应的效用。假设 $U(s_i)(i=1,2)$ 是与 s_i 对应的效用，令 $E_{\Delta n}\overset{\text{def}}{=\!=}E(S(n+\Delta n))$，则 $E_{\Delta n}$ 相对于故障状态的概率为

$$P\{S(n+\Delta n)\in s_i\left|I(n)\right.\}=\begin{cases}\dfrac{E_{\Delta n}-U(s_1)}{U(s_2)-U(s_1)}, & U(s_1)<\Delta E_n<U(s_2)\\[2ex] \dfrac{U(s_1)-E_{\Delta n}}{U(s_1)-U(s_2)}, & U(s_2)<\Delta E_n<U(s_1)\end{cases} \tag{5-60}$$

④ 当利用式(5-60)计算得到 $P\{S(n+\Delta n)\in s_i|I(n)\}$ 后，即可根据给定的阈值 P_{th} 判断在 Δn 步后系统的运行状态。

2. 风险评估方法

1) 风险评估机理

配电网风险的根源在于其行为的概率性，设备的随机故障、负荷的不确定性、外部和人为等风险因素的影响都难以准确预测，配电网运行中不确定性事件的普遍存在意味着配电网的脆弱性和安全运行的风险在增大，更严重的是一个不确定性事件的不正确控制可能引起更多的不确定性事件连续发生，从而导致大面积连锁性停电事故。

配电网风险评估旨在对配电系统面临的不确定性因素给出可能性与严重性的综合度量，全面地评估配电网运行的安全水平，为配电网优化运行提供决策依据，最终实现配电网安全运行和经济运行的协调。

配电网风险评估采用的基本计算公式为

$$\text{Risk}(X_{t,j})=\sum_j P_{\text{r}}(L_j)(\sum_i \Pr(E_i)\times \text{Sev}(E_i,X_{t,j})) \tag{5-61}$$

式中，$X_{t,j}$ 表示 t 时间内 L_j 负荷水平下的电网运行方式；L_j 表示第 j 个可能的负荷水平；$P_{\text{r}}(L_j)$ 表示第 j 个可能的负荷水平的概率；E_i 表示第 i 个预想事故；$\Pr(E_i)$ 表示第 i 个预想事故发生的概率；$\text{Sev}(E_i,X_{t,j})$ 表示在第 j 个负荷水平下第 i 个预想事故发生后系统的严重程度。

2) 风险评估指标体系

根据风险引起的后果不同，将配电网运行风险评估指标划分为过负荷风险评估指标、过电压风险评估指标，低电压风险评估指标、失负荷风险评估指标。

(1) 过负荷风险评估指标。

过负荷风险评估指标反映的是预想事故的发生导致系统内线路、变压器传输功率过载的风险。计算公式为

$$\text{Risk}(X_{t,j})=\sum_j P_{\text{r}}(L_j)(\sum_i \Pr(E_i)\times \text{Sev}_{\text{over\_load}}(E_i,X_{t,j})) \tag{5-62}$$

(2) 过电压风险评估指标。

过电压风险评估指标反映的是预想事故的发生造成系统电压上升的风险。其计算公式为

$$\text{Risk}(X_{t,j})=\sum_j P_{\text{r}}(L_j)(\sum_i \Pr(E_i)\times \text{Sev}_{\text{over\_voltage}}(E_i,X_{t,j})) \tag{5-63}$$

(3) 低电压风险评估指标。

低电压风险评估指标反映的是预想事故的发生造成系统电压下降的风险。其计算公式为

$$\mathrm{Risk}(X_{t,j})=\sum_{j}P_{\mathrm{r}}(L_j)\Big(\sum_{i}\mathrm{Pr}(E_i)\times \mathrm{Sev}_{\mathrm{low\_voltage}}(E_i,X_{t,j})\Big) \tag{5-64}$$

(4) 失负荷风险评估指标。

失负荷风险评估指标反映的是预想事故的发生造成系统失负荷的风险。其计算公式为

$$\mathrm{Risk}(X_{t,j})=\sum_{j}P_{\mathrm{r}}(L_j)\Big(\sum_{i}\mathrm{Pr}(E_i)\times \mathrm{Sev}_{\mathrm{load\_loss}}(E_i,X_{t,j})\Big) \tag{5-65}$$

3) 风险评估步骤

配电网风险评估可以对配电网某一研究时间区间内的系统级、节点级过负荷风险、过电压风险、低电压风险、失负荷风险，以及设备可靠性风险即故障率进行评估。风险评估的具体步骤流程如图 5-24 所示。

步骤 1　确定风险评估研究时间区间。

步骤 2　根据多源信息寻找研究时间区间内可能出现的风险因素，将所研究时间段内出现的风险因素进行归类，并确定各风险因素对应的风险因子。

步骤 3　建立基于不同风险因素的组件时变停运模型，给出各组件在研究时间段内的故障率。

步骤 4　根据研究时间区间下 10kV 馈线的负荷预测曲线，建立负荷持续曲线及其多水平分级模型，给出各负荷水平的概率分布。

步骤 5　在选定的时间区间，选择一个负荷水平，确定该负荷水平下电网的运行方式。

步骤 6　在该确定的负荷水平和运行方式条件下，建立预想故障集，应用风险评估模型和算法循环进行预想故障后果分析。

步骤 7　计算选定时间区间、选定负荷水平、运行方式下的故障后果严重程度。

步骤 8　返回步骤 5，继续选择下一个负荷水平，进行预想故障后果分析。

步骤 9　待所有负荷水平下的预想故障后果分析计算完毕后，统计计算节点级、系统级过负荷、过电压、低电压、失负荷风险指标。

4) 配电网风险评估分析方法

配电网风险评估分析过程并没有非常完美的方法，现在比较流行的方法基本上是基于风险因素的重新组合或细化。通常把风险评估分析方法分为定性分析方法和定量分析方法。目前，在风险评估实践中，主要还是以定性分析方法为主。

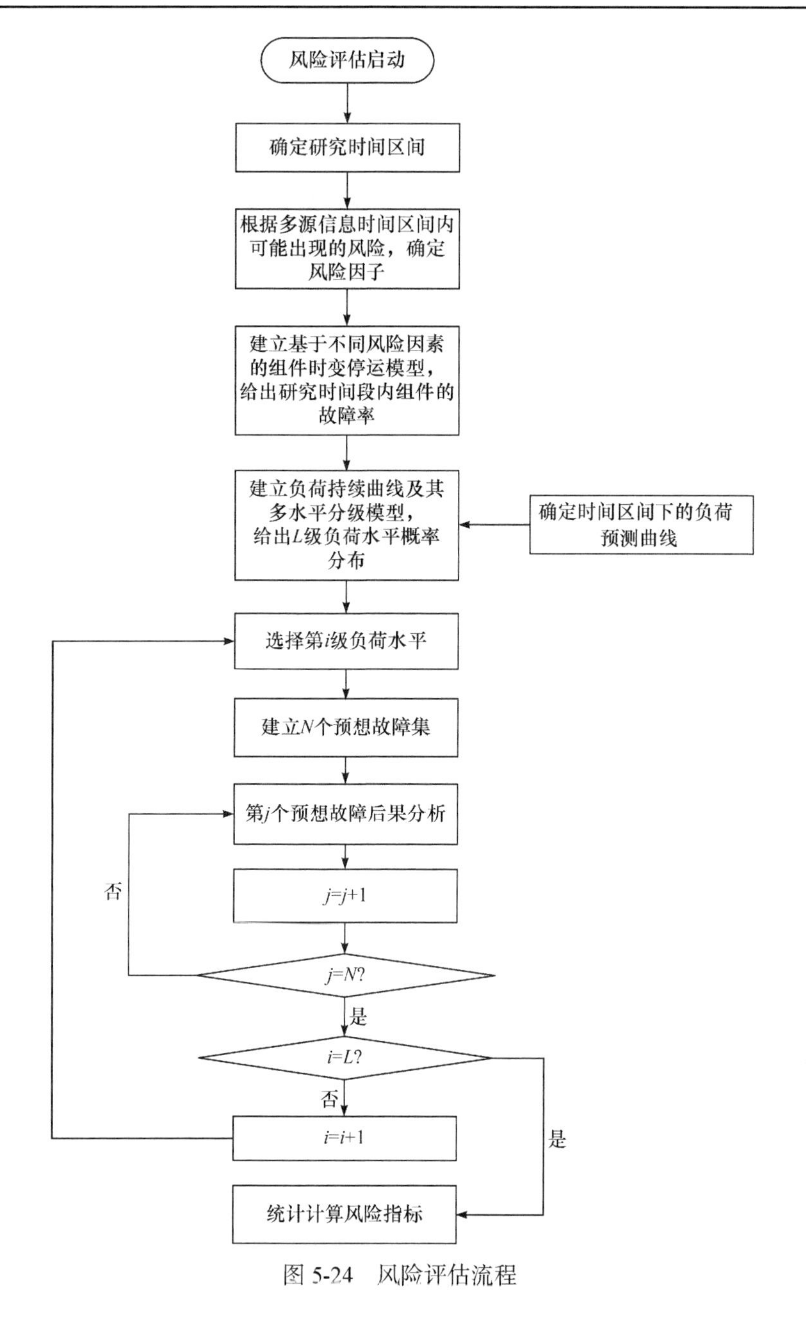

图 5-24　风险评估流程

定量分析方法是在风险分析的过程中运用精确数值，而不是文字性描述或者描述性的数值来表示相对的风险等级。定量分析从各种各样的来源中获取数据，这些数据可能是估计的一些绝对数值，但是也有相对的代表性。目前定量分析步骤主要应用在现场调查阶段，针对系统关键资产进行定量调查、分析，为后续评估工作提供参考依据。

当前，存在很多风险评估的分析理论方法，这些分析方法遵循了基本的风险评估流程，但在具体实施手段和风险的计算方法方面各有不同，大致可以分为风险评估定性分析方法、风险评估定量分析方法以及定性与定量相结合的风险分析方法。

(1) 风险评估定性分析方法。

风险评估定性分析方法主要是指用文字性描述或者描述性的数值范围来表达相对的等级。评估过程中，定性地描述事件发生的可能性，实质上就已经忽略了事件实际可能发生的概率，而只是强调在发生可能性上的相对程度。风险评估的定性方法步骤列举如下。

① 将结果(影响)按危害大小程度进行分级。危害程度越大，等级越高，如表 5-2 所示。

表 5-2　风险导致结果(影响)的等级及其定性描述

等级	标识	详细描述
1	可以忽略	风险很低，导致系统受到较小影响
2	较小	风险低，导致系统受到一般影响
3	中等	风险中等，导致系统受到较重影响
4	较大	风险高，导致系统受到较重影响
5	灾难性	风险很高，导致系统受到非常严重的影响

② 对风险发生的可能性进行等级划分。事件发生的可能性越大，级别越高。风险事件发生的可能性等级划分为 5 级，如表 5-3 所示。

表 5-3　风险发生可能性等级及其定性描述

等级	可能性描述	可能性级别定性解释
1	罕见	仅在例外的情况下可能发生
2	不太可能	在某个时间能够发生
3	可能	在某个时间可能会发生
4	很可能	在大多数情况下很可能会发生
5	几乎肯定	预期在大多数情况下发生

③ 按照如下公式，以风险分析矩阵形式确定风险等级 R_c：

$$R_c = C_c L_c \tag{5-66}$$

式中，C_c 表示风险等级；L_c 表示风险的可能性等级。计算结果如表 5-4 所示。

表 5-4　风险定性评估矩阵

可能性等级 L_c	风险等级 C_c				
	1(可以忽略)	2(较小)	3(中等)	4(较大)	5(灾难性)
5(几乎肯定)	5	10	15	20	25
4(很可能)	4	8	12	16	20
3(可能)	3	6	9	12	15
2(不太可能)	2	4	6	8	10
1(罕见)	1	2	3	4	5

注：20(含)以上要求立即采取措施；15(含)～20 需要短时间内尽快处理；10(含)～15 需高级管理部门注意并从速处理；5(含)～10 必须规定管理责任；5 以下采用日常程序处理。

④ 将矩阵中的 25 个风险值，按风险划分的标准重新映射为 1～5 个级别：20(含)以上时最高为 5 级；15(含)～20 为 4 级；10(含)～15 为 3 级；5(含)～10 为 2 级；5 以下为 1 级。

可以通过风险的定性评估，在最短时间内找到最大的风险，并给出预警信息。然而，在风险控制过程中，仅有风险定性评估还不够，还需要有风险定量评估来分析风险的严重程度以及可能带来的损失，为风险预防控制方案的制定提供理论依据。

(2) 风险评估定量分析方法。

① 状态枚举法。

对于复杂的配电系统，风险分析需要两个关键过程：第一是选择系统状态并计算状态概率；第二是针对选择的状态所引起的系统问题及其矫正措施进行分析。

系统状态选择主要有两种方法：状态枚举法和蒙特卡罗模拟法。一般来说，如果组件的失效概率很小，则状态枚举法更有效。

状态枚举法基于下面的展开式：

$$(P_1+Q_1)(P_2+Q_2)\cdots(P_N+Q_N) \tag{5-67}$$

式中，P_i 和 Q_i 分别是第 i 个组件工作和失效的概率；N 是系统中的组件数。

系统状态概率由式(5-68)给出：

$$P(s)=\prod_{i=1}^{N_f} Q_i \prod_{i=1}^{N-N_f} P_i \tag{5-68}$$

式中，N_f 和 $N-N_f$ 分别是状态 s 中失效和未失效的组件数量。正常状态时，所有的组件在运行，$N_f=0$，则式(5-68)变为

$$P(s)=\prod_{i=1}^{N}P_i \tag{5-69}$$

由系统状态的频率和平均持续时间的概率，可计算出系统状态频率和平均持续时间：

$$f(s)=P(s)\sum_{k=1}^{N}\lambda_k \tag{5-70}$$

$$d(s)=\frac{1}{\sum_{k=1}^{N}\lambda_k} \tag{5-71}$$

式中，λ_k 为第 k 个组件从状态 s 离开的转移率。如果第 k 个组件在工作，则 λ_k 是失效率；如果第 k 个组件处于停运，则 λ_k 是修复率。

由式(5-67)可看出，所有枚举的系统状态是互斥的，因此系统的累计失效概率是所有失效状态概率之和，即

$$P_{\mathrm{f}}=\sum_{s\in G}P(s) \tag{5-72}$$

式中，G 为所有失效状态的集合。

系统的累计失效频率为

$$F_{\mathrm{f}}=\sum_{s\in G}f(s)-\sum_{n,m\in G}f_{nm} \tag{5-73}$$

式中，f_{nm} 代表从状态 n 向状态 m 的转移频率。式(5-73)中表明系统失效状态间的所有转移频率必须从系统全部失效状态频率的总和中减去。这在状态枚举法中，即使不是不可能，至少也是非常困难的工作。在实际电力系统风险评估中，经常忽略这一项，从而得出系统累计失效频率的如下近似表达式：

$$F_{\mathrm{f}}=\sum_{s\in G}f(s) \tag{5-74}$$

在实际系统中，正常状态和失效状态间的转移占据了支配地位，失效状态间的转移则很稀少，因此这种近似是可接受的。

得出系统累计失效频率后，停留在系统失效状态集合的平均持续时间即由式(5-75)计算：

$$D_{\mathrm{f}}=\frac{P_{\mathrm{f}}}{F_{\mathrm{f}}} \tag{5-75}$$

应当注意的是，如果用式(5-74)计算 F_{f}，则这里的平均失效持续时间也是近似值。

可通过系统分析技术得出对应于每个系统失效状态的任何其他风险指标函

数，如负荷削减 $C(s)$，然后全部系统失效状态的指标函数的数学期望由式(5-76)给出：

$$E(C)=\sum_{s\in G}C(s)P(s) \tag{5-76}$$

应当注意，系统非失效状态的指标函数值为零，因而尽管它的概率不为零，但不对 $E(C)$ 造成影响。

② 蒙特卡罗模拟法。

在风险分析中，当严重事件数量多和/或涉及复杂的运行工况时，蒙特卡罗模拟法较为适用。它可分为序贯和非序贯抽样方法。

蒙特卡罗模拟法的基本思路是运用随机数序列产生一系列的实验样本。当样本数量足够大时，根据中心极限定理或大数定律，样本均值可作为数学期望的无偏估计。

非序贯蒙特卡罗模拟法常常称为状态抽样法，它被广泛用在电力系统风险评估中。这个方法的依据是，一个系统状态是所有组件状态的组合，且每一组件状态可由对组件出现在该状态的概率进行抽样来确定。

每一组件可用一个在[0, 1]区间的均匀分布来模拟。假设每一个组件有失效和工作两个状态，且组件失效是相互独立的。令 S_i 代表组件 i 的状态，Q_i 代表其失效概率，则对组件 i 产生一个在[0, 1]区间均匀分布的随机数 R_i，使

$$S_i=\begin{cases}0, & R_i>Q_i(\text{工作状态})\\ 1, & 0\leqslant R_i\leqslant Q_i(\text{失效状态})\end{cases} \tag{5-77}$$

具有 N 个组件的系统状态由矢量 S 表示：

$$S=\left(S_1,S_2,\cdots,S_i,\cdots,S_N\right) \tag{5-78}$$

一个系统状态在抽样中被选定后，即进行系统分析以判断其是否是失效状态，如果是，则对该状态的风险指标函数进行估计。

当抽样的数量足够大时，系统状态 S 的抽样频率可作为其概率的无偏估计，即

$$P(s)=\frac{m(S)}{M} \tag{5-79}$$

式中，M 为抽样数；$m(S)$ 为在抽样中系统状态 S 出现的次数。

序贯蒙特卡罗法是按照时序在一个时间跨度上进行的模拟，其中对建立虚拟系统状态转移循环过程有不同的方法，最通用的是状态持续时间抽样法。

状态持续时间抽样法是基于对组件状态持续时间的概率分布进行抽样，具体

步骤如下。

步骤 1　指定所有组件的初始状态，通常是假设所有组件开始处于运行状态。

步骤 2　对每一组件停留在当前状态的持续时间进行抽样。应当设定状态持续时间的概率分布。对不同的状态，如运行或修复过程，可以假设有不同的状态持续时间概率分布。例如，式(5-80)给出指数分布的状态持续时间的抽样值：

$$D_i = \frac{1}{\lambda_i}\ln R_i \tag{5-80}$$

式中，R_i是对应于第 i 个组件在[0，1]区间均匀分布的随机数。如果当前的状态是运行状态，则λ_i是第 i 个组件的失效率；如果当前的状态是停运状态，则λ_i是第 i 个组件的修复率。

步骤 3　在所研究的时间跨度(大量的抽样年)内重复步骤 2，并记录所有组件的每一状态持续时间的抽样值，即可获得给定时间跨度内每一组件的时序状态转移过程，如图 5-25 所示。

步骤 4　组合所有组件的状态转移过程，建立系统时序状态转移循环过程，如图 5-26 所示。

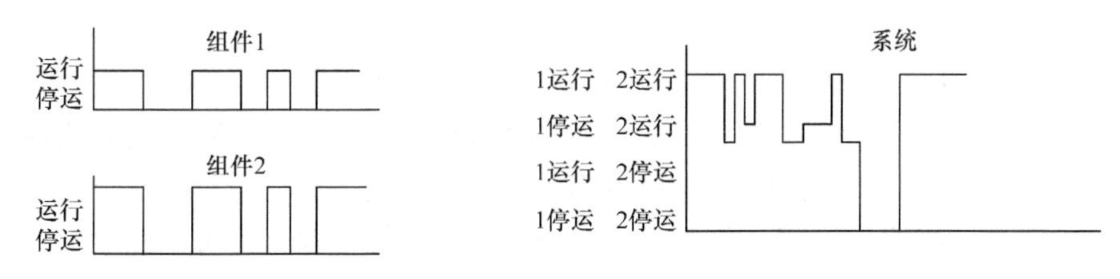

图 5-25　组件时序状态转移过程　　图 5-26　系统时序状态转移循环过程

步骤 5　通过对每一个不同系统状态的系统分析，计算风险指标函数。由于系统失效状态的发生、持续时间及其后果都能被清楚地确定并记录在系统状态转移循环过程中，系统风险指标的计算简单、直观。式(5-81)～式(5-83)是三个风险指标的通用公式：

$$P_{\mathrm{f}} = \frac{\sum_{k=1}^{M_{\mathrm{dn}}} D_{\mathrm{d}k}}{\sum_{k=1}^{M_{\mathrm{dn}}} D_{\mathrm{d}k} + \sum_{j=1}^{M_{\mathrm{up}}} D_{\mathrm{u}j}} \tag{5-81}$$

$$F_{\mathrm{f}} = \frac{M_{\mathrm{dn}}}{\sum_{k=1}^{M_{\mathrm{dn}}} D_{\mathrm{d}k} + \sum_{j=1}^{M_{\mathrm{up}}} D_{\mathrm{u}j}} \tag{5-82}$$

$$D_{\mathrm{f}}=\frac{\sum_{k=1}^{M_{\mathrm{dn}}}D_{\mathrm{d}k}}{M_{\mathrm{dn}}} \tag{5-83}$$

式中，P_{f}、F_{f}和D_{f}分别为系统失效概率、频率和平均持续时间；$D_{\mathrm{d}k}$为第k个停运状态的持续时间；$D_{\mathrm{u}j}$为第j个运行状态的持续时间；M_{dn}和M_{up}分别为在模拟时间跨度内系统失效和运行状态出现的次数。除非失效或运行状态在抽样跨度未被截尾，否则这两个被抽取的状态数一般是相同的。

由此可见，序贯蒙特卡罗法的关键在于系统状态转移过程的生成，一旦这一步骤完成，指标计算则较简单。该方法的本质是建立一个虚拟的系统运行和失效的转移循环过程。

(3) 风险评估定性与定量相结合的分析方法。

在现有的安全风险评估模型中，概率风险评估(probability risk assessment，PRA)和动态概率风险评估(dynamic probability risk assessment，DPRA)是定性评估与定量计算相结合，如故障树分析(fault tree analysis，FTA)和事件树分析(event tree analysis，ETA)为核心的分析方法。

① FTA 方法。

FTA 方法是用树状图对系统进行演绎分析，从所定义的“不希望事件”开始，在给定的边界条件下，按系统失效的规律分析系统的硬件故障、人为差错、环境影响等。通过故障树把系统故障的有关因素联系起来进行分析，便于找出系统的薄弱环节和故障谱，还可定量地求出系统的失效概率及其他可靠性参量，为配电网风险评估与改善系统可靠性提供定量数据。

故障树分析通常分为两个步骤，即定性分析和定量分析。

通过故障树定性分析来确定最小割集。可采用从下到上的上行法：从底事件开始，由下向上逐级进行，直到所有结果事件均已处理，将所得表达式逐次代入，按布尔逻辑运算规则，将顶事件T表示为底事件相乘之和的最简式，其中每一项对应一个最小割集，从而得到电网安全运行风险故障树所有的最小割集。设造成电网供电中断的初始原因有n个，用集合$C=\{X_1,X_2,\cdots,X_n\}$表示。若集合C中的全部底事件都发生，顶事件必然发生，则称C为故障树的一个割集；若去掉集合C中的任意一个底事件后就不是割集，则称C为最小割集。一个割集代表系统故障发生的一种可能性，即系统的一种失效模式。在最小割集中，出现次数最多的事件，即为影响电网安全风险最主要的因素，也是风险分析中的薄弱环节。

故障树的定量分析就是计算顶事件T(即“电网系统中断用户供电”)发生的概率。确定底事件失效的概率值P需要通过对以往电网系统的情况做大量统计。由于环境影响及采取避免风险的措施不同，系统对初始事件有着不同的响应方式，因而事件的发展过程及结果也各不相同。所以，应该对系统或者人对事件的不同响应而导致的事件序列的不同发展过程进行分析鉴别。

② ETA 方法。

ETA 又称决策树分析，是风险分析的一种重要方法，它在给定系统事件的情况下，分析此事件可能导致的各种事件的一系列结果，从而定性与定量地评价系统风险水平，并可帮助人们做出处理或防范的决策。决策树分析也分为定性分析和定量分析两个步骤。

定性分析即建立事件树。在配电网风险评估中，可利用事件树分析构造相关停运事件树，形成具有相关停运模型的系统状态。图 5-27 给出了一个简单的相关停运事件树，该树由初始事件(原发性故障)和两个安全性功能事件(本地保护动作和相邻保护动作)组成。图 5-27 中，本地保护的正常状态是指保护能够正确切除原发性故障；失效状态是指本地保护发生断路器拒动故障。当位于本地保护正常状态的事件树分支时，相邻保护的正常状态是指原发性故障不会引起该保护的误动；失效状态是指该保护发生误动。当位于本地保护失效状态的事件树分支时，相邻保护的正常状态又分为后备保护与非后备保护两种情况，后备保护的正常状态是指后备保护能够切除原发性故障，失效状态是指后备保护不能起到后备作用；非后备保护的正常状态是指非后备保护不发生误动，失效状态是指非后备保护发生误动。

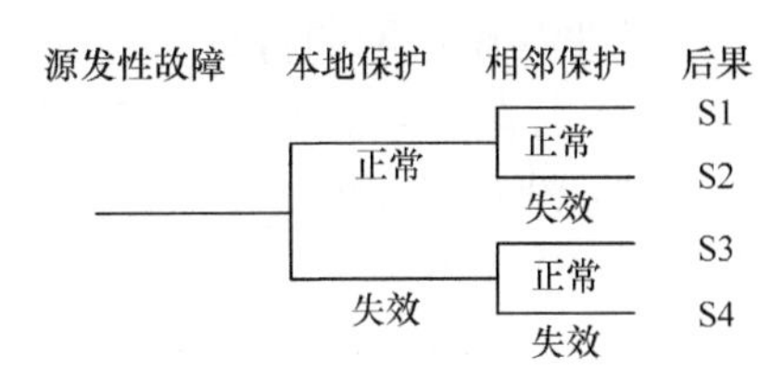

图 5-27　相关停运事件树

搜索到的系统状态数将随着事件树的层数呈指数增加，枚举所有的系统状态并不现实，可通过规定失效事件的最大阶数，将事件树终止在某个给定的层次。由于保护装置动作时，多台断路器同时拒动或多台保护同时误动或断路器拒动和保护误动同时发生的概率极低，只需考虑一台断路器拒动或一台保护误动的事件树分支，以限制相关停运事件树的分支数。另一种可行的做法是规定足够小的系统状态概率门槛值，略去概率低于门槛值的系统状态，但此方法要先给出断路器拒动概率和保护误动概率。经过以上两步骤，构造完成相关停运事件树，得到由单组件独立停运、组件组停运、保护误动、断路器拒动等模型组成的初始系统状态及其发生频率。

定量分析即计算每项事件序列发生的概率。计算时必须有大量统计数据。在缺乏历史数据和统计抽样的情况下，可以征求专家对风险危害的意见，进行风险评估。

5.3.4 故障在线仿真方法

配电网故障在线仿真属于配电网在线仿真中重要的功能之一，完成在线数据读取和在线拓扑之后，可以进行配电网故障在线仿真。其中，故障类型可以分为短路故障和断线故障[13,14]。

1. 短路故障仿真

1) 短路电流计算基本方法

中低压配电网的特点有：

(1) 除附加电源外，只有一个换算到降压变压器高压侧的电源。

(2) 没有三绕组变压器，同时变压器中性点不接地，只需要计算两相短路电流和三相短路电流。

(3) 无电抗器和三角形网络。

电力系统发生短路后，各种参数的变化是非常复杂的，为简化计算，在满足工程计算准确度的要求下，按照下列原则对短路时的一些因素进行简化处理：

(1) 认为各发电机同步旋转，各发电机输出电流的频率相同。

(2) 变压器的电抗为常数。

(3) 忽略电弧电阻的影响。

(4) 忽略各组件分布电容的影响。

(5) 认为短路前的电动势和电路是对称的。

(6) 在高压系统短路时，发电机、电源系统和变压器的电阻值都远小于电抗值，所以在计算的时候可以忽略。但是计算低压配电网的短路电流时，由于总短路电阻值比较大，甚至可能超过电抗值，其电阻不可忽略。

(7) 当电源容量大于 3 倍短路容量时，将它当作无限大容量的电源，可以认为它的输出电压在短路的暂态过程中是不变化的。

短路电流仿真中的计算过程介绍如下。

(1) 计算容量无限大的电源所提供的短路电流：由于电源容量是无限大的，电源的阻抗可以忽略，因而短路后电源的输出电压始终保持恒定，各时刻的短路电流周期分量不发生变化。

计算有限大电源提供的短路电流：电源容量有限的时候，电源的内阻抗不能忽略。在短路过程中，电源输出的端电压会发生变化，使短路电流的周期分量发生变化。

(2) 短路电流计算公式为

$$I_{\mathrm{k}}^{(3)}=\frac{U_{\mathrm{av}}}{\sqrt{3}\sqrt{R_{\Sigma}^{2}+X_{\Sigma}^{2}}},\quad \text{三相} \tag{5-84}$$

$$I_{\mathrm{k}}^{(2)}=\frac{\sqrt{3}}{2}I_{\mathrm{k}}^{(3)},\quad \text{两相} \tag{5-85}$$

式中，U_{av} 为短路前短路点的线电压；R_{Σ}、X_{Σ} 分别为换算到短路点平均电压下的总合成电阻和总合成电抗。

电压 U_1 下的电阻 R_1 和电抗 X_1 换算到电压 U_2 下的电阻 R_2 和电抗 X_2 的方法为采用如下公式：

$$R_2=R_1\frac{U_2^2}{U_1^2} \tag{5-86}$$

$$X_2=X_1\frac{U_2^2}{U_1^2} \tag{5-87}$$

当三相短路发生在异步电动机的端子上时，应考虑异步电动机反馈的电流。异步电动机反馈的冲击电流可按照 7.5 倍额定电流计算，异步电动机反馈的全电流最大有效值可按照 4 倍额定电流计算。

(3) 短路冲击电流 I_{kr} 和短路冲击全电流最大有效值 I_{km} 分别为

$$I_{\mathrm{kr}}=\sqrt{2}K_{\mathrm{r}}I_0 \tag{5-88}$$

$$I_{\mathrm{km}}=I_0\sqrt{1+2(K_{\mathrm{r}}-1)^2} \tag{5-89}$$

式中，K_{r} 为短路电流冲击系数，

$$K_{\mathrm{r}}=1+\mathrm{e}^{-\frac{0.01}{T}} \tag{5-90}$$

T 为非周期分量的衰减时间常数，

$$T=\frac{X_{\Sigma}}{314R_{\Sigma}} \tag{5-91}$$

X_{Σ} 为短路回路的总合成电抗；R_{Σ} 为短路回路的总合成电阻。

(4) 当电网中发生三相短路时，短路点的电压降为 0，原来运行的电动机和调相机因惯性而持续运行一段时间，其反电动势将大于短路点的电压。因而使电动机和相机向短路点反馈电流，成为短路瞬间出现的附加电源。

(5) 电源的电抗计算公式为

$$X_{\mathrm{S}}=X_{\mathrm{a}}''\frac{U_{\mathrm{N}}^2}{S_{\mathrm{N}}} \tag{5-92}$$

式中，X_{a}'' 为次暂态电抗相对值；U_{N} 为电源额定电压(kV)，取电压的平均值；S_{N} 为电源额定容量。

变压器的阻抗计算公式为

$$Z_{\mathrm{T}} = \frac{U_{\mathrm{k}}}{100} \times \frac{U_{\mathrm{N}}^2}{S_{\mathrm{T}}} \tag{5-93}$$

$$R_{\mathrm{T}} = \frac{\Delta P_{\mathrm{N}} U_{\mathrm{N}}^2}{S_{\mathrm{T}}^2 \times 10^3} \tag{5-94}$$

$$X_{\mathrm{T}} = \sqrt{Z_{\mathrm{T}}^2 - R_{\mathrm{T}}^2} \tag{5-95}$$

式中，U_{k} 为变压器的阻抗压降百分数；ΔP_{N} 为变压器有功损耗；S_{T} 为变压器的额定容量(MV · A)。

电缆线路的电抗为 0.08Ω/km，铜芯电缆的电阻可以按照 $R = \dfrac{L}{46.5S}$(L 为电缆的长度，S 为电缆的截面积)计算，铝芯电缆电阻为铜芯的 1.68 倍。不忽略组件的电阻时，两个组件并联后的电阻和电抗为

$$R_{\mathrm{b}} = \frac{R_1(R_2^2 + X_2^2) + R_2(R_1^2 + X_1^2)}{(R_1 + R_2)^2 + (X_1 + X_2)^2} \tag{5-96}$$

$$X_{\mathrm{b}} = \frac{X_1(R_2^2 + X_2^2) + X_2(R_1^2 + X_1^2)}{(R_1 + R_2)^2 + (X_1 + X_2)^2} \tag{5-97}$$

式中，R_1、X_1 分别为第一个组件的电阻和电抗；R_2、X_2 分别为第二个组件的电阻和电抗。

2) 分布式电源在短路计算中的处理

常见的配电网络主要呈现为单电源辐射状，因此配电网短路时短路电流一般表现为电源侧向短路点的单向流动。当分布式电源接入配电网后，会造成短路容量增加和双向短路电流等问题。分布式电源对短路电流的贡献与分布式电源相对故障点的位置、分布式电源容量、接口类型以及控制策略有密切关系。同时，分布式电源的接入改变了配电网中相关节点和线路的短路水平，将成为配电网中设备的选型、继电保护单元的整定计算、分布式电源的渗透率及容量优化等的重要依据。

分布式电源接入配电网之后，原有的单电源辐射状结构将变成含有多类型分布式电源的网格结构，分布式电源并网的位置和容量大小不同对配电网保护装置的影响也不同。当短路故障点在分布式电源下游时，分布式电源对故障点产生助增电流，流经故障点的故障电流将增大，增大的幅值与分布式电源的容量、故障点位置等有关。在整定时，容易造成上游线路与下级线路保护快速性、灵敏性和选择性的难题。当短路点在分布式电源上游时，分布式电源会产生反向的故障电流，当反向电流足够大时，无方向性组件的电流型保护容易产生误动作，失去选择性，因此在保护单元设计时可以考虑加入方向性组件。同时，故障线路上流过

双向的短路电流，且两侧短路容量差异巨大，在弱端电源侧需要校验短路电流能否启动继电保护单元。此外，含分布式电源的配电网会存在保护和重合闸单元的配合性问题。

IEC 60909 标准中不涉及分布式电源的短路计算，因此需探讨分布式电源在短路计算中的处理。分布式电源与并网接口类型紧密相关。常见的分布式电源大体可以划分为以电力电子换流器接口、异步机型接口和同步机型接口并网的分布式电源。分布式电源故障电流注入容量如表 5-5 所示。

表 5-5 分布式电源故障电流注入容量

分布式电源类型	流入短路母线终端的故障电流(额定输出电流的百分数)
换流器	100%～400%(持续时间由控制器设置决定，对某些换流器，可能小于 100%)
同步发电机	初始几个周波内 500%～1000%，衰减至 200%～400%
异步发电机	初始几个周波内 500%～1000%，在 10 个周波内衰减至可忽略的量

含电力电子换流器接口的分布式电源，由于存在硅基装置的热稳定性等，其短路电流被限制在较小的范围内，换流器以恒流源输出。一般在计算时，可以认为换流器的短路电流为

$$I''_{\text{fault}} = kI_{\text{rated}} \tag{5-98}$$

式中，k 为换流器短路输出电流与额定值的倍数，一般情况下可以取 2；I_{rated} 为换流器恒定电流。

异步机型电源和同步机型电源属于典型的旋转机型电源，基于机械电磁结构的发电机具有较强的短时耐过流能力。在短路计算时，不考虑暂态非周期过程，根据戴维南或者诺顿等效原理，分布式电源可以看成理想电源和串联电抗的等效模型。同步机型和异步机型分布式电源短路等效模型如图 5-28 所示。分布式电源在短路计算时的等效模型如表 5-6 所示。

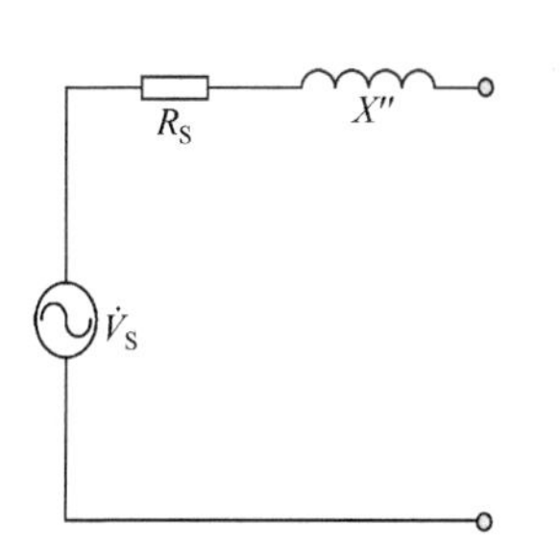

图 5-28 同步机型和异步机型分布式电源短路等效模型

表 5-6 分布式电源在短路计算时的等效模型

电源类型	V_S	R_S	X''
异步机型	$cU_n/\sqrt{3}$	$R_S \approx 0.07X''_d$	
同步机型	$cU_n/\sqrt{3}$	$R_S \approx (0.10 \sim 0.15)X''_d$	
换流器型	恒流源，一般取额定值的 2 倍左右		

3) 基于矩阵的短路电流计算方法

任一网络用节点阻抗矩阵可以表示为

$$\begin{bmatrix} \dot{U}_1 \\ \vdots \\ \dot{U}_i \\ \vdots \\ \dot{U}_j \\ \vdots \\ \dot{U}_n \end{bmatrix} = \begin{bmatrix} Z_{11} & \cdots & Z_{1i} & \cdots & Z_{1j} & \cdots & Z_{1n} \\ \vdots & & \vdots & & \vdots & & \vdots \\ Z_{i1} & \cdots & Z_{ii} & \cdots & Z_{ij} & \cdots & Z_{in} \\ \vdots & & \vdots & & \vdots & & \vdots \\ Z_{j1} & \cdots & Z_{ji} & \cdots & Z_{jj} & \cdots & Z_{jn} \\ \vdots & & \vdots & & \vdots & & \vdots \\ Z_{n1} & \cdots & Z_{ni} & \cdots & Z_{nj} & \cdots & Z_{nn} \end{bmatrix} \begin{bmatrix} \dot{I}_1 \\ \vdots \\ \dot{I}_i \\ \vdots \\ \dot{I}_j \\ \vdots \\ \dot{I}_n \end{bmatrix} \tag{5-99}$$

其中，电压向量为网络节点对“地”电压，电流向量为网络外部向各节点的注入电流，系数矩阵即节点阻抗矩阵。

矩阵的非对角元素 Z_{ij} 称为互阻抗，可以表示为

$$Z_{ij} = Z_{ji} = \left.\frac{\dot{U}_j}{\dot{I}_i}\right|_{\dot{I}_j=0,\, j\neq i} \tag{5-100}$$

实际上 $\dot{U}_j/\dot{I}_i$ 为 i 节点的单位电流在 j 节点引起的电压值。

矩阵对角元素 Z_{ii} 称为自阻抗，可表示为

$$Z_{ii} = \left.\frac{\dot{U}_j}{\dot{I}_i}\right|_{\dot{I}_j=0,\, j=i} \tag{5-101}$$

实际上自阻抗就是从 i 点看网络的等值阻抗，或者说网络对节点 i 的等值阻抗。

如果已经形成故障网络的节点阻抗矩阵，该网络只有短路点 f 注入电流方向由点到“地”，则节点电压方程为

$$\begin{bmatrix} \Delta\dot{U}_1 \\ \vdots \\ \Delta\dot{U}_f \\ \vdots \\ \Delta\dot{U}_n \end{bmatrix} = \begin{bmatrix} Z_{11} & \cdots & Z_{1f} & \cdots & Z_{1n} \\ \vdots & & \vdots & & \vdots \\ Z_{f1} & \cdots & Z_{ff} & \cdots & Z_{fn} \\ \vdots & & \vdots & & \vdots \\ Z_{n1} & \cdots & Z_{nf} & \cdots & Z_{nn} \end{bmatrix} \begin{bmatrix} 0 \\ \vdots \\ -\dot{I}_f \\ \vdots \\ 0 \end{bmatrix} = \begin{bmatrix} Z_{1f} \\ \vdots \\ Z_{ff} \\ \vdots \\ Z_{fn} \end{bmatrix} (-\dot{I}_f) \tag{5-102}$$

不考虑接地电阻，则有

$$\dot{I}_f = \frac{\dot{U}_{f0}}{Z_{ff}} \tag{5-103}$$

式中，$\dot{U}_{f0}$ 为潮流计算得出的非故障状况下的 f 点电压。

由此可见，若已知节点阻抗矩阵，则可以方便地求得任意一点的短路电流。由式(5-103)可以得到任意支路 i-j 的电流为

$$\dot{I}_{ij}=\frac{\Delta\dot{U}_i-\Delta\dot{U}_j}{Z_{ij}} \tag{5-104}$$

然而配电网作为一个复杂的网络，形成阻抗矩阵的工作量较大，而且随着分布式电源的接入，阻抗矩阵的更新也是很麻烦的，为了计算简便，可以采用以下导纳矩阵法。

采用节点导纳矩阵的节点方程为

$$\begin{bmatrix}\dot{I}_1\\ \vdots\\ \dot{I}_i\\ \vdots\\ \dot{I}_j\\ \vdots\\ \dot{I}_n\end{bmatrix}=\begin{bmatrix}Y_{11} & \cdots & Y_{1i} & \cdots & Y_{1j} & \cdots & Y_{1n}\\ \vdots & & \vdots & & \vdots & & \vdots\\ Y_{i1} & \cdots & Y_{ii} & \cdots & Y_{ij} & \cdots & Y_{in}\\ \vdots & & \vdots & & \vdots & & \vdots\\ Y_{j1} & \cdots & Y_{ji} & \cdots & Y_{jj} & \cdots & Y_{jn}\\ \vdots & & \vdots & & \vdots & & \vdots\\ Y_{n1} & \cdots & Y_{ni} & \cdots & Y_{nj} & \cdots & Y_{nn}\end{bmatrix}\begin{bmatrix}\dot{U}_1\\ \vdots\\ \dot{U}_i\\ \vdots\\ \dot{U}_j\\ \vdots\\ \dot{U}_n\end{bmatrix} \tag{5-105}$$

式中的节点导纳矩阵是节点阻抗矩阵的逆矩阵，其对角元素自导纳 Y_{ii} 为

$$Y_{ii}=\left.\frac{\dot{I}_i}{\dot{U}_i}\right|_{\dot{U}_j=0,\,j=i} \tag{5-106}$$

显然，它的值等于与 i 节点相连的支路导纳 j 的和。

非对角元素互导纳 Y_{ij} 为

$$Y_{ij}=\left.\frac{\dot{I}_j}{\dot{U}_i}\right|_{\dot{U}_j=0,\,j\neq i} \tag{5-107}$$

其值为节点 i、j 之间导纳的负值。

配电网络中节点一般只和相邻节点有连接支路，因此导纳矩阵有很多元素为零，是很容易形成的。

而使用节点导纳矩阵计算短路电流，实际上是利用该矩阵计算出与短路点 f 相关的节点阻抗矩阵的第 f 列。根据前面矩阵元素的分析，$Z_{1f}-Z_{nf}$ 的值是在 f 点通以单位电流时 1～n 点的电压值，因此可用式(5-108)计算：

$$\begin{bmatrix} Y_{11} & \cdots & Y_{1f} & \cdots & Y_{1n} \\ \vdots & & \vdots & & \vdots \\ Y_{f1} & \cdots & Y_{ff} & \cdots & Y_{fn} \\ \vdots & & \vdots & & \vdots \\ Y_{n1} & \cdots & Y_{nf} & \cdots & Y_{nn} \end{bmatrix} \begin{bmatrix} \Delta\dot{U}_1 \\ \vdots \\ \Delta\dot{U}_f \\ \vdots \\ \Delta\dot{U}_n \end{bmatrix} = \begin{bmatrix} 0 \\ \vdots \\ 1 \\ \vdots \\ 0 \end{bmatrix} \tag{5-108}$$

求得的$\Delta U_1 - \Delta U_n$值即为$Z_{1f} - Z_{nf}$值。

求解上述线性方程组有现成的计算方法，如高斯消去法、LU 分解法等。计算出相关阻抗值后，再代入式(5-103)和式(5-104)可以得到各支路的短路电流分布。

4) 分布式电源在导纳阵中的处理

假设未接入分布式电源时，系统的导纳矩阵为Y_{11}，加入分布式电源后，正常分量由潮流计算算出，计算故障分量时将会形成新的导纳矩阵Y_n'。因为理想电压源被短路，相当于在分布式电源接入节点对地增加了一个导纳，所以更新后的导纳矩阵的维数是保持不变的，只需要在相应短路节点的自导纳上增加分布式电源的导纳值即可。例如，在k节点接入阻抗为G_k的分布式电源，则更新后的导纳矩阵为

$$Y_n' = \begin{bmatrix} Y_{11} & \cdots & Y_{1k} & \cdots & Y_{1n} \\ \vdots & & \vdots & & \vdots \\ Y_{k1} & \cdots & Y_{kk} & \cdots & Y_{kn} \\ \vdots & & \vdots & & \vdots \\ Y_{n1} & \cdots & Y_{nk} & \cdots & Y_{nn} \end{bmatrix} + \begin{bmatrix} 0 & \cdots & 0 & \cdots & 0 \\ \vdots & & \vdots & & \vdots \\ 0 & \cdots & G_k & \cdots & 0 \\ \vdots & & \vdots & & \vdots \\ 0 & \cdots & 0 & \cdots & 0 \end{bmatrix} = \begin{bmatrix} Y_{11} & \cdots & Y_{1k} & \cdots & Y_{1n} \\ \vdots & & \vdots & & \vdots \\ Y_{k1} & \cdots & Y_{kk}+G_k & \cdots & Y_{kn} \\ \vdots & & \vdots & & \vdots \\ Y_{n1} & \cdots & Y_{nk} & \cdots & Y_{nn} \end{bmatrix} \tag{5-109}$$

如果有多个分布式电源接入电网,同样只需要改变相对应节点的自导纳即可。更新导纳矩阵之后，可以按照上述短路电流计算方法计算接入分布式电源后的短路电流故障分量。基于节点导纳矩阵计算含分布式电源的配电网短路电流流程如图 5-29 所示。

2. 断线故障仿真

常用的断线计算方法有补偿法、灵敏度分析法、直流潮流法，也可以直接修改数据文件进行潮流计算分析。本部分结合配电网的特点来简化灵敏度分析方法，这种简化使得计算时间减少，省去了大量中间计算迭代的过程，可显著提高断线仿真的效率，并且有很高的计算精度，具体过程如下。

对于正常情况下含分布式电源/微网/储能装置的配电系统状态，可以概括为

$$W_0 = f(X_0,Y_0) \tag{5-110}$$

式中，W_0为正常情况下节点有功、无功注入的功率向量；X_0为正常情况下由节点电压、相角组成的状态向量；Y_0为正常情况的网络参数向量。

假设系统注入功率发生的扰动为ΔW，网络发生变化为ΔY，即断线故障发生后导致导纳矩阵变化，从而使得状态向量X也会随之发生变化，设变化量为ΔX，可根据泰勒级数展开推导出

$$\Delta X = S_0 \Delta W_{\text{eq}} \tag{5-111}$$

式中，S_0为灵敏度矩阵；ΔW_{eq}为雅可比矩阵的逆矩阵，

$$\Delta W_{\text{eq}} = [I + L_0 S_0]^{-1} \Delta W_1 \tag{5-112}$$

式中，I为单位阵；$L_0 = f''_{xy}(X_0,Y_0)\Delta Y$，$\Delta W_1 = -f'_y(X_0,Y_0)\Delta Y$。$\Delta W_1$矩阵中仅与断线节点有关的元素是非零元素，因此进一步可推导出：

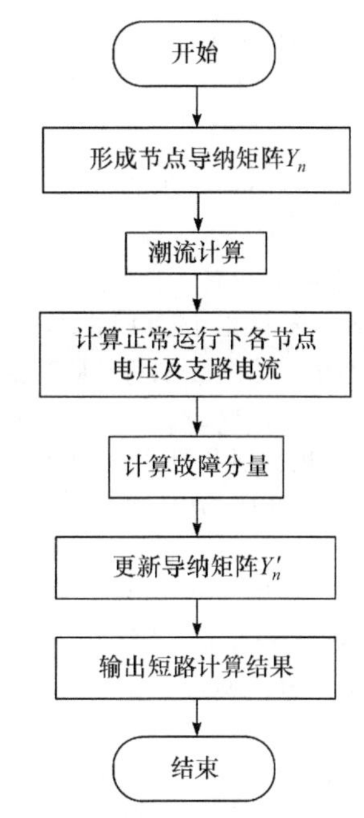

图 5-29　基于节点导纳矩阵计算含分布式电源的配电网短路电流流程图

$$\Delta W_1 = [0 \quad L \quad 0 \quad P_{ij} \quad Q_{ij} \quad 0 \quad L \quad P_{ij} \quad Q_{ij} \quad 0 \quad L \quad 0] \tag{5-113}$$

由于配电网相邻节点电压相差不大($\sin\theta_{ij} \approx 0$)，且有

$$G_{ij} + \text{j}B_{ij} = -\sum_{j\in i, j\neq i} (G_{ij} + \text{j}B_{ij}) \tag{5-114}$$

故可简化矩阵运算，有

$$L_0 = \begin{bmatrix} -B_{ij}U_iU_j\cos\theta_{ij} & G_{ij}U_iU_j\cos\theta_{ij} - 2P_{ij} & B_{ij}U_iU_j\cos\theta_{ij} & -G_{ij}U_iU_j\cos\theta_{ij} \\ -G_{ij}U_iU_j\cos\theta_{ij} & -B_{ij}U_iU_j\cos\theta_{ij} - 2Q_{ij} & G_{ij}U_iU_j\cos\theta_{ij} & B_{ij}U_iU_j\cos\theta_{ij} \\ B_{ij}U_iU_j\cos\theta_{ij} & -G_{ij}U_iU_j\cos\theta_{ij} & -B_{ij}U_iU_j\cos\theta_{ij} & G_{ij}U_iU_j\cos\theta_{ij} - 2P_{ij} \\ G_{ij}U_iU_j\cos\theta_{ij} & B_{ij}U_iU_j\cos\theta_{ij} & -G_{ij}U_iU_j\cos\theta_{ij} & -B_{ij}U_iU_j\cos\theta_{ij} - 2Q_{ij} \end{bmatrix} \tag{5-115}$$

根据式(5-114)可计算出注入功率的等值变化量；在求取灵敏度矩阵时，也同样考虑电压变化最小的原则可简化雅可比矩阵的计算，进而加快求取ΔW_{eq}的速度；最后可根据式(5-115)求解得节点电压、相角的变化量。此方法以节点注入功率的增量模拟断线的影响，根据矩阵运算求得断线故障时各节点电压相角的改变量，从

而求得最终结果。

参 考 文 献

[1] 汤涌. 交直流电力系统多时间尺度全过程仿真和建模研究新进展[J]. 电网技术, 2009, 33(16): 1-8.
[2] 蒲天骄, 陈乃仕, 王晓辉, 等. 主动配电网多源协同优化调度架构分析及应用设计[J]. 电力系统自动化, 2016, 40(1): 17-23, 32.
[3] 李媛禧, 顾荣伟, 林今. 基于混合仿真的主动配电网运行态势时序仿真平台[J]. 电力自动化设备, 2017, 37(5): 142-147, 154.
[4] 叶学顺, 刘科研, 孟晓丽, 等. 一种面向复杂配电网的在线优化仿真系统: CN 201510486151.7[P]. 2017-02-22.
[5] 冯永青, 吴文传, 张伯明, 等. 基于可信性理论的电力系统运行风险评估: (三)应用与工程实践[J]. 电力系统自动化, 2006, 30(3): 11-16.
[6] 张云晓, 郑春莹, 郭瑞鹏, 等. 宁波电网运行风险分析及决策支持系统[J]. 电力系统保护与控制, 2011, 39(11): 90-94.
[7] 崔建磊, 文云峰, 张金江, 等. 面向调度运行的电网安全风险管理控制系统: (一)概念及架构与功能设计[J]. 电力系统自动化, 2013, 37(9): 66-73.
[8] 崔建磊, 文云峰, 郭创新, 等. 面向调度运行的电网安全风险管理控制系统: (二)风险指标体系、评估方法与应用策略[J]. 电力系统自动化, 2013, 37(10): 92-97.
[9] 王一枫, 汤伟, 刘路登, 等. 电网运行风险评估与定级体系的构建及应用[J]. 电力系统自动化, 2015, 39(8): 141-147.
[10] 杨媛媛, 杨京燕, 黄镇. 配电网风险评价体系及其应用[J]. 现代电力, 2011, 28(4):18-23.
[11] 苏海锋, 姜小静, 梁志瑞. 考虑多种影响因素的配电网运行风险评估[J]. 电测与仪表, 2014, 51(6): 34-38.
[12] Kjolle G, Sand K. RELRAD—An analytical approach for distribution system reliability assessment[J]. IEEE Transactions on Power Delivery, 1992, 7(2): 809-814.
[13] 吴争荣. 含分布式电源配电网的故障分析与保护新原理[D]. 广州: 华南理工大学, 2012.
[14] 翁嘉明, 刘东, 王云, 等. 信息物理融合的有源配电网故障仿真测试技术研究[J]. 中国电机工程学报, 2018, 38(2): 497-504, 680.

第6章　复杂有源配电网分布式并行及快速仿真理论

6.1　配电网并行快速仿真技术概述

在预期需要的时间内完成仿真过程，针对系统需求能提前做出辅助决策，即可被认为是快速仿真。随着配电系统规模的逐渐增大，运行情况越来越复杂，配电网仿真在处理大规模网络计算时的速度和效率问题成为制约仿真应用的关键性技术问题。由于受到计算机技术、软件开发和分析算法等方面的限制，对配电系统进行仿真时速度往往达不到预期要求[1,2]。因此，迫切需要复杂有源配电网的分层分区方法实现网络规划的化简，通过分布式并行计算技术实现仿真速度的有效提升，从而不断提高与完善仿真技术，促进配电网快速仿真的能力不断得到提高[3,4]。

6.2　分层分区的配电网快速拓扑仿真计算理论与方法

配电网络拓扑分析实质上就是计算各设备的连接关系，并用一定的方式把这些连接关系进行存储。拓扑分析在配电网仿真计算中处于十分重要的位置，许多高级分析计算都是在拓扑分析结果的基础之上进行的，如潮流计算、短路计算、网架优化等。

分层分区，是指按电压等级将配电网分成若干结构层次，在不同结构层次按供电能力划分出若干供电区域，在各区域内根据电力负荷安排相应的电力供应，形成区域内电力供需大致平衡。

合理分层，是指按网络电压等级，即网络的传输能力，将电网划分成由上至下的若干结构，以利于电源尽快直接供给负荷，避免因多次升压、降压及迂回送电造成不必要的损耗。

合理分区，是以受端系统为核心，将外部电源连接到受端系统，形成一个供需基本平衡的区域，并经联络线与相邻区域相连，形成若干个由上而下的辐射状的、相对独立又能相互支援的供电分区结构。建立电力系统分区的概念，进行电力系统的合理分区，是为了能更好地指导电力网络的规划、建设和运行，有利于控制短路电流以及安全而经济地实现有功和无功电力的调整和平衡，也有助于实现科学的调度管理[5]。

随着国民社会经济的持续较快发展，我国配电系统的规模日益增大，复杂程度日益加深，配电网的大规模复杂系统特征日益凸显，而网络拓扑分析作为各类配电高级分析应用的基础，迫切需要提出有效的快速分析方法，以适应大规模网络拓扑分析对计算时间等方面的需求。随着 IEC 61968 和 IEC 61970 成为国内外业内广泛认可的能量管理系统应用程序接口标准，如何基于公共信息模型(common information model, CIM)建立配电网络拓扑模型和实现相关分析，也显得尤为重要。

配电系统的拓扑分析一般可以分为厂站分析(变电站)和网络分析，配电网络的复杂性主要体现在中压配电馈线网络方面，因此本节主要针对中压配电网络展开论述。

6.2.1　配电网络分层分区拓扑分析理论基础

图论是拓扑分析理论的基础，下面介绍几个基本概念。

图：一个无向图记作 $G = (V, E)$，其中 V 是一个非空集合，它的元素记为图的节点，E 是 V 中的无序组合，它的元素称为图的边。

树：一个连通且不含回路的无向图称为无向树，简称树。

有向树：一个有向图，如果只有一个节点的引入次数为 0，其余节点的引入次数为 1，则称该树为有向树。

度：图中某一节点引入与引出次数的和。如果为有向图，则引入次数为入度，引出次数为出度。入度加出度等于度。

叶节点：网络中的末端节点，满足度为 1。

路径：如果两个节点之间存在连通关系，则称节点间存在路径。

树搜索法是针对网络拓扑分析最常用的方法，常用的树搜索法包括深度优先搜索(deep first search, DFS)法和广度优先搜索(bread first search, BFS)法。

深度优先搜索法的具体搜索过程如下：在访问图中某一起始定点 V 后，访问 V 的任意相邻节点 V_1；再从 V_1 出发，访问与 V_1 相邻但还未访问过的节点 V_2；再从 V_2 出发，进行类似的访问，如此进行下去，直到到达所有相邻节点都被访问过的节点 U 为止。接着，退回一步，返回到前一次刚访问的节点，看是否还有其他没有被访问过的相邻节点。如果有，则访问此节点，之后再从此节点出发进行与前述类似的访问；如果没有就再退回一步进行搜索。重复上述过程，直到连通图中所有节点都被访问过为止。

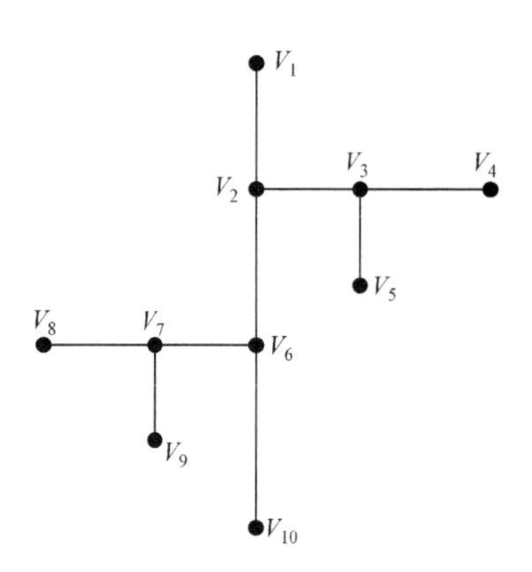

图 6-1　树状图示例

以图 6-1 中的树状图为例，在深度优先搜索法中一个可能的节点遍历访问顺序是：V_1，V_2，

V_6，V_{10}，V_7，V_8，V_9，V_3，V_4，V_5。

广度优先搜索法的具体搜索过程如下：在访问图中某一起始定点 V 后，由 V 出发，依次访问 V 的各个未被访问过的相邻节点 V_1，V_2，…，接着访问 V_1 的各个未被访问过的相邻节点，如此依次进行，直到连通图内所有节点都被访问过为止。

广度优先搜索法一个可能的节点访问顺序是：V_1，V_2，V_6，V_3，V_7，V_{10}，V_4，V_5，V_8，V_9。

配电网正常运行时呈辐射状供电，同一时间内网络中的电流按照一定的方向流动，即从电源点流向所有和它连接的网络设备，直至网络末端。正常运行方式下，配电网中的每个网络设备只能和至多一个电源点有连接关系才能避免电源冲突。因此，配电系统正常运行时的网络拓扑结构是一个没有回路的有向图，即典型的树状结构。

相应的配电网结构名称定义如下。

节点：变电站、变压器、开关、杆塔等抽象为节点，对应图论中图的顶点集合 $V(G)$。

支路：线路抽象为支路，对应图论中图的边集合 $E(G)$。

根节点：变电站即电源点称为根节点。

各变电站出口节点集合定义为 $\text{Root}=\{R_1, R_2, \cdots, R_i, \cdots, R_n\}$。这样就可以根据配电网树状网络运行的特点，把配电网定义为以各变电站出口节点为根节点连通的树图 $G=(V(G), E(G))$。

6.2.2　基于 CIM 的配电网分层分区拓扑分析模型

标准 IEC 61968 和 IEC 61970 中分别描述了配电管理系统和能量管理系统的应用程序接口。两个系列标准共同定义了电力系统 CIM。它是电力企业应用集成的重要工具，包括公用类、属性、关系等，其类及对象是抽象的，可以用于许多电力系统应用，是逻辑数据结构的灵魂，可定义信息交换模型。

CIM 为很多标准化组织所认可和引用，它提供了一个关于电力能量管理系统信息的全面逻辑视图，是一个代表电力企业所有主要对象的抽象模型，如图 6-2 所示。需要指出的是，CIM 不是数据库，仅仅是数据模型(元数据)；遵从 CIM 意味着公用接口的数据表示符合 CIM 三方面的要求，即语义(命名和数据的意义)、词法(数据类型)、关系(根据与 CIM 其他部分的关系可以找到与此相关的数据)；遵从 CIM 并不意味着数据库的结构与 CIM 的类图完全一致，也不意味着支持 CIM 的所有方面。

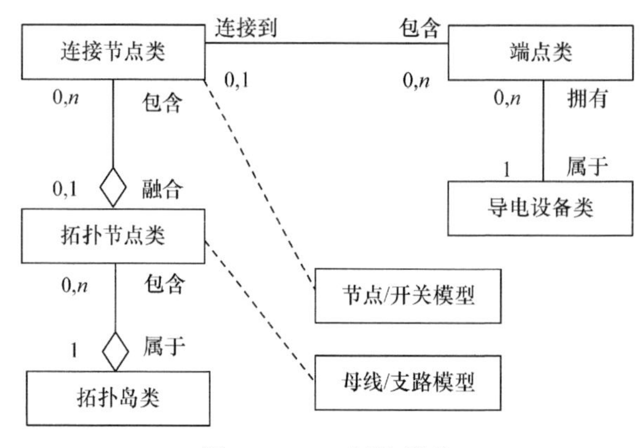

图 6-2　CIM 拓扑模型

CIM 中有两个内容层次：一个是以电力系统资源类为中心，关注这些资源本身的参数(如电容的电导和电纳)、关联的参数(如开关一端的电流)和所属关系；另一个是以连接端为中心，建立了传导设备的连接关系，从而形成拓扑。连接端类是核心包中一个非常重要的类，每个传导设备包括若干个连接端。这些连接端表示这些传导设备空间上的连接信息。

拓扑包是核心包的扩展，通过传导设备连接端的连接情况描述网络的拓扑情况。它与终端类一起来建立连接模型，而连接模型是设备怎样连接在一起的物理定义；还建立了拓扑模型，这是设备怎样通过闭合开关连接在一起的逻辑定义。拓扑的定义与其他电气特征无关。

拓扑包定义了拓扑关系的类，配电网主要涉及其中五个类：端点类、连接节点类、拓扑节点类、拓扑岛、导电设备类。端点是导电设备的电气点，连接节点是导电设备端点的无电阻融合点，实际上是节点/开关模型中的节点。

6.2.3　配电网络分层分区快速拓扑分析方法

1. 基于配电 GIS 导出数据化简来提高拓扑分析效率

随着 GIS 在配电系统的广泛应用，许多配电应用系统都是基于配电 GIS 导出数据进行各项高级分析应用。由于 GIS 直接导出的数据往往规模庞大复杂，元件规模可以达到海量级别，直接采用配电 GIS 导出数据进行拓扑分析将出现占用存储空间大、计算量大、速度慢等问题。尤其是随着配电自动化等先进配电技术的发展与应用，配电网络运行将更为灵活多样，迫切需要对配电 GIS 导出数据进行适当简化，以达到快速拓扑分析的目的。

1) 基本思想

配电网分层分区快速拓扑分析方法主要是为了解决 GIS 导出数据应用于拓扑

分析计算时出现的计算时间过长问题，因此要能够充分化简数据规模，还要能够保证在应用化简数据进行分析时所得结果与应用未化简数据进行同项计算时所得结果保持一致性，即对数据的保真性有较高要求。数据的保真性主要从以下几个方面考察。

(1) 网络拓扑信息：网络拓扑信息的保真是指化简数据能否如实反映化简前网络的基本结构，如馈线树间的联络关系、馈线内分段情况、设备连接关系等。网络拓扑信息的保真才能保证拓扑分析以及基于拓扑分析结果开展的各项高级分析是基于目标点网络进行的，是保证工作有效性的基本条件。

(2) 设备属性信息：设备属性信息的保真是指变电站、线路、配变、开关、电杆等设备的电气参数、地理坐标数据等信息化简后不丢失。各设备的电气参数是进行以拓扑分析为基础的潮流计算等高级分析的基础，也是保证分析结果正确性的重要条件；地理坐标数据记录了设备的地理位置，也能保证人机交互的顺利进行。

(3) 网络负荷信息：网络负荷信息的保真是指简化过程中不能丢失网络中节点负荷信息。

(4) 网络分析计算结果：网络分析计算结果的保真是指为以拓扑分析为基础的潮流计算、短路计算等分析计算结果化简前后的一致性。

2) 化简方法

对配电 GIS 直接导出数据进行分析，会得知有部分节点(主要是杆塔节点)是否存在并不影响网络的拓扑结构，经过信息合并也不会造成网络信息的丢失，将这些节点定义为冗余节点，它们是主要的化简对象。

将满足下面条件的节点界定为冗余节点：在原始模式网络中满足度为 2 且无负荷挂接和无电源接入的点。

对冗余节点的化简方法是保留其两侧相邻节点，将两侧相邻支路的阻抗、长度和地理坐标信息进行合并，最后将冗余节点的记录在库中删除，将原来冗余节点相邻的两条支路合并为一条支路。

删除冗余节点后，不会造成电气参数的丢失，所以不会影响潮流计算等高级计算的结果。由于信息合并过程中保留了地理坐标信息，这样在调用自动成图模块显示网络时也能够正确显示线路位置。

经这一层化简后，网络数据规模有所减小，除冗余节点相关的拓扑信息和属性信息丢失外，没有丢失其他信息，故网络负荷信息、网络分析计算结果的保真度都可达到 100%。

2. 提高拓扑分析算法效率的改进方法

配电网络在结构上规模极为庞大，这就要求拓扑算法必须快速、高效。除了编程时对代码进行优化，还要对标准的拓扑算法采取一定的改进措施，以提高网络拓扑辨识算法的执行效率。以下为两种提高拓扑分析算法效率的改进方法[4,5]。

1) 对节点-开关关联表按节点排序

对节点-开关关联表按节点排序后，在母线分析过程中，搜索范围就可以只限定在节点所连的开关数据范围内，搜索范围缩小，可以有效地减少搜索时间。在节点-开关关联表中，虽然开关状态一直是变化的，但节点和开关的关联关系是不变的，不需要在每次网络拓扑辨识时都对节点-开关关联表重新排序，节点-开关关联表的排序工作可以在首次全网络拓扑时进行，把排序结果储存起来，以后进行网络拓扑辨识时直接使用，这样可以大大提高网络拓扑辨识的速度。

2) 局部拓扑

由于配电网系统规模庞大，开关、刀闸的数目巨大，如果每个开关的变位都要重新计算全网的拓扑，必然导致算法不能及时响应。而实际上某个开关变位影响的往往只是和它关联的局部网络，因此，在全网拓扑结果的基础上，根据某个变位的开关进行局部拓扑，用局部拓扑结果对全网拓扑结果进行修正，一样可以达到与全网拓扑一致的结果，这样就可以极大地提高算法的执行效率。采用了局部拓扑功能的网络拓扑辨识算法，可以满足大规模配电网系统对拓扑算法执行效率的要求。

6.2.4　基于凝聚层次聚类的配电网自动分区方法

基于凝聚层次聚类(hierarchical agglomerative clustering, HAC)的配电网自动分区方法采用自底向上的分类策略，首先将每个对象单独作为一个类，然后依次合并类间距离最近的两个类为一个新类，直到所有对象都被合并为一个类。

自动分区方法使用类中对象的质心来代表类，类与类之间的距离定义为类与类质心之间的距离。在此基础上对类间距离度量进行如下修正。

首先，引入规模因子α和分布式电源分布因子β，利用式(6-1)修正：

$$D(K_i,K_j)=\mathrm{dis}(K_i,K_j)\times\alpha^{(N(i)+N(j))}\times\beta^{(N_{\mathrm{DG}}(i)+N_{\mathrm{DG}}(j))} \tag{6-1}$$

式中，$D(K_i,K_j)$为修正后的类间距离；$\mathrm{dis}(K_i,K_j)$为通过质心距离定义的类间距离；$N(i)$、$N(j)$分别为子区域K_i、K_j中节点；$N_{\mathrm{DG}}(i)$、$N_{\mathrm{DG}}(j)$分别为子区域K_i、K_j中分布式电源的数目；α、$\beta\in[1.0,1.1]$。

修正后的电气距离可以有效反映区域内节点和分布式电源数目对聚合过程的影响，能够有效抑制分区结果子区域间节点规模差距悬殊的问题，并有利于接入分布式电源的节点在各子区域中合理分配。

其次，对于不存在任何联络线直接相连的两个子区域，将其类间距离设置为无限大，可以保证两个子区域被合并后不会存在孤立的节点。

聚类过程加速因子 δ 被定义为每一次聚合过程之后类间距离的最小值，即在该次聚类过程中，类间距离小于 δ 的类对将同时被聚合，避免传统 HAC 的每次聚合过程只合并类间距离最小的两个类并需要重算类间距离造成的时间大量消耗。δ 值在聚合迭代过程中需要不断更新以保证聚类过程合理，本节提及的自动分区方法中将 δ 值设置为上一次聚类过程完成后类间距离平均值的 1/10。

自动分区方法通过分析统计量 F 值随分区数目的变化来确定分区数目。F 值越大，说明类间特征差异越明显，分类越合理。但分类数目过多会导致子区域间数据通信量增大、系统收敛速度变慢等问题。根据经验，分类数目不应超过 $\sqrt[3]{n}$ ，其中 n 为节点数量。所以目标分区数目应确定为 $\sqrt[3]{n}$ 以下且统计量 F 值最大处所对应的分类数目[6-9]。

如图 6-3 所示，基于 HAC 的配电网自动分区方法的详细流程如下：

(1) 求取节点间等效电气距离作为节点特征；

(2) 将电力系统中每一个节点单独分为一类，计算类间距离；

(3) 初始化 δ ；

(4) 查找所有类间距离小于 δ 的类对，若没有符合该条件的类对，则选取类间距离最小的类对；

(5) 依次检验每个类对是否电气连通，若无联络线相连，则设置该类对之间电气距离为无穷大，若有联络线相连，将其合并为一个新类；

(6) 更新类间距离以及 δ 值；

(7) 重复步骤(4)、(5)、(6)，直到所有节点归并为一个类；

(8) 分析统计量，确定最优分区数目，获得相应分区结果。

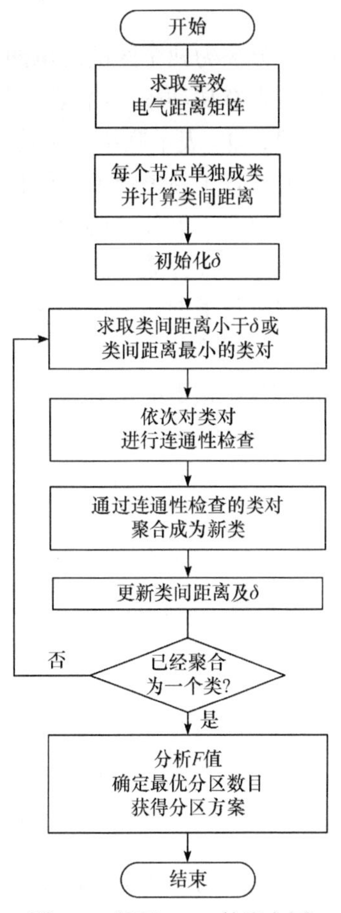

图 6-3　基于 HAC 的配电网自动分区方法流程图

6.2.5　基于主馈线分区的有源配电网网络分区方法

基于主馈线分区原理，本节提出一种启发式自动网络分区方法，并在此基础上提出一种基于启发式自动网络分区的配电网并行潮流计算方法。

从配电网络的结构出发对网络分区，使各个分区成为独立的子网并通过联络

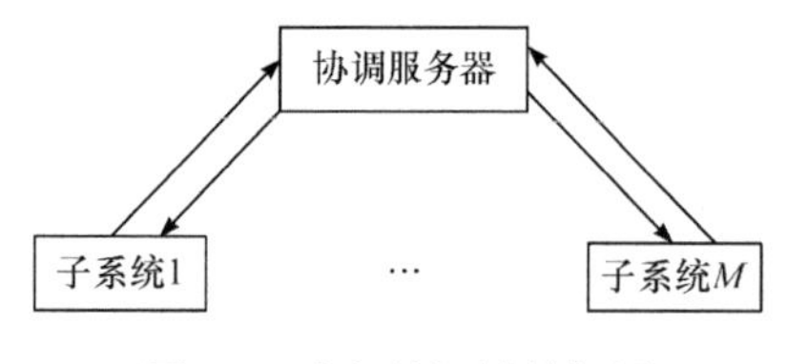

图 6-4　分解协调计算框图

线与其余分区协调。分区的原则为：各个分区规模应相当且联络线数量不能过多。在进行计算时各分区独立地进行潮流计算，完成后将与协调量有关的参数发送至协调服务器，协调服务器计算协调量后将它发送至各分区。分解协调计算框图如图 6-4 所示。

分裂为两个区的配电网络如图 6-5 所示，图中V_{1k}表示分裂点电压；P_{1k}表示分裂点有功功率，Q_{1k}表示分裂点无功功率；θ_{1k}表示分界点相角；R_k表示联络线电阻；X_k表示联络线电抗。由于每次协调级计算都需要在各子系统计算完成后开展，各子系统规模不能相差过大，否则会出现较长的互相等待时间，从而造成资源浪费。另外，协调级应主要处理数据通信，其计算负担应尽量小，否则会影响整体的计算效率。为了能有较好的并行效果，分区方式的好坏至关重要。网络分解后各子网保留切割支路一半，即切割支路从中点处分裂，并以分裂点的电压作为协调量。这种分割方法本质上是节点分裂，但是与一般的节点分裂不同，分裂的节点属于虚拟节点。下面以分裂为两个区的网络为例，给出分解协调的计算方法。

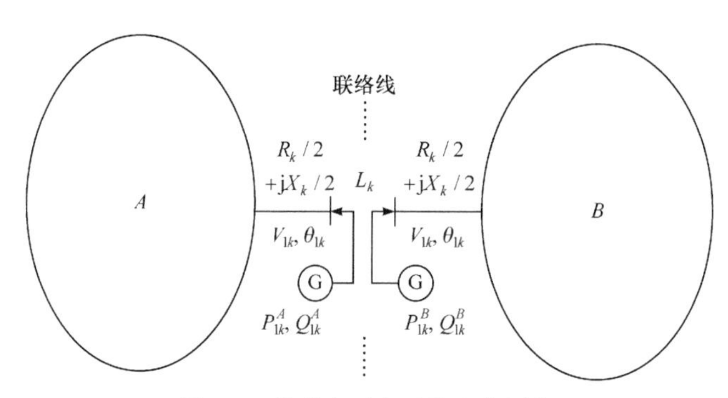

图 6-5　分裂为两个区的配电网络

基于启发式自动网络分区的配电网并行潮流计算方法流程如图 6-6 所示，主要包括如下步骤：

(1) 对配电网络进行分区，进行并行潮流计算，若要取得较高的并行加速比，应保证各分区规模相当且各子区域联络线总数应尽量少。为满足这个要求，设计了一种新的基于启发式规则的配电网自动分区方法。通过该方法，整个配电网可被快速有效地分解为适用于并行潮流计算的多个分区。

(2) 生成分区节点的导纳矩阵、潮流计算的常雅可比矩阵和分区虚拟发电机的电压-功率灵敏度矩阵，并将电压-功率灵敏度矩阵发送至协调层。

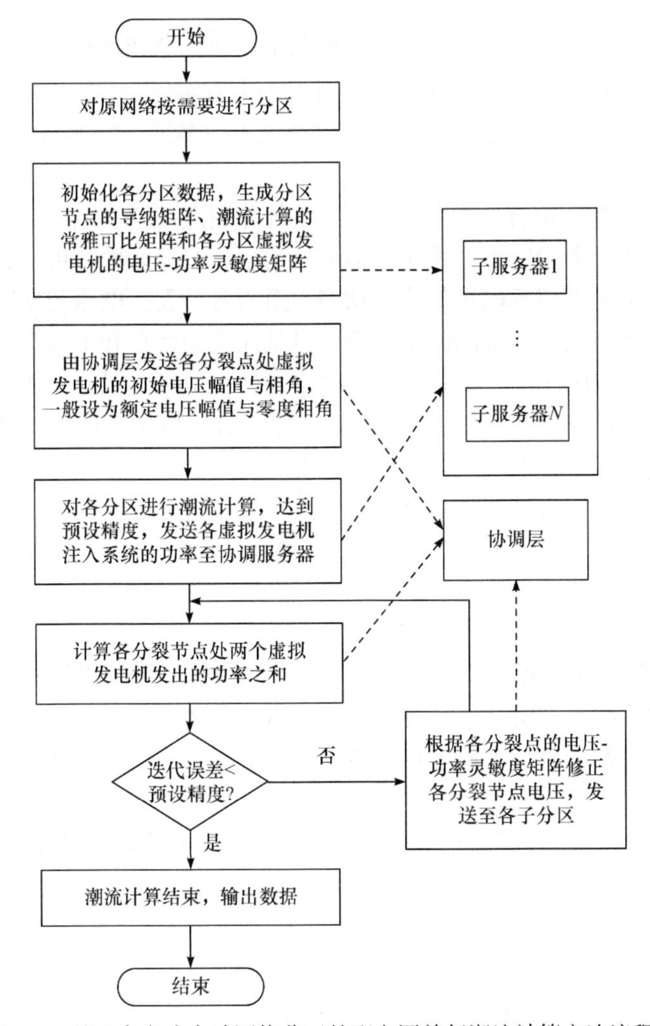

图 6-6　基于启发式自动网络分区的配电网并行潮流计算方法流程图

分区后的潮流方程如式(6-2)～式(6-5)所示：

$$\varphi_A\left(x_u^A, x_s^A, x_{1u}^A, x_{1s}^A\right)=0 \tag{6-2}$$

$$\varphi_B\left(x_u^B, x_s^B, x_{1u}^B, x_{1s}^B\right)=0 \tag{6-3}$$

$$x_{1u}^A = x_{1u}^B \tag{6-4}$$

$$x_{1s}^A + x_{1s}^B = 0 \tag{6-5}$$

式(6-2)为 A 区域潮流方程，x_u^A、x_s^A 分别为 A 区域电压状态量和各节点注入功率，

x_{1u}^A 、x_{1s}^A 分别为 A 区域所连接虚拟发电机的电压量以及注入功率量；式(6-3)为 B 区域潮流方程，x_u^B、x_s^B 分别为 B 区域电压状态量和各节点注入功率，x_{1u}^B 、x_{1s}^B 分别为 B 区域所连接虚拟发电机的电压量以及注入功率量；式(6-4)、式(6-5)为协调量的等式关系。

在各分区计算开始前给每个分区联络线处分裂点虚拟发电机的电压和相角进行赋值，相角的参考角度为全系统平衡节点角度。各分区此时可以开始各自进行潮流计算，并求出虚拟发电机的注入功率，由于各分裂点电压与实际电压存在差异，每条区域联络线上所接的两个虚拟发电机注入功率总和不为零，即式(6-5)不满足，通过计算式(6-5)的失配量修正各联络线处虚拟发电机的电压，不断迭代直至失配量以足够的精度接近 0。因此，在整个计算过程中式(6-2)～式(6-4)始终成立，而式(6-5)则在不断迭代中以一定的精度成立。

求解的关键在于协调层如何修正分裂节点处虚拟发电机的电压及相角值。由于需要对分裂点电压进行修正以使得每个分裂点处两个发电机有功、无功功率之和为零，因此需要确立分裂点处虚拟发电机电压变化量与其注入功率变化量之间的等式关系。

(3) 由协调层发送各分裂点处虚拟发电机的初始电压幅值与相角：断开区域联络线，将联络线上的阻抗平均分配于其联络的分区区域中，断点处均添加虚拟发电机节点，且都设置为平衡节点，所述平衡节点标幺电压初始值设为 1，电压相角初始值设置为 0。

(4) 对各分区进行潮流计算，并将各虚拟发电机的输出功率发送至协调服务器。

(5) 协调层根据各分裂点处两虚拟发电机输出功率之和的失配量，判断边界协调量精度是否满足，若不满足则对分裂点电压进行修正，并将修正结果发送到各子区域，跳转到步骤(4)，否则跳转至步骤(6)。

(6) 并行潮流计算结束，输出数据结果。

6.3　基于并行/分布计算的配电网快速仿真理论

配电网结构复杂、规模庞大，对应的拓扑分析是一项计算量大、问题复杂的基础性问题，尤其是配电自动化、在线仿真等技术的发展与应用，对拓扑分析的时效性提出更高的需求，要求拓扑分析必须快速、高效，否则无法及时响应众多开关、刀闸的变位，也就不能为其他模块提供正确的网络模型，更谈不上对配电网络进行实时监控、分析。

提高配电网拓扑分析效率可以从两方面着手[10-13]：一方面化简拓扑分析对象，

减少拓扑分析对象的规模或复杂程度，从而提高分析效率；另一方面通过改进拓扑分析算法来提高效率。

6.3.1 并行算法理论基础

1. 并行计算模型

并行算法的设计都是基于某一特定的并行计算模型，而并行计算模型是从各种具体的并行机中抽象出来的，能在一定程度上反映具体并行机的属性，又可使算法研究不再局限于某一种具体的并行机。并行计算模型一般可分为抽象计算模型和实用计算模型，具体类型很多，常见的有同步并行随机存取机器模型、整体同步并行计算模型和多机并行计算模型。

1) 同步并行随机存取机器模型

同步并行随机存取机器模型，即并行随机存取机器(parallel random access machine, PRAM)，也称共享存储模型，是一种抽象的并行计算模型。在这种模型中，假设存在一个容量无限大的共享存储器；有有限或无限个功能相同的处理器，且均具有简单的算术运算和逻辑判断功能；在任何时刻各处理器均可通过共享存储单元相互交换数据。

PRAM 模型适合并行算法的表达、分析和比较；使用简单，很多如处理器间通信、存储管理和进程同步等并行机的低级细节均隐含于模型中；易于设计算法和稍加修改便可运行在不同的并行机上；同步和通信具有较大的灵活性。但作为一个同步模型，所有的指令均按锁步方式操作，比较费时；共享单一存储器的假设，不适合于分布存储的异步机器。

2) 整体同步并行计算模型

整体同步并行(bulk synchronous parallel, BSP)计算模型是用三个对象来描述的：处理器，传递消息的选路器，路障的时间同步器；其计算由一系列用全局同步分开的周期为 L 的超级步组成。在各超级步中，每个处理器均执行局部计算，并通过选路器接收和发送消息；然后进行全局检查，以确定该超级步是否已完成；若是，则前进到下一个超级步，否则下一个周期继续未完成的任务。

BSP 模型的计算和通信可以取得合适的平衡，存储管理简单，实现与网络的工艺技术无关。但其超级步的长度需要充分适应实际情况，易受网络延迟的影响，全局路障同步的实现往往没有现成的硬件支持。

3) 多机并行计算模型

多机并行计算(latency overhead gap processor, logP)模型是一种分布存储的、点对点通信的多处理机模型，其中通信网络由一组参数来描述：L(latency)表示消息传递的延迟，o(overhead)表示发送或接收一条消息的额外开销，包括操作系统核心开销和网络软件开销，g(gap)表示消息发送或接收的最小时间间隔，P(processor)表示处理器/存储器模块数；但它并不涉及具体的网络结构，也不假定算法一定要用显式的消息传递操作进行描述。

logP 模型对并行机的特性进行了精确的综合，刻画了并行机的主要瓶颈；无须说明编程风格或通信协议，就可以等同地用于共享存储、消息传递和数据并行等各种风范，实用性高。logP 模型的可用性还有待于大量算法实例的进一步验证。

在串行计算时，冯 · 诺依曼模型是个标准的计算模型；但在并行计算中，尚未有一个真正通用的并行计算模型。现在的模型种类除去上述三者还有很多，但往往过于简单抽象或过于专用，因此发展一种更为实用且较真实反映现代并行机性能的模型十分迫切。

2. 并行算法的设计理论基础

下面介绍并行算法的若干基础知识，包括并行算法的表达、并行算法的复杂性、算法执行时间的归一化、并行算法的复杂性度量及并行算法的同步和通信等。

1) 并行算法的表达

描述一个算法，可以使用自然语言进行物理描述，也可以使用某种程序设计语言进行形式化描述。语言的选用，应避免二义性，且力图直观、易懂而不苛求严格的语法格式。像描述串行算法所选用的语言一样，类-ALGOL、PIDGIN-ALGOL、类-Pascal 等语言均可选用。在这些语言中，允许使用任何类型的数学描述，通常也无数据类型的说明部分，但只要需要，任何数据类型都可引进。

2) 并行算法的复杂性

复杂度又称复杂性，是指它所包含的工作量。它们是求解问题规模 n 的函数，当 n 趋向无穷大时，就得到算法复杂度的渐近表示。对算法进行分析时，常使用上界、下界和精确界的概念。

令 $f(n)$和 $g(n)$是定义在自然数集合 **N** 上的两个函数，如存在两个正常数 c_1、c_2 和 n_0，使得对于所有 $n > n_0$，若满足 $c_1g(n) \leqslant f(n) \leqslant c_2g(n)$，则称 $g(n)$是 $f(n)$的一个精确界，记作 $f(n) = \Theta(g(n))$；若仅满足 $c_1g(n) \leqslant f(n)$，则称 $g(n)$是 $f(n)$的一个下界；若仅满足 $f(n) \leqslant c_2g(n)$，则称 $g(n)$是 $f(n)$的一个上界。一个算法的复杂度为 $f(n) = \Theta(g(n))$，几种常见的多项式和指数函数的复杂程度关系为：$O(1) < O(\log n) < O(n) < O(n\log n) < O(n^2) < O(n^3)$；$O(2n) < O(n!) < O(n^n)$。

3) 算法执行时间的归一化

算法中通常包含两种操作：运算操作和通信操作，前者是指对数据所执行的基本的算术或逻辑运算，后者是指数据从源到目的所进行的移动。运算操作通常用计算步来度量；通信操作通常用选路步数来度量，特别是经由互联网来进行通信时，此时的选路步数就是源、目的之间的跨步数，也就是通常所说的距离。这些计算步数和选路步数在分析算法时将等效地转换为时间。通常不使用处理器运算操作的实际执行时间，而是将其归一化为单位时间，然后将算法执行某一步的计算时间表示成常数倍的单位时间，通常记为 $O(1)$。当通信的双方使用共享存储器来交换数据时，就涉及读和写共享存储器的公共变量两种存储操作，在简化分析时，每次存储访问时间也取常数倍的单位时间。

4) 并行算法的复杂性度量

算法可用不同的标准度量，主要是算法与求解问题规模 n 之间的关系。对于一个给定的具有规模 n 的问题，通常有各种可能的输入集合。当进行算法分析时，对算法的所有输入分析其平均复杂度，即可得到期望复杂度。为了分析算法的期望复杂度，往往需要对输入的分布做某种假定。但在大多数情况下，并非易事。一般是分析在某些输入使算法的时空复杂度呈现最坏情况下的算法复杂度，这样的复杂度称为最坏情况下的复杂度。

在给定计算模型上的并行算法分析，主要分析算法的执行时间和所需的处理器数在最坏情况下与问题规模 n 的关系。

执行时间是指算法从开始执行到结束所经过的时间。对共享存储而言，此时间通常包含在一个处理器内执行算术、逻辑运算所需的计算时间和存储访问时间；对固定连接的模型而言，还包括数据从源处理器经互联网络到达目的处理器所需的选路时间。在异步通信的分布式计算模型上，算法的度量标准包括通信复杂度和时间复杂度。通信复杂度指算法在整个执行期间所传送的消息总数，它可能是基本长度的消息总数，或者是传送消息的二进制位数的总数；时间复杂度指算法从第一台处理器上开始执行到最后一台处理器上终止的这段时间间隔。在基于异步通信的分布式计算模型中，处理器之间传递的消息虽然可在有限的时间内到达目的地，但此时间的长短却是不确定的；同时算法的执行与处理器互连的拓扑结构密切相关，所以要想精确地分析算法的实际复杂度是非常困难的。因此，目前估算出的复杂度都是在假定相邻处理器之间的通信可在 $O(1)$时间内完成这一基础上得出的。

5) 并行算法的同步和通信

同步是在时间上使各执行计算的处理器(或进程)在某一点必须相互等待，以确保它们正确的执行顺序或对共享可写数据的正确访问。在 PRAM 模型中，系统中所有的处理器在统一的公共时钟下同步进行操作。在异步方式下，如果某一处理器要访问某一数据，需要某种方式的同步以确保它能得到正确的数据。通常，在共享存储的系统中，可以使用临界区的办法以互斥的方式进行同步，或者可以使用路障的办法以强行等待的方式实现同步；在分布存储系统中，也可以使用消息传递的办法以发送和接收通信方式达到同步目的。

通信是在空间上对各并发执行的进程实行数据交换。在共享存储模型中，因为每个存储器都能执行各自的局部程序，所以对于一个给定的算法，在运行期间，不同处理器的局部存储器和共享全局存储器之间可能要交换数据，这就引起了通信问题。

3. 并行算法的性能分析

并行算法的有关性能分析包括算法的执行速度、算法使用的处理器数、并行算法的通信成本等。

1) 算法的执行速度

并行算法的运行时间也就是执行时间，指在给定计算模型上求解问题所需的时间。更准确地说，就是从并行机中第一个处理器开始计算到最后一个处理器产生输出结果的时间。运行时间可用算法执行的计算步数和选路步数来测量，因为每一步都假定取为常数倍的单位时间。并行运行时间通常都是求解问题规模的函数。有些情况也将并行运行时间表示成处理器数目的函数。

加速比是求解一个问题最快的串行算法在最坏情况下的运行时间与求解同一问题的并行算法在最坏情况下运行时间的比值，用来评价算法的并行性对运行时间改进的程度。加速比一般小于处理器数量，因为一个计算问题很难分解成一些可并行执行的子问题，且子问题计算过程中涉及较多的通信。当加速比等于处理器数时称为线性加速。当加速比大于处理器数时，称为超线性加速，这在某些并行算法中会出现。有的并行搜索算法允许不同的处理器在不同的分支方向上同时搜索，找到解的处理器会中止那些在串行算法中的搜索分支；当大量的处理器所操作的数据都在高速缓存中时，这种高速缓存效应造成的计算时间下降会补偿由通信所造成的开销。

2) 算法使用的处理器数

求解给定问题所需的处理器数受问题规模的影响。处理器数通常是问题规模的亚线性函数，并且通常将处理器数限制在一定范围内。

加速比与处理器数的比值称为效率，反映了并行系统中处理器的利用情况。成本是并行算法的运行时间与其所需的处理器数的乘积，即最坏情况下求解一个问题时总的执行步数。如果求解一个问题的并行算法的成本，在数量级上等于最坏情况下串行求解此问题所需的执行步数，则称此并行算法是成本最优的。可扩放性是在确定的应用背景下，算法的性能能否随处理器数的增加而按比例提高的描述。

为了减少运行时间，希望使用较多的处理器，而为了提高效率应尽量使用较少的处理器。

少者为佳：对于求解同一问题使用不同处理器数的两个并行算法，使用较少处理器数的算法较好。处理器数增加，一方面成本昂贵，另一方面难以管理，特别是当处理器数很多时难以保证各处理器的利用率。

最优处理器数：某些情况下，算法的运行时间同时是问题规模和处理器数的函数，通过求最佳运行时间，可以求出算法所要求的最佳处理器数。

最少处理器数：对于大型复杂的应用问题，为了确保能够正常并行求解，此时可能至少需要一定数量的处理器；或者为了满足给定问题求解的时间下界，算法可能至少需要一定数量的处理器。

最多处理器数：对于某些应用问题，其本身具有一定的并行度，即在任何给定时间可同时执行的最大任务数。此时求解此问题的并行算法所使用的最大处理器数不能超过该问题的并行度。

3) 并行算法的通信成本

分布存储和共享存储并行机中一对处理器之间交换或共享信息时所造成的通信开销会影响算法编程实现时的性能优化。

(1) 分布存储通信成本。

在分布存储并行机中，两个节点之间可通过网络收/发一条消息进行通信，其所需时间包括启动时间和网络延迟时间。通信延迟参数主要有启动时间(包括打包、执行选路算法等)、节点延迟时间(即消息头穿越节点的时间)、传输每个字的时间。通信成本函数为通过链路传输消息消耗的总通信时间。为了减少通信成本，应尽量采用大块传输方式，减少传输的数据，缩短消息传输距离。

(2) 共享存储通信成本。

在共享存储并行机中，两个处理器之间可通过存取共享变量进行通信，其所需时间分析起来比较困难，特别是对于具有高速缓存的共享存储并行机。以下是一些分析共享存储通信成本的粗略方法。

存取一个远程字会导致某一高速缓存行被取到本地高速缓存中来。此过程所需的时间包括一致性开销、网络开销和内存开销。由于不知道每次存取时采用何种一致性操作，也不知道内存中数据字的具体地址，所以只好假定存取共享数据的高速缓存行的开销为常数 t_s。另外，由于访问共享数据比存取本地数据慢，可以把存取共享数据每个字的成本定为 t_w。如此，任意一对处理器之间共享 m 个字的通信成本可表示为 $1.23t_s + mt_w$。

关于共享存储通信成本的讨论，在共享地址空间的计算机中，使用与分布存储并行机相同的公式 $1.23t_s + mt_w$ 作为通信成本函数，粗略反映了这种体系结构中所涉及的高速缓存一致性开销和存取共享数据开销。不过用常量 t_s 反映存取远程字所导致的高速缓存一致性开销做了很多假定，包括存取操作只读访问且无竞争、忽略有限高速缓存的影响、不考虑假共享等。公式 $1.23t_s + mt_w$ 也不考虑计算与通信的重叠。如果将优化内存数据的布局、有限的高速缓存所导致的颠簸、假共享、无效更新一致性协议的开销具体量化以及共享访问的争用等有关开销都放到一个统一的通信成本函数中，将会使其过于复杂而难以计算。

6.3.2　并行潮流计算方法

配电网并行计算的主要内容就是对潮流计算进行并行处理。潮流计算是配电网计算中一项最基本的计算。因此，无论从实际应用的角度还是从配电网并行计算本身考虑，均有必要研究、实施潮流求解的并行处理问题[14-18]。

不管是采用牛顿法还是 PQ 分解法，潮流求解从数值计算上最终可以归结为求解式(6-6)所示的方程组：

$$Ax = b \tag{6-6}$$

因此，传统的、用于线性方程组的并行求解方法，均可以用于潮流求解的并行处理。线性方程组的并行求解方法，大致可以分为两类：一类是直接求解法；另一类是迭代法。直接求解法中以块对角主元素法和象限连接分解法两者最为有效和常用。块对角主元素法的实质是一种块形式的 LU 分解法；象限连接分解法的基本思路如式(6-7)所示：

$$A = WZ \tag{6-7}$$

式中，W 和 Z 的元素分别为

$$w_{ij} = \begin{cases} 1, & i = j \\ 0, & i = 1,\cdots,(n+1)/2; j = i+1,\cdots,n-i+1 \\ 0, & i = (n+2)/2,\cdots,n; j = n-i+1,\cdots,i-1 \\ w_{ij}, & \text{其他} \end{cases} \tag{6-8}$$

$$z_{ij} = \begin{cases} z_{ij}, & i = 1,\cdots,(n+1)/2; j = i,\cdots,n-i+1 \\ z_{ij}, & i = (n+2)/2,\cdots,n; j = n-i+1,\cdots,i-1 \\ 0, & \text{其他} \end{cases} \tag{6-9}$$

方便起见，将 W 与 Z 分别记为式(6-10)和式(6-11)：

$$W = (W_1, W_2, \cdots, W_n) \tag{6-10}$$

$$Z = (Z_1^{\mathrm{T}}, Z_2^{\mathrm{T}}, \cdots, Z_n^{\mathrm{T}})^{\mathrm{T}} \tag{6-11}$$

比较式(6-10)和式(6-11)的两端，可以确定 W 和 Z 的非零元素。具体情况如下。

(1) 展开 W 与 Z，立即可以确定 Z 的第一行 Z_1^{T} 和最后一行 Z_n^{T}，即

$$z_{1i} = a_{1i}, \quad z_{ni} = a_{ni}, \quad i = 1,2,\cdots,n \tag{6-12}$$

(2) 比较 A 和 W、Z 的第一列与最后一列，可以得一组二阶线性方程组：

$$\begin{cases} w_{i1}z_{11} + w_{in}z_{n1} = a_{i1}, & i = 2,\cdots,n-1 \\ w_{i1}z_{1n} + w_{in}z_{nn} = a_{in}, & i = 2,\cdots,n-1 \end{cases} \tag{6-13}$$

若式(6-13)中 n–2 个 2×2 阶线性方程组有解，便确定了 W 的第一列 W_1 和最后一列 W_n。

(3) 矩阵 $A(1)$的边界元素，即其第一行、第一列、最后一行元素均为零。因此，若对 $A(1)$采用与上述类似的步骤，可得到 W_2、W_{n-1}、Z_2 和 Z_{n-1}。继续以上步骤，经过$(n-1)/2$ 步，便可确定 A 的蝴蝶分解。

经研究证明，若 A 为对称正定矩阵，则 A 的蝴蝶分解一定存在，且采用以上方法时得到的所有二阶方程组均有解。

在获得系数矩阵 A 的 WZ 分解以后，线性代数方程组 $Ax=b$ 的求解即可转化为如下两个相关线性方程组的求解：

$$W_y = b, \quad Z_x = y \tag{6-14}$$

很显然，上述求解过程易于并行处理。在矩阵分解的第 k 步，需求解 $n-2k$ 个 2×2 代数方程组，不难并行处理；在求解 $Wy=b$ 的过程中，y_k 和 y_{n-k+1} 的计算可与矩阵分解的工作同时进行，因为在进行第 k 步矩阵分解之后，计算 y_k 和 y_{n-k+1} 所需的有关 W 的元素已算出。

对于中等规模的线性方程组，直接法工作量较小，精确度较高；但是，对于某些高阶问题，特别是对于大型稀疏系统，直接法受到计算机存储容量的限制，且其并行程度不高，因而并非合适的算法。迭代法作为另一大类线性代数方程组的求解方法，通过将问题转化为构造一个无限序列，以逐步逼近方程组的解。与直接法相比，迭代法方法简单、所需空间小，且易于有效实现向量计算，因而在大规模计算问题中呈现出优势。最基本、最常用的迭代类并行代数方程组求解方法应该是雅可比迭代法和高斯-塞德尔迭代法。其他类型的方法大致是在此两种方法的基础上发展出来的。

应该说明的是，以上所述的代数方程组并行计算方法均是建立在向量计算机和共享存储式并行计算机模型的基础上。当以网络作为并行处理硬件时，上述并行算法的性能均有待重新评估。

潮流计算与线性代数方程组的求解有关。换言之，配电网潮流计算在形式上最终可以归结为求解或多次求解代数方程组。而且，系数矩阵 A 与配电网的导纳矩阵有关，为一稀疏矩阵。因此，传统的求解方法或格式通常是采用稀疏因子分解技术，即先对系数矩阵 A 进行稀疏三角分解，然后进行前推和回代处理。当进行并行处理时，若采用现有的并行计算方法，则无论利用何种技巧，均只能在形

成系数矩阵 A 和计算出右端向量 b 之后，才能真正实施并行处理。事实上，形成系数矩阵 A 和计算右端向量 b 所需的时间占总体计算时间相当大的比例，例如，在牛顿法潮流求解中，形成雅可比矩阵和计算节点功率(有功和无功)残差向量所需的时间占整个潮流求解时间很大的比例。因此，若想进一步提高配电网并行计算的效率，必须开发出新的配电网并行计算方法，而最好的方法就是在形成系数矩阵 A 和计算右端向量 b 的同时就开始并行处理。另外，有必要建立配电网并行计算的通用算法。采用直接矩阵求逆方法和空间并行处理方式，在形成系数矩阵和计算右端向量的同时，采用空间并行处理方式计算出系数矩阵的逆。这样，不仅大大提高了并行处理的范围或者程度，而且为建立潮流求解、收缩导纳矩阵计算以及暂态稳定性计算的通用并行算法提供了理论基础。

矩阵求逆的有效算法是高效求解线性方程组的较好途径。但是，对于一个大系统，即使采用最好的求逆程序及一些改进方法，直接求逆的计算量仍然很大，计算速度不能令人满意。因此，对于线性代数方程组的求解，很少采用直接矩阵求逆方法。但对于配电网的并行计算，情况完全不一样，即采用适当的直接矩阵求逆方法及其空间并行处理方式，可以大大提高并行处理的程度，从而提高并行处理的效率。

在此首先介绍一种基于分解-叠加原理的矩阵求逆方法；然后以配电网计算中最基本的导纳矩阵求逆，即阻抗矩阵的计算为例，对所提出的矩阵求逆方法进行具体的分析与比较，以此阐明该方法的优点。

设矩阵 B 为一个 $n+m$ 阶分块方阵，其数学表达式为

$$B=\begin{bmatrix} B_{11} & B_{12} \\ B_{21} & B_{22} \end{bmatrix} \tag{6-15}$$

式中，B_{11} 和 B_{22} 分别为 n 阶和 m 阶可逆矩阵。

容易理解,可以用如下两种方式将 B 分解成两个分块三角形阵之积,如式(6-16)和式(6-17)所示：

$$B=\begin{bmatrix} I_n & 0 \\ B_{21}B_{11}^{-1} & I_m \end{bmatrix}\begin{bmatrix} B_{11} & B_{12} \\ 0 & B_{22}-B_{21}B_{11}^{-1}B_{12} \end{bmatrix} \tag{6-16}$$

$$B=\begin{bmatrix} I_n & B_{11}B_{22}^{-1} \\ 0 & I_m \end{bmatrix}\begin{bmatrix} B_{11}-B_{12}B_{22}^{-1}B_{21} & 0 \\ B_{21} & B_{22} \end{bmatrix} \tag{6-17}$$

对式(6-17)求逆，可以得

$$\begin{cases} B^{-1}=\begin{bmatrix} B_{11}^{-1}+B_{11}^{-1}B_{12}\tilde{B}_{22}^{-1}B_{21}B_{11}^{-1} & -B_{11}^{-1}B_{12}\tilde{B}_{22}^{-1} \\ -\tilde{B}_{22}^{-1}B_{21}B_{11}^{-1} & \tilde{B}_{22}^{-1} \end{bmatrix} \\ \tilde{B}_{22}^{-1}=B_{22}-B_{21}B_{11}^{-1}B_{12} \end{cases} \tag{6-18}$$

同样的道理，由式(6-18)可以得到

$$\begin{cases} B^{-1}=\begin{bmatrix} \tilde{B}_{11}^{-1} & -\tilde{B}_{11}^{-1}B_{12}B_{22}^{-1} \\ -B_{22}^{-1}B_{21}\tilde{B}_{11}^{-1} & B_{11}^{-1}+B_{11}^{-1}B_{12}\tilde{B}_{22}^{-1}B_{21}B_{11}^{-1} \end{bmatrix} \\ \tilde{B}_{11}^{-1}=B_{11}-B_{12}B_{22}^{-1}B_{21} \end{cases} \tag{6-19}$$

式(6-18)和式(6-19)都称为分块方阵的求逆公式。因为一个方阵的逆是唯一的，所以式(6-18)和式(6-19)中对应的块必然相等。于是，对比两式右边矩阵的左上角块，可以得到一个常用的矩阵反演公式(6-20)：

$$(B_{11}-B_{12}B_{22}^{-1}B_{21})^{-1}=B_{11}^{-1}+B_{11}^{-1}B_{12}(B_{22}-B_{21}B_{11}^{-1}B_{12})^{-1}B_{21}B_{11}^{-1} \tag{6-20}$$

式(6-20)即矩阵求逆公式。

基于分解-叠加原理的矩阵求逆方法如式(6-21)所示：

$$\begin{cases} A=A_0+\sum_{i=1}^{n-1}\left(\sum_{j=i+1}^{n}M_{ij}D_{ij}N_{ji}^{\mathrm{T}}\right) \\ A_0=\mathrm{Diag}(a_{11},a_{22},\cdots,a_{nn}) \\ D_{ij}=\mathrm{Diag}(a_{ij},a_{ji}) \\ M_{ij}=(e_i,e_j),\quad N_{ji}=(e_j,e_i) \end{cases} \tag{6-21}$$

式中，e_i 为单位列向量，即第 i 个元素为 1，其余均为零。

由于 A_0 为一对角矩阵，其逆 A_0^{-1} 是很容易计算的，所以对于 A_{12} 有

$$A_{12}=\begin{bmatrix} a_{11} & a_{12} & & \\ a_{21} & a_{22} & & \\ & & \ddots & \\ & & & a_{nn} \end{bmatrix}=A_0+M_{12}D_{12}N_{21}^{\mathrm{T}} \tag{6-22}$$

由矩阵求逆公式可以得到

$$\begin{aligned} A_{12}^{-1}&=(A_0+M_{12}D_{12}N_{21}^{\mathrm{T}})^{-1} \\ &=A_0^{-1}-A_0^{-1}M_{12}(D_{12}^{-1}+N_{21}^{\mathrm{T}}A_0^{-1}M_{12})N_{21}^{\mathrm{T}}A_0^{-1} \\ &=A_0^{-1}+\Delta A_{12}^{-1} \end{aligned} \tag{6-23}$$

不难理解，式(6-23)中 A_{12}^{-1} 是容易计算的。在获得 A_{12}^{-1} 后，继续叠加矩阵 A 的一对元素，即

$$A_{13}=\begin{bmatrix} a_{11} & a_{12} & a_{13} & & \\ a_{21} & a_{22} & & & \\ a_{31} & & & & \\ & & & \ddots & \\ & & & & a_{nn} \end{bmatrix}=A_{12}+M_{13}D_{13}N_{31}^{\mathrm{T}} \tag{6-24}$$

利用同样的方法可以得到

$$\begin{aligned} A_{13}^{-1}&=(A_{12}+M_{13}D_{13}N_{31}^{\mathrm{T}})^{-1} \\ &=A_{12}^{-1}-A_{12}^{-1}M_{13}(D_{13}^{-1}+N_{31}^{\mathrm{T}}A_{12}^{-1}M_{13})N_{31}^{\mathrm{T}}A_{12}^{-1} \\ &=A_{12}^{-1}+\Delta A_{13}^{-1} \end{aligned} \tag{6-25}$$

重复上述步骤，逐次叠加矩阵 A 的一对元素(a_{ij} 和 a_{ji})，则经过 $n(n-1)/2$ 次运算，最终可以求得矩阵 A 的逆。这就是矩阵求逆方法的基本思路。

如果 A 为一对称矩阵，而且有

$$d_{ii}=a_{ii}-\sum_{\substack{j=1\\ j\neq i}}^{n}a_{ij}\neq 0,\quad i=1,\cdots,n \tag{6-26}$$

则可对 A 作如下形式的分解，即

$$\begin{cases} A=A_0+\sum_{i=1}^{n-1}\left(\sum_{j=i+1}^{n}M_{ij}a_{ij}M_{ij}^{\mathrm{T}}\right) \\ A_0\equiv \mathrm{Diag}(d_{11},d_{22},\cdots,d_{nn}) \\ M_{ij}=f_{ij}\equiv e_i+e_j \end{cases} \tag{6-27}$$

由于此时 M_{ij} 为一维向量，利用上述方法求解 A^{-1} 的计算工作量可以减少大约一半。

对应稀疏矩阵，由于所需的元素较少，利用上述方法求解其逆的工作量亦相应减少。矩阵越稀疏，计算量越小。

牛顿法潮流计算的修正方程如式(6-28)所示：

$$\begin{bmatrix}\Delta P\\ \Delta Q\end{bmatrix}=-J\begin{bmatrix}\Delta q\\ \Delta U/U\end{bmatrix},\quad J=\begin{bmatrix}H & N\\ K & L\end{bmatrix} \tag{6-28}$$

传统或已有的并行潮流计算方法大多是通过并行求解线性代数方程组的方法来实现的。无论是采用何种并行代数方程组求解方式，均必须首先采用串行方式计算雅可比矩阵 J 中各元素值以及各节点有功功率和无功功率残差向量，然后才能真正实施并行处理。因此，此类并行潮流计算方法不可能达到很高的加速比。

并行潮流计算方法分为两个步骤：首先并行求解雅可比矩阵 J 的逆 J^{-1}；然后

利用传统的空间并行处理方式计算出状态变量的值。由于雅可比矩阵 J 与导纳矩阵相类似，为一稀疏矩阵，因此可以利用上述并行矩阵求逆方法，在计算ΔP 和 ΔQ 的同时，并行求解出 J^{-1}；第二阶段的计算比较容易，可用式(6-29)进行描述：

$$\begin{cases} \Delta X = \Delta X_1 + \Delta X_2 \\ \Delta X = \begin{bmatrix} \Delta q \\ \Delta U / U \end{bmatrix} \\ \Delta X_1 = -J^{-1} \begin{bmatrix} \Delta P \\ 0 \end{bmatrix}, \quad \Delta X_2 = -J^{-1} \begin{bmatrix} 0 \\ \Delta Q \end{bmatrix} \end{cases} \tag{6-29}$$

下面为雅可比矩阵的逆 J^{-1} 的并行求解方法。雅可比矩阵可写为

$$J = \sum_l (M_l D_l N_l^{\mathrm{T}}) \tag{6-30}$$

设其中 1 条支路两侧母线内部编号分别为 i、j，根据 i、j 两节点的属性，式(6-30)中各项的数学表达式及计算 J^{-1} 的分解-叠加方法可分别叙述如下。

(1) 若 i 为平衡节点，j 为 PV 节点，则有

$$\begin{cases} M_l = N_l = e_j \\ D_l = d_1 + d_2 \\ d_1 = U_i U_j g_{ij} \sin\theta_{ij} \\ d_2 = U_i U_j b_{ij} \cos\theta_{ij} \end{cases} \tag{6-31}$$

此时只需进行一次叠加运算，即

$$\begin{aligned} J_l^{-1} &= (J_{l-1} + M_l D_l N_l^{\mathrm{T}})^{-1} \\ &= J_{l-1}^{-1} - J_{l-1}^{-1} e_j (D_l^{-1} + e_j^{\mathrm{T}} J_{l-1}^{-1} e_j)^{-1} e_j J_{l-1}^{-1} \\ &= J_{l-1}^{-1} + (\Delta J_l)^{-1} \end{aligned} \tag{6-32}$$

(2) 若 i 为平衡节点，j 为 PQ 节点，则有

$$\begin{cases} M_l = (M_l^1, M_l^2) \\ N_l = (N_l^1, N_l^2) \\ D_l = \mathrm{Diag}(D_l^1, D_l^2) \end{cases} \tag{6-33}$$

$$\begin{cases} d_3 = U_i U_j g_{ij} \cos\theta_{ij} \\ d_4 = U_i U_j g_{ij} \sin\theta_{ij} \\ d_7 = 2U_j^2 (g_{j0} + g_{ij}) \\ d_8 = 2U_j^2 (b_{j0} + b_{ij}) \end{cases} \tag{6-34}$$

此时必须进行二次叠加运算，即

$$(J_l^1)^{-1}=[J_{l-1}+M_l^1D_l^1(N_l^1)^{\mathrm{T}}]^{-1}=J_{l-1}^{-1}+(\Delta J_l^1)^{-1} \tag{6-35}$$

$$J_1^{-1}=(J_1^2)^{-1}=[J_1^1+M_1^2D_1^2(N_1^2)^{\mathrm{T}}]^{-1}=(J_1^1)^{-1}+(DJ_1^2)^{-1} \tag{6-36}$$

(3) 若 i 为 PV 节点，j 为平衡节点，则有

$$\begin{cases}M_l=N_l=e_i\\ D_l=d_2-d_1\end{cases} \tag{6-37}$$

此时与第一种情况类似，只需进行一次叠加运算。

(4) 若 i 为 PV 节点，j 为 PV 节点，则有

$$\begin{cases}M_l=(e_{ij},f_{ji})\\ N_l=(e_{ij},e_{ji})\\ D_l=\mathrm{Diag}(d_2,d_1)\end{cases} \tag{6-38}$$

$$\begin{cases}e_{ij}\equiv e_i-e_j\\ f_{ji}\equiv e_i+e_j\end{cases} \tag{6-39}$$

(5) 若 i 为 PV 节点，j 为 PQ 节点，则有

$$\begin{cases}M_l=(M_l^1,M_l^2,M_l^3)\\ N_l=(N_l^1,N_l^2,N_l^3)\\ D_l=\mathrm{Diag}(D_l^1,D_l^2,D_l^3)\end{cases} \tag{6-40}$$

$$\begin{cases}M_l^1=(e_{ij},f_{ij})\\ N_l^1=(e_{ij},f_{ji})\\ D_l^1=\mathrm{Diag}(d_2,d_1)\end{cases} \tag{6-41}$$

$$\begin{cases}M_l^2=(e_{ij},f_{ij},e_j)\\ N_l^2=(e_{n+j},e_{n+j},e_{n+j})\\ D_l^2=\mathrm{Diag}(d_3,d_4,-d_7)\end{cases} \tag{6-42}$$

$$\begin{cases}M_l^3=(e_{n+j},f_{n+j})\\ N_l^3=(e_{ij},e_{n+j})\\ D_l^3=\mathrm{Diag}(d_4-d_8,d_4-d_1-d_2)\end{cases} \tag{6-43}$$

此时必须进行三次叠加运算，即

$$\begin{cases}(J_l^1)^{-1}=[J_{l-1}+M_l^1D_l^1(N_l^1)^{\mathrm{T}}]^{-1}\\(J_l^2)^{-1}=[J_l^1+M_l^2D_l^2(N_l^2)^{\mathrm{T}}]^{-1}\\J_l^{-1}=(J_l^3)^{-1}=[J_l^2+M_l^3D_l^3(N_l^3)^{\mathrm{T}}]^{-1}\end{cases}\tag{6-44}$$

(6) 若 i 为 PQ 节点，j 为平衡节点，则有

$$\begin{cases}M_l=(M_l^1,M_l^2)\\N_l=(N_l^1,N_l^2)\\D_l=\mathrm{Diag}(D_l^1,D_l^2)\end{cases}\tag{6-45}$$

$$\begin{cases}M_l^1=N_l^1=(e_i,e_{n+i})\\D_l^1=\mathrm{Diag}(d_2-d_1,d_6+d_2-d_1)\end{cases}\tag{6-46}$$

$$\begin{cases}M_l^2=(e_i,e_{n+i})\\N_l^2=(e_{n+i},e_i)\\D_l^2=\mathrm{Diag}(d_3+d_4-d_5,d_3+d_4)\end{cases}\tag{6-47}$$

$$\begin{cases}d_5\equiv 2U_i^2(g_{j0}+g_{ij})\\d_6\equiv 2U_i^2(b_{j0}+b_{ij})\end{cases}\tag{6-48}$$

此时与第二种情况类似，必须进行二次叠加运算。

(7) 若 i 为 PQ 节点，j 为 PV 节点，则有

$$\begin{cases}M_l=(M_l^1,M_l^2,M_l^3)\\N_l=(N_l^1,N_l^2,N_l^3)\\D_l=\mathrm{Diag}(D_l^1,D_l^2,D_l^3)\end{cases}\tag{6-49}$$

$$\begin{cases}M_l^1=(e_{ij},f_{ij})\\N_l^1=(e_{ij},f_{ji})\\D_l^1=\mathrm{Diag}(d_2,d_1)\end{cases}\tag{6-50}$$

$$\begin{cases}M_l^2=(f_{ij},e_{ij},e_i)\\N_l^2=(e_{n+j},e_{n+j},e_{n+j})\\D_l^2=\mathrm{Diag}(d_3,d_4,-d_5)\end{cases}\tag{6-51}$$

$$\begin{cases} M_l^3 = (e_{n+i}, e_{n+i}) \\ N_l^3 = (e_{ij}, e_{n+i}) \\ D_l^3 = \mathrm{Diag}(d_3 + d_4, d_6 + d_1 - d_2) \end{cases} \tag{6-52}$$

此时与第五种情况相类似，必须进行三次叠加运算。

(8) 若 i 为 PQ 节点，j 为 PQ 节点，则有

$$\begin{cases} M_l = (M_l^1, M_l^2, M_l^3, M_l^4) \\ N_l = (N_l^1, N_l^2, N_l^3, N_l^4) \\ D_l = \mathrm{Diag}(D_l^1, D_l^2, D_l^3, D_l^4) \end{cases} \tag{6-53}$$

$$\begin{cases} M_l^1 = (e_{ij}, f_{ij}, e_{n+i}) \\ N_l^1 = (e_{ij}, e_{ji}, e_{n+i}) \\ D_l^1 = \mathrm{Diag}(d_2, d_1, d_6) \end{cases} \tag{6-54}$$

$$\begin{cases} M_l^2 = (e_{n+i,n+j}, f_{n+i,n+j}, e_{n+j}) \\ N_l^2 = (f_{n+i,n+j}, f_{n+i,n+j}, e_{n+j}) \\ D_l^2 = \mathrm{Diag}(d_1, -d_2, d_8) \end{cases} \tag{6-55}$$

$$\begin{cases} M_l^3 = (f_{ij}, e_{ij}, e_i) \\ N_l^3 = (f_{n+i,n+j}, f_{n+i,n+j}, e_{n+i}) \\ D_l^3 = \mathrm{Diag}(d_3, d_4, -d_5) \end{cases} \tag{6-56}$$

$$\begin{cases} M_l^4 = (e_{n+i,n+j}, f_{n+i,n+j}, e_j) \\ N_l^4 = (e_{ij}, e_{ij}, e_{n+j}) \\ D_l^4 = \mathrm{Diag}(d_3, d_4, -d_7) \end{cases} \tag{6-57}$$

此种情况最为常见，此时必须进行四次叠加运算。利用上述计算公式，叠加完所有的支路后 $(l = 1,2,\cdots,m)$，即可计算雅可比矩阵的逆。与阻抗矩阵的计算相类似，在具体计算中，为使计算可执行，雅可比矩阵的初值 J_0 可置为单位矩阵，即 $J_0=I$，然后在后续计算过程中逐次对此进行抵消。

在计算出 J^{-1} 后，即可按空间并行处理方式并根据式(6-50)计算出状态变量的新一轮值。重复此过程，经过几次迭代后，最终可以计算出潮流结果。

基于 PQ 分解法的并行潮流计算方法可用式(6-58)和式(6-59)表示：

$$\Delta P / U = -B' U \Delta\theta \tag{6-58}$$

$$\Delta Q / U = -B''\Delta U \tag{6-59}$$

式中，系数矩阵 B' 和 B'' 中元素的数学表达式为

$$\begin{cases} B'_{ij} = B_{ij} = -b_{ij}, \quad B'_{ii} = B_{ii}, \quad i\text{不是平衡节点} \\ B'_{jj} = B'_{ji} = 0, \quad B'_{ji} = 1, \quad i\text{是平衡节点} \end{cases} \tag{6-60}$$

$$\begin{cases} B''_{ij} = B_{ij} = -b_{ij}, \quad B''_{ii} = B_{ii}, \quad i\text{是PQ节点} \\ B''_{jj} = B''_{ji} = 0, \quad B''_{ji} = 1, \quad i\text{是平衡节点或PV节点} \end{cases} \tag{6-61}$$

式中，系数矩阵 B' 和 B'' 两者大致相同，但并不完全一样。因此，在采用串行计算时，一般情况下必须分别形成 B' 和 B''，并对其进行三角分解。为了避免重复计算，可以按下列方式对 B' 和 B'' 的元素进行重新安排，即

$$B' = \begin{bmatrix} B'' & \cdots \\ \cdots & \cdots \end{bmatrix} \tag{6-62}$$

这样，只需对 B' 进行三角分解，即

$$B' = L_1 D_1 L_1^{\mathrm{T}} \tag{6-63}$$

在获得 B' 的三角分解之后，即可获得 B'' 的三角分解，即

$$B'' = L_2 D_2 L_2^{\mathrm{T}}, \quad L_1 = \begin{bmatrix} L_2 & 0 \\ \cdots & I \end{bmatrix} \tag{6-64}$$

此处理方法可以节省计算机时。由于式(6-63)和式(6-64)在形式上是完全解耦的，基于 PQ 分解法的并行潮流计算方法相对比较简单。PQ 分解法并行潮流计算方法的基本思路，就是首先并行计算出 B' 和 B'' 的逆；然后采用空间并行处理方式，同时求解有功潮流方程和无功潮流方程，即求解式(6-63)和式(6-64)。

无论是 B' 还是 B''，均可按支路进行分解。此外，由于 B' 和 B'' 均为对称矩阵，因此有

$$B' = \sum_l M_l D_l^1 M_l^{\mathrm{T}} \tag{6-65}$$

$$B'' = \sum_l N_l D_l^2 M_l^{\mathrm{T}} \tag{6-66}$$

(1) 若 i 为平衡节点，则有

$$\begin{cases} M_l = e_j \\ D_l^1 = b_{ij} + b_{j0} \end{cases} \tag{6-67}$$

(2) 若 j 为平衡节点，则有

$$\begin{cases} M_l = e_i \\ D_l^1 = b_{ij} + b_{i0} \end{cases} \tag{6-68}$$

(3) 对应所有其他情况，则有

$$\begin{cases} M_l = (e_{ij}, e_i, e_j) \\ D_l^1 = \mathrm{Diag}(b_{ij}, b_{i0}, b_{j0}) \end{cases} \tag{6-69}$$

根据 l 支路两侧 i、j 两节点的属性，式(6-69)中各项的数学表达式如下。

(1) 若 i 为 PQ 节点，j 为平衡或 PV 节点，则有

$$\begin{cases} N_l = e_i \\ D_l^2 = b_{ij} + b_{j0} \end{cases} \tag{6-70}$$

(2) 若 j 为 PQ 节点，i 为平衡或 PV 节点，则有

$$\begin{cases} N_l = e_j \\ D_l^2 = b_{ij} + b_{i0} \end{cases} \tag{6-71}$$

(3) 若 i、j 均为 PQ 节点，则有

$$\begin{cases} N_l = (e_{ij}, e_i, e_j) \\ D_l^2 = \mathrm{Diag}(b_{ij}, b_{i0}, b_{j0}) \end{cases} \tag{6-72}$$

(4) 对于所有其他情况，则有

$$N_l = 0 \tag{6-73}$$

很显然，无论是求解 B' 还是 B_l'' 的逆，最多只需进行一次叠加运算，其具体的计算公式如式(6-74)～式(6-77)所示：

$$(B')^{-1} = (B_{l-1}' + M_l D_l^1 M_l^1)^{-1} = (B_{l-1}')^{-1} + \Delta(B_l')^{-1} \tag{6-74}$$

$$(B_l'')^{-1} = (B_{l-1}'' + N_l D_l^2 N_l^1)^{-1} = (B_{l-1}'')^{-1} + \Delta(B_l'')^{-1} \tag{6-75}$$

$$\begin{cases} \Delta(B_l')^{-1} = -a_l^1 b_l^1 (a_l^1)^{\mathrm{T}} \\ a_l^1 = (B_{l-1}')^{-1} M_l \\ b_l^1 = [(D_l^1)^{-1} + M_l^{\mathrm{T}} a_l^1]^{-1} \end{cases} \tag{6-76}$$

$$\begin{cases} \Delta(B_l'')^{-1} = -a_l^2 b_l^2 (a_l^2)^{\mathrm{T}} \\ a_l^2 = (B_{l-1}'')^{-1} N_l \\ b_l^2 = [(D_l^2)^{-1} + N_l^{\mathrm{T}} a_l^2]^{-1} \end{cases} \tag{6-77}$$

配电网潮流计算本身含有可并行计算成分，上述并行算法与传统潮流计算方法相比可大大减少计算时间。理论分析和实验结果表明，将节点分裂法与快速分解法的数据并行方法与此计算方法相结合，可以得到很好的计算加速比。并行潮流计算不是简单的串行潮流计算的推广，并行潮流计算的有效性和算法效果与并行处理机的体系结构、处理机数、机间通信、存储分配、任务调度、数据结构及控制方式等因素密切相关，它不仅涉及计算功能的实现，而且涉及通信的设计，不能简单地将并行潮流计算理解为串行潮流计算的倍数关系，必须根据问题的内在并行成分进行具体分析，才能设计出具有针对性的算法。

6.3.3　多核 CPU 并行潮流仿真测试

在实际运行中采用 IEEE 3 节点、IEEE 5 节点、IEEE 9 节点、IEEE 10 节点、IEEE 11 节点、实例 11 节点、IEEE 13 节点、IEEE 14 节点、IEEE 30 节点、IEEE 43 节点为测试数据进行多核 CPU 的并行仿真算法验证。

测试采用的计算机硬件：CPU Intel(R)Core(TM)i5-3470 3.20GHz，内存 4.00GB，安装 Windows7 旗舰版 32 位操作系统，进行潮流计算所用时间如表 6-1～表 6-5 所示。

10 条馈线 IEEE 3 节点、IEEE 5 节点、IEEE 9 节点、IEEE 10 节点、IEEE 11 节点、实例 11 节点、IEEE 13 节点、IEEE 14 节点、IEEE 30 节点、IEEE 43 节点在不同 CPU 核心(1、2、3、4)进行测试，结果如表 6-1 所示。

表 6-1　10 条馈线潮流计算并行计算结果

CPU 核心数量/个	10 条馈线潮流计算时间/ms				加速比	CPU 利用率/%
	核心 1	核心 2	核心 3	核心 4		
1	1599	—	—	—	—	25.00
2	667	1036	—	—	1.54	41.10
3	481	497	865	—	1.58	53.27
4	407	413	465	779	2.05	66.24

80 条馈线(将以上 10 条馈线复制 8 份)在不同 CPU 核心(1、2、3、4)进行测试，结果如表 6-2 所示。

160 条馈线(将以上 10 条馈线复制 16 份)在不同 CPU 核心(1、2、3、4)进行测试，结果如表 6-3 所示。

表 6-2　80 条馈线潮流计算并行计算结果

CPU 核心数量/个	80 条馈线潮流计算时间/ms				加速比	CPU 利用率/%
	核心 1	核心 2	核心 3	核心 4		
1	12406	—	—	—	—	25.00
2	6442	6797	—	—	1.83	48.69
3	4566	4566	4947	—	2.51	71.15
4	3893	3899	3913	4269	2.91	93.55

表 6-3　160 条馈线潮流计算并行计算结果

CPU 核心数量/个	160 条馈线潮流计算时间/ms				加速比	CPU 利用率/%
	核心 1	核心 2	核心 3	核心 4		
1	25027	—	—	—	—	25.00
2	12910	13257	—	—	1.89	49.35
3	9061	9082	9452	—	2.65	72.99
4	7578	7579	7586	7945	3.15	96.56

320 条馈线(将以上 10 条馈线复制 32 份)在不同 CPU 核心(1、2、3、4)进行测试，结果如表 6-4 所示。

表 6-4　320 条馈线潮流计算并行计算结果

CPU 核心数量/个	320 条馈线潮流计算时间/ms				加速比	CPU 利用率/%
	核心 1	核心 2	核心 3	核心 4		
1	49864	—	—	—	—	25.00
2	26446	26827	—	—	1.86	49.64
3	18562	18566	19043	—	2.62	73.74
4	15655	15666	15684	16036	3.11	98.28

960 条馈线(将以上 10 条馈线复制 96 份)在不同 CPU 核心(1、2、3、4)进行测试，结果如表 6-5 所示。

将以上数据进行整理得到 2 个 CPU 核心、3 个 CPU 核心、4 个 CPU 核心，10 条馈线、80 条馈线、160 条馈线、320 条馈线、960 条馈线的加速比，如表 6-6

所示，直观折线图如图 6-7 所示。

表 6-5　960 条馈线潮流计算并行计算结果

CPU 核心数量/个	960 条馈线潮流计算时间/ms				加速比	CPU 利用率/%
	核心 1	核心 2	核心 3	核心 4		
1	152271	—	—	—	—	25.00
2	80404	80760	—	—	1.89	49.89
3	57276	57280	57644	—	2.64	74.68
4	47819	47840	47849	48207	3.16	99.42

表 6-6　不同 CPU 核心数量不同馈线规模加速比对照表

CPU 核心数量/个	加速比				
	10 条馈线	80 条馈线	160 条馈线	320 条馈线	960 条馈线
2	1.54	1.83	1.89	1.86	1.89
3	1.58	2.51	2.65	2.62	2.64
4	2.05	2.91	3.15	3.11	3.16

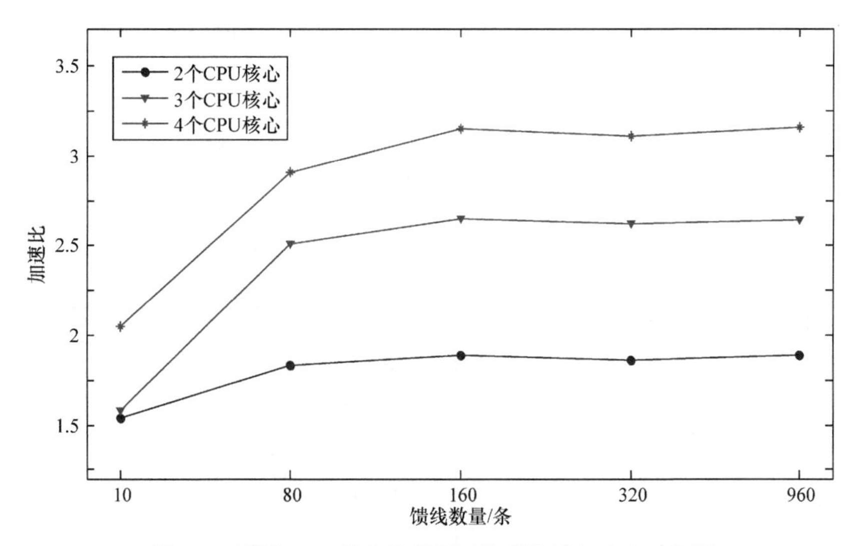

图 6-7　不同 CPU 核心数量不同馈线规模加速比对比图

从图 6-7 可以得出结论，随着 CPU 核心数量的增加，加速效应逐渐降低，随着馈线规模的增加加速效应趋于稳定。

10 条馈线、80 条馈线、160 条馈线、320 条馈线、960 条馈线的 CPU 利用率如表 6-7 所示，不同 CPU 核心数量不同馈线规模 CPU 利用率如图 6-8 所示，不同 CPU 核心数量不同馈线规模潮流计算时间如图 6-9 所示。

表 6-7　不同 CPU 核心数量不同馈线规模 CPU 利用率对照表

CPU 核心数量/个	CPU 利用率/%				
	10 条馈线	80 条馈线	160 条馈线	320 条馈线	960 条馈线
1	25.00	25.00	25.00	25.00	25.00
2	41.10	48.69	49.35	49.64	49.89
3	53.27	71.15	72.99	73.74	74.68
4	66.24	93.55	96.56	98.28	99.42

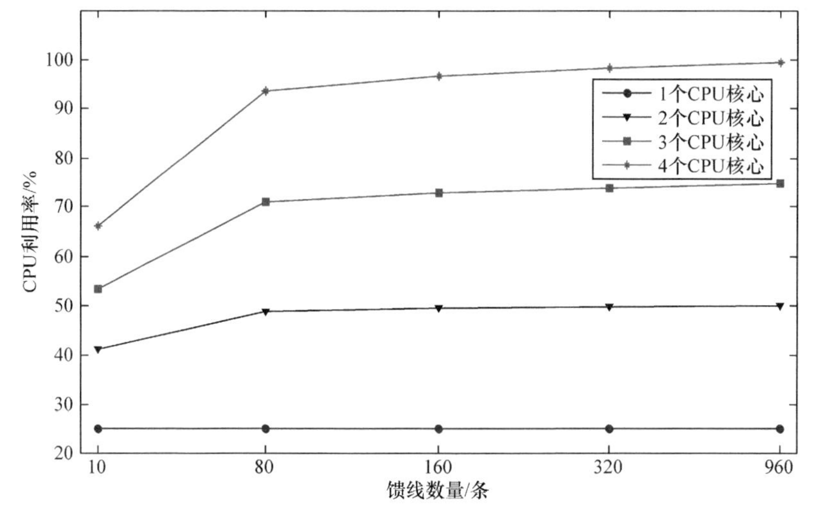

图 6-8　不同 CPU 核心数量不同馈线规模 CPU 利用率对比图

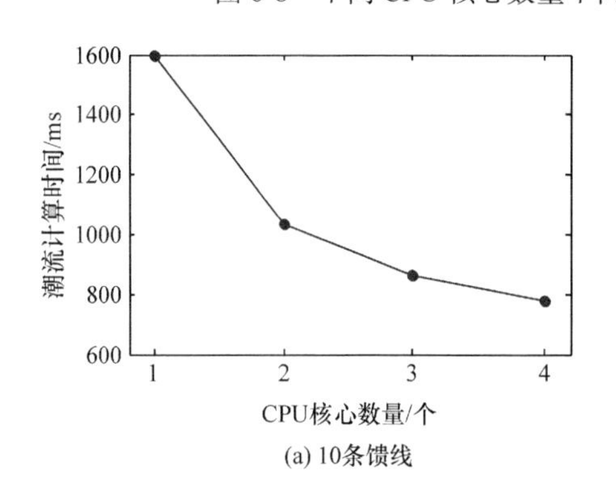

(a) 10条馈线

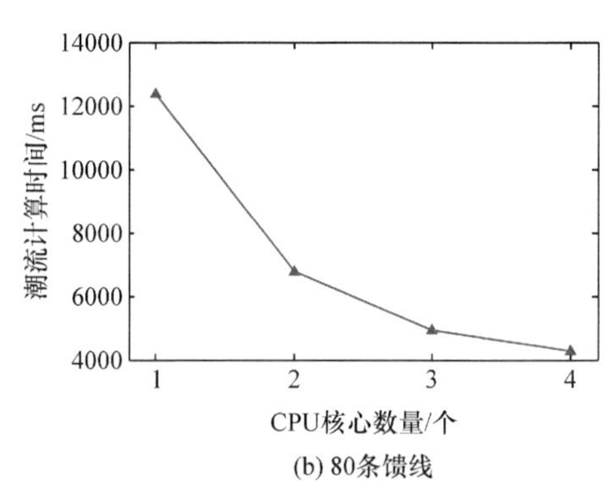

(b) 80条馈线

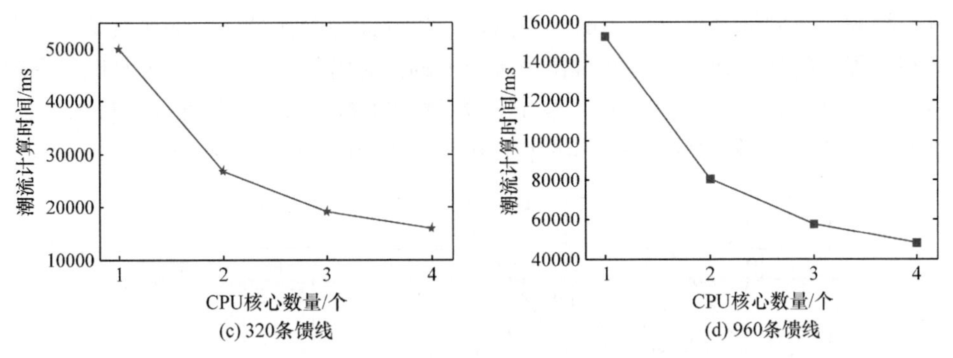

图 6-9　不同 CPU 核心数量不同馈线规模潮流计算时间对比图

6.4　基于 FPGA 的配电网并行实时仿真

6.4.1　基于多线程并行计算的暂态仿真方法

在复杂有源配电网暂态仿真中，电气系统与控制系统是交替求解的，其计算时序如图 6-10 所示，从图中可以看到整个程序的计算时序是串行的。整个仿真计算过程按图中所示的[1]->[2]->[3]->[4]的时序依次进行。

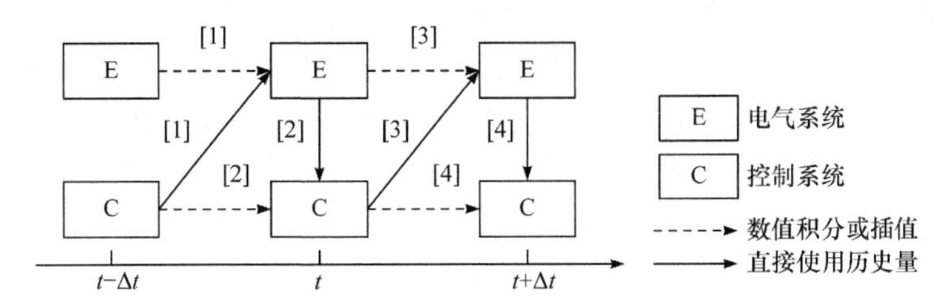

图 6-10　电气系统与控制系统求解的串行时序

对于当前广泛使用的各种含多处理器的高性能计算机，串行的暂态仿真程序并不能充分利用 CPU 的硬件计算资源，因此初步研究利用多线程技术实现程序的并行求解，以提高程序的计算速度与计算效率。采用欧盟低压微网算例进行仿真性能测试，并且只考虑仅含光伏一种分布式电源的情况。程序测试的软硬件环境为：主频 3.2GHz 的 Intel i5 双核 4 线程 CPU；主频为 1333MHz 的 DDR3 内存 3GB；测试操作系统为 QNX 实时操作系统。

对于复杂有源配电网暂态仿真，一种显而易见的方案是将原先的电气系统与控制系统串行计算时序改为并行求解。在每一个步长上，可利用前一时步的控制系统输出量将电气系统积分到该时步，同时直接使用前一时步电气系统的输出量将控制系统积分到该时步。此时，不仅电气系统的解算存在一个步长的时延，控制系统的解算同样也存在一步时延。这样的处理无疑会牺牲一定的仿真精度，但提高了程序的计算速度，而此时每个步长上的计算时间则由控制系统与电气系统各自计算时间的最大值决定。整个计算过程将按图 6-11 中所示的[1]&[1']→[2]&[2']的时序依次进行，图中步骤[1]与[1']、[2]与[2']均可实现并行求解。

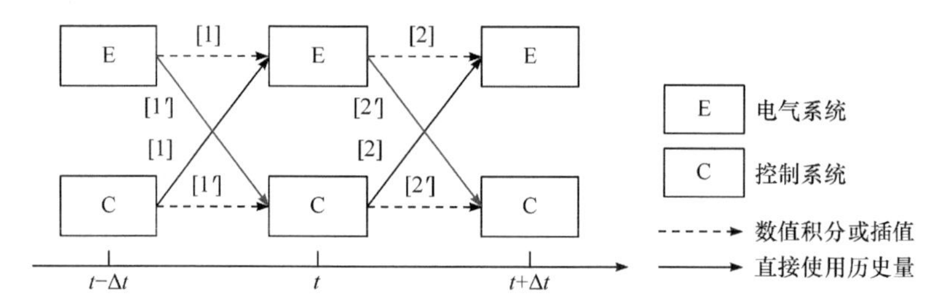

图 6-11　电气系统与控制系统并行计算时序

为了改善由电气系统与控制系统并行求解而造成的计算精度的下降，这里提出一种改进的电气系统与控制系统并行计算策略，如图 6-12 所示，它既可以实现电气系统与控制系统的并行计算，又可以改善前述并行求解策略的计算精度。与串行计算时序相同，在每一个步长上电气系统仍直接使用前一时步的控制系统输出量积分到该时步，而对于控制系统则使用由上一时步电气系统的输出经过数值积分或插值而得到的预测值作为该时步输入，再将控制系统积分到该时步，此时控制系统的解算也是基于前一时步电气系统的输出量，因此可以实现电气系统与控制系统的并行求解，对于电气量的预测可使用各种显式的数值积分方法，也可以使用线性或非线性插值算法，这主要由程序设计与实现的难易程度决定。为便于实现，可考虑采用如下三种插值方法，如式(6-78)～式(6-80)所示：

$$f(t)=2f(t-\Delta t)-f(t-2\Delta t) \tag{6-78}$$

$$f(t)=\frac{5}{4}f(t-\Delta t)+\frac{1}{2}f(t-2\Delta t)-\frac{3}{4}f(t-3\Delta t) \tag{6-79}$$

$$f(t)=\frac{4}{3}f(t-\Delta t)+\frac{1}{3}f(t-2\Delta t)-\frac{2}{3}f(t-3\Delta t) \tag{6-80}$$

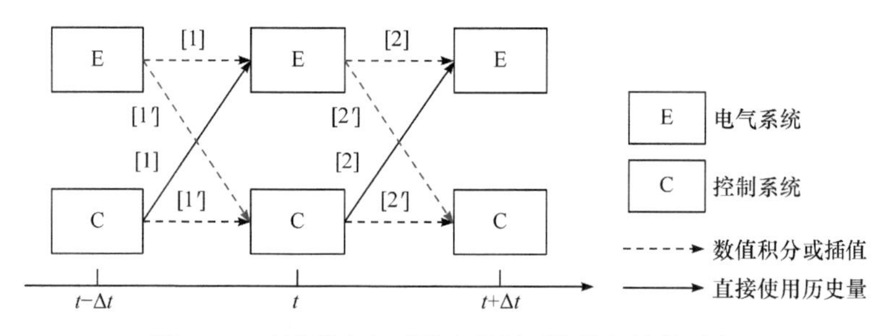

图 6-12　改进的电气系统与控制系统并行计算时序

式(6-78)属于两点插值，而式(6-79)和式(6-80)属于三点插值，由于不仅仅使用一点的导数信息，三点插值对于数值振荡具有较好的抑制作用，这对于非状态变量的预测尤为重要，这一点在后面的仿真结果中也可以看到。由于控制系统所使用的电气系统输出的个数通常较少，再加上显式积分与插值算法的计算量都很小，因此，改进的并行求解策略对程序计算量的增加很少，通常不会造成明显的计算负担。理论上，改进的并行计算策略能达到串行程序的计算精度。与前述的并行策略相同，整个计算过程仍按图中所示的[1]&[1′]→[2]&[2′]的时序依次进行。

6.4.2 基于 FPGA 的暂态实时仿真方法及实现

复杂有源配电网暂态实时仿真是与现实时钟同步的数字仿真，通过将实时仿真器与实际物理设备相连并进行测试。复杂有源配电网暂态实时仿真可用于分布式发电(储能)单元控制器设计、微网自动化系统测试、新型分布式电源及储能设备的物理特性调试等[11-13]。

1. 系统架构

现场可编程逻辑门阵列(field programmable gate array, FPGA)具有高度并行结构以及大量分布式块内存，在暂态实时仿真器的实现中，可实现大幅度并行化运行，提高计算速度。此外，流水线技术也可有效提高流动数据的处理速度。因此，基于 FPGA 的暂态实时仿真器系统设计为系统级并行、模块级并行以及底层并行的多层级并行架构，如图 6-13 所示。

1) 系统级并行

系统级并行是指根据系统的结构特点，通过系统分割、并行求解及多速率求解等手段，尽可能降低大规模系统的求解规模，提升计算速度，保证仿真实时性，并确定系统在多片 FPGA 上的基本分配情况。此后可对分配到 FPGA 上的多个子系统进行系统再划分，进一步提升计算速度。每个子系统都可拥有独立的计算资源，这样可充分利用每片 FPGA 的计算资源。

2) 模块级并行

图 6-14 给出了基于 FPGA 的基本解算单元的求解过程框图。每个基本解算单元都由若干个硬件功能模块构成。基于节点法的求解流程可分为三部分。元件类模块负责计算历史量电流源，判断开关状态，并生成历史量电流源列向量。然后，进行线性方程组求解，计算节点电压。用计算出的节点电压更新每类元件的支路电压和支路电流，用于下一时步的计算。

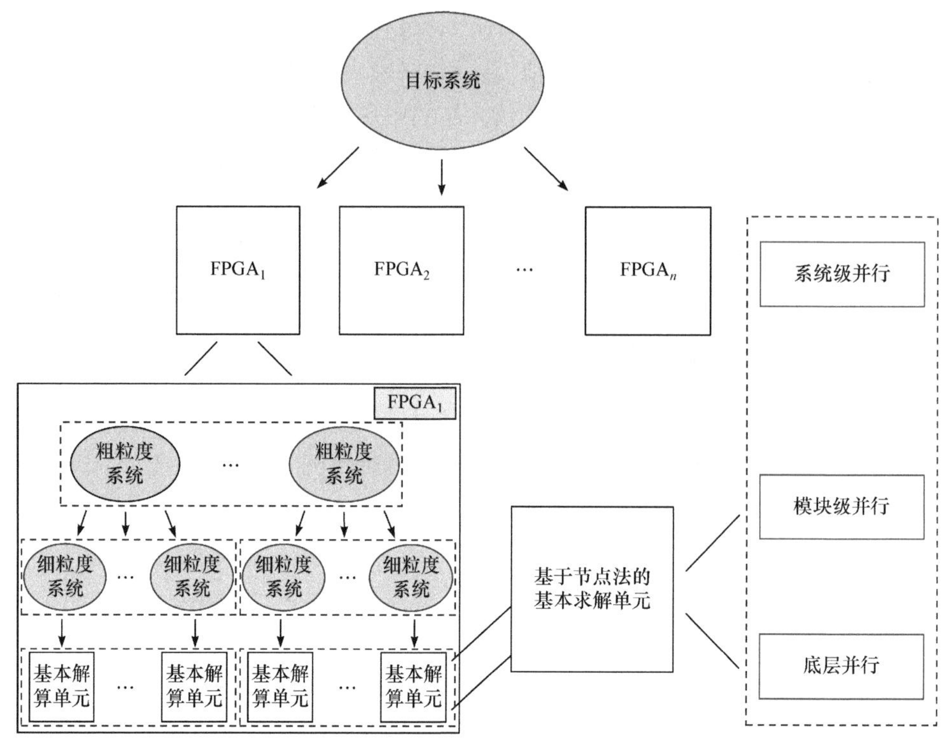

图 6-13　基于 FPGA 的暂态实时仿真器架构

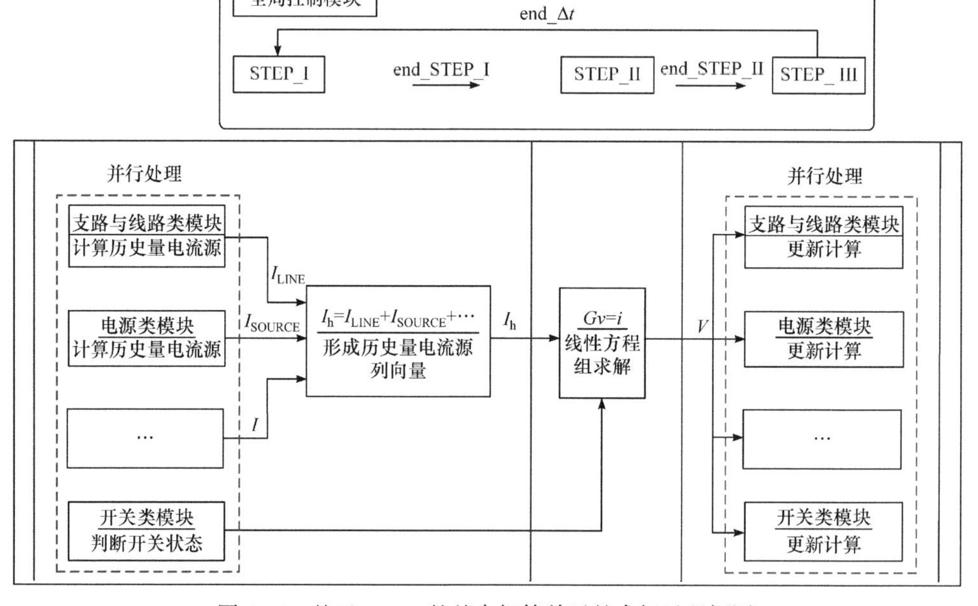

图 6-14　基于 FPGA 的基本解算单元的求解过程框图

3) 底层并行

底层并行主要指在整个系统各个模块的底层基本操作中，充分提炼可并发的操作，从代数运算层面复杂运算公式的并行化处理，到数据读写层面分布式内存的利用均会涉及。

2. 关键功能模块实现

具有典型处理方式的基本无源元件包括电阻 R、电感 L、电容 C 及由它们组成的 RL、RC 复合元件等。其一般形式如式(6-81)和式(6-82)所示：

$$i(t) = G_{eq}v(t) + I_h(t-\Delta t) \tag{6-81}$$

$$I_h(t-\Delta t) = A_1v(t-\Delta t) + A_2i(t-\Delta t) \tag{6-82}$$

根据 R、L、C 组合形式不同，可形成不同的电路。

1) 空间并行

以历史量求解为例，如图 6-15 所示。支路电压 $v(t-\Delta t)$ 和支路电流 $i(t-\Delta t)$ 可同时从四个内存中读出，并通过两个浮点数乘法器同时进行乘法运算，最后通过浮点数加法器求出历史量 $I_h(t-\Delta t)$ 存入内存队列中，用于下一时步的计算。

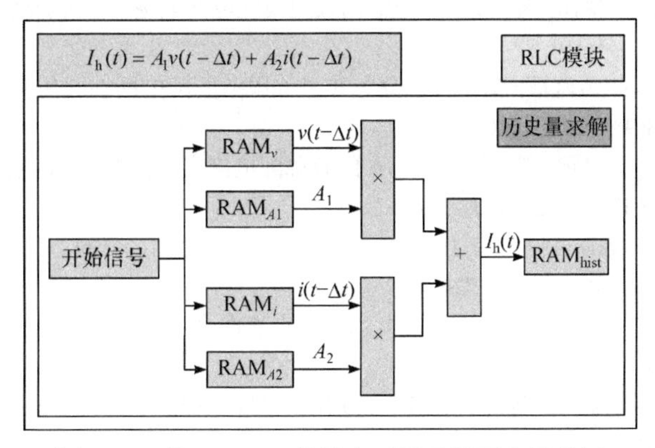

图 6-15　基于 FPGA 的基本无源元件历史量求解

2) 时间并行

该模块的初始延时为 14 个时钟周期。在流水线架构下，第一个基本无源元件的计算结果将在 14 个时钟周期后得到，当 N 个无源元件依次通过历史量求解模块进行处理时，其总用时为 14+(N−1)个时钟周期。

参 考 文 献

[1] 王成山. 微电网分析与仿真理论[M]. 北京: 科学出版社, 2013.

[2] 刘俊, 郝旭东, 王旭, 等. 电力系统并行计算综述[J]. 智慧电力, 2017, 45(7): 112-120.

[3] 赵文恺, 房鑫炎, 严正. 电力系统并行计算的嵌套分块对角加边形式划分算法[J]. 中国电机工程学报, 2010, 30(25): 66-73.
[4] 王成山, 丁承第, 李鹏, 等. 基于 FPGA 的配电网暂态实时仿真研究(二): 系统架构与算例验证[J]. 中国电机工程学报, 2014, 34(4): 628-634.
[5] 刘科研, 叶华, 裴玮, 等. 基于特征值分析的配电网多速率暂态仿真性能评估方法研究[J]. 电网技术, 2020, 44(11): 4088-4096.
[6] 付灿宇, 王立志, 齐冬莲, 等. 有源配电网信息物理系统混合仿真平台设计方法及其算例实现[J]. 中国电机工程学报, 2019, 39(24): 7118-7125.
[7] 黑晨阳, 关远鹏, 谢运祥, 等. 基于戴维南-诺顿等效的含分布式光伏发电系统的配电网仿真分析[J]. 电力自动化设备, 2017, 37(10): 71-78.
[8] 陈权, 李令冬, 王群京, 等. 光伏发电并网系统的仿真建模及对配电网电压稳定性影响[J]. 电工技术学报, 2013, 28(3): 241-247.
[9] 刘科研, 贾东梨, 何辉, 等. 基于特征线的短线路解耦方法及其仿真分析[J]. 电力信息与通信技术, 2021, 19(9): 93-99.
[10] 刘科研, 董伟杰, 叶学顺, 等. 基于序阻抗法的配电线路参数识别与仿真研究(英文)[J]. 系统仿真学报, 2020, 32(10): 1964-1971.
[11] 翁嘉明, 刘东, 王云, 等. 信息物理融合的有源配电网故障仿真测试技术研究[J]. 中国电机工程学报, 2018, 38(2): 497-504.
[12] 陈颖, 宋炎侃, 黄少伟, 等. 基于 GPU 的大规模配电网电磁暂态并行仿真技术[J]. 电力系统自动化, 2017, 41(19): 82-88.
[13] 叶学顺, 盛万兴, 孟晓丽, 等. 基于分布式组件服务的配电网在线仿真技术[J]. 系统仿真学报, 2016, 28(9): 2062-2068.
[14] 李鹏, 曾凡鹏, 王智颖, 等. 基于 FPGA 的有源配电网实时仿真器 I/O 接口设计[J]. 中国电机工程学报, 2017, 37(12): 3409-3417.
[15] 于浩, 李鹏, 王成山, 等. 基于状态变量分析的有源配电网电磁暂态仿真自动建模方法[J]. 电网技术, 2015, 39(6): 1518-1524.
[16] 叶学顺, 刘科研, 孟晓丽. 含分布式电源的交直流混合配电网潮流计算[J]. 供用电, 2016, 33(8): 23-26, 49.
[17] 刘科研, 吕琛, 葛磊蛟, 等. 基于最小二乘法的光伏电源电磁暂态输出预测[J]. 湖南大学学报(自然科学版), 2019, 46(8): 81-90.
[18] 贾东梨, 刘科研, 盛万兴, 等. 有源配电网故障场景下的电压暂降仿真与评估方法研究[J]. 中国电机工程学报, 2016, 36(5): 1279-1288.

第7章 复杂有源配电网数模混合高性能仿真理论和平台构建方法

7.1 复杂有源配电网数模混合仿真技术体系

数模混合仿真技术也称为硬件在环仿真技术,其中一部分由真实的硬件构建,其余部分运行在实时仿真单元,这两部分通过模/数转换器、数/模转换器以及信号放大器互相连接。硬件在环系统分为控制型硬件在环(control hardware in-the-loop, CHIL)和功率型硬件在环(power hardware in-the-loop, PHIL)。CHIL指物理仿真系统和数字仿真系统之间传递的是低功率的控制信号,PHIL指物理仿真系统与数字仿真系统之间传递的是真实的物理功率。数模混合仿真系统主要由数字仿真系统、物理仿真系统和功率接口装置三部分组成。数字仿真系统是复杂有源配电网系统、风力发电系统和光伏发电系统等。物理仿真系统可以是分布式电源、储能装置的原型模拟仿真器。功率接口装置包括背靠背双PWM换流器、信号测量装置和信号传输单元等,由于动模机组的功率较大,需采用能实现四象限功率交换的背靠背换流器才能实现与数字部分的接口连接。背靠背换流器主要包括整流器、逆变器和耦合直流电容,整流器与逆变器均采用全控型电力电子器件,以实现四象限的功率交换[1-3]。

配电网数模混合仿真系统由三部分构成,分别是数字仿真部分、物理模拟仿真部分和数模混合仿真接口部分。数模混合仿真系统可实现含分布式电源/微网/储能装置的配电网短路、断路、接地故障以及分布式电源接入、微网投退等事件的快速仿真,为复杂有源配电网自愈控制研究理论、方法、技术、装置等提供实验验证。配电网数字仿真部分具备复杂有源配电网状态估计、双向潮流计算、快速网络拓扑等系统分析功能。配电网物理模拟仿真部分具备配电网运行仿真、故障仿真、分布式电源并/离网仿真、新系统/技术检验仿真等物理模拟仿真功能。数模混合仿真接口部分用于实现数字仿真与物理模拟仿真两部分的信号转换和连接。系统总体结构图如图7-1所示。

配电网的数字仿真部分和物理模拟仿真部分通过数模混合接口及同步单元进行连接。数字仿真部分实现变电站、负荷、分布式电源、开关、监测点、等效连接点等的数字仿真,其模块采用传统的、成熟的数字模型进行仿真,或者对新型

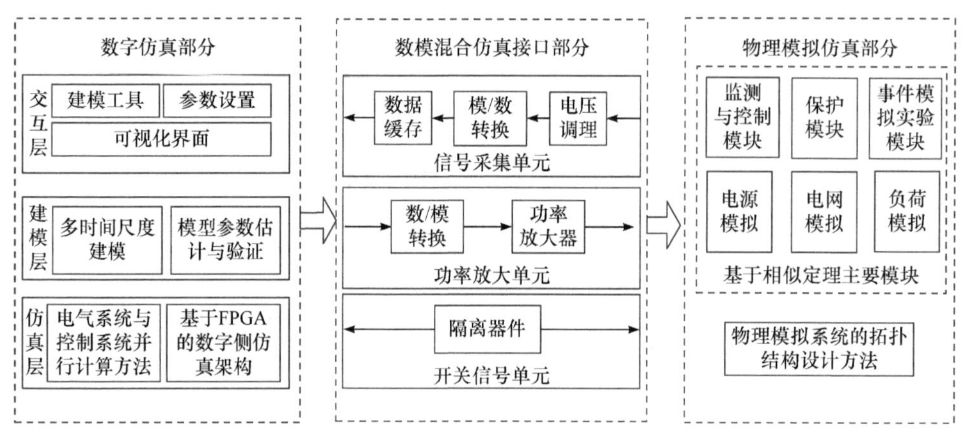

图 7-1　配电网数模混合仿真系统的总体结构图

设备(如分布式电源)进行数字验证仿真。复杂有源配电网的物理模拟仿真部分对电力线路、调压设备、分布式电源、负荷、各种物理模型设备进行物理模拟仿真。相对于数字仿真，物理模拟仿真采用强电压、强电流，与数字部分对接，需要通过数模混合仿真接口部分将数字仿真系统的电压、电流信号等比例放大成真实的强电压、强电流。物理模拟仿真系统与数字仿真系统进行对接，需要将物理模拟仿真系统的强电压、强电流信号通过数模混合仿真接口部分等比例变换为数字电压、数字电流信号，才能实现复杂有源配电网实时的多时间尺度数模混合仿真。

7.2　复杂有源配电网数模混合仿真接口技术

7.2.1　数模混合仿真接口功能和结构

配电网数模混合仿真接口用于连接配电网数字仿真与物理模拟仿真两部分。仿真接口可进行数模信号的相互转换，实现数字仿真部分与物理模拟仿真部分的信号通信。当配电网处于稳态运行状态时，可通过此接口将难以进行数字建模的物理模拟设备接入大规模的数字仿真配电网。数字仿真侧的电压电流信号可通过数模混合仿真接口对物理仿真侧进行能量传输，以解决配电网的大规模仿真问题和单点的精确仿真问题[4-6]。

配电网数模混合仿真接口技术路线图如图 7-2 所示。

配电网数模混合仿真中的数字仿真信号首先通过数/模转换装置转换为物理模拟信号，信号经功率放大器后输入物理模拟仿真装置。配电物理模拟仿真中的物理信号由电压/电流互感器采集后转换为数字信号，输入数字仿真侧进行数字仿真计算。复杂有源配电网数模混合仿真构成如图 7-3 所示。

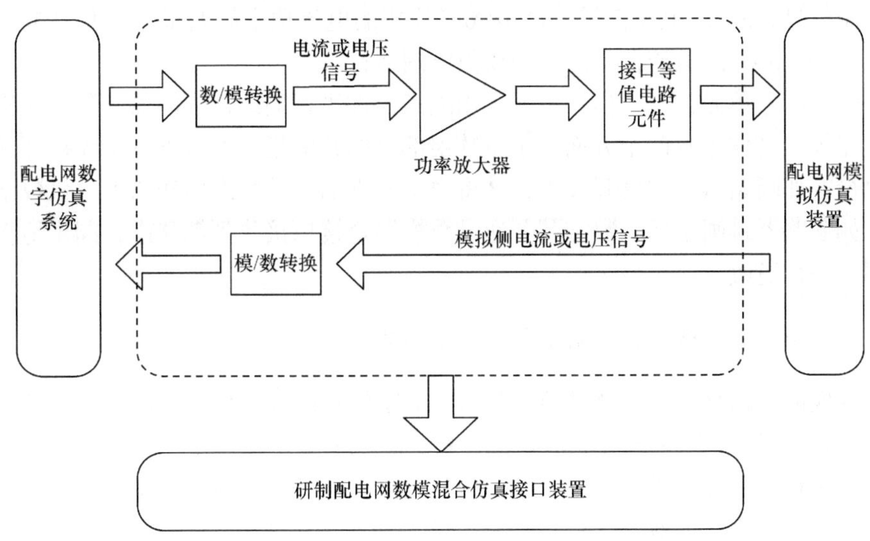

图 7-2　配电网数模混合仿真接口技术路线图

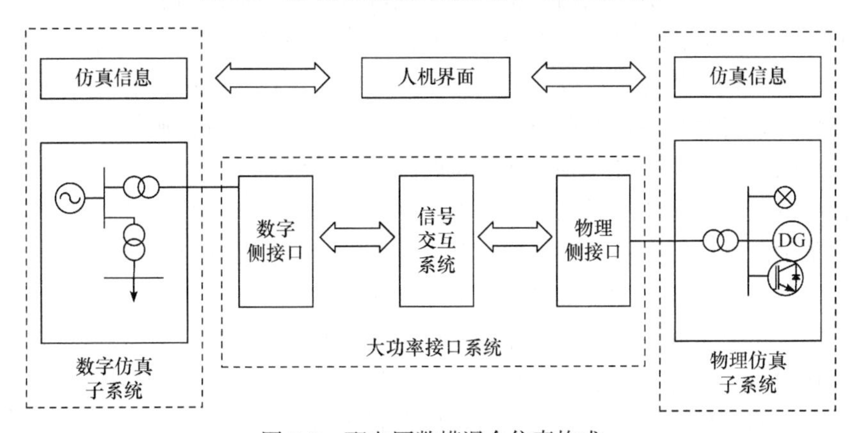

图 7-3　配电网数模混合仿真构成

数据采集单元：模拟仿真电路的电压和电流信号经过互感器或传感器转变为低电压或低电流信号，传送到数模混合接口装置，数模混合接口装置的模/数转换器将模拟信号转变为数字信号，数模采集单元数据缓冲部分可暂时缓存这些数字信号，缓冲作用使得高速工作的处理器与慢速的外部数据处理设备能够协调工作，保证数据传送的完整性。

功率放大单元：主要任务是实现数字仿真器输出功率放大，将数字信号变为真实的电流信号参与模拟电路的运行，首先通过数/模转换器，将数字仿真部分的电流数字信号转换为模拟的电压信号，模拟的电压信号通过电流功率放大器转换为与数字量相对应的电流，例如，50A 电流经过数/模转换器转换为有效值为 5V 的电压信号，5V 的电压信号经过 10A/V 比率的电流功率放大器，放大为 50A 的电流信号，50A 的电流信号注入到模拟电网运行。

开关信号单元：开关信号单元采用隔离器件进行隔离，隔离器件包含光耦、继电器等。其作用有两个方面：①将数字部分的开关指令直接下发给模拟开关器件执行，如断路器、空气开关等；②将模拟器件的开关状态传送给上位机数字部分，如断路器跳闸之后，数字部分通过数模混合接口接收到期状态，同步地将数字部分进行更改。

7.2.2　复杂有源配电网接口数值稳定改进技术

数模混合仿真是综合物理仿真和实时数字仿真的先进仿真技术，它按照“帧-步长”时序工作，测量元件获取物理仿真子系统端口信息，经模/数转换后，上传至数字仿真子系统，进行全数字实时仿真计算；计算得到新的数字仿真子系统端口信息，经过数/模转换后，通过功率变换器变换为功率量，在物理仿真子系统进行物理仿真，由此完成一次信息交互和数模混合仿真，此后重复上述过程。研究复杂有源配电网数模混合仿真的高鲁棒和高精度数值稳定问题，关键在于数字侧仿真信号经过接口传递到物理侧的过程中是否发生振荡或衰减、延迟等问题，数值稳定性好，仿真精度高的接口对整个仿真系统的实时性和准确性起到至关重要的作用。接口系统稳定性主要与接口延时和接口算法有关[7]。

传统的接口模型受本身结构的影响，均存在延时和数值稳定性问题。对于接口延时的消除办法，一方面可以通过基于频域的相位补偿法补偿接口延时；另一方面可以从改进接口模型的角度出发消除延时。

虽然基于傅里叶变换的频域相位补偿法可以从数学的角度对接口延时进行补偿，但接口结构本身决定了其必然受到接口延时的影响，从各个接口模型的传递函数中均有时间延时相存在且无法消除可以看出这一点。

因此，若能找到新的在结构上不受接口延时影响的接口模型，从结构上解决接口延时问题，会大大提高系统的性能。如果接口模型的传递函数对误差的增益为 0，就不会出现误差递增以致发生数值振荡，对改善接口的稳定性也有重要意义。

1. 基于阻尼阻抗接口模型的复杂有源配电网数值稳定性分析

电压型阻尼阻抗法(damping impedance method, DIM)是理想变压器模型(ideal transformer model, ITM)法与部分电路复制(partial circuit duplication, PCD)法的结合，如图 7-4 所示。

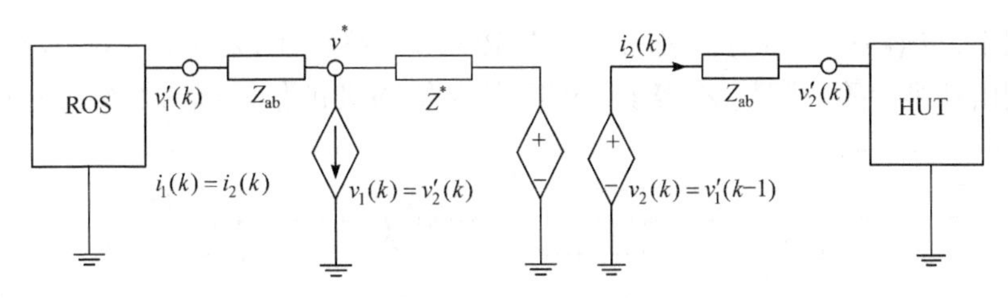

图 7-4 电压型阻尼阻抗法的接口结构

对调整阻抗 Z^*进行调整，可以使 $v^*=v_1$ 的电压型 DIM 在电压型 ITM 法和电压型 PCD 法之间切换。当调整阻抗 $Z^*=0$ 时，电压型 DIM 变为电压型 PCD 法；而当调整阻抗 $Z^*=\infty$ 时，数字侧电流等于 i_1，此时电压型 DIM 即为电压型 ITM 法。可见通过调整阻抗 $Z^*=\infty$，电压型 DIM 的性能介于电压型 PCD 法和 ITM 法之间。通过推导可得电压型 DIM 法的开环传递函数为

$$G_{\mathrm{DIM}}=\frac{Z_{\mathrm{a}}(Z_{\mathrm{b}}-Z^*)}{(Z_{\mathrm{a}}+Z_{\mathrm{ab}}+Z^*)(Z_{\mathrm{b}}+Z_{\mathrm{ab}})}\mathrm{e}^{-s\Delta t} \tag{7-1}$$

由式(7-1)可知，当实现阻抗匹配时，系统开环增益为 0，即前一步的仿真误差不会传播到下一步仿真，系统可以保持高度的稳定性。从式(7-1)还可以看出，当阻抗匹配时，接口不受延时影响，即 DIM 法在结构上消除了接口延时对 PHIL 系统带来的影响。尤其在网络环境下，当网络的存在导致接口延时较大甚至随机时，此种方法的性能就会明显显现。

虽然在实际中无法实现 $Z^*=Z_{\mathrm{b}}$，但即使能够近似实现阻抗匹配使 $Z^*\approx Z_{\mathrm{b}}$，也很容易通过调整阻抗 Z_{ab}，使得电压型 DIM 的开环增益小于 1，从而保证系统的稳定性。

下面进一步分析电流型 DIM。将电压型 DIM 中，被试系统(hardware under test, HUT)侧的受控电压源与连接阻抗的串联等效变换为受控电流源与连接阻抗的并联，其余部分不变。由此，可以得到电流型 DIM 接口模型的基本结构，如图 7-5 所示。

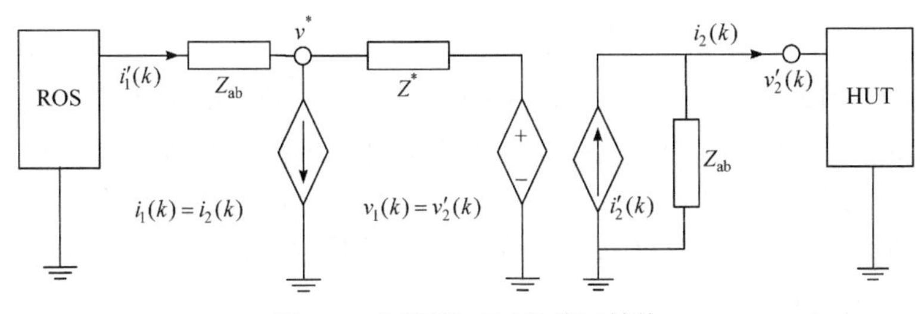

图 7-5 电流型 DIM 的接口结构

图中，$i_2'(k)=i_1'(k-1)$。设图 7-5 中 ROS 表示数字侧戴维南等效电路，HUT 系统则由戴维南等效阻抗 Z_b 表示，可得电流型 DIM 的信号流图如图 7-6 所示。

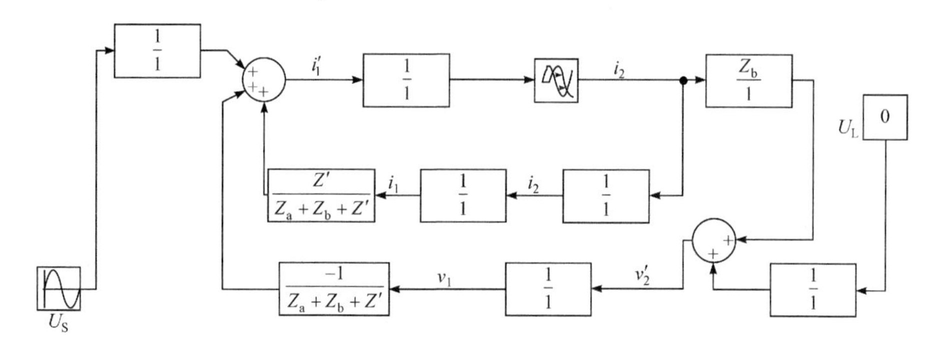

图 7-6　电流型 DIM 的信号流图

通过信号流图可以推导出电流型 DIM 法的开环传递函数如式(7-2)所示：

$$G_{\text{I-DIM}}=\frac{Z_{ab}(Z^*-Z_b)}{(Z_a+Z_{ab})(Z_a+Z_{ab}+Z^*)}e^{-s\Delta t} \tag{7-2}$$

2. 基于自适应阻抗匹配算法的改进稳定性分析

无论是电压型 DIM 模型还是电流型 DIM 模型，均离不开阻抗的动态匹配。通常使用平均阻抗法，即通过 HUT 侧电压电流有效值计算 HUT 侧平均阻抗 $\bar{Z}_b$，并令 $Z^*=\bar{Z}_b$ 以实现阻抗匹配。但这种方法不仅会降低系统的精度，而且会增大系统的相位差。因此，本章提出自适应阻抗匹配算法，通过电阻电感分量的独立匹配来实现阻抗匹配的目的。

设系统 HUT 侧的电压、电流向量分别为 $U\angle\varphi_u$ 和 $I\angle\varphi_i$，则 HUT 侧等效电阻分量 R 和电感分量 L 可分别表示为

$$R=\left|\frac{U}{I}\right|\cos(\angle\varphi_u-\angle\varphi_i) \tag{7-3}$$

$$L=\left|\frac{U}{I}\right|\sin(\angle\varphi_u-\angle\varphi_i) \tag{7-4}$$

当 HUT 侧等效电阻分量 R 和电感分量 L 分别与数字侧实现匹配时，即可实现阻抗匹配。自适应阻抗匹配算法可以较好地跟踪匹配 RL 负载的电阻和电感分量，且当参数发生突变时，算法能在一个周期内重新匹配支路参数，具有较好的动态响应能力。其中负载突变后一个周期的波动是因为算法获得电压、电流向量需要一个周期的时间。

3. 基于自适应阻抗匹配的简化电流型 DIM 接口模型的复杂有源配电网数值稳定性研究

由上面分析可知，在电流型 DIM 接口模型中，接口连接阻抗值的选择应尽可能小，以便获得尽可能高的接口电压响应精度。从电流型 DIM 接口模型可以看出，不能通过将连接阻抗直接设为 0 的方法来得到简化的电流型 DIM。

一种新的基于自适应阻抗匹配的简化电流型阻尼阻抗法(current-adaptive simplified damping impedance method，C-ASDIM)接口模型，具有良好的性能，可以从结构上消除接口延时对 PHIL 系统带来的影响，有利于在网络条件下使用，其结构如图 7-7 所示。

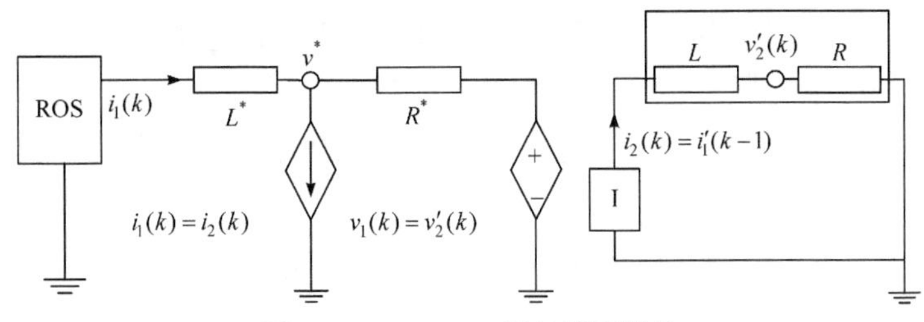

图 7-7　C-ASDIM 接口模型结构

图 7-7 中，右侧框内为 HUT 负载，模块 I 表示功率变换装置实现的电流源。C-ASDIM 接口模型的基本结构与电流型 DIM 接口模型类似，不同的是 C-ASDIM 接口模型中并没有真实的连接阻抗 Z_{ab}，而是将 HUT 侧的电感分量 L 当作连接阻抗，电阻分量 R 作为等效的 HUT 负载。通过自适应阻抗匹配算法可以得到 RL 负载的等效电阻分量 R^*和电感分量 L^*，所以将电流型 DIM 模型中数字侧 Z_{ab} 换为 L^*，Z^*换为 R^*，HUT 侧保持不变，即可得到 C-ASDIM 接口模型的结构。因为 C-ASDIM 接口模型中 HUT 侧没有连接阻抗，故可以大大减少能量损耗。

对比电流型 DIM 接口模型的传递函数，可以得到 C-ASDIM 接口模型的传递函数为

$$G_{\text{C-ASDIM}}=\frac{R^*-R}{Z_a+sL^*+R^*}\mathrm{e}^{-s\Delta t} \tag{7-5}$$

由式(7-5)可以看出，当阻抗匹配时，C-ASDIM 接口模型的误差不会在仿真中传播，具有较高的精度。另外，网络条件下的控制系统除了功率变换装置、前向通道的网络延时等以外，HUT 侧相关测量反馈回路中经历的网络延时也是不可忽略的。因此，为进一步分析 C-ASDIM 接口模型在网络环境下的性能，在反向回路中亦加入延时。

反向回路中也存在延时的 C-ASDIM 接口模型信号流图，如图 7-8 所示。由图 7-8 可以看出，C-ASDIM 接口模型的传递函数为

$$G_{\text{C-ASDIM}}=\frac{R^{*}-R}{Z_{\text{a}}+sL^{*}+R^{*}}\mathrm{e}^{-s(\Delta t_1+\Delta t_2)} \tag{7-6}$$

式中，Δt_1 和 Δt_2 分别为前向和反向通道的延时。从式(7-6)可以看出，前向和反向通道的延时可以等效为前向通道的集总延时。以下推导 C-ASDIM 接口模型的接口电压电流响应，以此分析 C-ASDIM 接口模型的性能。C-ASDIM 接口模型结构如图 7-9 所示。

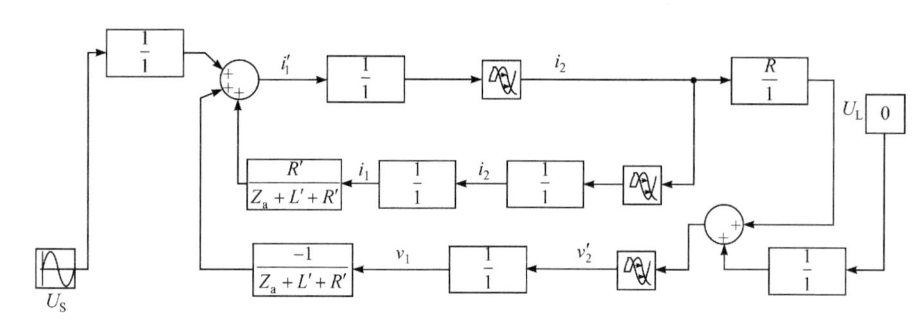

图 7-8　C-ASDIM 接口模型的信号流图

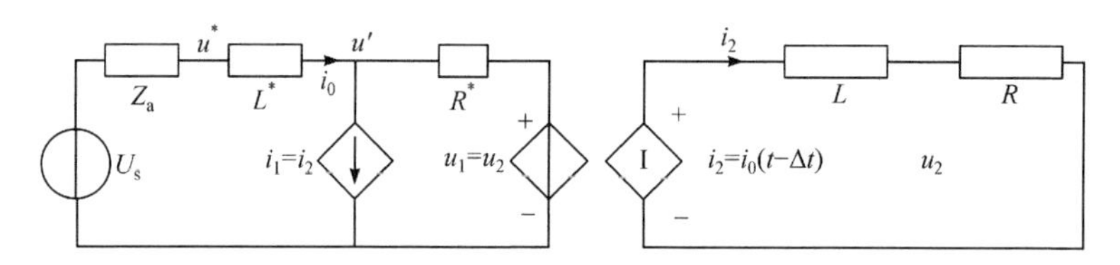

图 7-9　C-ASDIM 接口模型结构

图 7-9 中，i_0 和 u^{*} 是接口电流和电压。通过图 7-9 和电路定理可得如下方程组：

$$\begin{cases} i_0+\dfrac{i_0\mathrm{e}^{-s\Delta t}R-u'}{R^{*}}=i_0\mathrm{e}^{-s\Delta t} \\ u'=u^{*}-i_0\mathrm{j}\omega L^{*} \\ \dfrac{u_\text{s}-u^{*}}{Z_\text{a}}=i_0 \end{cases} \tag{7-7}$$

解上述方程组可得

$$[(R-R^{*})\mathrm{e}^{-s\Delta t}+R^{*}+\mathrm{j}\omega L^{*}](u_\text{s}-u^{*})=u^{*}Z_\text{a} \tag{7-8}$$

由式(7-8)可以看出，当实现阻抗匹配，即 $R^{*}=R$ 、$L^{*}=L$ 时，有式(7-9)成立：

$$(R^{*}+\mathrm{j}\omega L^{*})(u_\text{s}-u^{*})=u^{*}Z_\text{a} \tag{7-9}$$

整理式(7-9)可得

$$
\begin{cases}
u^{*}=\dfrac{R^{*}+\mathrm{j}\omega L^{*}}{Z_{\mathrm{a}}+R^{*}+\mathrm{j}\omega L^{*}}u_{\mathrm{s}}=\dfrac{R+\mathrm{j}\omega L}{Z_{\mathrm{a}}+R+\mathrm{j}\omega L}u_{\mathrm{s}} \\
i_{0}=\dfrac{1}{Z_{\mathrm{a}}+R^{*}+\mathrm{j}\omega L^{*}}u_{\mathrm{s}}=\dfrac{1}{Z_{\mathrm{a}}+R+\mathrm{j}\omega L}u_{\mathrm{s}}
\end{cases}
\tag{7-10}
$$

由式(7-10)可以看出，其与参考系统相同点处的电压电流表达式一致，说明C-ASDIM 与简化阻尼接口法(simplified damping impedance method，SDIM)一样具有“透明特性”，从而在结构上消除了接口延时的影响。

以上分析是基于自适应阻抗匹配算法得出的，实际中阻抗匹配误差总会存在，如谐波等影响会使自适应阻抗匹配算法得到的电阻和电感分量产生误差。为测试C-ASDIM 的接口精度，分 5 种情形进行仿真分析，如表 7-1 所示。

表 7-1　C-ASDIM 精确性测试所用的 5 种误差情况

元件参数	误差/%				
	情形 1	情形 2	情形 3	情形 4	情形 5
$R^{*}(R=2\Omega)$	+5	+10	−10	+10	−10
$L^{*}(L=10\text{mH})$	+5	+10	−10	−10	+10

仿真模型中接口集总延时设为 5ms，以符合网络环境下大延时的情况。在C-ASDIM 中，即使阻抗匹配误差较大，接口电压响应波形的畸变程度依然很小，误差只会导致接口电压波形幅值的变化。当误差为情形 2 和情形 3 时，幅值误差最大，但仍小于 4.7%。而自适应阻抗匹配算法具有较高的阻抗匹配精度，故C-ASDIM 会有很高的精度。以下从 4 种情形出发，进一步验证 C-ASDIM 的稳定性，误差参数如表 7-2 所示。

表 7-2　C-ASDIM 稳定性测试所用 4 种误差情况

元件参数	误差/%			
	情形 1	情形 2	情形 3	情形 4
$R^{*}(R=2\Omega)$	+25	−25	+25	−25
$L^{*}(L=10\text{mH})$	+25	−25	−25	+25

自适应阻抗匹配算法能够有效跟踪匹配负载阻抗，并且在负载突变时具有良好的动态响应能力。C-ASDIM 接口模型具有“透明特性”的特点，可以从根本上消除接口延时对 PHIL 系统的影响，在自适应阻抗匹配算法下具有较高的稳定性和精度，以及良好的动态响应性能。C-ASDIM 接口模型不需要装设连接阻抗 Z_{ab}，可以大大减少能量损耗，节约能源，同时降低接口实现的难度。

7.3 复杂有源配电网数模混合高性能协同仿真关键技术

7.3.1 配电网数模混合仿真步长实时同步策略

面向复杂有源配电网的数模混合仿真，基于替代定理在物理侧将数字网络用戴维南等效电路表示，在数字侧将物理仿真系统用诺顿等值电路表示，通过软件接口算法实现数字侧与物理侧的数据交换。数模接口主要功能是定义信号的类型与处理方法，提出的基于数/模转换与步长同步的配电网数模混合仿真接口技术，实现了数字部分与物理部分的协同交互。数模混合仿真接口功率达到千瓦级以上，数模响应延迟由 45μs 减少至 5μs。

基于 FPGA 的实时仿真装置与数字仿真系统之间的数据交互采用基于模/数、数/模转换的模拟量通信机制。实时性方面，通过 CPU 直接对模拟量输入进行实时模/数转换，确保输入数据按时送达模型对应参数；通过专用数/模转换芯片，实现高速数/模转换，将 CPU 计算结果转换为模拟量发送给实时数字仿真(real time digital simulation, RTDS)系统[8-12]。

混合仿真需要考虑的一个关键问题是保证数据交互的实时性，其可靠性与稳定性决定了仿真系统能否长时、可靠的运行。在数模混合仿真研究的相关文献中，对于接口数据交换时序的问题，目前都以电磁暂态/机电暂态串行计算方式进行。采用这种串行接口时序，在数字部分仿真时，无法控制 RTDS 系统的计算过程，只能靠建立近似度较高的模型、预估校正、状态突变信号来有效提高混合实时仿真的动态过程定性和定量的准确性。在复杂有源配电网数模混合仿真系统中，实时同步技术可以通过变步长技术、数据同步与共享技术等方面实现。

1. 数模混合仿真的工作时序

1) 基本单元——帧

混合仿真工作过程可分为测量采样、数字计算、信号放大和物理运行四个阶段。

测量采样：接口通过传感测量装置获得物理模型的运行参数，将测量结果通过模/数转换器转换为数字信号，输入到数字仿真器。

数字计算：计算程序根据输入的采样参数作为边界条件，对数字子系统进行数值计算，得到下一步数字子系统的状态和待输出到物理模型的接口边界参数。

信号放大：接口将计算得到的接口边界参数，经数/模转换器转换为模拟量，再通过功率放大器转变为高电压(或大电流)的功率信号，形成物理子系统运行的新边界条件。

物理运行：物理模型在新的接口边界条件下实际运行，随后进入新的测量采样阶段。

混合仿真一帧过程见图 7-10，图中 t 为真实时间。

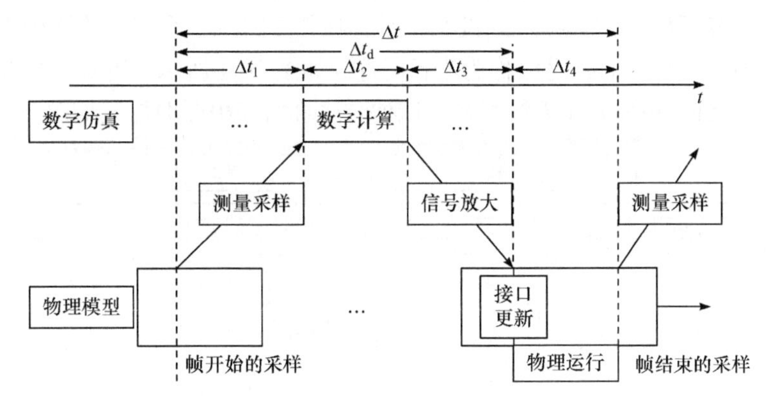

图 7-10　混合仿真的一帧

定义 1：有数据关联的四个阶段依次完成一次的过程定义为“帧”，即从测量采样开始，到物理运行结束(新的测量采样开始)为止。一帧的时长称为“帧周期”，记为 Δt。

定义 2：相邻帧开始时刻的时间间隔定义为“帧间隔”，记为 T。

定义 3：一帧中测量采样、数字计算和信号放大等三个阶段的时间之和定义为“帧延时”，表示每一帧中物理侧通过接口看到数字侧响应的延时，记为 Δt_{d}。

帧是混合仿真的基本单元，一帧内数字和物理两侧实现一次数据交互。设四个阶段的耗时分别为 Δt_1、Δt_2、Δt_3、Δt_4，则可以得到

$$\begin{cases}\Delta t = \Delta t_1 + \Delta t_2 + \Delta t_3 + \Delta t_4 \\ \Delta t_{\mathrm{d}} = \Delta t_1 + \Delta t_2 + \Delta t_3\end{cases} \tag{7-11}$$

设采样间隔为 h_{s}，且不考虑过采样的情况。由帧的定义可知，帧间隔等于采样间隔，即

$$T = h_{\mathrm{s}} \tag{7-12}$$

由于帧开始于采样，结束于物理运行的下一次采样，故帧周期是采样间隔的整数倍，即

$$\Delta t = mh_{\mathrm{s}} = mT, \quad m \in \mathbf{Z}_{+} \tag{7-13}$$

一帧中，Δt_1 由接口后向通道硬件决定；Δt_2 由仿真设备的计算性能以及数字侧子系统的规模决定；Δt_3 由数字仿真的同步程序和接口前向通道硬件决定；而 Δt_4 则被动地由下一次采样决定，即

$$0 < \Delta t_4 \leqslant h_s \tag{7-14}$$

2) 串行时序与非串行时序

根据式(7-13)中 Δt 与 T 的关系，可分为两类时序。当 $m=1$、$\Delta t=T$ 时，一帧结束，下一帧开始，相邻帧之间没有交叠，在任意时刻四个工作阶段中都只有一个工作阶段在进行，这种时序称为串行时序，如图 7-11 所示。当 $m \geqslant 2$，即 $\Delta t > T$ 时，相邻帧之间存在$(m-1)T$ 的交叠，这种时序称为非串行时序，如图 7-12 所示。

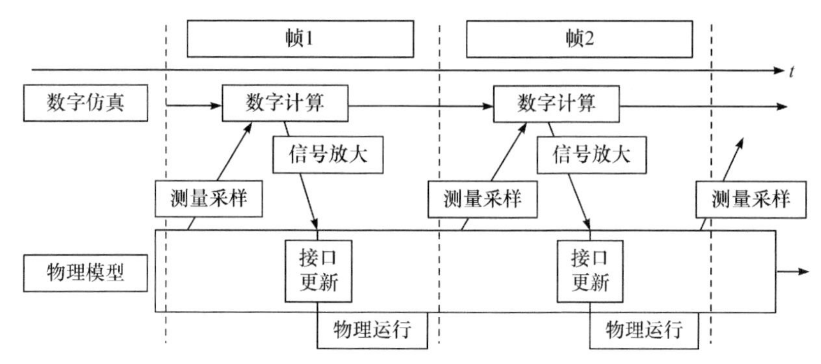

图 7-11　混合仿真的串行时序

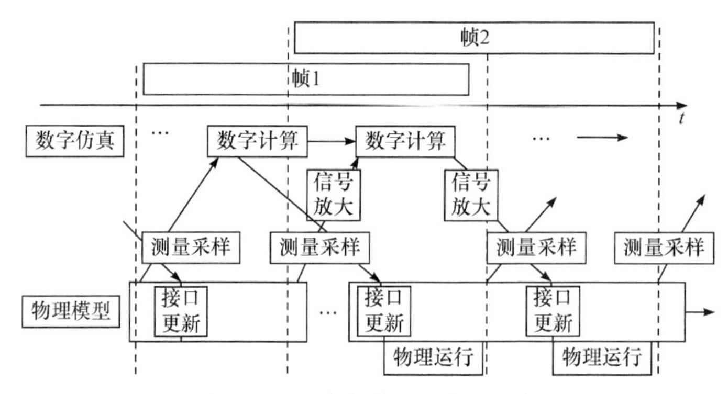

图 7-12　混合仿真的非串行时序

由于接口硬件的延时(主要影响 Δt_3)，一般情况下混合仿真都工作在非串行时序，串行时序则是理想情况。但关于“帧”的分析框架，这两类时序在数学上是一致的。

3) 仿真步长的限制

设数值计算中仿真步长为 h，从计算精度考虑，h 不能太大，故 h 有上限要求。由于混合仿真中数值计算需要与物理侧交互数据，因此相邻 2 次计算之间的间隔应等于步长 h。而单步计算的耗时为 Δt_2，故有

$$h \geqslant \Delta t_2 \tag{7-15}$$

即数值计算具有实时性。数值仿真的计算速度受模型规模、计算能力等因素制约，所以实时性就要求 h 不能太小，这就限制了 h 的下限。

4) 帧-步长时序

考查混合仿真数字侧与物理侧交互的协调和同步。设数字计算结果放大输出间隔为 h_z。考虑 h、h_s、h_z 三者在混合仿真中的意义：h 反映了数字仿真中的虚拟时间递进速度；h_s 反映了数字侧通过接口看物理侧参数变化的真实时间(即自然时间)递进速度；h_z 与 h_s 相对应，反映了物理侧通过接口看数字侧参数变化的真实时间递进速度。显然，只有在混合仿真数字侧虚拟时间与物理侧真实时间的递进速度相等的同步情况下，混合仿真才能正常工作，即

$$h_s = h = h_z \tag{7-16}$$

一般 h_s 和 h 的设置比较方便，故式(7-16)中前一个等号容易实现。而 h_z 受单步数值计算的耗时 Δt_2 限制，需要数字仿真的输出同步程序进行控制，即 $h_z = \Delta t_2 + \Delta t_{sync}$，其中 Δt_{sync} 为同步控制时间。混合仿真中的实时仿真系统必须按式(7-16)设计交互接口，一般以 h 为主要参数，h_s 和 h_z 自动与 h 相匹配。

由式(7-12)和式(7-16)可知帧间隔 T 由 h 决定，即

$$T = h \tag{7-17}$$

式(7-17)反映了数值计算在混合仿真交互过程中的作用和意义：计算步长即为帧间隔。

由式(7-13)和式(7-14)可知，帧周期 Δt 或 m 由帧延时 Δt_d 与计算步长 h 的关系决定，即

$$m = \left\lfloor \frac{\Delta t_d}{h} \right\rfloor + 1 \tag{7-18}$$

式中，$\lfloor \cdot \rfloor$ 表示向下取整。

综合上述分析，混合仿真的工作时序是以帧为单位、计算步长为间隔，一帧接着一帧推进仿真交互过程。其中，帧延时 Δt_d 和计算步长 h 是基本参数，帧间隔 T 和帧周期 Δt 可分别由式(7-17)和式(7-18)得到。将混合仿真的这一工作时序称为“帧-步长时序”。

由于物理模型在真实时间中实时运行，数模混合仿真的工作时序只能按帧-步长时序进行。

2. 数字侧仿真步长和物理采样的同步策略

要实现数字侧与物理装置联合仿真，必须解决数字仿真过程的实时性以及物理过程同步的问题。这就要求每个参与并行仿真的计算进程都在步长限定的时间

内完成实时输入输出、仿真计算、进程之间的数据交换等过程，并且保持同步运行，如图 7-13 所示。在一个仿真时步的开始，参与并行仿真过程的各个进程同时进行数据的输入输出，包括与所连接的物理装置的信号交换、与监控界面的输入输出通信、文件记录等，以保证多个通道输入输出的同步性。

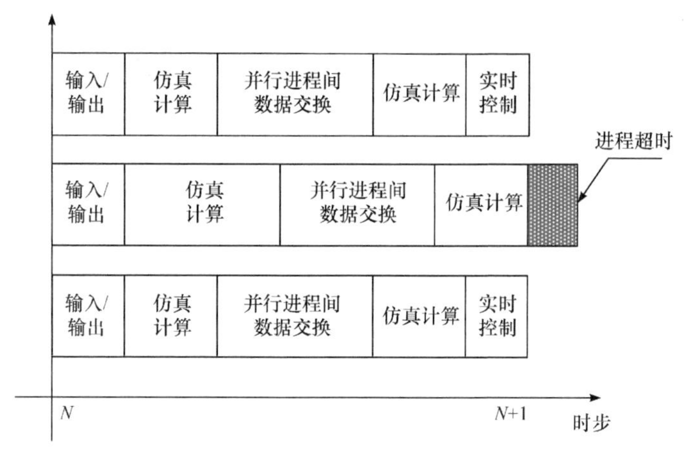

图 7-13　一个仿真时步中进程间的实时控制与同步控制示意图

由于各个仿真进程所承担仿真任务的计算量不完全相等，同一时步各进程的仿真计算时间不尽相同。各仿真进程在下一同步时刻到来之前都已完成包括输入/输出、仿真计算、数据交换通信等在内的所有任务，这时需要通过实时控制，等待下一个时步开始时继续进行仿真计算。如果有任何一个仿真进程不能在一个时步内完成全部任务，如图 7-13 所示，会造成该时步的仿真计算超时，仿真程序应发出超时报警；如果该时步的超时不能在下一个时步弥补回来，或者连续超时的时步数目超过了预先的指定数目，则说明仿真计算的实时性无法得到保证，必须要终止仿真过程。

接口中模/数转换采用零阶保持器模型，数/模转换采用采样保持器模型。在功率放大环节，虽然电力电子变换器和电力功率放大器基于不同的放大原理，但从基波分量的输出效果来看，都是带有延时的线性关系。故对功率放大和测量反馈两个环节，都采用含延时的线性模型。模型中延时的确定需要分析数字侧虚拟时间和物理侧真实时间的对应关系。

考虑一般的时序，以 $m = 3$ 为例，虚拟时间与真实时间的对应关系如图 7-14 所示。图中，1、2、3、4 分别表示交互数据帧的四个阶段。

先不考虑接口算法的设计。设α是前向通道放大量，β是后向通道反馈量，下标 1 表示数字侧，2 表示物理侧。考查第 k 帧 t_k 时刻第 k 次采样得到物理侧变量值$\beta_2(t_k)$，开始进行第 k 步计算(从 s_{k-1} 到 s_k)，由于电磁暂态计算程序采用隐式梯

形积分法，采样值被送入仿真程序后一般作为虚拟时间 s_k 的值，即

$$\beta_1(s_k)=k_{\mathrm{B}}\beta_2(t_k)+\varepsilon_{\mathrm{B}} \tag{7-19}$$

式中，k_{B} 和ε_{B} 分别为接口反馈的比例系数和传递误差，理想情况下有 $k_{\mathrm{B}}=1$、$\varepsilon_{\mathrm{B}}=0$。

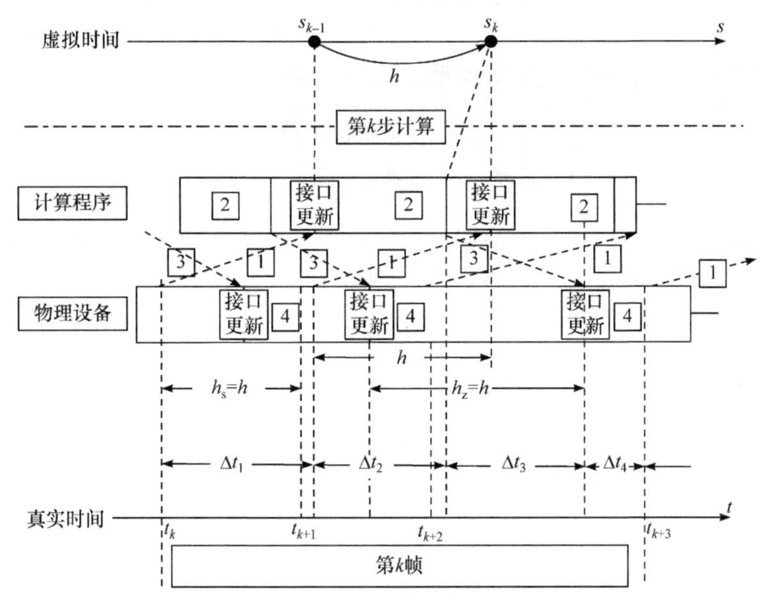

图 7-14　虚拟时间与真实时间的对应关系

然后，将第 k 步计算结果$\alpha_1(s_k)$放大到物理侧，并保持到下一次更新的时刻 $t_k+\Delta t_{\mathrm{d}}+h$，即

$$\alpha_2(t_k+\Delta t_{\mathrm{d}})=k_{\mathrm{F}}\alpha_1(s_k)+\varepsilon_{\mathrm{F}} \tag{7-20}$$

式中，k_{F} 和ε_{F} 分别为放大通道的比例系数和传递误差，理想情况下有 $k_{\mathrm{F}}=1$，$\varepsilon_{\mathrm{F}}=0$。

由于物理侧变量是时间连续的，而数字侧变量是时间离散的，考虑到所采样变量取得的是$\{t_k\}$时间序列，因此对物理侧变量也都取$\{t_k\}$的值作为离散量处理，那么有

$$t_k+\Delta t_{\mathrm{d}}<t_{k+m}\leqslant t_k+\Delta t_{\mathrm{d}}+h \tag{7-21}$$

故前向通道功率放大表达式为

$$\alpha_2(t_{k+m})=k_{\mathrm{F}}\alpha_1(s_k)+\varepsilon_{\mathrm{F}} \tag{7-22}$$

真实时间为 $t_k=t_0+k_{\mathrm{h}}$，而虚拟时间为 $s_k=k_{\mathrm{h}}$。所以只需令 $t_0=0$，即取第 0 次采样(实际并没有发生)发生时刻为真实时间的起点，就建立起了虚拟时间和真实时间的对应关系，即

$$s_k = t_k \tag{7-23}$$

因此，延时参数为$\tau_{\mathrm{F}} = m_{\mathrm{h}} = \Delta t$，$\tau_{\mathrm{B}} = 0$。由于虚拟时间和真实时间的协调关系，混合仿真交互过程的延时将集中反映在接口前向通道的功率放大过程中，而反馈通道则没有延时。将这一延时称为等效延时，等效延时恰好等于帧-步长时序中的帧周期。

所以功率放大、测量反馈的模型如式(7-24)所示：

$$\begin{cases} \alpha_2(t+\Delta t) = k_{\mathrm{F}}\alpha_1(t) + \varepsilon_{\mathrm{F}} \\ \beta_1(t) = k_{\mathrm{B}}\beta_2(t) + \varepsilon_{\mathrm{B}} \end{cases} \tag{7-24}$$

原系统一般用微分代数方程组描述，混合仿真系统则由数字、物理、接口三部分模型组成。其中，数字子系统如式(7-25)所示：

$$\begin{cases} \dot{x}_1 = f_1(x_1, y_1, \beta_1) \\ 0 = g_1(x_1, y_1, \beta_1) \\ \alpha_1 = h_1(x_1, y_1, \beta_1) \end{cases} \tag{7-25}$$

物理子系统如式(7-26)所示：

$$\begin{cases} \dot{x}_2 = f_2(x_2, y_2, \alpha_2) \\ 0 - g_2(x_2, y_2, \alpha_2) \\ \beta_2 = h_2(x_2, y_2, \alpha_2) \end{cases} \tag{7-26}$$

下面根据工作时序，推导第 k 帧状态变量的变化模型。为了方便，假设代数方程都被消去。采样、放大两个阶段的模型如式(7-19)和式(7-22)所示，只需将式(7-23)代入。数字计算阶段的模型如式(7-27)所示：

$$x_1^{(k)} = x_1^{(k-1)} + \int_0^h f_1\left(x_1(s_{k-1}+s), \beta_1^{(k)}\right)\mathrm{d}s \tag{7-27}$$

不同的数值算法将影响式(7-27)的计算精度。α 的计算结果为

$$\alpha_1^{(k)} = h_1\left(x_1^{(k)}, \beta_1^{(k)}\right) \tag{7-28}$$

物理运行阶段的模型为

$$x_2^{(k+m)} = x_2^{(k+m-1)} + \int_{t_{k+m-1}}^{t_{k+m}-\Delta t_4} f_2\left(x_2(t), \alpha_2^{(k+m-1)}\right)\mathrm{d}t + \int_{t_{k+m}-\Delta t_4}^{t_{k+m}} f_2\left(x_2(t), \alpha_2^{(k+m)}\right)\mathrm{d}t \tag{7-29}$$

新的β值为

$$\beta_2^{(k+m)} = h_2\left(x_2^{(k+m)}, \alpha_2^{(k+m)}\right) \tag{7-30}$$

将式(7-19)、式(7-22)、式(7-27)～式(7-30)联立就得到了混合仿真一帧变化的模型，即混合仿真的离散动态模型。

由时序分析和接口建模的一般性可知，离散动态模型适用于一般的混合仿真系统，包括基于不同技术的接口功率放大环节。

3. 多核步长的同步策略

实时数字仿真的同步包括两种：一种是计算机群的时钟同步；另一种是物理接口的各板卡(模/数、数/模和数字量)的同步操作。计算机群的时钟同步也叫“对钟”，要把各节点机和管理机的时钟对准(同步起来)，最直观的方法就是搬钟，可用管理机作为搬钟，使节点机时钟均与管理机时钟对准(管理机的基准时标由全球定位系统(global positioning system，GPS)校准)。

在实际的实时并行计算操作中，并不要求各节点时钟完全与统一标准时钟对齐。在消息传递接口并行计算环境中，依靠仿真过程中的数据通信，在完成进程间数据交换的同时保证仿真进程之间的同步。如图 7-15 所示，主控节点机控制每一个实时积分步长的计量，向参与计算的节点机发送数据和启动每步计算命令，待各节点机每步计算完毕后，将数据返回主控节点机，主控节点机测量实时步长，不断循环直至仿真终止。计算机群的时钟同步可以用 GPS 定期对管理机校准，再由管理机对各节点机校准时钟。主控节点机在计算中的步长计量精度由其时钟测量精度(即计算机的基准晶振)决定，一般小于 1μs，能满足实时仿真计算的要求。

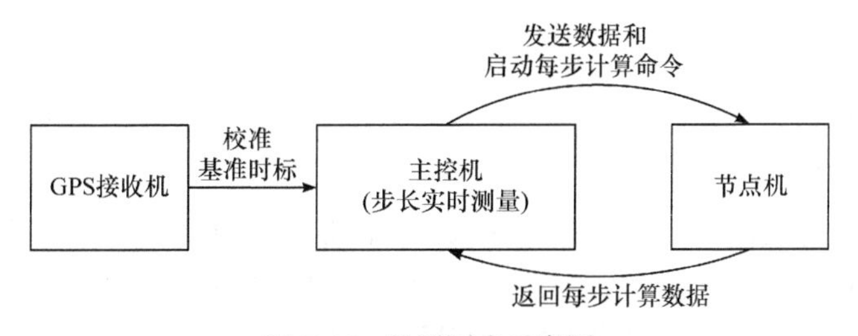

图 7-15　机群同步示意图

物理接口的同步是各物理信号(模拟量和数字量)的同步输入/输出，在机群的一个或几个节点机里安装模/数、数/模和数字量板卡，每个板卡上又有若干个模拟量和数字量的通道，物理接口同步即是所有通道信息能同步输入/输出，其中涉及数值计算的每一步数据同步以及与模/数、数/模同步。可以根据具体的应用仿真对象要求，选择不同的同步方式。

主控节点机在程序运行过程中，通过网络向其他计算节点服务器发送同步命令数据，计算节点服务器守候进程程序接收同步命令数据，软件控制本节点服务器接收同步。仿真装置的周边元件扩展接口(pedpherd component interconnect，PCI)卡，如 PCI 通信板卡以及物理接口选用的 PCI 数据转换卡，都具有中断同步功能，可以采用中断同步方法。

基于常规软件同步采样原理，首先测得被测信号的周期 T，用该周期除以一周期内的采样点数 N，求得采样周期 $T_s = T/N$。然后根据微处理器的时钟周期 f，设定定时器的计数值 $K = \text{round}(T_s/f)$，式中 round 表示四舍五入取整。最后微处理器在一个被测信号周期内以 T_s 为定时间隔进行被测信号的采样测量与计算，若被测交流信号周期变化，重新计算设置 K。常规软件同步采样方法存在下述问题。

(1) 采样周期的量化误差。根据常规软件同步采样原理，实际电气信号的周期 T 和采样过程中计算的 T_s 必须以 f 的整倍数表示，而在实际测量系统中，微处理器定时器的位数和时钟周期精度受到限制，不可能为无限小。故所测信号周期与实际信号周期值之间存在 $W_1 = |T - \text{round}(T_s/f)| \leqslant f$ 误差，采样中使用的 T_s 值与其理想计算值 T/N 之间出现 $W_2 = N \times |T - \text{round}(T_s/f) \times f \times N|$ 平均误差，这是软件同步误差的主要原因。

(2) 采样间隔误差累积递增。常规软件同步采样法是在 T 内以定时方式产生同步采样信号。定时器计数值 K 在每个被测信号周期中为常数，只在被测交流信号周期变化时重新计算设置 K 值，故每个信号周期内产生的采样间隔误差依次递增。

(3) 中断响应时间的分散性。微处理器对定时器中断的响应需要一定的时间，并且每次中断响应时间不一致，具有一定的分散性，使得实际采样时刻 $t_i(i = 1, 2, \cdots)$不确定，产生采样间隔误差。

(4) 信号周期的测量不准确和滞后。软件同步时，采样周期 T_s 总是根据采样之前测量的信号周期确定，当信号频率波动或前次周期测量存在误差时，增加了本次信号周期的测量误差。

常规采样方法的定时器计数值在每个被测信号周期内是常数，只在信号周期改变时才会重新设置，故在每个信号周期内采样间隔误差随着采样点数的增加不断积累，产生周期误差，在使用快速傅里叶变换(fast Fourier transform，FFT)算法计算谐波时误差很大。测量误差随着谐波次数增加不断增大。此方法在实际中一般不会使用。在正常情况下电网频率变化缓慢，波动不大，采用软件同步采样的方法若能不断实时测量电网频率(实现频率的及时跟踪)，由频率波动引起的周期误差可减小到很小的程度。而针对此方面的问题，可采用以下几种算法进行改进。

(1) 偏差累积增量法。设定时器的计数周期为 T_d，则采样定时器的计数初值为 $T/(NT_d)$，一般不为整数，对其截掉小数取整，得到整数部分和小数部分，设置一偏差累加单元 S 对偏差进行累加，设第 i 次采样时累加单元值为 S_i。S_i 取值如式(7-31)所示：

$$\begin{cases} S_i = 0, & i=1 \\ S_i = S_{i-1}+1, & 0<i<1 \end{cases} \tag{7-31}$$

在每次采样前，判断 S_i 值是否小于 0.5，如果是，则这次采样定时器计数值为 h，如果不是，则计数值为 $h+1$，并取 $S_i = S_i - 1$，进行下一次采样。继续上述过程，直到完成一个周期 T。显然，$-0.5 \leqslant S_i < 0.5$，且容易看出第 i 次采样的同步误差 $\Delta_i = S_i T_{\mathrm{d}}$，于是，$\Delta_i \leqslant 0.5T_{\mathrm{d}}$。由于采用该算法同步误差不产生累积，所以周期误差小于定时器最小定时时间的一半。该算法可以使偏差不产生累积，从而使一个工频周期内由偏差引起的最大同步误差及周期误差均不大于定时器最小定时时间的一半。同时，该算法实现比较简单，只需在原有的定时器中断程序中增加几条指令就可以实现，CPU 增加的工作量几乎可以忽略。但是由于不断修改定时器的值，在中断响应上有一定的延迟，也会引起一定的同步误差；这可以在修改定时器计数值时设法去掉中断响应时间。

(2) 采样间隔动态调整算法。首先将 round(T/N)作为第一次采样时刻 t_1，t_1+ round(($T-t_1$)/($N-1$))作为第二次采样时刻 t_2, t_2+ round(($T-t_2$)/($N-2$))作为第三次采样时刻 t_3, …, t_{N-2} + round(($T-t_{N-2}$)/2)作为第 $N-1$ 次采样时刻 t_{N-1}，T 作为第 N 次采样时刻 t_N。即以周期 T 等分取整值 int(T/N)作为基准值，根据每次除法运算结果的舍入判断是否进行加 1 补偿，从而实现采样过程中每次采样间隔的定时器计数值 T_{R} 的动态调整。设在一个信号周期中，采样起始参考时间为 t_0，则第 k 次采样时刻 t_k 和第 k 次采样间隔值 $T_{\mathrm{S}k}$ 分别为

$$t_k = t_{k-1} + \mathrm{round}\left\{(T - t_{k-1}) \big/ \left[(N-k+1)T_{\mathrm{d}}\right]\right\} T_{\mathrm{d}} \tag{7-32}$$

$$T_{\mathrm{S}k} = \mathrm{round}\left\{(T - t_{k-1}) \big/ \left[(N-k+1)T_{\mathrm{d}}\right]\right\} T_{\mathrm{d}} \tag{7-33}$$

当 $t_N = T$ 时，每个被测信号周期的同步误差为零。但因计算采样间隔时采用舍入法，故一个信号周期中任意一点的采样间隔同样也存在误差，其值为

$$\delta = \frac{T - t_{k-1}}{(N-k+1)T_{\mathrm{d}}} T_{\mathrm{d}} - \mathrm{round}\left[\frac{T - t_{k-1}}{(N-k+1)T_{\mathrm{d}}} \cdot T_{\mathrm{d}}\right] T_{\mathrm{d}} \leqslant 0.5T_{\mathrm{d}} \tag{7-34}$$

此误差不产生积累。该算法的最大采样间隔误差不大于定时器最小定时时间的一半，且在一个信号周期内该误差不产生积累，提高了测量精度。但是该方法运算量较大且实时性较差。

(3) 实时最佳同步采样法。设正在采样的一个信号周期是第 k 个周期，其周期为 T_k，频率为 ω_k，那么前一个信号周期是第 k–1 个周期，其周期为 T_{k-1}，频率为 ω_{k-1}。ω_{k-1} 与 ω_k 可以不相等但差别不大——这符合大多数工程实际。正在采样

的一个信号周期 T_k 在该周期的采样结束前是尚未测量到的，而前一个信号周期 T_{k-1} 是已经测量到的，所以，可以将第 k 个信号周期的第 n 个采样时刻规定为 $(t_1 < t_2 < \cdots < t_N)$：

$$t_n = \mathrm{int}\left[\frac{2^n \pi}{N\omega_{k-1}}\right] = \frac{2\pi^n}{N\omega_{k-1}} + \delta \tag{7-35}$$

其中，$n = 1, 2, \cdots, N$；int[·]是将[·]按定时器的最小分辨率取整；δ是舍去的尾数。显然，因为ω_{k-1}与ω_k差别不大，式(7-35)确定的 N 个采样点都十分靠近同步采样点。

该算法的最大采样间隔误差不大于一个定时器的最小定时时间。该算法实现简单，实时性较强，精度非常高。

(4) 外加统一脉冲同步法。在硬件上增加一个标准时钟脉冲源，将其产生的统一同步脉冲发送至需同步的各节点服务器及接口装置上，仿真装置按照这个统一脉冲同步工作。这种同步方式可靠性高，比较容易与数/模、模/数转换通道实现同步，但在硬件上实现起来较为复杂。

在归零的二进制序列的频谱中存在着位定时频率分量，因而接收端可以直接用窄带滤波器从接收到的信号中把位定时分量提取出来，达到同步的目的，但在一般的数据通信系统中，传输的是非归零的脉冲序列，它并不包含位定时频率分量，因而不能用滤波器提取位定时信号，一般是使非归零的脉冲序列经过适当的非线性变换，变成归零的脉冲序列，该脉冲就包含有位定时频率分量，这个归零的脉冲序列称为准定时信号。

设经接收机解调后的基带信号为 $E_a(t)$，其单极性矩形码波形的码元宽度为 T，它由 $E_a(t)$经过限幅而得，用 $E_b(t)$表示。$E_b(t)$通过一个微分电路，可得到输出电压 $E_c(t)$，再对 $E_c(t)$进行全波整流，得到波形 $E_d(t)$，最后对 $E_d(t)$作某种适当的处理，就可得到一种具有一定幅度和宽度的矩形脉冲 $E_e(t)$。$E_e(t)$就是所求的准定时信号，假设 $E_b(t)$是“1”“0”交替码，那么 $E_e(t)$的波形将和 $E_f(t)$一样，就是所要求的位定时脉冲。实际上数据信号的码元不全是固定 $E_f(t)$，为了实现这一点只要对准定时信号 $E_e(t)$进行一定的处理，就可以获得。图 7-16 就是用数字锁相法获得位定时信号的原理框图。

本地振荡器的输出经相位调整器送至位同步脉冲形成器，形成接收端的位定时脉冲，位定时脉冲与准定时信号的脉冲一起加到比相器进行相位比较，用其输出来控制相位调整器。调整位同步脉冲形成器的脉冲相位，使其尽量与准定时脉冲接近，直至两者相位一致，这样就可以使接收端的位定时脉冲与输入信号保持同步。

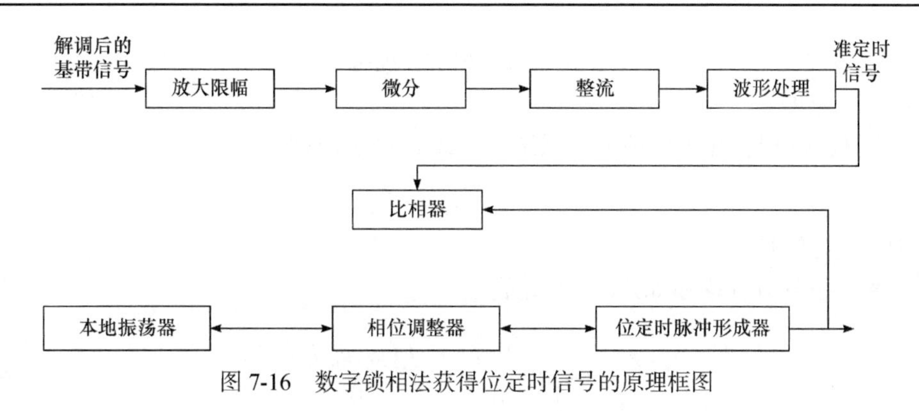

图 7-16　数字锁相法获得位定时信号的原理框图

综上所述，可以看出数字锁相法实现位同步的主要步骤如下：①形成准定时信号，即找到接收端位定时相位的标准；②建立本地振荡器(即定时器)；③用准定时信号对本地振荡器的输出进行相位调整，使接收端的位同步定时信号与准定时信号的相位尽量接近，直到一致。

7.3.2　配电网数模混合仿真自适应步长仿真技术

1. 复杂有源配电网仿真步长综合优化目标函数设计

复杂有源配电网的数模混合仿真中，为满足仿真的高精度和高实时性要求，引入变步长仿真的思想。变步长思想的首要工作即以什么原则来选择仿真步长，也就是要实现仿真步长目标函数设计。确定步长优化选择的目标函数，需要综合考虑仿真的精度要求、数值计算方法的稳定性要求来设计。最终该目标能够支撑复杂有源配电网数模混合仿真。

目标函数的选择原则有两个：数值计算的稳定性和仿真精度。计算过程中前一步形成的误差在后续时步计算中的变化趋势是收敛的(即逐步减少，趋于零的)还是发散的(即逐步扩大，计算失效)，这就是数值稳定性问题。数值稳定性问题和物理问题自身的特点(系统微分方程特征)以及所采用的计算方法及计算步长紧密相关。一般的显式计算求数值解简便，但数值稳定性差，即在某一时步计算中产生的误差在以后逐步积分过程中，可能由计算步长不当而使误差扩大发散，最终导致数值计算结果严重畸变及失败。而隐式解法虽然求解复杂，但数值稳定性比显式解法要好，允许采用较大的步长。通常认为步长减少可以减少截断误差，从而改善计算精度[13-15]。

下面来说明最大仿真步长的计算原理。数字侧为简单的多维微分系统，数/模接口及 HUT 为 ITM 描述，仿真算法采用前向欧拉法，仿真精度要求仿真误差不大于 ε 。

数字侧的微分方程表征采用前向欧拉法进行数值积分时，其通用计算式为

$$y_{n+1}=y_n+hf_1(y_n,u_n,i_n) \tag{7-36}$$

式中，h 为步长。

数/模接口及 HUT 为纯迟延系统，描述如式(7-37)所示：

$$i_n=i_{n-\tau/h} \tag{7-37}$$

式中，τ 为延时。

系统总的方程描述如式(7-38)所示：

$$\begin{bmatrix} y_{n+1} \\ i_{n+1} \end{bmatrix}=\begin{bmatrix} y_n \\ i_{n-\frac{\tau}{h}+1} \end{bmatrix}+h\begin{bmatrix} f_1(y_n,u_n,i_n) \\ 0 \end{bmatrix} \tag{7-38}$$

简记为

$$X_{n+1}=X_{n+1-k}+hf(y_n,u_n,i_n) \tag{7-39}$$

假定接口为纯迟延系统，不考虑误差，由式(7-39)可得

$$\max\left\{\frac{e(X)_{n+1}}{e(X)_n}\right\}=\max\left\{\frac{y_{n+1}-y_{n+1}^*}{y_n-y_n^*}\right\}=1+h\left.\frac{\partial f}{\partial x}\right|_{x=x_n} \tag{7-40}$$

式中，e 表示积分误差。如果要求数值稳定则需满足：

$$\left|1+h\left.\frac{\partial f}{\partial x}\right|_{x=x_n}\right|<1 \tag{7-41}$$

据此可得仿真步长 h_1。

由于采用的是前向欧拉法，此处不做推导，直接给出其截断误差表达式：

$$e=h^2\sum\frac{X_i''}{2!} \tag{7-42}$$

受限于仿真精度的要求，即

$$\left|h^2\sum\frac{X_i''}{2!}\right|<\varepsilon \tag{7-43}$$

由式(7-43)可得仿真步长 h_2。h_1 和 h_2 的公共部分即为仿真步长的运行方位，其上界即为仿真步长的最大值 $h_{\max}$。

2. 复杂有源配电网数模混合仿真步长自适应机制

复杂有源配电网数模混合仿真采用步长自适应的方法，明晰其机制对于混合仿真是非常重要的。考虑到复杂有源配电网数模混合仿真采用计算方法(欧拉法、梯形法、龙格-库塔法等)多样，仿真场景多样，数模接口算法多样，明确暂稳态下的不同仿真算法及不同接口算法制约下的复杂有源配电网数模混合仿真步长自

适应机制具有重要意义[16-18]。

假设仿真过程中 HUT 侧采用定步长算法，数字侧采用变步长算法，无论是电磁暂态仿真还是机电暂态仿真，对暂稳态的步长要求都是不同的，稳态仿真时的步长可以适当放大,对于短路等暂态仿真时要根据仿真计算结果实时改变步长。在暂态稳定性分析中，各个元件所采用的数学模型，一般由微分方程和代数方程交替组成，电力系统各个元件的数学模型时间常数从几十毫秒到 100s 以上，其中各个环节、不断出现的各种扰动以及分析问题的不同种类和所跨时间周期上的差异，使得电力系统动态过程呈现比较明显或者很强的刚性，这也要求采用不同的步长处理不同模型。

另外，不同的数值计算方法，如欧拉法、梯形法、龙格-库塔法等的局部截断误差精度也不同，所以允许使用的最大仿真步长也不相同。各种数值计算方法的截断误差和精度如表 7-3 所示。

表 7-3　不同数值计算方法的截断误差和精度对比

数值计算方法	截断误差	精度
前/后向欧拉法	$\frac{h^2}{2!}y''(x_n)$	1 阶
梯形法	$o(h^3)$	2 阶
4 阶龙格-库塔法	$o(h^5)$	4 阶
4 阶 Adams 法	$o(h^5)$	4 阶
预报-校正法	$o(h^3)$	2 阶

不同的接口模型对混合仿真的步长选择有很大影响，7.2.2 节第 1 部分所提到的几种接口模型中，目前只有电压型 ITM 法和 DIM 广泛应用到实际数模混合仿真中，以这两种接口模型为例分析接口模型对仿真步长的制约。

电压型 ITM 法的传递函数为

$$G_{\text{ITM}} = \frac{-Z_s}{Z_1}e^{-s\Delta t} \tag{7-44}$$

式中，Z_s 为数字侧戴维南等效阻抗；Δt 为接口延时。

从 ITM 法传递函数可以看出，如果要尽可能地减少误差，就要增大负载阻抗，减小电源侧阻抗，但在实际中负载阻抗过大会导致功耗过大，实际仿真中不一定满足 $Z_s \ll Z_1$。由于前一步产生的误差会向下一步计算传递，这就要求根据后一步计算得到的函数值 y_{n+1} 与前一步的函数值 y_n 作对比，如果二者相差较大，则说明仿真可能进入到了暂态阶段，需要减小仿真步长，防止误差过大经过接口传递时引起数值振荡。

电压型 DIM 的传递函数如式(7-45)所示：

$$G_{\mathrm{DIM}}=\frac{Z_{\mathrm{a}}(Z_{\mathrm{b}}-Z^{*})}{(Z_{\mathrm{a}}+Z_{\mathrm{ab}}+Z^{*})(Z_{\mathrm{b}}+Z_{\mathrm{ab}})}\mathrm{e}^{-s\Delta t} \tag{7-45}$$

当 $Z_{\mathrm{b}}=Z^{*}$时，系统开环增益 G_{DIM} 为 0，前一步的仿真误差不会传播到下一步仿真。与电压型 ITM 法相比，暂态仿真时选取的步长可以更大一些也能保证误差在可以接受的范围内。

以不同场景下的仿真步长计算为基础，具体的仿真步长自适应机制如图 7-17 所示。其中 t_0 表示仿真开始时刻，t_1 表示故障发生时刻，t_2 表示故障切除时刻，t_{end} 表示仿真结束时刻。在 $t_0\sim t_1$ 这段时间系统处于稳态，可以采用后向欧拉法、梯形法等运算量小、精度稍低的算法，采用较大的步长进行仿真，假设以本节第 1 部分提出的仿真步长目标函数求得的最大步长 $h_{\max}$ 为仿真步长仿真到故障发生时刻前一点 t_k，若采用最大步长 $h_{\max}$ 后越过故障发生时刻 t_1，则最大仿真步长更改为 t_1-t_k。t_2、t_{end} 时刻的处理方法也采用同样的处理方法。

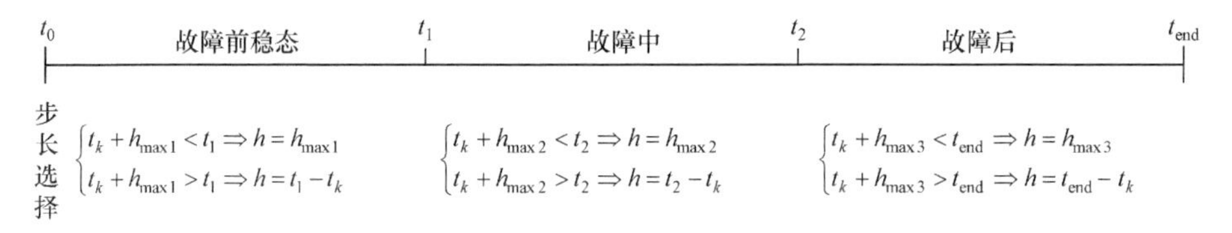

图 7-17 仿真步长自适应机制示意图

7.4 复杂有源配电网数模混合仿真平台

7.4.1 配电网数模混合仿真中物理模拟部分

1. 电压等级

系统额定电压等级包含一个或多个，应用中可同时采用一个或多个电压等级，如可采用 1100V、400V、100V 三个电压等级。

对于同时存在两个电压等级的配电模拟仿真系统，以采用 1100V、400V、100V 中的两个为电压等级为例，在模拟电源处采用升压变压器将电压升至 1100V，用 1100V 电源模拟 110kV(或 220kV)高压配电网，经过三圈变压器或两圈变压器降压，将 1100V 降至 400V 或是 100V。用 400V 模拟 35kV 中压配电网，或是用 100V

模拟 10kV 中压配电网，实现模拟两个电压等级的功能。也可不经升压器，直接从电力电子逆变电源处取得 400V 电压，而经降压变压器变为 100V 电压，400V 模拟 35kV 中压配电网，100V 模拟中压或低压配电网。

2. 物理设备组成

1) 电源模拟单元

电源模拟单元包括电网电源模拟装置、分布式电源模拟装置等。

电网电源模拟装置主要由电力电子逆变电源、升压变压器和储能装置共同组成。复杂有源配电网模拟系统至少应包括一个电网电源模拟装置。

电力电子逆变电源包括两种类型，这两种类型可同时应用也可只应用其中的一种。类型一采用交-直-交(AC-DC-AC)变换方式从供电网取电向模拟系统供电，类型二采用交-直逆变装置(AC-DC)加上直-交逆变装置(DC-AC)共同组成电力电子逆变电源，如图 7-18 所示。

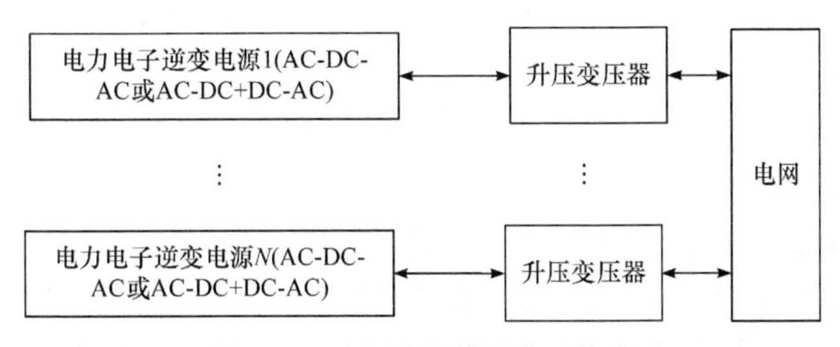

图 7-18　电网电源模拟装置构成

分布式电源模拟装置采用两类实现方式，同一个系统中可以采用其中的一类或同时采用两类。方式一为统一模式，即采用电力电子逆变电源接入供电网，采用交-直-交(AC-DC-AC)变换方式从供电网取电，然后按照既定的控制方法模拟不同类型的分布式电源向模拟系统供电。其中光伏、风电可采用恒压、恒流或功率控制模式，燃气轮机可采用同步电机控制方式模拟同步电机功率、频率响应特性。方式二为独立模式，即不同的分布式电源采用不同的实现方式。例如，燃气轮机发电可采用电力电子逆变电源；光伏、光热可采用交-直逆变器 + 直-交逆变器方式，交-直逆变器模拟光伏、光热发电，直-交逆变器模拟直流与交流系统的并网装置；风力发电方式可采用电动机拖动发电机模拟，如图 7-19 所示。

2) 线路模拟单元

线路模拟单元包括变电站模拟单元及电力线路模拟单元，其中变电站模拟单元主要由主变、接地单元以及开关组成；电力线路模拟单元主要由馈线、开关、配变以及无功补偿装置、调压装置等组成，如图 7-20 所示。本书将变电站模拟单元归于线路模拟单元，也可以独立于线路模拟单元单独作为一个模块。

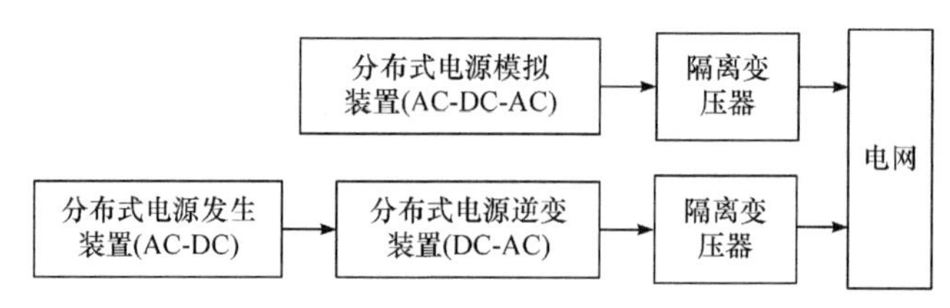

图 7-19　分布式电源模拟装置构成

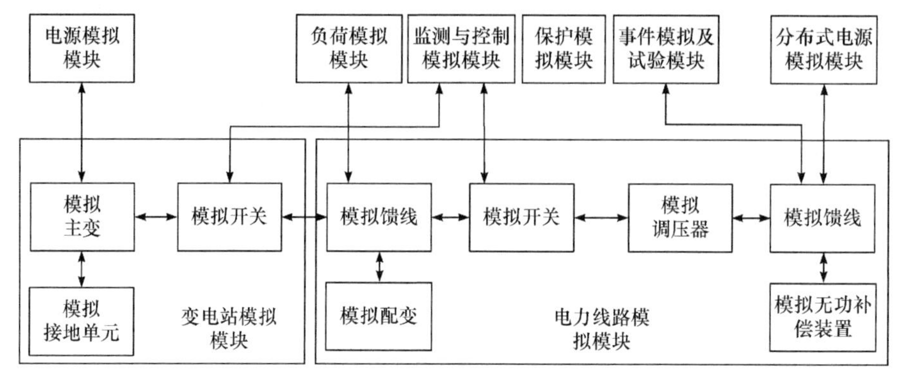

图 7-20　线路模拟单元构成

3) 负荷模拟单元

负荷模拟单元有两类实现方式，类型一为主体采用电阻、电感、电容串并联组成的可控模拟负荷装置，称为线性模拟负荷装置；类型二为采用电力电子逆变器作为模拟负荷，电力电子逆变器根据设置的规则、负荷响应特性从模拟电网吸收有功、无功功率，应用中可直接将电力电子逆变器二次侧接到模拟系统的供电电网或模拟电源出线等位置上，实现能源的回收利用，称为电力电子逆变负荷装置。

模拟负荷装置主要包括变压器和可编程负荷模拟调节装置，如图 7-21 所示。

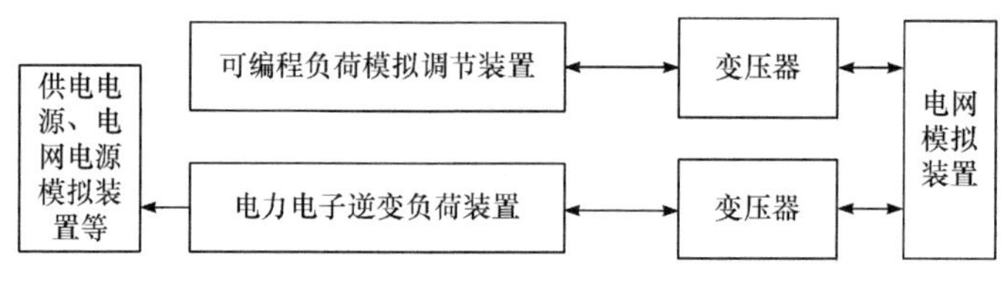

图 7-21　负荷模拟单元构成

4) 事件模拟单元

事件模拟主要包括故障模拟和设备动作模拟，故障模拟包括三相短路、两相短路、单相接地短路、单相断线、两相断线等事件模拟，也包括过电压、过负荷、低电压、三相不平衡、无功功率不足、电压暂降、电压闪变、电压波动、谐波现象等事件模拟；设备动作模拟主要包括负荷投切、分布式电源投切、空载长线投切、开关投切、变压器投切、充电装置/储能装置投切、线损等事件模拟。

事件模拟通过事件模拟装置实现，例如，电网性能模拟、安全稳定模拟通过调节模拟电源出力、模拟三相电压及负荷，调节负荷模拟装置三相及单相功率，调节无功补偿装置，调节谐波发生器等实现，设备动作模拟通过控制负荷、分布式电源、变压器等接入模拟电网开关的断、合实现。

5) 保护模拟单元

保护模拟单元包括两部分：一是模拟设备自身的保护功能，主要是设备过热、过电压，即当设备的运行温度及运行电压可能危害设备安全时，通过断路器将设备从模拟电网中切除。二是模拟电网的保护，主要是模拟电网的二次保护。模拟电网的保护主要由集成到断路器中的继电保护、电压/电流检测与比较判断功能以及独立的故障分析/决策装置、模拟电网监测主站构成，在模拟电网出现电网故障特征时，按照设置的保护动作规则、故障诊断分析程序进行分析判断，进而执行开关的跳闸、合闸动作，从而实现模拟电网的二次保护。

6) 监控模拟单元

监控模拟单元主要包括低压 PT(电压互感器)、低压 CT(电流互感器)、通信、终端以及监测与控制系统。

低压 PT 应能满足电压 0～1500V 测量要求，低压 CT 应能满足 0～1000A 电流测量要求，配置时，PT 和 CT 均按三相配置，PT 测量相电压。

通信可采用有线通信方式，也可采用无线通信方式，组成局域网实现设备间、设备与监测控制系统间的通信。

3. 物理模拟系统的拓扑结构设计

为了实现物理模拟部分的灵活拓扑结构设计，本书提出一种灵活拓扑结构设计方法，其思想如下。

(1) 将端子柜中的端子与配电网物理元件的接线端子进行物理连接。

(2) 为了保证物理连接的正确性，以及与所设计拓扑结构的一致，上位机软件根据所设计拓扑结构的接线特点，自动生成“接线列表”，列表包含每个元件的编号、端子号，以及不同元件各个端子之间的连接关系。基本方法为：为每个物理元件设计唯一对应的模型，软件中集合所需的所有元件模型，根据所需设计的拓扑结构进行画线连接，软件自动识别出元件间的连接关系，并生成“接线列表”，列表包含每个元件的编号、元件的端口号，以及各个元件各个端口之间的连接关系。

(3) 根据“接线列表”在端子柜中对配电网物理元件间进行连接，构成与上位机所设计拓扑结构一致的物理元件拓扑结构。

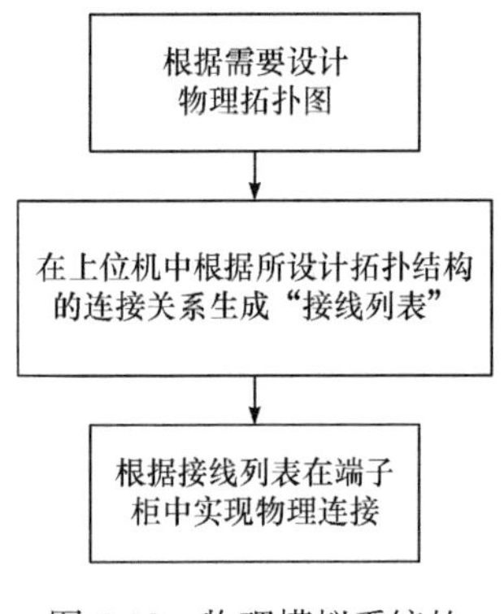

图 7-22　物理模拟系统的拓扑结构设计方法流程图

物理模拟系统的拓扑结构设计方法流程图如图 7-22 所示。

7.4.2　配电网数模混合接口模型及装置

1. 配电网数模混合仿真数字接口模型

配电信息由数字仿真侧到物理仿真侧的协同技术包括数/模转换技术和物理信号对时技术。配电信息由物理仿真侧到数字仿真侧的数据转换技术包括模/数转换技术和物理信号采集技术[19-22]。

数/模转换技术采用权电阻(D/A)转换法。权电阻(D/A)转换电路实质上是一只反相求和放大器，是 4 位二进制(D/A)转换的典型电路图。电路由权电阻、位切换开关、反馈电阻和运算放大器组成。

电阻的阻值按 8∶4∶2∶1 的比例配置(即按二进制的权值配置)，其中 V_R 为基准电压。各项电流的通断是由输入二进制各位通过位切换开关控制的，这些电流值符合二进制位关系。经运算放大器反相求和，其输出的模拟量与输入的二进制数据成比例。选用不同的权电阻网络，就可得到不同编码数的数/模转换器。

模/数转换是将模拟输入信号转换为 N 位二进制数字输出信号的技术。采用数字信号处理能够方便实现各种先进的自适应算法，完成模拟电路无法实现的功能，因此，越来越多的模拟信号处理正在被数字技术取代。与之相应的是，作为模拟系统和数字系统之间桥梁的模/数转换的应用日趋广泛。为了满足市场的需求，各芯片制造公司不断推出性能更加先进的新产品、新技术，本书采用双斜率模/数转换技术。数/模转换器和模/数转换器结构如图 7-23 与图 7-24 所示。

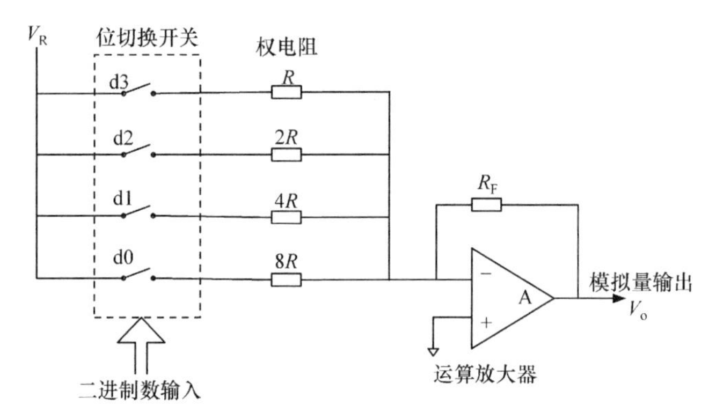

图 7-23　数/模转换器技术

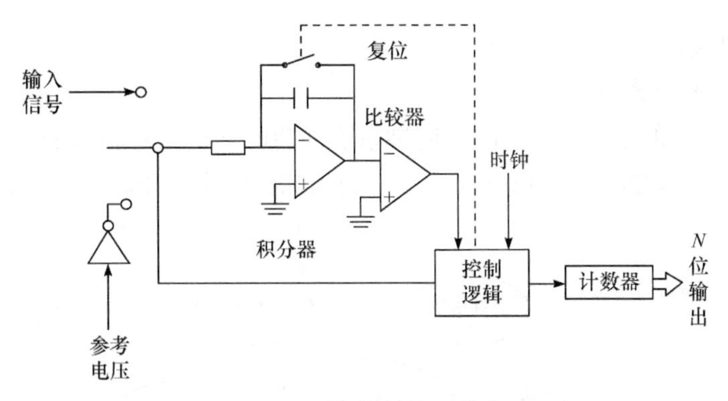

图 7-24　模/数转换器技术

模/数转换技术包括采样、保持、量化和编程四个过程。采样就是将一个连续变化的信号 $x(t)$转换成时间上离散的采样信号 $x(n)$。根据奈奎斯特采样定理，对于采样信号 $x(t)$，如果采样频率 f_s 大于或等于 $2f_{max}$(f_{max} 为 $x(t)$的最高频率成分)，则可以无失真地重建恢复原始信号 $x(t)$。实际上，由于模/数转换器的非线性失真，量化噪声及接收机噪声等因素的影响，采样频率一般取 $f_s = 2.5f_{max}$。通常采样脉冲的宽度 t_w 是很窄的，故采样输出是断续的窄脉冲。要把一个采样输出信号数字化，需要将采样输出所得的瞬时模拟信号保持一段时间，这就是保持过程。量化是将连续幅度的抽样信号转换成离散时间、离散幅度的数字信号，量化的主要问题就是量化误差。假设噪声信号在量化电平中是均匀分布的，则量化噪声均方值与量化间隔和模/数转换器的输入阻抗值有关。编码是将量化后的信号编码成二进制代码输出。这些过程有些是合并进行的，例如，采样和保持就利用一个电路连续完成，量化和编码也是在转换过程同时实现的，且所用时间又是保持时间的一部分[16]。

2. 配电网数模混合仿真接口装置

1) 系统硬件结构

配电网数模混合仿真接口装置实现配电网数字-物理模拟仿真的信息连接，该系统主要包含 IO 接口机、IO 卡、光纤通信卡、电压互感器、电流互感器等设备。系统硬件结构如图 7-25 所示。

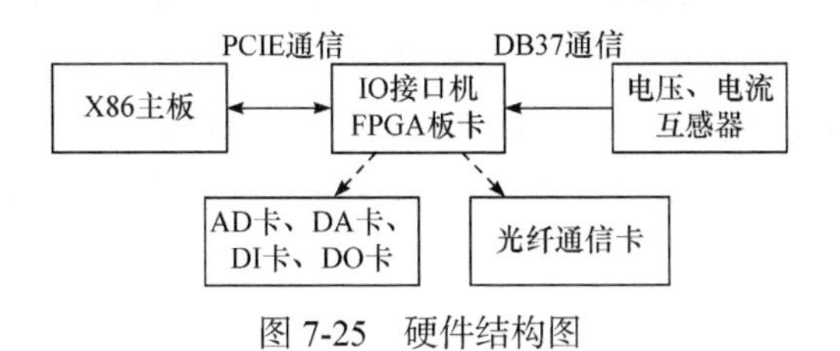

图 7-25　硬件结构图

2) 硬件模块

(1) FPGA 计算单元。

FPGA 计算单元包括电源模块、时钟系统、PCIE(peripheral component interconnect express)模块、SFP(small form-factor pluggables)模块、Flash 模块，如图 7-26 所示。

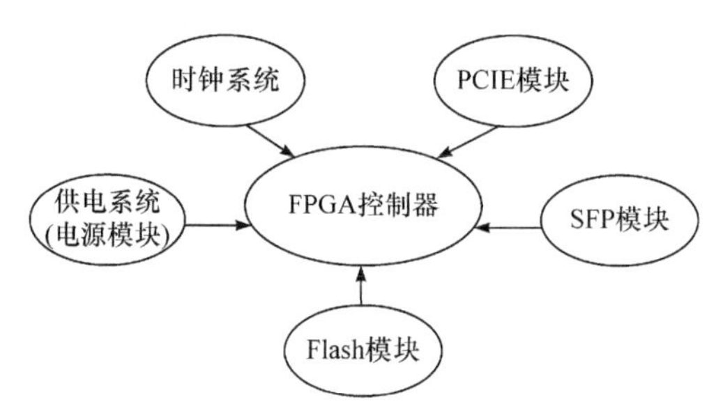

图 7-26 FPGA 计算单元

(2) 机箱设计。

IO 接口机是将 IO 卡以 5mm 电路背板置于 4U 机箱顶部，背面通过连接器固定一块 FPGA 板卡，X86 主板则置于机箱底部通过 PCIE 软排线与 FPGA 进行通信。在 X86 主板旁侧放置开关电源，使电源接口与 X86 主板和 IO 板卡接口方向一致，电源背侧则放置大功率风扇来对设备进行散热。电压互感器电路板与电流互感器电路板中间以绝缘立柱隔离，电源置于机箱内部，电源接口与板卡接口方向一致，相对于接口一侧则放置 6 个 LED 指示灯。

(3) 工艺设计。

结构尺寸：硬件板卡的 DB37 连接器竖直放置，所以选择 4U 标准机箱使其高度适合板卡接口引出，并根据硬件板卡接口位置，设计了接口开孔以及散热开孔。

生产工艺：为保证板卡硬度、韧性、元器件贴合性好，IO 卡制板工艺选择 FR-4 热风整平工艺生产，PCIE 生产工艺选择 FR-4 化学沉金工艺，并且 IO 卡背板由于要承担 IO 卡及 FPGA 板卡重量，所以选择 5mm FR-4 热风整平工艺生产。

(4) 电源设计。

设备需要三种电源：+12V、−12V、+5V，其中+12V、−12V 主要用于为信号调理电路中的运算放大器提供电源，+5V 主要为传感器和参考电源模块提供电源。电源类型如表 7-4 所示。

表 7-4　电源类型列表

序号	电源类型	电流(max)/A
1	+12V	3
2	−12V	2
3	+5V	1

调理设备电源拓扑结构如图 7-27 所示。

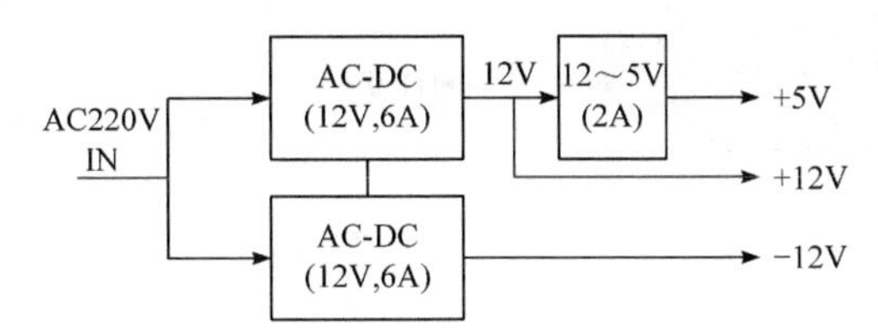

图 7-27　调理设备电源拓扑框图

(5) 接口设计。

串口：具有一个 RS485 串口，最大传输距离为 1219m，最大传输速率为 10Mbit/s。

网口：具有三个网口，支持以太网标准协议。

VGA 口：具有一个 VGA 接口，可接外部视频设备。

USB 口：具有四个 USB2.0 接口，传输速率可达到 480Mbit/s。

SFP 接口：具有四个 SFP 接口，可实现 FPGA 与外部设备进行 SFP 通信。

DB37 接口：具有 16 个 DB37 接口作为 IO 卡输入、输出接口。

电源供电端口：电源供电端口接 220V 交流电输入。

3. 基于配电网数模混合仿真平台的硬件在环仿真测试

基于配电网数模混合仿真平台，可开展不同运行场景的硬件在环仿真测试。图 7-28 是基于数模混合实时仿真平台的硬件在环测试总体方案，图 7-29 为硬件仿真测试数字侧建模思路。

硬件在环仿真与测试流程为，在复杂配电网的数模混合仿真平台上构建包含复杂配电网激发各类稳态、暂态过程的致因模型和配电网模型，设置致因事件时序和特征参数，将 PCC 处电压实时仿真数字信号送至信号或者功率放大器转换为模拟量，送至接有市电电源的模拟有源配电网，测量微电网各监测点电压、电流波形，对测量数据进行分析，从而对复杂配电网全工况运行方式下的分布式电源控制器、充电桩、配电自动化、继电保护、SVG 等单元进行测试与验证。

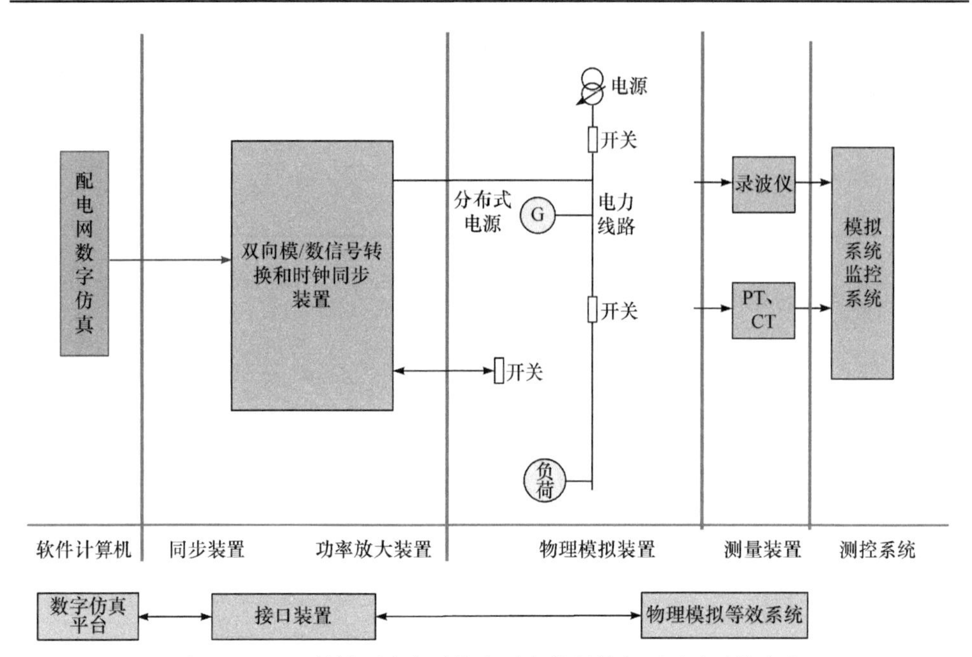

图 7-28　基于数模混合实时仿真平台的硬件在环测试总体方案

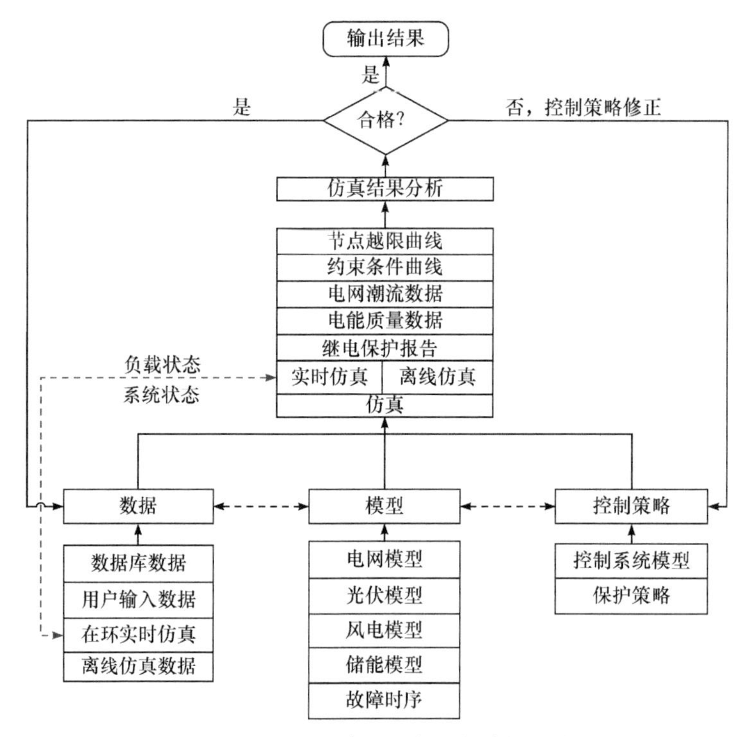

图 7-29　硬件仿真测试数字侧建模思路

图中虚线表示有相关性

如图 7-30 所示，基于复杂配电网的数模混合仿真平台搭建硬件在环测试电路。复杂配电网的数模混合仿真平台的实时数字仿真器具有基于多核 CPU 的大步长仿真和基于 FPGA 的小步长仿真两种运行模式。由于光伏逆变器的开关频率较高，为了较好地模拟实际的运行状况，仿真步长需达 1μs 以下，因此将主电路拓扑下载到 FPGA 核中进行仿真。在实时仿真器中实现对包括配电网拓扑、光伏电池阵列、逆变器的仿真建模。实时仿真器将电压、电流等模拟信号实时传递给光伏逆变控制器，控制器进行运算后将数字脉冲触发信号传回仿真器，实现对光伏逆变器的实时控制。用户搭建好控制算法后，下载到下位机中，控制器和仿真器之间通过物理 I/O 形成一个闭环实时仿真测试系统。该测试系统灵活性高，且控制系统结构和参数由用户自行设定，有助于验证辨识算法的有效性。上位机与实时仿真器通过网线相连，可对系统进行实时的监测和控制。在此平台的基础上，通过在仿真器中设置多种不同的工况，模拟电网中的实际运行情况，测量和记录光伏逆变器的响应数据。

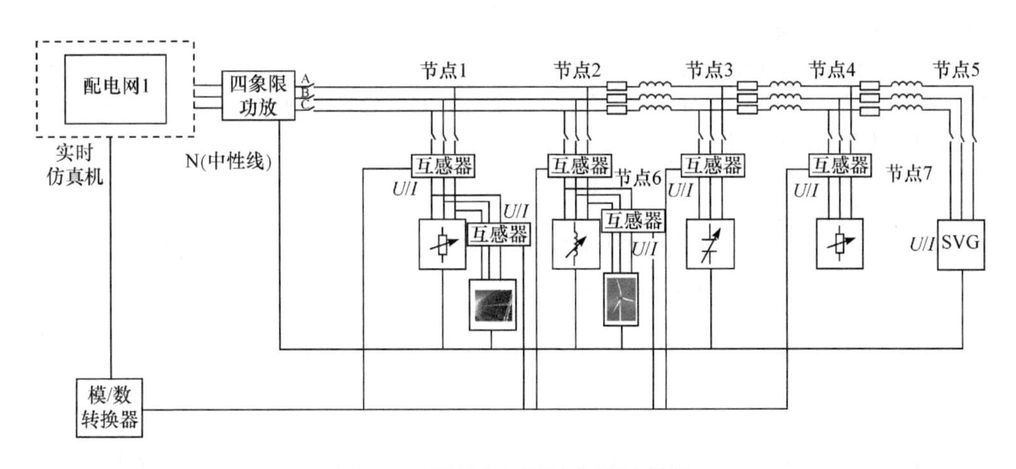

图 7-30　硬件在环测试电路示意图

以故障场景为例，对光伏控制器的性能进行硬件在环测试。对直流侧电压和交流侧电压有效值进行观察对比，对比结果如图 7-31 所示。在 0.4s 时直流电压由 780V 跌落至 550V，交流电压有效值由 380V 跌落至 100V，故障切除后均恢复至稳态值。可以发现，电压仿真结果与实际基本吻合，说明对于直流侧的光伏阵列和交流侧电网，所建立仿真模型和实际控制器基本等效，测试验证了光伏控制器的性能。

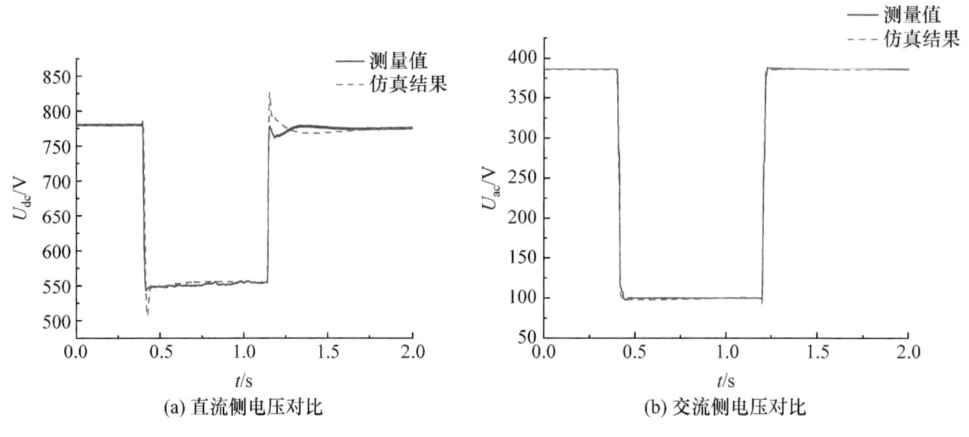

图 7-31　三相短路故障时电压仿真与实测对比

参 考 文 献

[1] 于群, 曹娜. 2017. MATLAB/Simulink 电力系统建模与仿真[M]. 2 版. 北京: 机械工业出版社.

[2] 陈亮, 黄强, 贾萌萌, 等. 基于柔性直流互联的交直流混合配电网建模与仿真分析[J]. 电网技术, 2018, 42(5): 1410-1417.

[3] 李蕊, 李跃, 郭威, 等. 分布式电源接入对配电网可靠性影响的仿真分析[J]. 电网技术, 2016, 40(7): 2016-2021.

[4] 刘科研, 盛万兴, 董伟杰. 配电网弧光接地故障建模仿真与实验研究综述[J]. 高电压技术, 2021, 47(1): 12-22.

[5] 于亚男, 金阳忻, 江全元, 等. 基于 RT-LAB 的柔性直流配电网建模与仿真分析[J]. 电力系统保护与控制, 2015, 43(19): 125-130.

[6] 陈云辉, 刘东, 凌万水, 等. 主动配电网协调控制的仿真测试平台[J]. 电力系统自动化, 2015, 39(9): 54-60.

[7] 孙充勃. 含多种直流环节的智能配电网快速仿真与模拟关键技术研究[D]. 天津: 天津大学, 2015.

[8] 许晔, 郭谋发, 陈彬, 等. 配电网单相接地电弧建模及仿真分析研究[J]. 电力系统保护与控制, 2015, 43(7): 57-64.

[9] 丁承第. 基于 FPGA 的有源配电网实时仿真方法研究[D]. 天津: 天津大学, 2014.

[10] 艾欣, 赵阅群, 周树鹏. 适应清洁能源消纳的配电网直接负荷控制模型与仿真[J]. 中国电机工程学报, 2014, 34(25): 4234-4243.

[11] 杜翼, 朱克平, 尹瑞, 等. 基于分布式电源的直流配电网建模与仿真[J]. 电力建设, 2014, 35(7): 13-19.

[12] 潘登. 分布式电源接入配电网能效测评与仿真研究[D]. 北京: 北京交通大学, 2014.

[13] 王金丽, 盛万兴, 宋祺鹏, 等. 配电网电能质量智能监控与治理仿真[J]. 电网技术, 2014, 38(2): 515-519.

[14] 张黎, 吴昊, 曹磊, 等. 基于 Z 型变压器的交直流混合配电网仿真分析[J]. 电力系统自动化, 2014, 38(2): 79-84.

[15] 王成山, 丁承第, 李鹏, 等. 基于 FPGA 的配电网暂态实时仿真研究(一): 功能模块实现[J]. 中国电机工程学报, 2014, 34(1): 161-167.

[16] 李鹏, 孙充勃, 王成山, 等. 基于 OpenDSS 的智能配电网仿真与模拟平台及其应用[J]. 中国电力, 2013, 46(11): 12-16.

[17] 刘科研, 盛万兴, 叶学顺, 等. 基于实时仿真硬件在环的光伏逆变控制器参数辨识[J]. 科学技术与工程, 2021, 21(24): 10326-10332.

[18] 吕琛, 盛万兴, 刘科研, 等. 基于事件驱动的有源配电网多状态仿真方法[J]. 中国电机工程学报, 2019, 39(16): 4695, 4704, 4972.

[19] 詹荣荣, 刘龙浩, 冷凤, 等. 适用于微电网的直流型大功率数模混合仿真接口方法[J]. 高电压技术, 2020, 46(10): 3500-3509.

[20] 鄂涛. 配电网数字物理混合仿真接口算法及测试方法[D]. 北京: 华北电力大学, 2022.

[21] 徐海宁, 张秀峰, 韩磊, 等. 智能配电网数模混合仿真技术研究[J]. 电工技术, 2018, (5): 114-115.

[22] 曾杰, 冷凤, 陈晓科, 等. 现代电力系统大功率数模混合实时仿真实现[J]. 电力系统自动化, 2017, 41(8): 166-171, 178.

第 8 章 复杂有源配电网 CPS 仿真理论

随着配电网“信息化、自动化、互动化”建设和改造工作的推进，自动化配电、用电信息采集系统、智能电表、终端等信息通信系统在配电网中逐步普及，光伏、风电、储能、充电桩等基于柔性控制的分布式能源或用电设备进一步加强了配电网的可控性以及对信息控制系统的依赖性,大量的高度集成先进量测体系、数据采集设备、计算设备和嵌入式柔性控制设备将配电网、信息通信网两个实体网络深度互连，使得配电网中一次系统与二次系统相互耦合、紧密联系，具备了典型 CPS 的基本特征，成为电网 CPS 融合系统。信息系统的强大功能为电网运行提供了技术保障，但同时信息系统的失效所诱发的后果也将更加严重。因此，实现复杂有源配电网的信息-物理耦合分析,对当前电网的可靠运行与未来智能电网的架构设计都有着重要的指导意义。本章从复杂有源配电网 CPS 仿真需求出发，对复杂有源配电网 CPS 仿真同步技术及多速率并行仿真技术进行阐述。

8.1 复杂有源配电网 CPS 特征及仿真需求

8.1.1 信息-物理耦合事件成因分析

信息技术的发展日益提高了电力系统经济效益和可靠性。从经济学的角度来看，信息技术可以使电网以更低的边际限制运行，更有效地利用资源，因为可以获得更精确、更可靠的电力系统状态数据。然而，日益增长的网络应用设备可能会加剧失败的风险，并产生负面影响。网络的误操作和不足(如监测、控制和通信)都是降低电力系统稳定性的因素，信息基础设施的故障是最近几次重大停电事故发生的主要原因。

随着 CPS 对信息网络的依存度越来越高，网络安全在整个电力系统中扮演的角色更加重要。在配电网 CPS 环境下，信息攻击者依然可以通过注入虚假信息(如新能源预测信息、电力市场信息等外部信息)或攻击通信通道等方式达到攻击电网的目的。电力系统中的故障包括设备故障或雷电等自然灾害造成的故障，系统故障都可以被保护系统检测和解除。保护系统一般由嵌入处理器的保护继电器和数据通信网络组成，在发生短路故障或过载等系统扰动时，数据通信网络的故障会影响保护系统的正常功能，加剧系统的震荡，降低系统的可靠性。2015 年 12 月

23 日，乌克兰电网受到网络攻击，乌克兰西部地区约 70 万户居民家中停电数小时，该事件被认为是第一例网络攻击造成的大停电事件[1,2]。

信息系统传输信息时所存在的时延不确定、路径不确定、信息因果性丧失、信息中断、信息错误、信道错误等问题，都将威胁智能配电网的安全、稳定、经济运行。如智能电子设备中的信号或者采样值在上传过程中的改变，可能是恶意篡改，也可能是信息传输过程中出现错误导致的，可能会导致系统运行状态发生改变，甚至改变系统的网络拓扑，扰乱分布式电源的运行。信息系统发生原始故障，继而失去对配电网的监控能力，配电网在丧失监控能力的情况下，运行条件不断恶化可能会发生连锁故障。

以典型的配电网 CPS 故障为例，如图 8-1 所示，本节将详细分析配电网 CPS 中信息系统与物理系统异常所产生的交互作用对保护控制的影响，以此概括信息物理耦合成因。

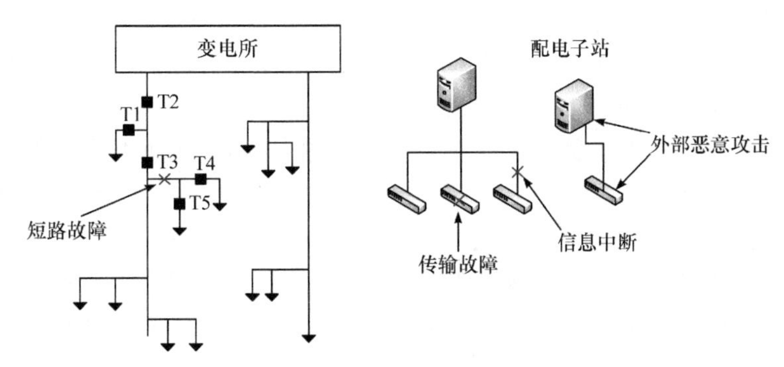

图 8-1 配电网 CPS 故障示意图

信息物理配电网的运行流程可以总结为五个步骤。

(1) 通过安装于配电网 CPS 中的智能终端等将配电网的运行状态(如电压、电流、有功、无功等电气特征量)采集并转化成逻辑或数字信号。

(2) 转化后的数据经通信网络传输至上层子站和控制中心等。

(3) 对于接收到的数据，控制中心可以实行在线分析计算，从而对相应的分布式控制设备生成控制命令。

(4) 向下传送的控制命令利用信息通信网络送达到特定的配电所或分散于配电网中的控制设备，使其执行相应的控制命令。

(5) 配电网的运行状态经过闭环控制过程后，完成相应的改变。

可以看出，若信息物理配电网发生故障，主要来源将会是一次侧的物理故障和二次侧的通信故障，且二者都会影响整个闭环控制系统的运行，威胁系统的正常运行。

配电网电力故障场景下，故障的发生意味着安装于系统中的继电保护装置将进行一系列的动作直至故障切除。在配电网 CPS 中，故障的监测、处理和数据的传输是由安装于网络中各个节点处的智能终端来执行的，智能终端除具有基本的“遥信、遥测、遥控”功能，三段式电流保护功能及对等式网络保护功能，还能够在较短时间内完成故障定位、故障隔离和负荷转供。如图 8-1 所示，当短路故障发生于智能终端 T3、T4 与 T5 之间时，正常情况下，三个智能终端都将监测到异常，为将故障切除，从故障的检测、定位到隔离，终端之间除了要向彼此发送所监测到的信息之外，还需将数据向子站或保护控制中心上传，故障区域内的智能终端在较短的时间内处理完数据后，形成相应的逻辑信号，决定是否进行跳闸动作，并在将故障顺利隔离后，恢复非故障区域的供电。但是，配电网信息系统发生故障时，会对故障切除造成以下影响。

(1) 信息堵塞场景下，信息系统中的数据流量必然会上涨，使得延时增大的可能性上升，延时的上升会使故障不能被及时切除，流经相邻智能终端的电流可能会大于其整定值，将启动上一级保护控制，这使得信息系统中数据包数量会逐步增多，一旦形成网络拥塞，控制信号不能够及时传达到相应的智能终端，将进一步扩大停电区域，甚至产生连锁故障。

(2) 信息丢包故障场景下，对于配电网 CPS，集中式保护控制系统和分布式保护控制设备都是以信息获取为基础的继电保护控制系统，通过装置之间或装置与系统之间的信息交互对数据进行综合性或区域性的分析和对比，从而进行决策和控制，有效地避免传统继电保护装置易误动、拒动、连锁跳闸、控制范围小、协调配合能力差等问题，保障了整个系统安全可靠性运行，防止了连锁故障的产生和发展。然而，无论是智能终端(通信节点)自身故障导致采样信息无法发送，还是受信道(通信链路)中断影响智能终端被动地无法发送数据，都必将阻碍信息的正常传输。如果关键的通信元件发生故障，可能致使继电保护控制系统或分布式保护控制设备无法感知配电网运行状态，不能及时给相应设备下达准确的控制命令。

(3) 恶意攻击场景下，配电网 CPS 的信息安全性关乎整个系统的安全稳定运行。根据不同的攻击目的，信息系统的恶意攻击大致可以分为三类：设备攻击是以破坏设备正常工作为目标，迫使设备执行恶意操作，例如，被攻击的智能终端会恶意地发指令给断路器执行跳闸动作，造成停电事故；数据攻击是通过对信息系统中的数据和控制命令等进行篡改、增删，误导系统做出错误的动作和决策；网络可用性攻击的目的在于将系统中的通信、计算机资源等消磨殆尽，最终造成信息传输的延迟或中断，例如，攻击者可针对控制系统以非常高的频率发送错误或虚假的数据信息，使得控制系统花费大量不必要的时间去检测信息的真实性，无法对正常的数据流量做出响应。

配电网物理层发生故障后，信息数据量上涨导致信息发生拥塞，使得通信系统性能下降，这是完成故障隔离、实现负荷转供的潜在威胁。通信中断时，伴随的是信息拓扑的改变(信息指令缺失)以及信息物理交互拓扑的失效(信息指令无法下传到物理设备)，失去了对配电网的可控和可观性，严重时将危害配电网的稳定性，引发连锁故障。恶意攻击场景下，主要是针对正常信息流的篡改和截取，使得信息流造成了错误的能量流，影响配电网正常运行，甚至引发故障[3]。

8.1.2　配电网 CPS 功能形态及演化机制

1. 配电网 CPS 典型功能与特征

通信-电力交互的 CPS 具有下列特点。

(1) 该系统由计算设备、通信网络、传感设备与物理设备共同组成。所有设备相互协同和相互影响，共同决定整个系统的功能和行为特征。

(2) 由于系统的计算/信息处理过程和物理过程紧密结合并相互影响，这导致无法区分系统的某个行为究竟是计算过程还是物理过程作用的结果。

配电网 CPS 具有下列重要功能。

(1) 实时监控。

与传统物理系统的实时监控系统相比，配电网 CPS 的一个重要优势在于可以借助传感器网络和通信网络获得全面且详细的系统信息。以配电系统为例，除了通过现有的 SCADA 系统，未来的配电系统还可以借助远方终端、智能家电、电动汽车的车载无线传感器等获得更全面的系统信息。这些信息通过多个不同的通信网络(如因特网、电力系统专用通信网络、无线通信网络)集成到配电网 CPS 的控制中心用于系统分析和仿真。需要特别强调的是，配电网 CPS 的监控系统不仅收集物理系统的信息，也收集信息系统(通信、传感、嵌入式计算等)的信息。配电网 CPS 也不仅针对物理系统进行分析和仿真，更是将物理系统和信息系统作为一个整体进行综合分析和仿真。通过综合仿真显式评估信息系统与物理过程的相互影响，从而更准确地刻画出配电网 CPS 作为一个系统的整体行为特征。这种分析和仿真方式是配电网 CPS 区别于传统物理系统的最重要特征之一。

(2) 信息集成、共享和协同。

在配电网 CPS 中，传感器网络不断地采集数据并汇总到 CPS 控制中心。对于大规模配电网 CPS，如此产生的数据量将非常惊人。海量数据流的传输、集成和存储是现有的行业信息系统无法解决的，也是配电网 CPS 必须具备的重要功能。此外，CPS 是由通过网络互联的大量物理设备组成的，这里的网络既包括物理网络(如配电网络)，也包括信息网络(如因特网)。由于 CPS 覆盖广阔的地域，系统中的信息设备和物理设备一般分属于很多不同的所有者。配电网 CPS 既要让参与者能及时获得需要的信息，又要确保他们能严格地按照其权限获取信息。设计新的信息共享和协同机制是解决这一问题的关键。

(3) 大规模实体控制和系统全局优化。

实现配电网 CPS 的最终目标是增强对物理系统的控制能力。现有的一些物理系统采用相对简单且固定的控制模式，控制的灵活性差，且由于难以实现系统范围内的最优控制而不得不牺牲系统的整体运行效率。以配电自动化为例，由于计算能力和通信架构不足，对于系统中大量的其他物理设备，如小容量分布式电源、保护装置等一般采用分散方式进行控制，这样就无法从系统整体上协调全部可用资源，从而导致系统的整体运行效率不高。解决这一问题的根本途径在于实现分散控制和集中控制的有机结合，未来配电网 CPS 的大部分物理部件中都将植入嵌入式控制设备并通过通信网络与 CPS 控制中心互联。这样，这些设备既可以分散控制，在必要时也可以由控制中心集中控制。控制器的设计应尽量灵活，控制中心在必要时应该可以在线修改具体控制器的参数设置，甚至直接升级控制器软件。这样，控制中心可以根据传感器网络收集的系统信息不断调整控制系统以实现系统的全局优化[4]。

与现有信息系统和物理系统相比，配电网 CPS 具有下列重要的技术特征。

(1) 虚实共存同变。

配电网 CPS 具有对信息系统、物理系统进行实时监控和综合仿真的功能。物理系统的状态通过传感器和通信网络反馈回 CPS 的控制中心，配电网 CPS 根据来自物理系统的实时信息不断修正仿真模型参数以提高仿真精度，仿真结果义将通过 CPS 对物理系统的控制影响物理系统的行为。这样，在配电网 CPS 中相当于构造了物理系统在计算机虚拟环境中的一个镜像，物理系统和其虚拟镜像将同步变化并相互影响。物理系统信息的高速反馈可以保证虚拟镜像的精度。

(2) 多对多动态链接。

一般而言，组成配电网 CPS 的各个部件之间的链接关系在很大比例上是动态的，这与现有物理系统的联网方式有很大区别。例如，配电网 CPS 可以把电动汽车和各种智能家电包括在内。这些设备可通过无线网络接入 CPS 的信息系统，其连接状态和接入网络的位置可以不断变化。因此，点对点网络(ad-hoc network)将成为 CPS 的重要技术基础。

(3) 实时并行计算和信息处理。

配电网 CPS 一般对分析和仿真的实时性要求很高。此外，CPS 需要处理的信息量远远大于传统的信息系统。这些都对 CPS 的计算和信息处理能力提出了很高的要求。传统的集中式计算平台难以满足要求，因此可以考虑基于大规模分布式计算技术框架，如云计算来构建 CPS 计算平台。云计算通过整合大量分布广阔的计算设备来获得强大的计算和存储能力。此外，云计算的分布式架构与配电网 CPS 实现集中控制和分散控制相结合的要求正相吻合，可以基于云计算技术实现配电网 CPS 的分布式控制系统。

(4) 自组织和自适应。

从规模上看，CPS 一般覆盖一个大的区域甚至整个国家，故接入配电网 CPS 的设备数量可能非常庞大。对数量庞大的物理设备实行人工管理显然是行不通的。因此，配电网 CPS 应具有自组织功能。例如，配电网 CPS 应能够自动识别和搜索接入系统的分布式电源。换言之，一个分布式电源一旦接入系统，控制中心就应当能够立即获得该电源的各种信息，并能够随时控制该电源。此外，配电网 CPS 还应具有自适应功能，也就是说，应具有自动排除各种系统故障(包括物理系统故障和信息系统故障)、保证系统正常运行的能力。

除了上述几个重要特征外，配电网 CPS 在性能方面还应具有灵活性(易于升级扩展，易于与 CPS 的其他子系统接口)、完备性(物理系统与其虚拟镜像同步且一致)、可靠性(能够在不确定环境下可靠工作)、安全性(能够抵御物理的和虚拟的攻击)等特征。综上所述，配电网 CPS 不是信息系统与物理系统的简单结合，而是全方位的深度融合[5]。

2. 配电网 CPS 多阶段演化机制

配电网 CPS 作为典型的复杂异构系统，系统运行时涵盖系统运行的拓扑结构关系、事件驱动关系，在此基础上，系统运行状态的演化过程为在多个信息-物理耦合事件的时空协同下，从当前系统运行稳态经历多个系统运行暂态逐步演化到下一个系统运行稳态。

传统配电网与配电网 CPS 的区别在于，配电网 CPS 中信息层或物理层的运行不再脱离对方而单独考虑，其状态需要在传统物理电网的状态上进行扩展。物理层正常与失效状态划分的标志是运行的等式约束条件和不等式约束条件是否受到破坏；信息层正常与失效状态划分的标志是能否在对物理层整体可观可控的前提下，实现信息层对物理层的监视控制。配电网 CPS 的运行状态划分为安全状态、优化状态、信息故障状态、物理故障状态与并发故障状态和恢复状态，不同状态间通过失效风险或安全控制连接。信息层及物理层的风险因素包括物理层线路横向及纵向故障、负荷骤变、人为信息物理攻击、信息层拥塞丢包等。

配电网 CPS 运行过程分为六种典型运行状态。

(1) 安全状态：配电网 CPS 运行区域内未出现风险、故障等情况，且系统信息层和物理层运行指标均处于安全状态。

(2) 优化状态：配电网 CPS 运行指标达到优化目标时的运行状态。配电网 CPS 具备信息感知与优化控制能力，CPS 智能调节使系统安全转移至优化状态；

反之，系统由优化状态转移至其他状态。

(3) 信息故障状态：配电网 CPS 中信息层处于故障状态，物理层处于正常运行状态。虽然信息层的失效未直接导致物理层失效，但当物理层运行状态发生变化时，信息层的失效将被体现和放大。信息故障状态的出现，使得传统配电网在正常状态与故障状态中加入了中间状态，在长时间尺度内将影响物理层运行的可靠性。

(4) 物理故障状态：配电网 CPS 中信息层处于正常运行状态，物理层处于故障状态。相当于传统电力系统中忽略信息层因素的物理层故障状态，信息层将通过安全优化调度措施，在一定程度上具备将物理层拉回正常状态的能力。

(5) 并发故障状态：配电网 CPS 中由于人为攻击或自然灾害，信息层与物理层同时受到威胁，出现故障状态。由于故障信息层节点丧失监视感知功能和保护控制等功能，对物理层故障失去部分可观性和可控性，而物理层设备自身故障导致配电网无法安全运行甚至崩溃。

(6) 恢复状态：配电网 CPS 处于故障状态后，系统排除故障，恢复正常运行前所处状态。

配电网 CPS 在六种典型状态下的多阶段演化机理如图 8-2 所示。

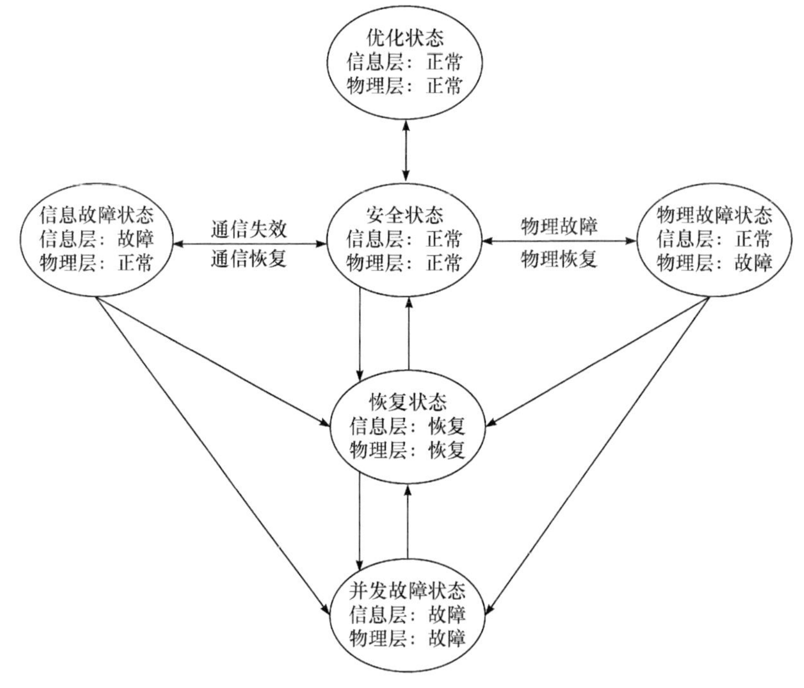

图 8-2　配电网 CPS 多阶段演化机理

在不同场景下，首先分析特定的配电网 CPS 状态的边界条件；其次针对信息空间的离散信息状态和电网物理系统的连续电力过程，通过信息-物理交互拓扑和承载的信息-物理耦合事件交互，得到系统运行状态量；最后根据不同阶段的约束条件，实现状态的转变以及配电网 CPS 的多阶段演化。

综合配电网 CPS 耦合成因与演化机制，其多阶段演化过程可以描述为：复杂配电网 CPS 内部同时存在紧密耦合的离散事件过程与连续动态过程，配电网 CPS 是一种深度融合的异构系统。当一个事件到达信息空间后，将经历信息通信、信息处理的过程，最终产生的控制信号将初始化物理空间的一系列边界条件，并触发一段连续物理过程，即处于某一形态下。物理空间的状态变量与输出变量在此连续过程中持续演变，从而形成在真实世界中肉眼可见的连续动态过程。通过传感监控设备，信息元件实时感知物理空间的实时状态和演化轨迹，并反馈至信息空间加以分析处理。当下一个事件出现，或某些连续变量满足设定的转移条件时(如超过设定的阈值)，原连续动态过程将会立即中断，并跃迁至另一连续动态过程。

8.1.3　物理系统、通信系统、信息系统耦合关系

1. 物理系统、通信系统、信息系统耦合关系分类

在配电网 CPS 的物理系统与信息系统互相耦合的过程中，以通信网络为传输媒介，物理系统和信息系统形成具备密切、复杂和多样的相互依赖性的一系列耦合事件，按影响方式分为直接依赖性耦合事件和间接依赖性耦合事件。直接依赖性耦合事件是指一侧故障直接导致另一侧元件的误动作或停运，可用两侧网络或元件的直接对应关系来确立事件；间接依赖性耦合事件是指一侧故障并未立即对另一侧产生影响，但会削弱其元件或系统抵御其他扰动能力的事件，通常间接依赖性事件更为隐蔽。

基于故障的性质和地点，耦合关系可以分为以下四类：直接元件-元件相关、直接网络-元件相关、间接元件-元件相关和间接网络-元件相关。

图 8-3 描述了物理系统、通信系统、信息系统的相互耦合关联关系。

直接元件-元件相关，意味着网络中一组元件的故障导致另一个网络中一个元件的故障，或者改变了这个元件。它主要存在于通信层和电力网络之间的连接点上。例如，网络中控制器的故障可能导致电网中物理层断路器的故障。

直接网络-元件相关，是指一个网络的性能导致另一个网络中元件失效或改变。对于这些故障的影响，必须通过网络分析来评估网络性能。例如，服务器和控制器之间的通信通道发生故障，可能导致控制器不能接收适当的数据或不能及时操作。

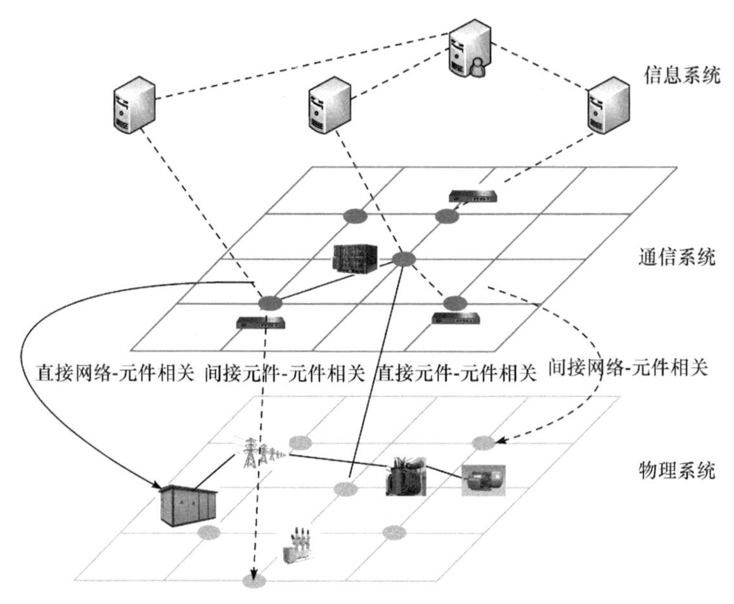

图 8-3 物理系统、通信系统、信息系统的相互耦合关联关系

间接元件-元件相关，是指当物理或逻辑上连接到电力系统某个元件的网络设备发生故障时，不直接和立即引起故障或改变其他网络元件，但会影响元件的性能并导致发生潜在的故障。这种相互依赖可能会增加元件多次故障的风险，或者延迟对元件当前故障的响应。例如，通信的功能之一是监测电力系统的指标，可以报告即将发生故障的电力网络中的设备。监视信号故障不会立即影响供电，但是增加了电力系统的崩溃风险。

间接网络-元件相关，是指一个网络的性能不会直接、立即导致另一个网络中该元件的故障或改变该元件的参数，但会影响该元件的性能。距离保护、纵联保护、断路器故障保护采用保护装置之间的点对点通信进行决策。通信部分的任何故障都会导致保护装置的误动或拒动。

物理系统、通系统络、信息系统间接耦合关系不同于直接耦合关系。例如，网络故障导致电源设备停止工作或操作不正确时，间接相关的故障并不直接影响设备元件的正确运行。在给定间接交互的情况下，网络故障不会立即停止物理系统的操作或改变其状态，而是在潜在故障发生时影响物理元件的性能。这种相互依赖关系可能会增加物理元件发生新故障的可能性，或者延迟对该元件当前故障的响应[6]。

2. 物理系统、通信系统、信息系统耦合关系特征

物理系统、通信系统、信息系统耦合关系呈现出以下特征。

(1) 能量流与信息流耦合更加紧密，关联度加大。智能电网的一次设备智能化、信息化，使得电压、电流等电气量和开关状态等非电气量的获取更为便利，电力系统逐步从实体化向虚拟化发展,实体装置与逻辑功能的划分边界变得模糊，逻辑功能的实现不再局限于某个特定的装置,而是分布在不同的实体装置内实现。智能电网在规划、设计、运行等不同阶段中更多以虚拟化、逻辑化的姿态出现，能量流的交换和传递表征为行为形态各异的信息流，信息流的交换和传递通过反馈作用于能量流。另外，信息网络的引入使得专业壁垒、地域壁垒模糊化，全网信息共享、能量互通，智能电网成为真正意义上的一张网，点点相关，环环相扣，能流量和信息流紧密耦合，成为不可分割的整体。

(2) 电力系统动态过程加快，动态特性更加复杂，实时控制要求大幅提升。配电网中大量间歇性电源，如风电、太阳能等具有显著的随机性和间歇性特点，一方面作为绿色清洁能源，接入配电网的比例大幅上升将是大势所趋，另一方面间歇性电源大规模接入配电网，对配电网的安全稳定运行造成极大的冲击，对配电网的控制调节能力提出更高的要求。电动汽车、储能装置、光伏电站等柔性负荷作为配电网的被服务者，主动参与配电网运行控制，实现与配电网的双向互动，这就要求电网具备与之相适应的控制方法和手段。非常规互感器等先进传感设备能够通过较好的频率响应特性真实反映高频信号，为暂态保护提供可靠依据，与此同时，通信技术的高速发展为电气量采样值的可靠传输创造了有利的条件。

(3) 信息流的快速性、全局性为能量流控制提供新思路。远端线路发生短路故障，从检测到故障电流到继电保护动作、断路器跳开等一系列过程需要一定的时间消耗，而信息流的传播速度远快于机电暂态动作过程，配电网内其他区域比能量流传播更早获知此信息，这为配电网安全运行与保护提供了新的研究思路。配电网规模越来越大，结构越来越复杂，运行方式灵活多变，常规继电保护依靠整定值大小和时间长短配合的方式不能有效跟踪系统运行方式的变化，可能出现保护失配或者灵敏度不足的情况。智能电网信息互联、互通，可实现全网信息共享，而传统方法只是在电力系统分析模型中简单考虑保护控制的时序动作逻辑或通信传输的时滞特性，已经不能够解决智能电网电力系统能量流和信息流的交互机理。

8.1.4　配电网 CPS 仿真需求

1. 配电网 CPS 仿真发展现状

传统方法大多考虑的是单纯的物理层仿真，因此在传统仿真模型、理论方法与计算框架下难以深入分析 CPS 中信息通信系统与电气物理系统的深度融合过程[7]。据此，国内外研究团队针对 CPS 仿真问题展开了一系列相关研究。

美国空军技术学院研究团队于 2006 年提出了电力和通信同步仿真平台(electric power and communication synchronizing simulator, EPOCHS)[8]。Siaterlis 等[9]提出了一种基于状态缓存的步进式同步方法，该方法以时间回溯为基础，由于一般仿真软件并不具备仿真时间回溯功能，因此该方法实现难度大，易造成回溯误差。Adhikari 等[10]从软硬件协同、混成系统、CPS 协同验证三方面分析，详细阐述了多领域协同仿真方法，提出了识别时间点集合同步策略。Kuzlu 等[11]对电力系统对象进行混合相量构建，提出了混合相量空间仿真系统舒适平坦化策略和空间系统的规划分解策略，验证了该策略基于 CPS 的数模混合仿真技术。如何实现 CPS 融合仿真，弥合物理系统和信息通信系统割裂仿真现状，并且在保证仿真精度的同时提高仿真速度，是近年来的研究热点。

2. 配电网 CPS 仿真需求分析

配电网 CPS 仿真工具应具有对信息系统、物理系统进行实时监控和综合分析的功能。物理系统的状态通过量测单元和通信网络上传给控制中心，控制中心根据来自物理系统的实时信息不断修正仿真模型参数以提高仿真精度，仿真结果又通过信息系统对物理系统的控制影响物理系统的行为。相当于在电力系统中构建了信息系统的镜像并且在信息系统中构建了电力系统的镜像，两个系统及其虚拟镜像将同步变化并相互影响，因此需要信息的高速反馈，从而保证仿真计算的精度。

配电网 CPS 中存在一部分动态连接的设备，例如，电动汽车、智能家电等可控负荷通常通过有线或无线的方式接入网络，这些设备在网络中的连接状态和接入网络的位置可以不断变化。因此，在通信网络建模时，不仅需要对常规通信网络进行建模，而且需要建立无线网络，模拟设备的动态变化。配电网 CPS 仿真需要模拟多种通信环境和多项电力业务，其中部分业务的模拟需要接入实际控制装置，因此对仿真的实时性要求较高。此外，配电网 CPS 仿真不仅要处理电力系统数据，还要分析通信系统和控制系统的数据，信息量远大于传统的电力系统分析，因此对计算机的信息处理能力有较高要求。为了精确反映网络攻击的过程，需要仿真平台能够对攻击进行详细建模仿真以及方便接入实际的攻击设备。传统的集中式计算平台及个人计算机的计算能力无法满足需求，因此需要整合实时仿真器并构建分布式计算架构来满足配电网 CPS 的实时仿真需求。然而实时仿真器的仿真规模有限，仅能用于分析某个局部问题，若要提高仿真规模，需要并联大量实时仿真器，成本较高。

因此，对于规模较大且实时性要求不高的场景可以采用非实时仿真工具进行仿真，对于实时性要求较高的场景，则需要将模型进行等效简化从而适应实时仿真器的仿真规模。仿真场景规模较大且实时性要求不高时，可采用非实时仿真工具，复杂配电网 CPS 中物理系统建模与传统配电网建模方式一致，基于微分方程组和代数方程组建立配电网暂稳态仿真模型。当仿真场景实时性要求高时，如果仿真规模较小，基于微分方程组和代数方程组建立的配电网暂稳态仿真模型在一定程度上能够达到仿真器实时性要求；如果仿真规模较大，实时仿真器采用传统配电网暂稳态仿真模型也可满足仿真器实时性要求，但是暂态仿真会导致实时仿真器超时运行，造成仿真数据失效，此时，可对配电网暂态模型进行修正及简化，在降低模型复杂度的同时保留模型暂态特性，达到仿真器实时性要求。

8.2　复杂有源配电网 CPS 仿真同步技术

在复杂有源配电网环境下，不同位置、不同电压等级电网的各类量测信息(如电压、频率等)和其他附加信息(如气象信息、智能家电和电动汽车等可控智能负荷用户设定信息等)将被源源不断地传送至电网集中控制中心或区域控制器，用于监测、调控和保护等。对于电网调控和保护应用，控制指令信息会被传送至相应的控制器和继电保护装置。这种广域监控保护和控制系统对信息通信系统提出了高要求。因此，分析智能电网各种先进解决方案的关键就在于，在进行动态或静态电力系统仿真时能融合完整的信息通信过程与应用。作为两个独立系统，电力系统和信息通信系统都拥有各自专业的截然不同的仿真工具。电力系统动态行为在时间上是连续的，可用一组微分代数方程来表示。通常这类微分代数方程只能通过数值方法求解，因此电力系统仿真工具采用离散时步对系统当前状态进行相对精确的估计。而信息通信系统本身就是离散系统，因此可以通过离散事件仿真(discrete event-based simulations, DESS)工具进行建模，采用离散状态模型对网络在离散参数(如数据队列长度)和离散事件(如数据包的传输)下进行描述，将复杂的通信过程转化为具体的事件队列。两者要实现联合仿真，则需要解决两个系统仿真时间同步的问题。

8.2.1　配电网 CPS 仿真子系统规范

1. 配电网 CPS 仿真结构规范

目前针对配电网 CPS 仿真，主要有三种解决方案[12]。

(1) 在电力系统仿真工具中搭建通信系统模型，这种方法需要大量编程构建通信系统节点模型和协议模型，因此只适用于点对点通信等较为简单的场景，并且大量的数据传输、交互和处理将占用较多的仿真资源，降低了电力系统的仿真效率。

(2) 在通信系统仿真工具中搭建电力系统模型，目前大多数通信系统仿真工具采用离散事件仿真，与电力系统的求解方式不同，因此只能对简单场景进行仿真，而无法模拟电力故障或复杂电力模型。

(3) 电力系统和通信系统分别采用独立的仿真工具进行仿真，这种方法可以精确模拟复杂的电力系统和通信系统，并且建模简单。但是两个仿真工具并行运行，需要设计同步方法和数据交互接口。本章采用该方案进行进一步研究。

本章提出的配电网 CPS 非实时仿真平台架构(图 8-4)，由两部分组成，其中 OPNET 用于仿真通信系统，MATLAB 用于仿真电力系统，两个工具可以在同一台计算机上并行运行，也可以在两台计算机上通过以太网连接。

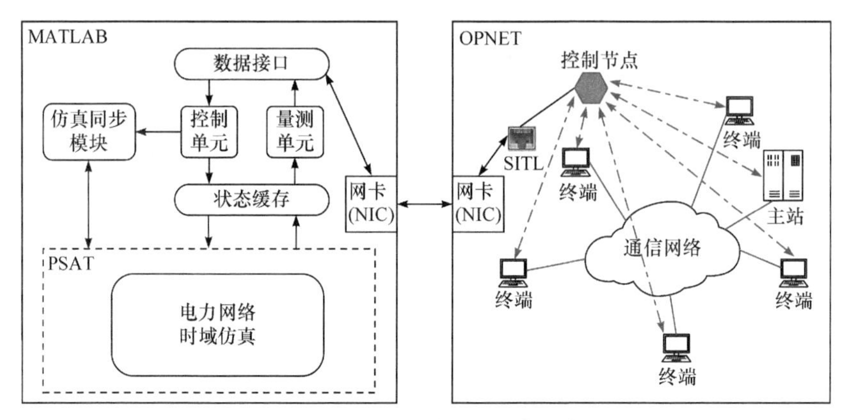

图 8-4　配电网 CPS 非实时仿真平台架构

OPNET 是一种离散事件网络仿真工具，提供了较为全面的模型和协议支持，能够对通信网络中的各类设备进行详细建模。OPNET 为用户提供了源码库和编译工具，为自定义模型和联合仿真提供了数据接口。OPNET 采用分层建模方式，针对通信协议的建模，完全符合开放系统互联(open system interconnection, OSI)标准，包括业务层、传输控制协议(transmission control protocol, TCP)层、网络互联协议(internet protocol, IP)层、IP 封装层、地址解析协议(address resolution protocol, ARP)层、媒体访问控制(media access control, MAC)层和物理层。针对网络节点间的层次关系，提供了三层建模机制，最底层的进程层模型通过有限状态机的方式来描述通信系统中的各种行为。节点层用于描述协议对数据的处理过程，反映设备特性。最上层的网络模型描述设备节点的连接拓扑。OPNET 的三层建模机制与实际的协议、设备、网络一一对应，可以精确模拟通信网络的相关特性[13]。

系统在环(system in the loop, SITL)模块是 OPNET 的数据接口，用于连接虚拟网络和实际网络，实现实际数据包与虚拟数据包的相互转换。控制节点根据数据包中的编号，将数据包下发给对应终端节点并接收终端节点返回的数据包，使电力系统与通信系统中的节点一一对应。终端节点、主站节点和通信网络共同组成通信系统，模拟数据包的传输过程及电力业务的控制过程。

PSAT 是 MATLAB 中的一个工具箱，其结构如图 8-5 所示，用于对电力系统仿真。PSAT 的功能包括潮流计算、最优潮流分析、小信号稳定分析、时域仿真等，本章设计的仿真平台主要用到了 PSAT 的潮流计算和时域仿真功能。此外，PSAT 提供了图形操作界面和基于 Simulink 的模型库，方便用户进行网络设计。为了精确分析电力系统，PSAT 支持多种不同类型的静态和动态元件模型，并且提供连接通用代数建模系统(general algebraic modeling system, GAMS)和通用应用平台潮流软件(universal windows platform flow, UWPflow)的程序接口，极大扩展了最优潮流和连续潮流的分析能力。

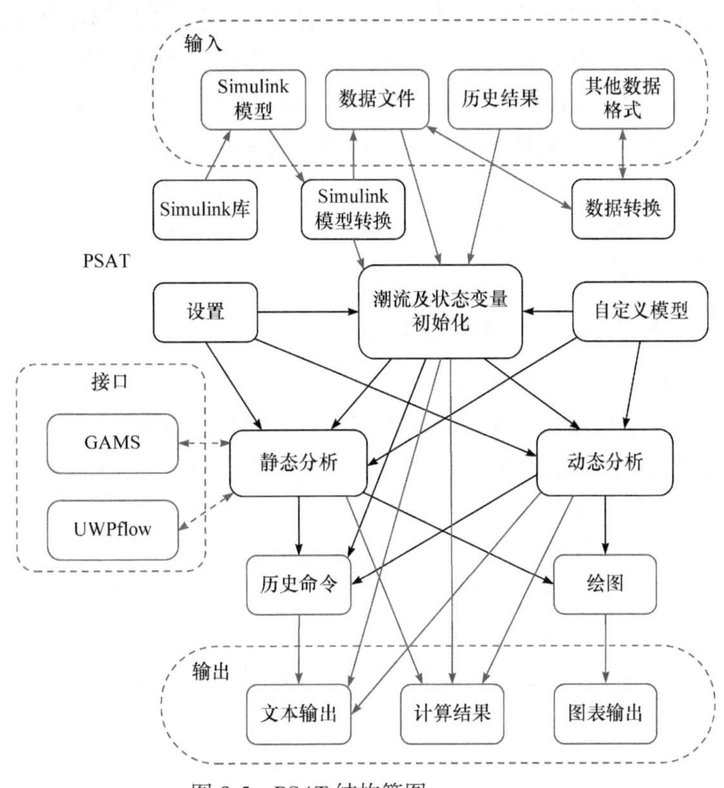

图 8-5 PSAT 结构简图

对 PSAT 的程序进行扩展，插入多个功能模块，用于实现与 OPNET 的数据交互及同步。状态缓存模块存储一段时间内每个步长的电力系统仿真结果，用于仿真状态的回溯以及量测单元的状态提取。量测单元从状态缓存模块中读取相应节点的状态数据，根据预设的数据结构打包发送给数据接口。控制单元从数据接口中读取数据包，根据预设的数据包结构对其进行解析，并改变状态缓存中某个时间点的电力系统状态。仿真同步模块通过数据包中的时间戳控制 PSAT 运行，使其与 OPNET 仿真同步。为了加快两个仿真工具间的数据传输速度，数据接口模块将量测单元发来的数据包通过用户数据报协议(user datagram protocol, UDP)发送给 OPNET，并且接收 OPNET 返回的数据包。

仿真平台的运行及数据传输过程可概括如下：PSAT 对电力网络进行时域仿真，当到达预设时间点或者出现跳闸、短路等突发事件时，状态缓存模块开始记录 PSAT 的每一步仿真结果，同时量测单元以一固定采样频率读取当前时刻相应节点的电气量，多个量测单元的数据在数据接口处进行汇集，打上时间戳后统一发送给 OPNET 中的控制节点。控制节点将数据包进行解析，将数据映射到电力通信协议的数据包中，并且根据包中的节点编号分发给各个终端节点。终端将数据包经由通信网络上传给主站，主站根据预设策略生成控制命令并发送给各终端。控制节点汇集终端收到的命令，并统计每个数据包在网络中产生的传输延时，共同打包发送给 MATLAB 中的数据接口。MATLAB 中的控制单元获取到数据接口中的控制命令，根据时间戳和通信网络中的传输延时计算出控制命令作用的时间点，改变相应时刻状态缓存中的数据，并且通过仿真同步模块判断仿真是否需要回溯。最终 PSAT 根据状态缓存中的数据对电力网络中的元件状态进行修改，从而影响仿真结果。

2. 配电网 CPS 仿真的同步时序规范

目前非实时联合仿真的同步方案主要分为三种：基于同一时间轴同步、基于同一事件轴同步和基于固定时间点同步。限制仿真速度的主要因素在于各个仿真模块的频繁启停和大量数据交互。考虑到在大部分电力系统稳定控制和继电保护等场景中，信息通信系统仅监视电力系统的状态，并不对电力系统进行控制，因此通信系统状态变化一般不会对电力系统造成影响。基于此，考虑减少正常状态下的数据交互仅保留突发事件时的数据交互，并且尽可能避免仿真工具暂停，来提高仿真速度[14]。本章结合基于同一时间轴同步方法和基于同一事件轴同步方法，提出一种基于状态缓存的同步方法，如图 8-6 所示。

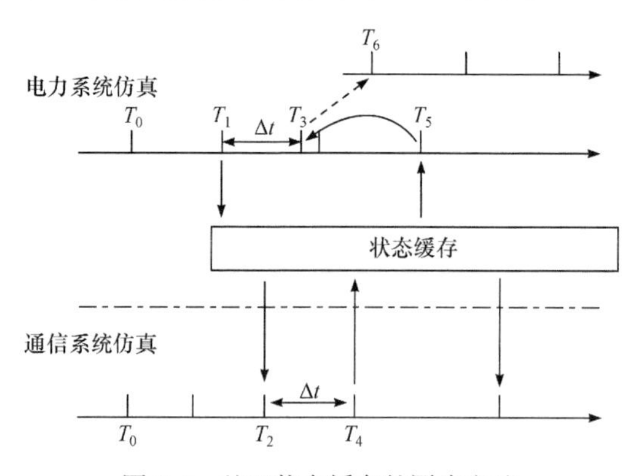

图 8-6　基于状态缓存的同步方法

电力系统仿真工具和通信系统仿真工具分别从 T_0 时刻开始运行，在无故障、开关动作等突发事件状态下，两者分别独立运行，无数据交互。电力系统状态由一组微分方程和代数方程描述为

$$\begin{aligned} 0 &= f_n(x(t+h), y(t+h), f(t)) \\ 0 &= g(x(t+h), y(t+h)) \end{aligned} \tag{8-1}$$

式中，f_n 和 g 分别为微分方程和代数方程；t 为当前仿真时间；h 为仿真步长。

式(8-1)为非线性方程，因此需要通过牛顿迭代法进行求解：

$$\begin{bmatrix} \Delta x^i \\ \Delta y^i \end{bmatrix} = -\begin{bmatrix} A_c^i \end{bmatrix}^{-1} \begin{bmatrix} f_n^i \\ g^i \end{bmatrix} \tag{8-2}$$

$$\begin{bmatrix} x^{i+1} \\ y^{i+1} \end{bmatrix} = \begin{bmatrix} x^i \\ y^i \end{bmatrix} + \begin{bmatrix} \Delta x^i \\ \Delta y^i \end{bmatrix} \tag{8-3}$$

基于电力系统雅可比矩阵，利用梯形法进行计算：

$$A_c^i = \begin{bmatrix} I_n - 0.5hF_x^i & -0.5hF_y^i \\ G_x^i & G_y^i \end{bmatrix} \tag{8-4}$$

$$f_n^i = x^i - x(t) - 0.5h(f^i + f(t)) \tag{8-5}$$

式中，I_n 为单位矩阵，其维数与电力系统暂态仿真相同，其他矩阵均为微分代数方程的雅可比矩阵，$F_x = \nabla_x f$，$F_y = \nabla_y f$，$G_x = \nabla_x g$，$G_y = \nabla_y g$。当变量的增量小于最小阈值 ε_0 或迭代次数达到最大值时停止迭代，每一步仿真后的电力系统状态如下所示：

$$\begin{aligned} x(t+h) &= x^{i+1}, \quad \Delta x^i < \varepsilon_0 \\ y(t+h) &= y^{i+1}, \quad \Delta y^i < \varepsilon_0 \end{aligned} \tag{8-6}$$

通信系统是一个离散系统，其状态可由一组离散事件描述。事件队列 E 中的事件依次执行，通信系统的状态 u_c 为

$$u_c(k+1) = f_c(u_c(k), E(k)) \tag{8-7}$$

式中，f_c 为通信系统状态方程。

假设电力系统在 T_1 时刻发生突发事件，则从该时刻开始，电力系统每一步的仿真结果都存入状态缓存，同时量测单元启动，按照设定的数据传输频率定时从状态缓存中读取相应节点的仿真数据发送给通信系统仿真工具。

通信系统仿真工具接收电力仿真数据包，并将该事件插入仿真事件队列。仿

真核心逐一执行队列中的事件，最终将数据包传送给通信网络中的主站节点。主站节点根据控制策略判断是否生成控制指令数据包，若需要改变某些电力节点的状态，则在 T_4 时刻向电力系统仿真工具发送控制指令数据包，同时计算出从电力仿真数据包输入时刻 t_{cr} 到控制指令数据包输出时刻 t_{cs} 之间的延时 Δt 或丢包、中断等。若不需要改变任何电力节点的工作状态，则不生成任何数据包。第 i 个数据包的传输延时为

$$\Delta t(i) = t_{cr}(i) - t_{cs}(i) \tag{8-8}$$

电力系统仿真工具在 T_5 时刻接收到控制指令数据包，接收时刻 t_{er} 由发送时刻 t_{es} 和网络延时 Δt 计算得到：

$$t_{er} = t_{es} + \Delta t \tag{8-9}$$

控制单元根据电力状态数据包的发送时刻 T_1 和网络延时 Δt 计算判断控制指令的执行时刻 T_3。若电力系统突发事件在 T_3 和 T_5 之后，则电力仿真继续向前执行，并在 T_3 时刻改变相应电力节点的状态。若 T_3 在 T_5 之前，则电力仿真需要回溯，所有电力节点的状态均替换为状态缓存中 T_3 时刻的数据，同时控制单元改变相应电力节点的状态：

$$t = t_{er}(S(t_{er}) \neq S(t_{er} + h)) \tag{8-10}$$

由此电力系统仿真分叉，在 T_6 时刻得到新的仿真结果，并基于该结果继续向前执行仿真。

对于基于状态缓存的同步方法，在无突发事件时，电力系统仿真工具和通信系统仿真工具之间不存在数据交互，而只在发生突发事件且有控制指令生成时存在完整的数据包收发过程；两个仿真工具在整个仿真过程中不存在暂停等待的过程，电力系统仿真工具只在某些特定时刻进行仿真回溯，因此，在针对突发事件和控制命令较少且仿真步长较小的场景时，该方法可以有效提高仿真效率。

3. 配电网 CPS 仿真的子系统表征规范方案

基于 PSAT 工具箱进行开发，在 PSAT 中插入状态缓存模块、量测单元、控制单元、数据接口模块和同步控制模块，则能够存储 PSAT 每一步的仿真结果以及在某些时刻对仿真状态进行回溯。

1) 状态缓存模块

状态缓存模块的存储空间由 MATLAB 开辟，存储的数据结构如图 8-7 所示，分为四个部分：仿真时间、电气量矩阵、故障矩阵和断路器矩阵。仿真时间记录了该条缓存数据所对应的仿真时刻，用于状态回溯时通过时间进行数据定位。电气量矩阵包含状态变量、代数变量和雅可比矩阵，记录了当前仿真步长的计算结果。故

障矩阵包含故障参数、连接母线编号、故障发生时刻和故障解除时刻，用于记录故障位置及后续故障溯源。断路器矩阵包含断路器参数、连接母线编号、连接线路编号、断路器当前状态、第一次动作时刻和第二次动作时刻，若断路器只动作一次，则将第二次动作时刻设为 0，断路器的动作时刻可以由控制单元进行修改。

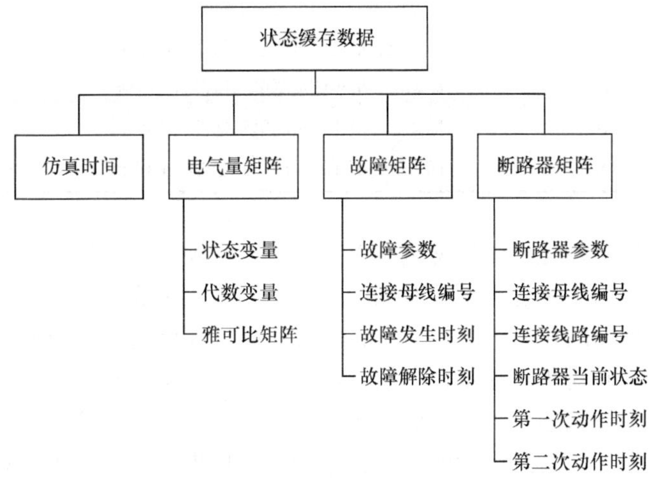

图 8-7　状态缓存数据结构

状态缓存占用的空间大小与网络规模和断路器数量有关，以 IEEE 9 节点系统为例，若系统中只存在一个断路器和一个故障，则每条状态缓存数据约占用 15KB 内存。状态缓存模块由仿真同步模块触发运行，仅在仿真同步模块设置的时间窗内存储数据，因此状态缓存模块不会占用较大存储空间。

状态缓存模块的运行包含四个步骤：①在 PSAT 初始化阶段，为状态缓存开辟存储区域并完成初始数据设置；②在 PSAT 时域仿真每个步长开始时，首先判断仿真是否需要回溯，若需要回溯则搜索回溯时刻的缓存数据，并且将电气量矩阵、故障矩阵和断路器矩阵中的数据复制到相应位置进行替换；③PSAT 根据故障矩阵和断路器矩阵更新电力系统状态后，状态缓存存储该仿真步长的仿真时间、故障矩阵和断路器矩阵；④PSAT 计算出该步长的仿真结果后更新电气量矩阵，状态缓存存储该矩阵。

2) 量测单元

在电力网络中可以设置多个量测单元，用于测量电压、电流、频率和相角，量测单元描述格式定义如表 8-1 所示。量测单元装设在母线 n 上，根据四个标志位确定需要量测的电气量，若工作状态 $u=1$，则启动量测，并且每隔 f_c 秒生成一个量测数据包。

表 8-1　量测单元描述格式

序号	参数	描述	数据类型
1	n	测量的母线编号	int
2	f_c	每秒向主站发送数据包的数量	int
3	u	当前量测单元的工作状态	bool
4	S_V	标志位，描述该量测单元是否测量电压	bool
5	S_I	标志位，描述该量测单元是否测量电流	bool
6	S_f	标志位，描述该量测单元是否测量频率	bool
7	S_θ	标志位，描述该量测单元是否测量相角	bool

量测单元的初始化程序根据量测单元描述矩阵预先分配量测量和数据包的存储空间，并且根据 f_c 和仿真结束时间为每个量测单元生成一个可能的数据上传时间序列。量测单元的执行程序设置在状态缓存模块存储电气量矩阵之后，并且与状态缓存模块共同受仿真同步模块控制。当突发事件发生时，仿真同步模块将所有量测单元的工作状态设为 1，而在正常运行时，仿真同步模块将所有量测单元的工作状态设为 0。量测单元的执行程序每个仿真步长执行一次，遍历量测单元描述矩阵，搜索出工作状态为 1 的量测单元，并依次从状态缓存中提取出相应节点的电气量。将当前仿真时间与每个量测单元的数据上传时间序列进行对比，选取需要上传数据的量测单元，在所选量测单元采集的电气量前加上量测单元编号和目的主站编号后发送给数据接口模块。

3) 控制单元

与量测单元类似，可以在网络中设置多个控制单元，用于控制断路器开合、有载调压变压器分接头位置、发电机出力和可控负载工作状态，控制单元的描述格式定义如表 8-2 所示。控制单元用于控制设备 n，当工作状态 $u=1$ 时根据数据接口中的控制命令进行控制。定义设备类型编号 0～3 分别代表断路器、变压器、发电机和可控负载。

表 8-2　控制单元描述格式

序号	参数	描述	数据类型
1	n	受控设备编号	int
2	type	受控设备类型(0～3)	int
3	u	当前控制单元的工作状态	bool

与量测单元程序不同，控制单元执行程序并非按照某个频率循环运行，而是由数据接口模块触发运行。当接收到数据接口模块发来的控制命令序列后，控制

单元执行程序遍历控制单元描述矩阵，搜索出工作状态为 1 的控制单元，并与控制命令进行匹配。控制单元根据数据包在 PSAT 中的生成时刻和网络传输延时计算出控制命令的执行时刻，并对状态缓存中该时刻的相应状态进行修改。控制单元执行程序判断每个控制命令的执行时刻是否在当前仿真时刻之前，并向仿真同步模块发送通知，告知是否需要进行仿真回溯。

4) 数据接口模块

数据接口通过 socket 套接字开通 UDP 端口，与 OPNET 中的控制节点连接。数据接口发送及接收的数据包结构如图 8-8 所示，数据包以启动字符 68H 作为开头，之后可连接多个数据段，每个数据段存储一条电力量测数据或控制命令。若数据段中的载荷为电力量测数据，则源地址为量测单元编号，目的地址为控制中心编号，量测数据包生成时刻设为当前仿真时刻，数据接口模块将整合后的数据包发送给 OPNET 中的控制节点。若数据段中的载荷为控制命令，则源地址为控制中心编号，目的地址为控制单元编号，网络传输延时由 OPNET 计算得到，数据接口模块将控制命令包进行拆分并发送给控制单元。

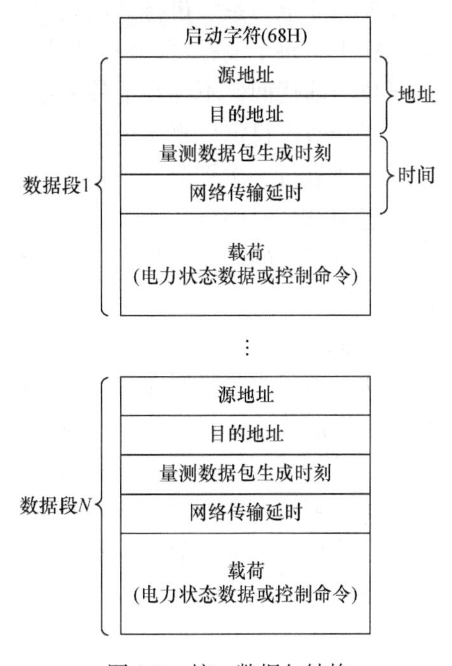

图 8-8　接口数据包结构

5) 仿真同步模块

电力网络的突发事件触发仿真同步模块启动，同步模块监测每个控制单元的执行时刻，若执行时刻在当前仿真时刻之前，则对仿真进行回溯，将仿真时刻设为执行时刻，并且将各个电力设备的状态设为状态缓存中执行时刻所对应的系统状态。

8.2.2　配电网 CPS 仿真计算任务的优化分解及边界数据同步交互技术

1. 基于网络划分的并行算法

求解大规模线性方程组通常有两类方法：以 LU 分解和高斯消元法为代表的直接法，以及以不动点基础迭代法和 Krylov 子空间类迭代法为代表的迭代法。直接法求解一定规模的方程组时的计算复杂度相对固定，即运算量不受系数矩阵形态的影响，缺点是在利用稀疏存储技术的情况下运算过程通常存在密切的时序和逻辑关系，难以分成大量独立部分进行并行化处理。对于电力系统，稳定安全是运行的首要目标，因而各类电力系统分析计算工具的首要目标也是获得准确可靠的数值解。直接法由于不存在收敛性问题，具备可靠的数值解，一直是暂态稳定仿真研究中常用的算法。

对于电力系统暂态稳定仿真计算过程中的大规模线性方程组，直接法中最常用的高斯消元法或者 LU 分解法仍是最适合的算法之一。然而为实现并行计算，首先要对原电力系统进行区域划分，使之分为若干子系统以及一个联系系统。在此结构下，每个线程可以独立地处理一个子系统，除联系系统外，子系统之间的因子化与前代回代不存在依赖关系,而联系系统的前代回代计算则需要串行执行。

对于暂态稳定仿真，可以采用静态的划分策略：对于同一个待分析的电力网络只需要进行一次划分，其划分结果可以储存下来，以便在之后的计算中多次使用。静态划分使用合适的算法使电力网络的划分中各分区计算量尽量分布平均、减小协调系统的规模，从而减少串行计算量并平衡各个相对独立的并行计算部分的计算量。

Chan 于 1995 年提出的基于因子表路径树网络划分方法是一种较为成功的划分方法。因子表路径树完整、直观地显示了线性方程组在进行系数矩阵 LU 分解和方程组前代、回代过程中所应遵循的先后次序关系。属于同一条因子路径中的节点在进行运算时，必须按照从树叶到树根的方向顺序执行消去及前代运算；而回代则必须按从树根到树叶的方向运算。而对于不属于同一条因子表路径中的任意两个节点，消去和前代、回代运算的先后顺序没有任何限制，意味着可以对这些节点并行运算。该算法包含两块内容：节点重排序过程和按因子表路径树划分网络的过程[15]。

注意，高斯消元的步骤是环环相扣、难以直接分块后并行分解的。为此，部分文献中所提及的“对角块加边”(block bordered diagonal form, BBDF)的方法能够有效地解决这样的问题。可以通过对节点重编号形成如下线性方程组的系数矩阵

$$\begin{bmatrix} A_{11} & & \cdots & & A_{1c} \\ & A_{22} & & & A_{2c} \\ \vdots & & \ddots & & \vdots \\ & & & A_{kk} & A_{kc} \\ A_{c1} & A_{c2} & \cdots & A_{ck} & A_c \end{bmatrix}$$

其中，A_{11}～A_{kk} 为划分的各个分区；A_c 为联系节点集合，$\begin{bmatrix} A_{ii} & A_{ic} \\ A_{ci} & A_c^i \end{bmatrix}(i=1,2,\cdots,k)$ 是相互独立的，可以并行地进行因子化。而后的前代、回代运算可根据此分区结果

来进行并行化。BBDF 重排序同时解决了之前注入元的问题：注入元仅在对角块内及联系节点处产生，即图中空白部分不会产生新的注入元。由于电力系统暂态稳定仿真计算过程中线性方程组系数矩阵具有很强的稀疏性特点，BBDF 是实现并行化的理想算法。此外，有关文献中提到，对每个对角块矩阵再次进行 BBDF 重排序(即二次嵌套)可以提高 5%～7%的效率。

对于复杂的电力系统，系数矩阵 A 通常都是上万阶的。在没有重排序的情况下，分析对 IEEE 39 节点系统直接因子分解的结果表明，高斯消元过程中的额外注入元达到 482 个，显然这是不可接受的。节点编号优化、寻找最少注入元是一个 NP 完全问题，找到最优化解决方案是微概率事件，因此只能利用启发式或近似算法。解决这类问题较为通用的方法有 Tinney-1(静态编号)、Tinney-2(半动态编号)、Tinney-3(动态编号)，这三种方法能够使因子分解过程中注入元尽量减少，从而减少运算计算量，加快运算速度。Tinney-2(半动态编号，也称 MD 法)法的步骤如下：

(1) 设控制值 $k=1$。

(2) 找到当前关系图中度数最小的节点 I(若有多个则选择第一个)，编号为 k，并从图中删除该节点及与之关联的边。

(3) 若 $k=N$(节点数量)，则程序结束。

(4) 对于与节点 i 有关联的所有节点，如果相互之间不关联，则填上边使之关联。

(5) $k=k+1$，回到步骤(2)。

表 8-3 为 MD 法重排序矩阵与原始矩阵因子化比较，可发现 MD 法减少注入元的效果非常显著。

表 8-3　MD 法重排序矩阵与原始矩阵因子化比较

调试系统编号	系统节点数量	原始矩阵非零数量	原始矩阵注入元个数	MD 法重排序矩阵注入元个数
1	9	27	6	6
2	39	131	482	42
3	1056	3658	22332	1660
4	3872	13448	100594	6504

由表 8-3 可以看到，注入元个数大幅度减少到原来的 7%左右，并且随着节点数量的上升，优化效果也逐渐上升。为了进一步提高计算效率，获得更矮的路径树以便之后的区域划分，研究者提出了许多改良的算法。在 MD 法的基础上，最小度最小长度(minimum degree minimum length, MD-ML)法、最小度最小前驱节点数(minimum degree minimum number of predecessors, MD-MNP)法以及 MD-ML-

MNP 法、MD-MNP-ML 法等一系列的优化算法被提出。这些算法主要的改进在于，在相同度数的节点上进行长度(或者前驱节点数量)判断，理论上最高有 25%～35%的效率提升。在表 8-4 所示的实际测试数据中，MD-ML 法和 MD-MNP 法的优势能够得到体现，可以预计在系统节点数量足够多的情况下可实现理论上的效率提升。MD-ML 法及 MD-MNP 法的简化描述如下：在因子路径树上，每一个节点都处于一定的深度，在采用 MD 法进行编号时，如果若干个节点具有同样的度数，优先选择具有最小深度的节点。当节点 i 被选择编号时，要修正和节点 i 相连的尚未编号的节点 j 的深度，修正公式为

$$L(j)=\max\left\{L(i)+1,L(j)\right\} \tag{8-11}$$

之后消去节点 i 以及与其相连的边。

与 MD-ML 法类似，MD-MNP 法与 MD 法不同点在于，在有相同度数节点时，选择具有最小前驱节点数量的节点来编号。对于与 i 相邻的节点 j，如果 j 未被消去，则有

$$P(j)=P(j)+P(i) \tag{8-12}$$

若 j 已被消去，而与 j 相邻的节点 k 未被消去，则有

$$P(k)=P(k)-P(j) \tag{8-13}$$

使用这三种方法的注入元个数比较如表 8-4 所示。

表 8-4　MD 法、MD-ML 法、MD-MNP 法重排序矩阵因子化比较

调试系统编号	系统节点数量	原始矩阵非零数量	原始矩阵注入元个数	MD 法重排序矩阵注入元个数
1	9	6	6	6
2	39	42	42	42
3	1056	1660	1638	1618
4	3872	6504	6418	6308

可见对于较大规模的算例，这些算法的提升空间不大。这也意味着 MD-ML 法和 MD-MNP 法已经非常接近问题的最优解。

2. 边界数据同步交互技术

1) 状态缓存模块

状态缓存模块的数据结构如式(8-14)所示，分为四个部分：仿真时间 T_{w}、电气量矩阵 DAE、故障状态矩阵 FLT 和断路器状态矩阵 SW，

$$B=[T_{\mathrm{w}}\quad \mathrm{DAE}\quad \mathrm{FLT}\quad \mathrm{SW}] \tag{8-14}$$

仿真时间记录每个缓存数据所对应的仿真时刻，用于状态回溯时通过时间进行数

据定位。电气量矩阵记录每个仿真步长的计算结果。故障状态矩阵用于记录每个仿真步长内是否发生故障以及故障的类型、位置等数据。断路器状态矩阵用于记录每个仿真步长内各受控设备的工作状态，其中断路器分接头位置、发电机出力和可控负载状态均可由多个断路器状态来表示。

状态缓存占用的空间大小与仿真规模和受控设备数量有关，以 IEEE 9 节点为例，若系统中只存在 1 个断路器和 1 个故障，则每条状态缓存数据占用 808 字节。状态缓存模块由仿真同步模块触发运行，仅在仿真同步模块设置的时间窗内存储数据，因此不会占用较大存储空间。

2) 量测单元与控制单元

在电力网络中可以设置多个量测单元，用于测量电压、电流、频率和相角，量测单元的功能描述矩阵如下所示：

$$\mathrm{DM}=[n \quad f_c \quad u \quad s_V \quad s_I \quad s_f \quad s_\theta] \tag{8-15}$$

将量测单元装设在母线 n 上，根据 4 个标志位确定需要量测的电气量，若工作状态 $u=1$ 则启动量测，并且在仿真中每隔 $1/f_c$ 秒读取状态缓存中相应时刻的电气量，生成量测数据 PM：

$$\mathrm{PM}=u\cdot\mathrm{GET}(B,t,n)\times a\begin{bmatrix} s_V & 0 & 0 & 0 \\ 0 & s_I & 0 & 0 \\ 0 & 0 & s_f & 0 \\ 0 & 0 & 0 & s_\theta \end{bmatrix} \tag{8-16}$$

$$a=\begin{cases}1, & t\cdot f_c\in\mathbf{Z}\\ 0, & t\cdot f_c\notin\mathbf{Z}\end{cases} \tag{8-17}$$

与量测单元类似，可以在网络中设置多个控制单元，用于控制断路器开合、有载调压变压器分接头位置、发电机出力和可控负载工作状态，控制单元的描述格式定义如下：

$$\mathrm{DC}=[n \quad \mathrm{type} \quad u] \tag{8-18}$$

控制单元用于控制设备 n，当工作状态 u=1 时根据数据接口中的控制命令进行控制。定义设备类型编号 0～3 分别代表断路器、变压器、发电机和可控负载。当接收到数据接口模块发来的控制命令序列后，控制单元执行程序遍历控制单元描述矩阵，搜索出工作状态为 1 的控制单元，并与控制命令进行匹配。控制单元根据数据包在 PSAT 中的生成时刻和网络传输延时计算出控制命令的执行时刻 t_{er}，提取状态缓存中该时刻的断路器状态 SW_k，根据设备编号 n 和设备类型 type 确定其在断路器矩阵中的位置(i, j)，将断路器状态修改为命令值 c：

$$\mathrm{SW}_{i,j,k}=\begin{cases}c, & u=1\\ \mathrm{SW}_{i,j,k}, & u=0\end{cases} \tag{8-19}$$

控制单元执行程序判断每个控制命令的执行时刻是否在当前仿真时刻之前，并向仿真同步模块发送通知，告知是否需要进行仿真回溯。

3) 数据接口

数据接口中传输的数据包有两类：用于传输节点状态和命令的数据包 PIF 和用于事件触发的数据包 PEV。

PIF 的结构如图 8-9 所示，数据包以启动字符 68H 作为开头，之后可连接多个数据段，每个数据段存储一条电力量测数据或控制命令。若数据段中的载荷为电力量测数据，则源地址为量测单元地址，目的地址为控制中心地址，量测数据包生成时刻设为当前仿真时刻。若数据段中的载荷为控制命令，则源地址为控制中心地址，目的地址为控制单元地址，网络传输延时由 OPNET 计算得到。

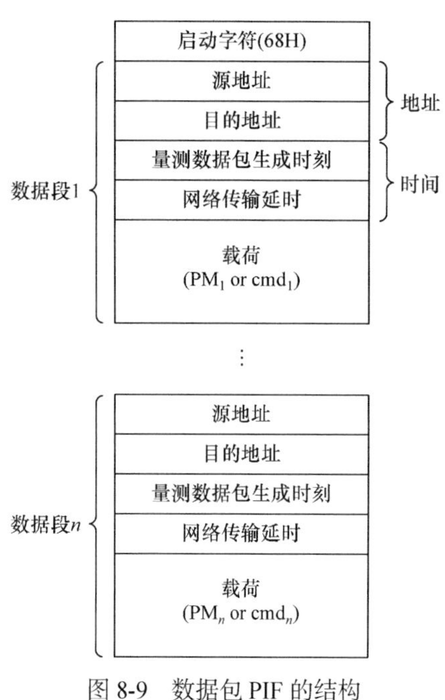

图 8-9　数据包 PIF 的结构

PEV 的结构如图 8-10 所示，数据包以启动字符 97H 作为开头，之后可连接多个事件数据段，每个事件数据段存储一个当前时刻需要触发的事件编号，该事件需要在通信系统模型中进行预设。通信系统中的事件可由电力系统事件进行触发，从而实现两个系统中突发事件的同步。

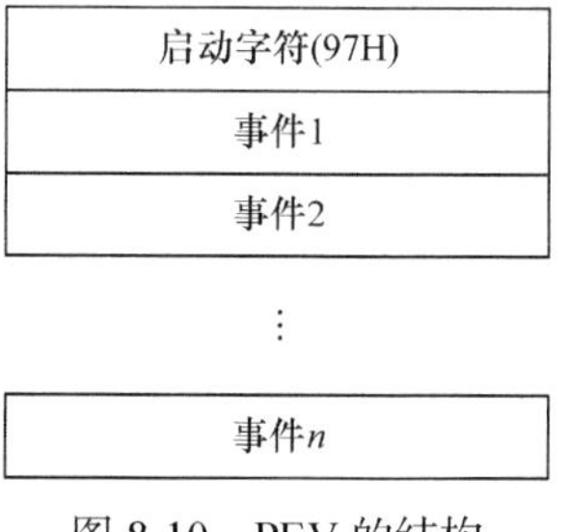

图 8-10　PEV 的结构

为了提高接口数据的传输效率，尽量缩减传输时间，MATLAB 与 OPNET 之间采用 UDP 进行交互。对于通信网络中仿真的 104、IEC 61850、Modbus 等通信协议，需要在网络边界节点中将接口数据包映射为相应协议的数据包。

4) 网络边界节点

电力系统仿真工具与通信系统仿真工具之间为点对点通信，然而两个系统中有多个节点需要映射，并且需要同时处理多个并发事件，因此需要基于节点等效原理构造一个网络边界节点，将整个通信网络对外等效为一个节点。网络边界节点接收接口数据包，根据接口数据包中各个数据段的源地址和目的地址将其分发给终端并映射为相应的通信协议，同时汇集终端收到的控制命令并重新打包为接口数据包。网络边界节点的状态机模型由五个状态组成：初始化、等待、分发数据包、汇集数据包和事件触发。网络边界节点结构如图 8-11 所示。

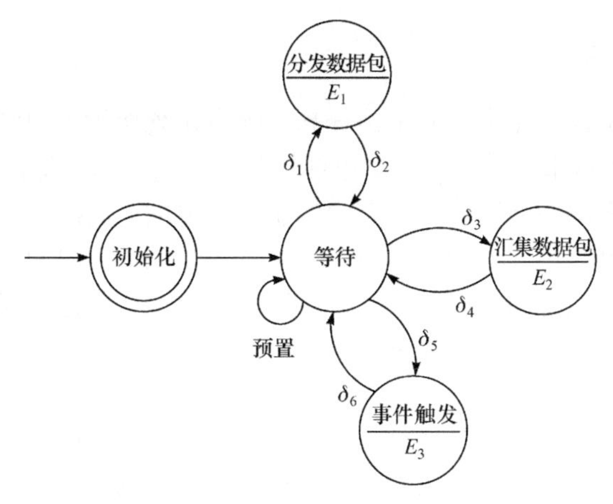

图 8-11 网络边界节点结构

仿真开始后首先进入初始化状态，设置 IP 地址和端口，与电力系统仿真工具建立 UDP 连接。之后进入等待状态，等待接收接口数据包或终端控制命令。状态转移函数δ_1为判断是否收到 PIF，若收到，则将状态转移到“分发数据包”。分发数据包状态的进入动作 E_1 如下所示：

$$\text{PIF} \xrightarrow{f_{\text{map}}(\cdot)} \begin{bmatrix} \text{PSIM}_1 \\ \text{PSIM}_2 \\ \vdots \\ \text{PSIM}_n \end{bmatrix} \tag{8-20}$$

根据映射规则 $f_{\text{map}}(\cdot)$将接口数据包 PIF 分解并修改为各个终端的数据包 PSIM。状态转移函数δ_2为判断数据包是否分发完成，若分发完成，则将状态转移到“等待”。状态转移函数δ_3为判断是否收到终端控制命令，若收到，则将状态转移到“汇集数据包”。汇集数据包状态的进入动作 E_2 为 E_1 的逆过程，将各个终端的数据包 PSIM 统一格式打包为一个接口数据包 PIF。状态转移函数δ_4为判断数据包是否汇集完成，若完成，则将状态转移到“等待”。

状态转移函数δ_5为判断是否接收到 PEV，若接收到，则将状态转移到“事件触发”。事件触发状态的进入动作 E_3 是根据 PEV 中的事件编号将待触发事件逐一插入当前事件队列中并执行。状态转移函数δ_5为判断是否执行完突发事件，若完成，则将状态转移到“等待”。

8.3　配电网 CPS 分解协调及多速率并行仿真技术

8.3.1　配电网分解机理及分解方法

1. 配电网分解机理

随着电力系统自动化水平的不断提高，配电系统作为电力网络的重要组成部分，在电力系统中越来越受到重视。随着分布式电源、电动汽车等设备大量接入，配电网从传统的无源网络逐步变为有源的主动配电网，其结构更为复杂，通过网络分解则可以大大缩小问题的计算规模，节省大量的计算时间。

目前，电磁暂态分网并行计算通常采用长输电线解耦法，通过将线路两端网络自然解耦实现网络分解，然而该方法要求网络分解必须在采用分布参数的长距离输电线上进行，分割得到的子块规模不一，不能满足并行计算要求的同步性，使得并行计算效率降低，不具备灵活性。Marti 等提出一种多区域戴维南等值法，利用网络中存在的集中参数线路或元件将网络分解为多个子网，通过联立子网内部节点电压方程及子网间节点电流方程求出子网间联络支路电流，再将联络支路电流纳入各子网的节点电压方程。采用该方法进行网络分解时，必须在集中参数元件上进行，因此缺少灵活性，且要求各子网采用相同的计算理论，也限制了求解算法的灵活性[16]。

为兼顾并行计算效率与分网并行的灵活性，本节提出一种基于网络节点进行分网的方法，可实现在系统中对某些节点进行网络分解，不受网络元件与子网计算方式的影响。以节点为单位进行网络分解能有效保证各子网的计算规模均衡，避免了子网间互相等待、浪费计算效率，提高了并行计算效率。同时，以节点为单位进行网络分解不受网络元件及计算方式限制，在方法上更具备灵活性。

首先在保证子网计算规模均衡的前提下，选取网络中某些节点为分割节点，将网络分解为若干个相互独立的子系统，子系统间仅通过分割节点的联络支路电流进行信息交互；其次计算各子系统的节点导纳矩阵，考虑到配电网节点导纳矩阵为奇异矩阵，采用本节所提方法对节点导纳矩阵进行改进；然后联立连接子系统之间的支路电流方程与子系统内部的节点电压方程求出子系统之间联络支路上的电流；最后将联络支路电流纳入各子系统，实现并行仿真。

2. 基于节点分裂的配电网分解方法

以网络 t 分解为两个子系统为例。设选取分裂节点为 ε，将网络分解为 a、b 两部分，如图 8-12 所示。

图 8-12 中，节点 ε 分到子网 a、b 中，子网 a、b 仅通过分裂节点间的联络支路电流 i_ε 进行信息交互，假设电流方向如图 8-13 所示，由基尔霍夫电流定律可得子网 a 与子网 b 的支路电流方程：

$$Y_{ta}U_a^k + L_{ab}i_\varepsilon^k - I_a^k = 0 \tag{8-21}$$

$$Y_{tb}U_b^k + L_{ba}i_\varepsilon^k - I_b^k = 0 \tag{8-22}$$

式中，Y_{ta}、Y_{tb} 分别为子网 a 与子网 b 的节点导纳矩阵；U_a^k、U_b^k 分别为子网 a 与子网 b 的 k 次迭代节点电压相量，初始值由潮流计算可得；I_a^k、I_b^k 分别为子网 a 与子网 b 的 k 次迭代节点注入电流相量；L_{ab} 为子网 a 中各节点与联络支路电流 i_ε^k 的连接关系；L_{ba} 为子网 b 中各节点与联络支路电流 i_ε^k 的连接关系，L_{ab}、L_{ba} 均为元素非 0 即 1 的列向量，分割节点处元素为 1。

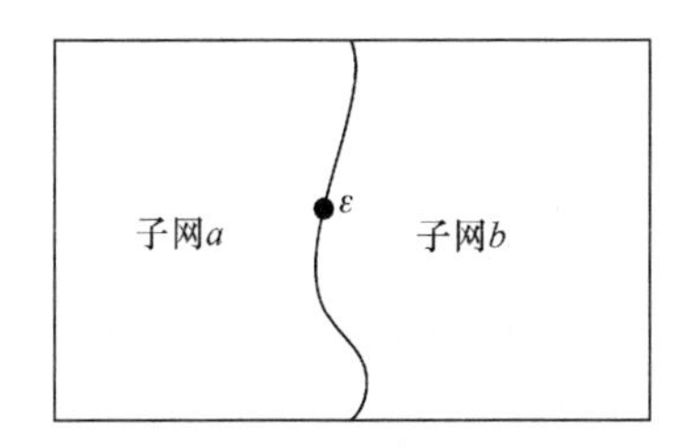

图 8-12　网络任意节点分割示意图

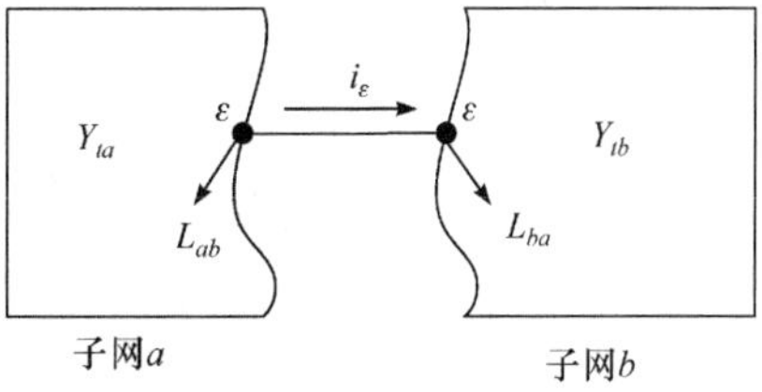

图 8-13　子网联络示意图

由同一分割节点在各子网中电压相等关系可得子网 a 与子网 b 在分裂点处的节点电压方程：

$$L_{ab}^{\mathrm{T}}U_a^k = L_{ba}^{\mathrm{T}}U_b^k \tag{8-23}$$

联立式(8-21)～式(8-23)，可得

$$(L_{ab}^{\mathrm{T}}Y_{ta}^{-1}L_{ab} + L_{ba}^{\mathrm{T}}Y_{tb}^{-1}L_{ba})i_\varepsilon^k = L_{ab}^{\mathrm{T}}Y_{ta}^{-1}I_a^k - L_{ba}^{\mathrm{T}}Y_{tb}^{-1}I_b^k \tag{8-24}$$

由式(8-24)可计算出 k 次迭代联络支路电流值 i_ε^k，将其回代入式(8-21)和式(8-22)可得各子网 k+1 次迭代节点电压相量 U_a^{k+1}、U_b^{k+1}，由各子网节点电压计算 k+1 次迭代节点注入电流相量 I_a^{k+1}、I_b^{k+1}，代入式(8-24)计算联络支路电流值 i_ε^{k+1}，计算联络支路电流差 $\Delta i = i_\varepsilon^{k+1} - i_\varepsilon^k$，若 $\Delta i \leqslant \delta$（$\delta$ 为收敛判据），则停止迭代。

设一系统共有 n 节点，则该系统的电力网络方程可描述为

$$\begin{bmatrix} \dot{I}_1 \\ \dot{I}_2 \\ \vdots \\ \dot{I}_n \end{bmatrix} = \begin{bmatrix} Y_{11} & Y_{12} & \cdots & Y_{1n} \\ Y_{21} & Y_{22} & \cdots & Y_{2n} \\ \vdots & \vdots & & \vdots \\ Y_{n1} & Y_{n2} & \cdots & Y_{nn} \end{bmatrix} \begin{bmatrix} \dot{U}_1 \\ \dot{U}_2 \\ \vdots \\ \dot{U}_n \end{bmatrix} \tag{8-25}$$

式中，Y_{ii} 为节点导纳矩阵的对角元，称为节点 i 的自导纳，其值等于与该节点 i 直接相连的所有支路的导纳总和；Y_{ij} 为节点导纳矩阵的非对角元($i \neq j$)，称为互导纳，其值等于连接节点 i、j 支路导纳总和的负数，且 $Y_{ij} = Y_{ji}$。

式(8-25)可简写为

$$I_B = Y_B U_B \tag{8-26}$$

式中，I_B 为节点注入电流列向量，规定流入网络为正；Y_B 为电力网络的节点导纳矩阵；U_B 为节点电压列向量。

现假设一配电网共有 n 个节点，其中节点 1 为平衡节点，节点 2～n 为 PQ 节点，设平衡节点电压固定为 U_{s} (相角为 0)。式(8-21)～式(8-24)需对节点导纳矩阵求逆，而配电网节点导纳矩阵 Y_B 为奇异矩阵，直接求逆没有实际意义，因此需对电力网络方程进行改进，将式(8-25)改写为

$$\begin{bmatrix} U_{\mathrm{s}} \\ \dot{I}_2 \\ \vdots \\ \dot{I}_i \\ \vdots \\ \dot{I}_n \end{bmatrix} = \begin{bmatrix} 1 & 0 & \cdots & 0 & \cdots & 0 \\ Y_{21} & Y_{22} & \cdots & Y_{2i} & \cdots & Y_{2n} \\ \vdots & \vdots & & \vdots & & \vdots \\ Y_{i1} & Y_{i2} & \cdots & Y_{ii} & \cdots & Y_{in} \\ \vdots & \vdots & & \vdots & & \vdots \\ Y_{n1} & Y_{n2} & \cdots & Y_{ni} & \cdots & Y_{nn} \end{bmatrix} \begin{bmatrix} U_{\mathrm{s}} \\ \dot{U}_2 \\ \vdots \\ \dot{U}_i \\ \vdots \\ \dot{U}_n \end{bmatrix} \tag{8-27}$$

$$Y_t = \begin{bmatrix} 1 & 0 & \cdots & 0 & \cdots & 0 \\ Y_{21} & Y_{22} & \cdots & Y_{2i} & \cdots & Y_{2n} \\ \vdots & \vdots & & \vdots & & \vdots \\ Y_{i1} & Y_{i2} & \cdots & Y_{ii} & \cdots & Y_{in} \\ \vdots & \vdots & & \vdots & & \vdots \\ Y_{n1} & Y_{n2} & \cdots & Y_{ni} & \cdots & Y_{nn} \end{bmatrix} \tag{8-28}$$

式(8-27)中修改节点导纳矩阵第一行元素，为满足等式 $I_B = Y_B U_B$，节点电流相量与节点电压相量也作相应的修改。改进节点导纳矩阵如式(8-28)所示，式(8-28)可直接求逆，且不影响式(8-21)～式(8-24)的求解。

8.3.2　配电网 CPS 快/中/慢动态解耦方法

1. 配电网 CPS 元件分类

在配电网 CPS 仿真问题中，由于有源配电网不同元件的暂态响应速度不同，并行仿真方法成为加速暂态仿真过程的重要手段。进行并行仿真前，必须按照元件的动态响应速度将配电网元件分为快、中、慢三类，如图 8-14 所示。

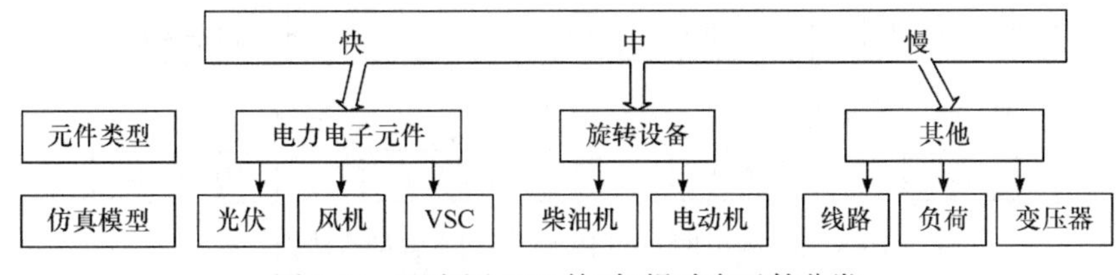

图 8-14　配电网 CPS 快/中/慢动态元件分类

快时间尺度的仿真步长为 10～100μs，代表元件有含电力电子元件的光伏等分布式电源、VSC 等柔性电力电子设备。在分布式电源中，电力电子设备的开关频率越来越大，从几千赫兹到几万赫兹甚至更高，使得满足电力电子设备仿真的计算步长越来越小。从暂态仿真角度看，电力电子设备的存在会造成计算矩阵时变、步长间开关动作、数值振荡等问题出现。电力电子仿真中，步长间开关动作主要体现为同步开关和多重开关：同步开关指由一个开关动作引起的其他开关动作，而多重开关指一个仿真步长中不同时刻内出现多次开关动作。同步开关和多重开关带来的影响与仿真步长大小有关。仿真步长越小，同步开关仿真造成的误差越小，多重开关出现的次数也越少。因此，综合考虑电力电子设备实时仿真的计算精度及计算规模，通过使用小步长的方式抑制步长间开关动作造成的计算误差。

中时间尺度的仿真步长为 100μs～1ms，代表元件有以柴油机、电动机为代表的旋转设备。一般来说，旋转设备机械转矩的改变对其运行状态的影响远大于电压或电流突变的影响，柴油机、电动机等旋转设备的动态响应速度比电力电子器件慢。由于旋转设备的暂态响应过程以机电暂态过程为主，仿真过程中可以忽略其电磁暂态过程，采用中时间尺度对其暂态模型进行求解。

慢时间尺度的仿真步长在毫秒以上，代表元件有电容器、电抗器、变压器、控制系统等不包含电力电子元件的电气系统其他元件。慢时间尺度的代表元件在暂态响应过程中运行状态不发生突变，具有中长期动态过程，可采用大步长进行求解。

在配电网 CPS 仿真问题中，考虑将物理网络和通信网络作为一个整体，确定其分解原则，并进一步分析二者间的相互作用机理。由于信息系统的仿真为离散过程，不存在快、中、慢多时间尺度，而在物理系统中，元件的动态响应特性会体现快/中/慢多时间尺度，所以只针对物理网络进行快/中/慢动态解耦，并建立相应的等效模型。配电网 CPS 快/中/慢动态解耦方法架构如图 8-15 所示。

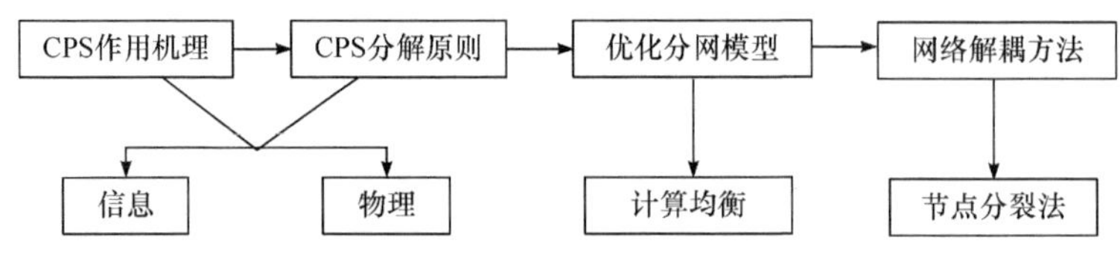

图 8-15　配电网 CPS 快/中/慢动态解耦方法架构

2. 配电网 CPS 相互作用机理

配电通信网主要包括配电通信网管平台、配电自动化主站(局端)至变电站通信网(称为主网或骨干通信网)，以及变电站至配电终端(配电站房站点)通信网(称为配电通信接入网)。

骨干通信网用于终端通信接入网的汇聚接入，是配电通信网的“大动脉”，一般部署在 35kV/110kV 变电站及以上电压等级变电站至局端之间。骨干通信网主要采用光纤、同步数字体系(synchronous digital hierarchy，SDH)、基于 SDH 的多业务传送平台(multi-service transport platform，MSTP)等技术组网。该层次也被认为是配电通信网的骨干层。

配电通信网用于传输环网柜、开闭所、柱上开关等配电网遥信、遥测、遥控等信号，具有点多面广、分散等特点。以太网无源光网络(ethernet-passive optical network，EPON)技术以其单射线形、树形、环形、手拉手等灵活的组网方式，天然地适应了配电网的结构，受到青睐；工业以太网技术以其高带宽、大容量、可扩展性好等优势，迅速得到广泛应用。

常用配电通信网组网方式如图 8-16 所示。配电通信网可采用无线通信、EPON、电力线载波等技术，骨干通信网采用 MSTP/IP 组网，骨干通信网下接的每一个变电子站对应一个子路由器，设置一个主路由器，各子路由器通过主路由器与主站实现互联组网。

在配电网 CPS 暂态仿真中，配电网仿真工具采用离散时步对系统当前状态进行相对精确的估计，而信息通信系统仿真工具通常采用离散状态模型对网络在离散参数和事件下进行描述，将复杂的通信过程转化为具体的事件队列，通过离散事件仿真工具进行模拟。配电网仿真通过搭建物理系统的数字仿真模型，按照采样周期向通信系统发送离散的数据包并从通信系统接收控制指令，从而实现大规模配电网运行过程的实时监测和控制指令的执行；通信系统仿真通过 SITL 模块建立半实物仿真模型，将物理系统的量测数据发送给控制平台，将控制平台的控制指令发送给物理系统，从而实现物理系统量测信号上传和控制器信号的回传。

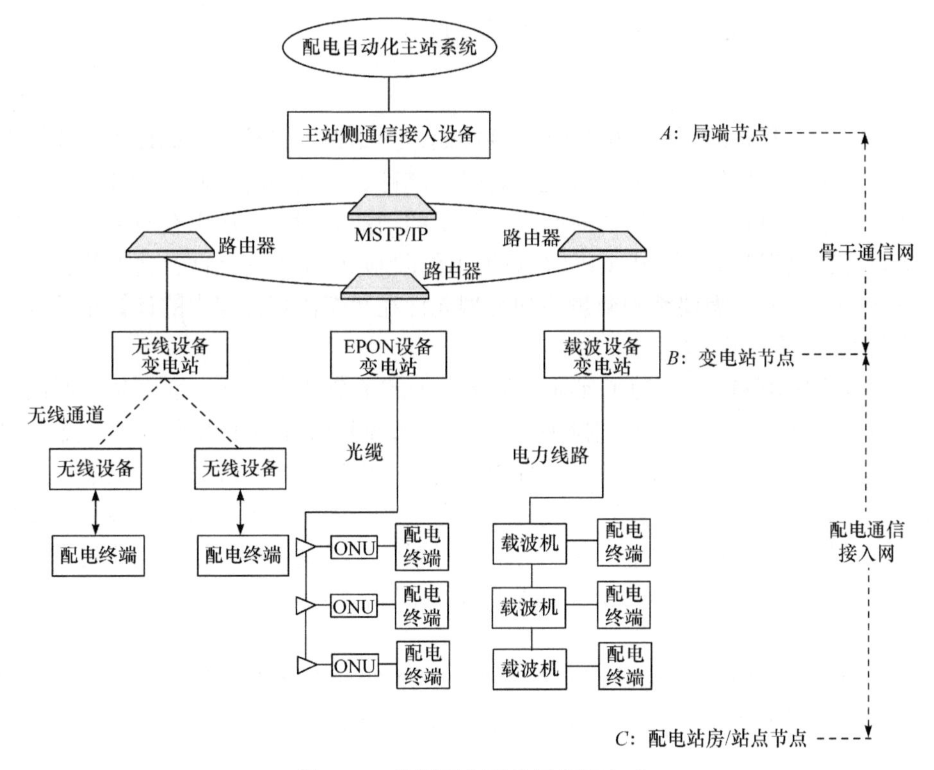

图 8-16　常用配电通信网组网方式

配电网常见的暂态场景包括短路故障、合环操作和分布式电源并离网。对于短路故障场景，如果短路发生在线路末端，则暂态过程涉及范围较小，通常只与本条馈线有关；如果短路发生在线路首端，由于短路会影响母线电压，短路故障的影响范围会扩大至 10kV 母线所连接的多条馈线，此时配电网 CPS 暂态仿真需要考虑该变电站母线的所有馈线及其相应的通信网络。对于合环操作，暂态过程涉及范围仅为有联络条件的几条馈线。当分布式电源并离网时，暂态过程影响范围为分布式电源所接入的馈线。

综上，对于配电网常见的三种暂态场景，配电网 CPS 暂态仿真所涉及的范围通常为一条线路或一个变电站母线的多条出线。由于电力系统元件模型复杂、计算量大，采用串行仿真模式求解困难、耗时较长，难以满足配电网 CPS 实时仿真要求，因此仿真过程中物理网络需要进行分解，通过并行计算加速仿真过程。但是，通信网络仿真为离散事件仿真，计算量小，耗时一般远小于电力系统仿真工具的步长，因此在配电网 CPS 暂态仿真过程中，通信网络不需要分网，作为整体进行仿真即可。

3. 配电网 CPS 快/中/慢仿真任务分解模型

1) 优化目标

(1) 均衡计算量。作为体现 CPU 性能的重要指标，单核心最优计算量能够保证在此最优计算量较小邻域内实现仿真时间和计算量之间的平衡。当 CPU 单核心负载超过最优边界值时，仿真时间随计算量的增加而骤增，所以在对大规模配电网进行分区处理时必须考虑 CPU 计算能力的限制。由于不同元件在暂态仿真中的计算量差异巨大，需要精确衡量不同类型元件在暂态仿真过程中的计算量差异，并进行 CPU 核心的分配。

(2) 考虑电气联系。为了保证故障条件下的负荷转供，同一变电站多回出线间经常通过联络开关实现末端拉手，造成了馈线间具有较强的电气联系，难以自然解耦。不能解耦的网络在仿真过程中只能采用串行模式，极大地占用了计算资源。为了方便消除多核心计算模块间的耦合关系，本章把配电网的馈线分区反映到并行计算的分核技术当中，使具有电气联系的出线编号相邻，在优化目标中引入一项用来反映同一核心计算各馈线编号的差异。

2) 优化模型

在暂态仿真分核优化过程中，首先按照式(8-29)确定参与传统负荷节点计算的 CPU 核心数量和参与暂态节点计算的 CPU 核心数量：

$$\begin{cases} n_{\mathrm{CPU}_0} = \mathrm{round}\left(n_{\mathrm{CPU}} \times \dfrac{n_{1*}}{\overline{n} \times n_{2*} + n_{1*}}\right) \\ n_{\mathrm{CPU}_1} = n_{\mathrm{CPU}} - n_{\mathrm{CPU}_0} \end{cases} \tag{8-29}$$

式中，n_{CPU} 为参与计算的 CPU 核心总数量；n_{CPU_0} 为参与传统负荷节点计算的 CPU 核心数量；n_{CPU_1} 为参与暂态节点计算的 CPU 核心数量；n_{1*} 为参与计算的传统负荷节点数量；n_{2*} 为参与计算的暂态节点数量；$\overline{n}$ 为将一个暂态模型等效成为传统负荷节点数量平均值。

若仿真系统内包含 q 种不同类型的暂态元件，且每种元件的个数分别为 $n_{2k*}(k=1,2,\cdots,q)$，则参与每种暂态元件计算的 CPU 核心数量分别为

$$\begin{cases} n_{\mathrm{CPU}_{1k}} = \mathrm{round}\left(n_{\mathrm{CPU}_1} \times \dfrac{n_k \times n_{2k*}}{\overline{n} \times n_{2*}}\right), \quad k=1,2,\cdots,q-1 \\ n_{\mathrm{CPU}_{1q}} = n_{\mathrm{CPU}_1} - \displaystyle\sum_{k=1}^{q-1} n_{\mathrm{CPU}_{1k}} \end{cases} \tag{8-30}$$

式中，$n_{\mathrm{CPU}_{1k}}$ 为参与第 k 种暂态元件仿真计算的 CPU 核心总数量；n_{2k*} 为参与计算的第 k 种暂态元件数量；n_k 为将一个第 k 种暂态元件等效成为的传统负荷节点

数量；$n_{2*}=\sum_{k=1}^{q} n_{2k*}$。

取 $q=2$，最终确定 n_{CPU_0}、$n_{\mathrm{CPU}_{11}}$、$n_{\mathrm{CPU}_{12}}$ 分别为使用长步长、中步长、短步长仿真的 CPU 个数，采用如下目标函数：

$$
\begin{cases}
\min\ \mathrm{Fun}=\mathrm{Fun}_1+\mathrm{Fun}_{21}+\mathrm{Fun}_{22} \\
\mathrm{Fun}_1=\sum\limits_{i=1}^{n_{\mathrm{CPU}_0}}[P_1(m_{ib}-m_{ia})+P_2(n_{i1*}-n_i)^2] \\
\mathrm{Fun}_{21}=\sum\limits_{j=1}^{n_{\mathrm{CPU}_{11}}}[P_1(m_{jb}-m_{ja})+P_2(n_1\times n_{1j2*}-n_j)^2] \\
\mathrm{Fun}_{22}=\sum\limits_{j=1}^{n_{\mathrm{CPU}_{12}}}[P_1(m_{jb}-m_{ja})+P_2(n_2\times n_{2j2*}-n_j)^2]
\end{cases}
\tag{8-31}
$$

式中，P_1 为第一级优化目标的权重系数；P_2 为第二级优化目标的权重系数；$P_1>P_2>0$；m_{ia} 为第 i 个 CPU 核心计算的首条馈线编号；m_{ib} 为第 i 个 CPU 核心计算的末条馈线编号；n_i 为第 i 个 CPU 核心最优计算量；n_{i1*} 为本次迭代第 i 个 CPU 核心参与计算的传统负荷节点数量，$i=1,2,\cdots,n_{\mathrm{CPU}_0}$；$m_{ja}$ 为第 j 个 CPU 核心计算的首条馈线编号；m_{jb} 为第 j 个 CPU 核心计算的末条馈线编号；n_j 为第 j 个 CPU 核心最优计算量；n_{kj2*} 为本次迭代第 j 个 CPU 核心参与计算的第 k 种暂态元件数量，$j=1,2,\cdots,n_{\mathrm{CPU}_1}$。

3) 求解方法

遗传算法是一种基于自然选择和群体遗传机理的搜索算法，它模拟了自然选择和自然遗传过程中的繁殖、杂交和突变现象。在利用遗传算法求解问题时，问题的每一个可能解都被编码成一个“染色体”，即个体，若干个个体构成了群体(所有可能解)。在遗传算法开始时，总是随机产生一些个体(初始解)，根据预定的目标函数对每一个个体进行评估，给出一个适应度值，基于此适应度值，选择一些个体来产生下一代，选择操作体现了“适者生存”的原理，“好”的个体被用来产生下一代，“坏”的个体则被淘汰，然后选择出来的个体，经过交叉和变异算子进行组合生成新的一代，这一代的个体由于继承了上一代个体的一些优良性状，因而在性能上要优于上一代，这样逐步朝着最优解的方向进化。因此，遗传算法可以看成是一个由可行解组成的群体初步进化的过程。

利用遗传算法求解问题时，首先要确定问题的目标函数和变量，然后对变量进行编码。本章采用二进制编码表示各 CPU 核心参与计算的元件数量，则二进制数转化为十进制数的解码公式为

$$F(b_{i1},b_{i2},\cdots,b_{il})=R_i+\frac{T_i-R_i}{2^l-1}\sum_{j=1}^{l}b_{ij}2^{j-1} \tag{8-32}$$

式中，$b_{i1},b_{i2},\cdots,b_{il}$ 为某个体的第 i 段，每段段长都为 l，每个 b_{ik} 都是 0 或者 1；T_i 和 R_i 是第 i 段分量 X_i 定义域的两个端点。

遗传操作是模拟生物基因的操作，其任务就是根据个体适应度对其施加一定的操作，从而实现优胜劣汰的进化过程。从优化搜索的角度来看，遗传操作可以使问题的解逐代优化，逼近最优解，遗传操作包括以下三个基本遗传算子：选择、交叉、变异。选择和交叉基本上完成了遗传算法的大部分搜索功能，变异增加了遗传算法找到最优解的能力。

选择是指从群体中选择优良个体并淘汰劣质个体的操作，它建立在适应度评估的基础上。适应度越大的个体，被选中的可能性就越大，它的“子孙”在下一代中的个数就越多，选择出来的个体就被放入配对库中。目前常用的选择方法有轮盘赌方法、最佳个体保留法、期望值法、排序选择法、竞争法、线性标准化法。

交叉是指把两个父代个体的部分结构加以替换重组而生成新的个体的操作，交叉的目的是在下一代产生新的个体。通过交叉操作，遗传算法的搜索能力得到了飞跃性的提高。交叉是遗传算法获取优良个体的重要手段。交叉操作是按照一定的交叉概率在匹配库中随机选取两个个体进行的，交叉位置也是随机的，交叉概率一般取得很大，为 0.6～0.9。

取交叉概率 $P_c=0.6$、变异概率 $P_m=0.1$，随机改变种群中个体的某些基因的值，其中基因所代表的实际含义为 CPU 核心的实际计算量。其基本操作过程为：产生一个[0,1]之间的随机数 r_{and}，如果 $r_{and}<P_m$，则进行变异操作。最后通过对每一代最大适应度进行排序，得到最优适应度和最优基因，对最优基因解码最终获得优化结果，即多核并行仿真过程中每个 CPU 分配的元件数量及其所在馈线编号。

4) 优化分网流程

本章所提出的大规模配电网分网流程如图 8-17 所示。首先加载原始数据，提示用户输入参与计算的 CPU 核心数量，然后根据元件类型确定目标函数，采用遗传算法完成寻优过程，最后输出分核结果。

4. 配电网 CPS 网络解耦方法

节点分裂法在边界点处将网络一分为二，得到每个子网络的导纳矩阵和边界节点的关系矩阵。对导纳矩阵和节点关系矩阵联合后得到的增广矩阵进行降阶，得到仅含边界节点联络电流的低阶矩阵。得到联络电流后，便可得出各个电磁暂态子网的节点电压。解出联络电流后，各子网之间相互独立，子网获取自己需要的联络电流，各子网的计算就可以独立、并行地推进，提高计算速度。节点分裂

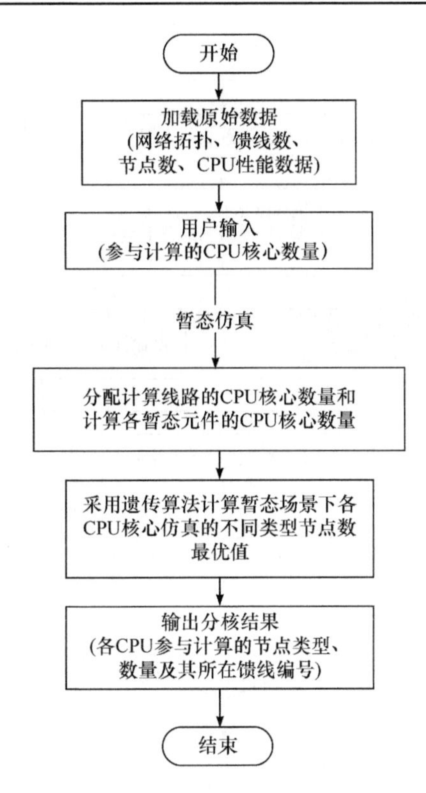

图 8-17　大规模配电网分网流程图

法没有分网限制，具有通用性，但是效率比长输电线路解耦法低。

在保证子网的计算规模均衡前提下，选取网络中某些节点为分割节点，将网络分解为若干个相互独立的子系统，子系统间仅通过分割节点的联络支路电流进行信息交互；其次针对各子系统，分别建立 ZIP 负荷模型，计算恒阻抗、恒电流、恒功率三部分参数，恒阻抗负荷部分参数用于求解节点导纳矩阵，恒电流、恒功率负荷部分参数用于求解节点注入电流相量；再次计算各子系统的节点导纳矩阵，考虑到配电网节点导纳矩阵为奇异矩阵，采用本节所提方法对节点导纳矩阵进行改进；然后联立连接子系统之间的支路电流方程与子系统内部的节点电压方程求出子系统之间联络支路上的电流；最后引入联络支路电流求出各子系统的节点电压相量，不断迭代直至相邻两次联络支路电流差小于收敛判据。节点分裂法计算流程如图 8-18 所示。

在配电系统分析中，负荷在潮流计算中多处理为恒功率模型。实际上，考虑负荷功率与其上电压的负荷电压静特性的潮流计算结果更符合实际运行情况，尤其当配电网直接与负荷相连时。负荷电压静特性模型有 ZIP 模型和幂函数模型等形式。为了方便求解节点导纳矩阵与节点注入电流相量，本章采用 ZIP 负荷模型。

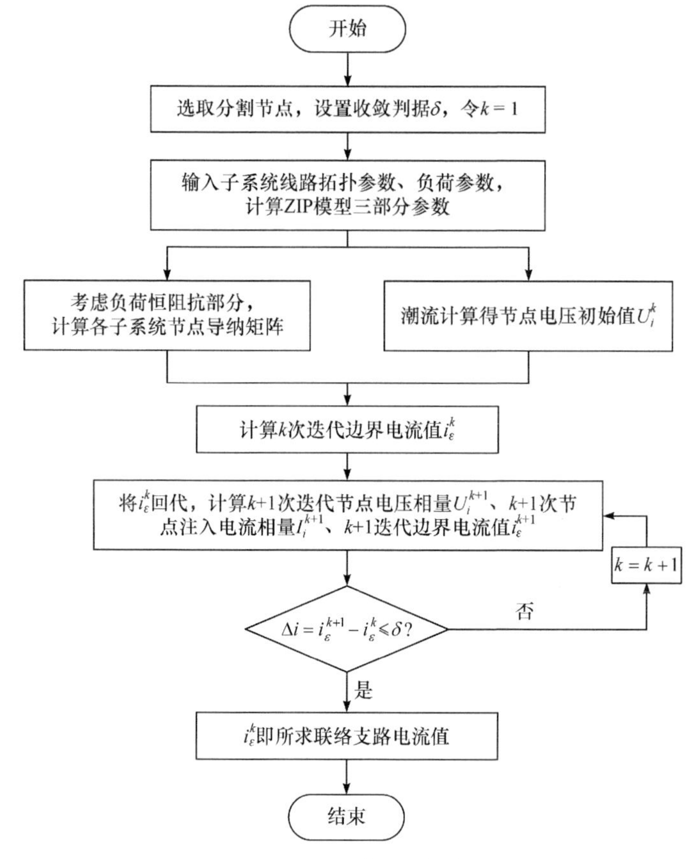

图 8-18　节点分裂法计算流程图

其中，恒阻抗负荷部分用于求解节点导纳矩阵，恒电流与恒功率负荷部分用于求解节点注入电流相量。

8.3.3　配电网 CPS 快/中/慢动态的分解协调技术

根据上述配电网 CPS 优化分网策略及快/中/慢动态解耦方法，需要进一步考虑仿真过程中的元件类型以及子网连接方式，提出一种元件等效模型及配电网 CPS 快/中/慢动态仿真数据交互方法和多速率协调策略，如图 8-19 所示。

1. 配电网 CPS 仿真分解元件等效模型

1) 网络间的等效模型

由于多张子网采用同一接口时存在串联或并联关系，接口交互量的选择会对求解过程中的约束方程个数产生影响，因此，当子网络之间并联连接时，尽量采用电压端口；当子网络之间串联连接时，尽量采用电流端口。混合网络 N 可用一个无源线性网络 H 和端口串联电压源或并联电流源等效，最终形成如图 8-20 所示的混合多端口网络。将串联电压源端口记为 A 类端口，用电流源替代，称为电流端口；将并联电流源端口记为 B 类端口，用电压源替代，称为电压端口。

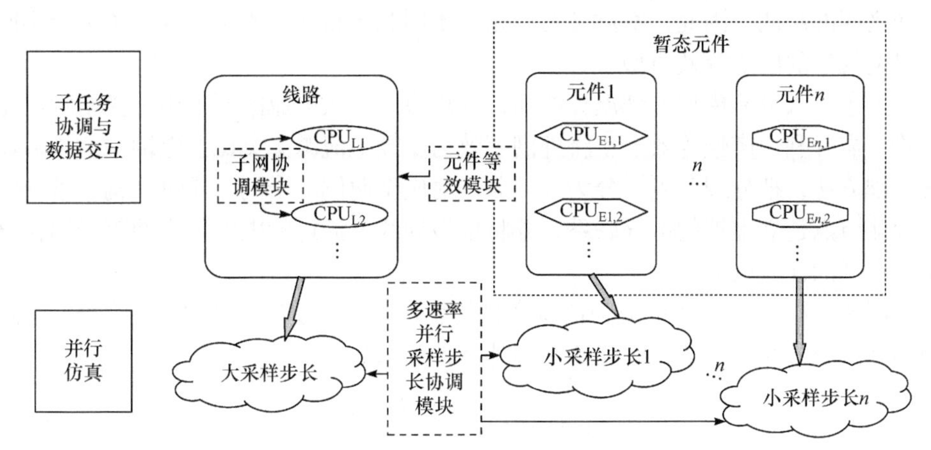

图 8-19 配电网 CPS 快/中/慢动态仿真协调技术架构

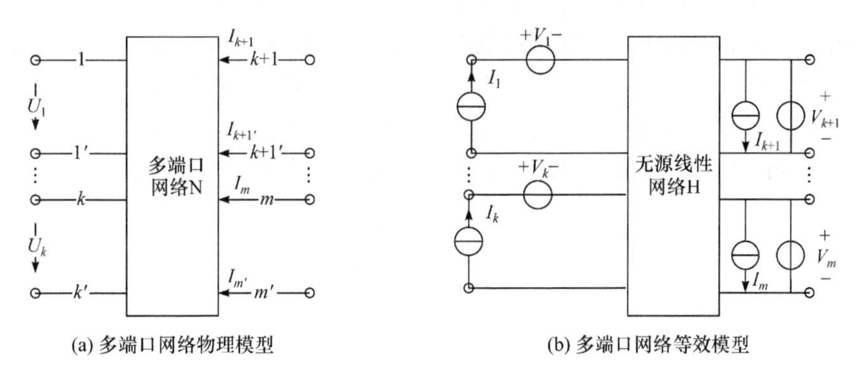

图 8-20 考虑子网连接关系的网络协调模型

如果端口 1 至端口 k 为 A 类端口，端口 $k+1$ 至端口 m 为 B 类端口，由叠加定理得

$$\begin{bmatrix} u_{\mathrm{A}} \\ i_{\mathrm{B}} \end{bmatrix} = \begin{bmatrix} H_{\mathrm{AA}} & H_{\mathrm{AB}} \\ H_{\mathrm{BA}} & H_{\mathrm{BB}} \end{bmatrix} \begin{bmatrix} i_{\mathrm{A}} \\ u_{\mathrm{B}} \end{bmatrix} + \begin{bmatrix} U_{\mathrm{eq}} \\ I_{\mathrm{eq}} \end{bmatrix} \tag{8-33}$$

式中，$u_{\mathrm{A}} = [u_1, u_2, \cdots, u_k]^{\mathrm{T}}$ 为 A 类端口等效电压；$i_{\mathrm{A}} = [i_1, i_2, \cdots, i_k]^{\mathrm{T}}$ 为 A 类端口等效电流源；U_{eq} 为 A 类端口串联电压源；$i_{\mathrm{B}} = [i_{k+1}, i_{k+2}, \cdots, i_m]^{\mathrm{T}}$ 为 B 类端口等效电流；$u_{\mathrm{B}} = [u_{k+1}, u_{k+2}, \cdots, u_m]^{\mathrm{T}}$ 为 B 类端口等效电压源；I_{eq} 为 B 类端口并联电流源；H_{AA}、H_{AB}、H_{BA}、H_{BB} 为端口的等效阻抗。

2) 元件与网络间的等效模型

有源配电网元件类型丰富，且每种元件在仿真过程中参与迭代计算的控制量存在差异，所以在大规模有源配电网仿真计算过程中不适合采用统一交互量进行子网之间的协调。因此，本章针对线路侧子网和分布式电源子网提出了基于不同接口电气量的网络等效模型。

基于注入电流模型的潮流算法通过计算节点注入电流的不平衡量更新雅可比矩阵，需要利用诺顿等效模型将外网等效为受控电流源。类比输电网中的长传输线解耦方法，把分裂节点一分为二，分别对应至两侧的子网，通过虚构一条导线为两侧节点建立虚拟的电气联系，并将虚拟导线上流过的电流作为两侧子网在分裂节点处的注入电流。

图 8-21(a)为以注入电流为协调变量的线路侧等效模型。其中，i_{S} 为分裂节点处的外网等效注入电流。线路侧子网外特性表示如下：

$$u_{\mathrm{S}} = R(i - i_{\mathrm{S}}) + L\frac{\mathrm{d}(i - i_{\mathrm{S}})}{\mathrm{d}t} \tag{8-34}$$

分布式电源的并网过程与传统发电机组类似，需要协调发电机与并网点的电压、相序、频率。因此，在分布式电源子网中，可以采用传统的节点分裂法将外网等效为受控电压源，以节点电压为协调变量，采用戴维南等效定理实现网络分解。图 8-21(b)为以节点电压为协调变量的分布式电源子网等效模型，其中，u_{S} 为分裂节点处的外网等效节点电压。分布式电源子网外特性表示如下：

$$u - u_{\mathrm{S}} = Ri_{\mathrm{S}} + L\frac{\mathrm{d}i_{\mathrm{S}}}{\mathrm{d}t} \tag{8-35}$$

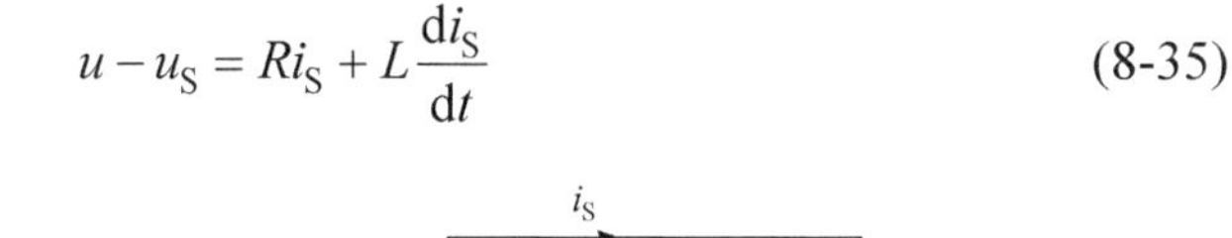

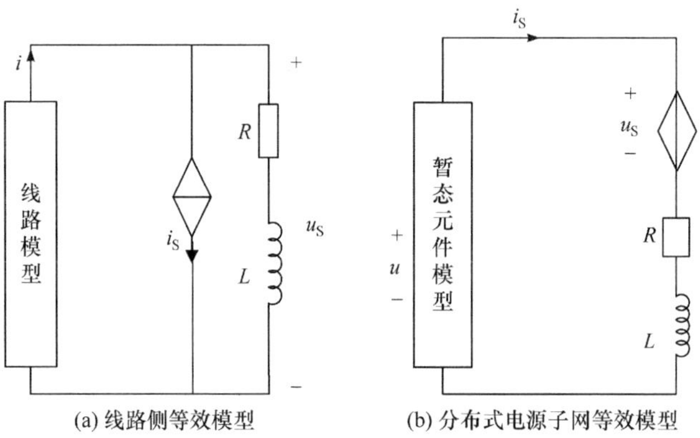

(a) 线路侧等效模型　　(b) 分布式电源子网等效模型

图 8-21　根据子网络类型划分的网络协调模型

2. 配电网 CPS 快/中/慢数据协调方法

不同暂态元件通常具有不同的动态响应速度，其跟踪系统状态变化的能力也不同。当系统运行状态发生改变时，响应速度快的元件能够通过比例-积分-微分(proportion integral differential, PID)控制迅速跟踪系统扰动，达到新的稳定运行状态；响应速度慢的元件则会经历较长的暂态过程才能达到新的稳定运行状态。因此，对不同元件采用同一仿真步长进行迭代求解是不合适的。对响应速度快的元件采用长步长仿真，既能够保证其较快的响应速度，又不会在短时间内产生巨大的计算量；对响应速度慢的元件采用短步长仿真，可以通过减小求解器的迭代步长加速收敛，使其能够尽快跟踪系统的状态变化，缩短暂态过程。据此，本章提出了一种多速率并行仿真技术，对不同子系统采用不同仿真步长，在不大幅增加资源消耗量的基础上加速系统的暂态响应，保证各子系统的安全稳定运行。

但是由于并行计算的多子系统仿真步长不同，数据交互只能在最大仿真步长的整数倍时刻进行，这就使得小步长仿真系统不能在每个仿真时步开始时得到外部系统在该时刻的仿真结果，难以保证信息交互的实时性。因此，本章提出了如图 8-22 所示的基于插值法的仿真数据更新模式，人为实现在各子系统每个仿真时步开始时的外部系统数据更新。

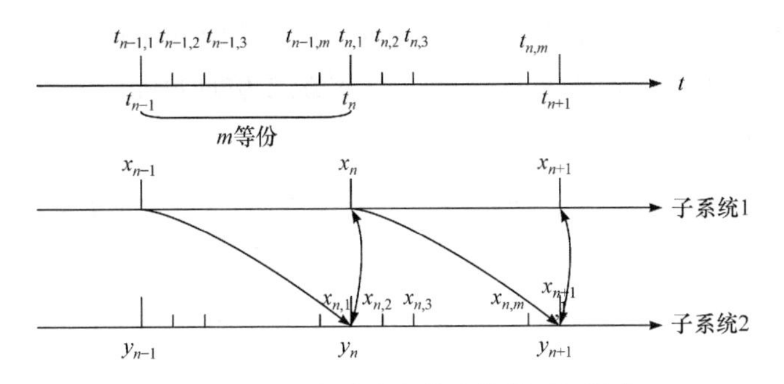

图 8-22　基于插值法的仿真数据更新模式

子系统 1 采用长仿真步长 T_1，子系统 2 采用短仿真步长 T_2，且 $T_1 = mT_2$，m 为正整数。在 t_n 时刻，子系统 1 向子系统 2 传递自身在 $[t_{n-2}, t_{n-1}]$ 时步内的仿真结果 x_{n-1} 和在 $[t_{n-1}, t_n]$ 时步内的仿真结果 x_n；子系统 2 向子系统 1 传递自身在 $[t_{n-1}, t_n]$ 时步内的仿真结果 y_n。在 $[t_n, t_{n+1}]$ 时步内，子系统 1 利用外部系统状态量 y_n 进行一次迭代计算；子系统 2 利用外部系统状态量 x_{n-1} 和 x_n 进行插值，根据式(8-36)依次得到 m 个外部系统状态量 $x_{n,1}, \cdots, x_{n,m}$，进行 m 次迭代计算：

$$x_{n,k} = x_{n-1} + \frac{k-1}{m}(x_n - x_{n-1}), \quad k = 1, 2, \cdots, m \tag{8-36}$$

子系统 2 在仿真过程所利用的外部系统数据滞后于子系统 1 一个仿真步长 T_1，但其数据交互过程仍然具有实时性。采用插值法更新每一短步长仿真时步开始时的外部系统状态，可以有效消除电压、电流仿真波形的尖峰，减少非特征谐波，起到平滑波形的作用。

8.3.4 多速率并行实时仿真方法

在配电网 CPS 快/中/慢多时间尺度仿真过程中，对元件模型中的微分方程采用龙格-库塔四阶算法。龙格-库塔法是一种在工程上应用广泛的高精度单步算法，是构建在数学支持的基础之上的。由于此算法精度高，可对误差进行抑制，故实现原理也较复杂。在各种龙格-库塔法当中，经典四阶算法十分常用，因此常被称为“RK4”或者“龙格-库塔法”。该方法主要是在已知方程导数和初值信息的基础上，利用计算机仿真，省去了求解微分方程的复杂过程[17]。

1. 双向迭代的并行仿真数据实时交互模式

1) 串行数据交互模式

如图 8-23 所示，多子网联合仿真过程可采用串行数据交互方式。子系统 1 完成$\left[t-\Delta T,t\right]$时步的仿真，并将$t$时刻的仿真结果传递至子系统 2 的$t$时刻，子系统 1 仿真暂停；子系统 2 获取数据后启动$\left[t,t+\Delta T\right]$时步的仿真，并将$t+\Delta T$时刻的仿真结果回传给子系统 1 的$t$时刻，子系统 2 仿真暂停；子系统 1 获取数据后启动$\left[t,t+\Delta T\right]$时步的仿真。

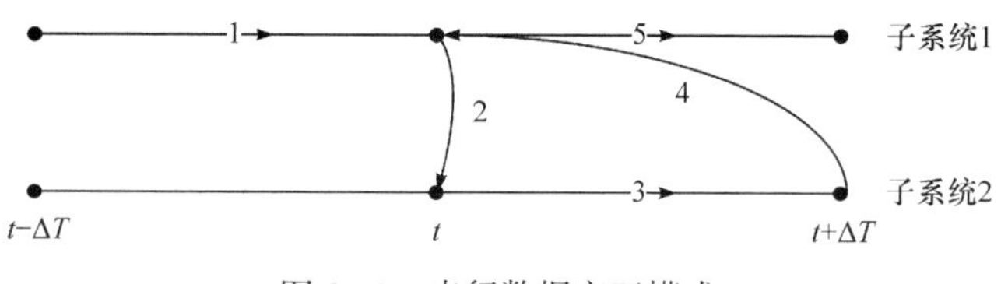

图 8-23 串行数据交互模式

串行数据交互获取信息较为及时，较好地保证了仿真精度。但子系统仿真时间的异步性导致在一侧子系统计算时另一侧子系统处于等待状态，只有对侧信息回传至本地后才能启动下一时步的仿真。在计算量较大的系统仿真过程中，会因为等待时间较长而难以满足实时性要求。

2) 并行数据异步交互模式

如图 8-24 所示，多子网联合仿真过程可采用并行数据异步交互方式。子系统 1 完成$\left[t-\Delta T,t\right]$时步的仿真，并将$t$时刻的仿真结果传递至子系统 2 的$t$时刻，子系统 1 仿真继续；子系统 2 获取数据后启动$\left[t,t+\Delta T\right]$时步的仿真，并将$t+\Delta T$时刻的仿真结果回传给子系统 1 的$t+\Delta T+\delta$时刻，子系统 2 仿真继续；子系统 1 启动$\left[t+\Delta T,t+2\Delta T\right]$时步的仿真时尚未获取子系统 2 在$t+\Delta T$时刻的仿真结果。

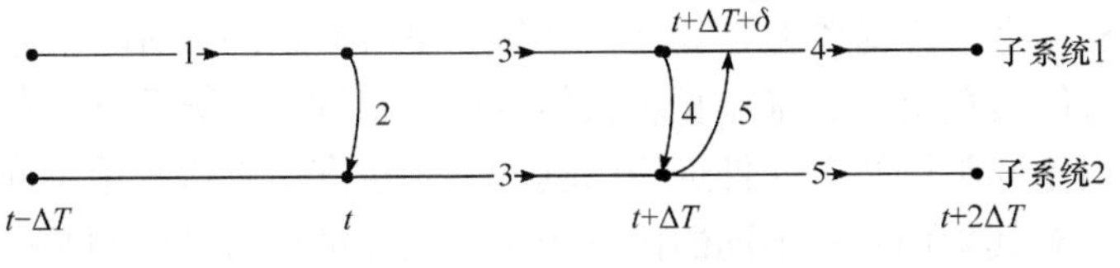

图 8-24　并行数据异步交互模式

并行数据异步交互两侧子系统均无须等待，各自并行计算，在仿真速度上具有极大优势，为实时仿真创造了条件。但是，以子系统 1 在$\left[t,t+\Delta T\right]$时步的仿真为例，由于没有获得子系统 2 在$t$时刻的仿真结果，不能及时反映对侧系统的状态变化，会产生接口误差。接口误差导致该交互方式在计算精度上有所欠缺，特别是当对侧子系统运行状态发生改变时，本地子系统难以及时获取信息，无法准确反映对侧子系统动态变化对本地造成的影响。

3) 并行数据同步交互模式

为了在保证计算精度的基础上加快仿真速度，本节提出一种双向迭代的并行数据同步交互模式，如图 8-25 所示。子系统 1 和子系统 2 同时完成$\left[t-\Delta T,t\right]$时步的仿真，并将$t$时刻的仿真结果传递至对侧子系统的$t$时刻；两侧子系统获取数据后同时启动$\left[t,t+\Delta T\right]$时步的仿真，并将$t+\Delta T$时刻的仿真结果回传给对侧子系统的$t+\Delta T$时刻；两侧子系统获取数据后同时启动$\left[t+\Delta T,t+2\Delta T\right]$时步的仿真。

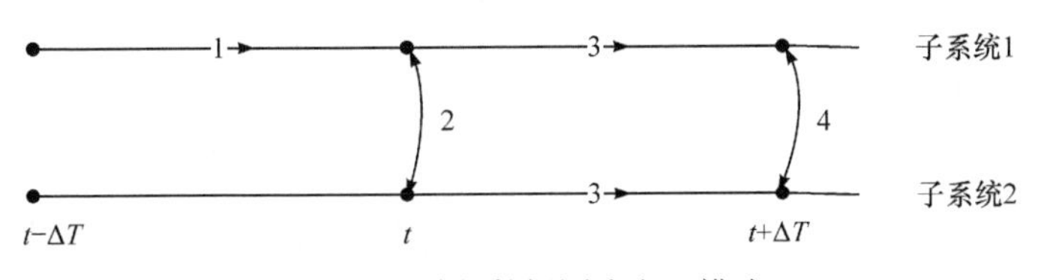

图 8-25　并行数据同步交互模式

基于以上并行数据同步交互模式，可以实现 CPU 多核心并行计算，通过双向迭代的数据交互保证接口数据更新的实时性。并行仿真总用时是子系统并行计算时间与任务处理时间及通信时间之和，由于 CPU 底层数据交换很快，通信时间可忽略不计。当增加 CPU 核心个数时，每个 CPU 核心计算的子系统数减少，子系统并行计算时间大幅减少，而任务处理时间基本保持不变。当 CPU 核心个数增加至一定数量时，子系统并行计算时间下降频率趋于平缓，不再随 CPU 核心个数的增加而存在较大改善。

2. 配电网 CPS 多速率并行仿真技术

采用快、中、慢三种时间尺度，在同一仿真时段内对不同元件采用不同的仿真步长，CPS 多速率仿真系统的多速率协调过程如图 8-26 所示。子系统 3 包含馈线上的全部传统负荷节点，采用长步长仿真；子系统 1、子系统 2 分别采用短步长和中步长对不同类型暂态元件进行仿真。由于暂态仿真过程中不同元件的计算量不同，本节对其采用两种不同的仿真步长，在保证计算精度的基础上大幅提高仿真效率，实现多速率并行暂态仿真。

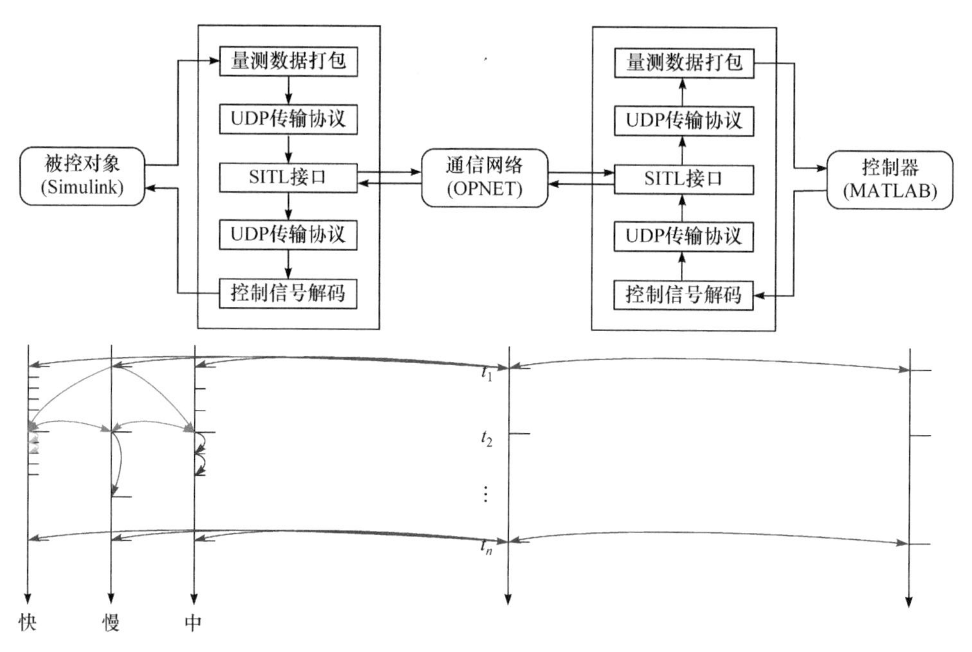

图 8-26　CPS 多速率仿真系统的多速率协调过程

不同暂态元件通常具有不同的动态响应速度，其跟踪系统状态变化的能力也不同。据此，本节提出一种自适应变步长的多速率并行仿真技术，子系统内部自适应调整仿真步长，各子系统采用多种仿真步长并行仿真，在不大幅增加资源消耗的基础上加速系统的暂态响应，保证各子系统的安全稳定运行。

在整个仿真过程中，如果子系统 2 的仿真步长不断发生变化，但双侧子系统仿真步长仍然满足 $T_1 = mT_2$ 且 m 为正整数的关系，根据插值算法，利用延时模块记录子系统 1 上一仿真步长结束时刻的系统状态值，采用三角波发生器完成每个大步长内插值系数 $\dfrac{k-1}{m}$ 的计算，使子系统 2 能够在每一时步初始时刻得到经过更新的对侧子系统状态，并开始下一轮迭代计算。

如图 8-27 所示，Vin 表示子系统 1 按大步长间隔输出的电压状态量，Vout 表示子系统 2 经插值计算后得到的对侧子系统状态量。图示信号变换过程针对子系统 2 的变步长仿真具有普适性，且能够实现双侧子系统间仿真数据的实时交互，解决步长不匹配等问题。

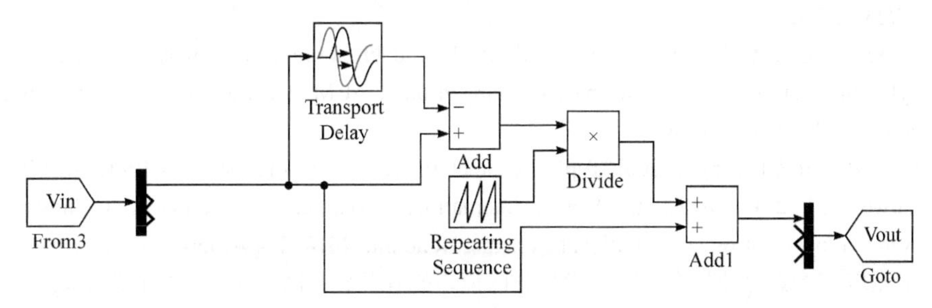

图 8-27　自适应步长调整的数据交互模块

参 考 文 献

[1] 赵俊华, 文福拴, 薛禹胜, 等. 电力 CPS 的架构及其实现技术与挑战[J]. 电力系统自动化, 2010, 34(16): 1-7.

[2] 郭庆来, 辛蜀骏, 孙宏斌, 等. 电力系统信息物理融合建模与综合安全评估: 驱动力与研究构想[J]. 中国电机工程学报, 2016, 36(6): 1481-1489.

[3] 王云, 刘东, 陆一鸣. 电网信息物理系统的混合系统建模方法研究[J]. 中国电机工程学报, 2016, 36(6): 1464-1470.

[4] 曹一家, 张宇栋, 包哲静. 电力系统和通信网络交互影响下的连锁故障分析[J]. 电力自动化设备, 2013, 33(1): 7-11.

[5] 王先培, 田猛, 董政呈, 等. 通信光缆故障对电力网连锁故障的影响[J]. 电力系统自动化, 2015, 39(13): 58-62,93.

[6] 董政呈, 方彦军, 田猛. 不同耦合方式和耦合强度对电力-通信耦合网络的影响[J]. 高电压技术, 2015, 41(10): 3464-3469.

[7] Karsai G S J. Model-integrated development of cyber-physical systems[C]. IFIP International Workshop on Software Technologies for Embedded and Ubiquitous Systems, 2008: 46-54.

[8] Li C B, Xiao L W, Cao Y J, et al. Optimal allocation of multi-type FACTS devices in power systems based on power flow entropy[J]. Journal of Modern Power Systems and Clean Energy, 2014, 2(2): 173-180.

[9] Siaterlis C, Genge B, Hohenadel M. EPIC: A testbed for scientifically rigorous cyber-physical security experimentation[J]. IEEE Transactions on Emerging Topics in Computing, 2013, 1(2): 319-330.

[10] Adhikari U, Morris T, Pan S Y. WAMS cyber-physical test bed for power system, cybersecurity study, and data mining[J]. IEEE Transactions on Smart Grid, 2017, 8(6): 2744-2753.

[11] Kuzlu M, Pipattanasomporn M, Rahman S. Communication network requirements for major smart grid applications in HAN, NAN and WAN[J]. Computer Networks, 2014, 67(4): 74-88.

[12] 汤奕, 王琦, 邰伟, 等. 基于OPAL-RT和OPNET的电力信息物理系统实时仿真[J]. 电力系统自动化, 2016, 40(23): 15-21, 92.

[13] 叶骏, 闵勇, 闵睿, 等. 基于时序分析的数字物理混合仿真技术(一)时序分析与离散动态模型[J]. 电力系统自动化, 2012, 36(13): 20-25.

[14] 汤奕, 王琦, 倪明, 等. 电力和信息通信系统混合仿真方法综述[J]. 电力系统自动化, 2015, 39(23): 33-42.
[15] Wang C, Zhu Y X, Shi W W, et al. A dependable time series analytic framework for cyber-physical systems of iot-based smart grid[J]. ACM Transactions on Cyber-Physical Systems, 2019, 3(1): 1-18.
[16] Chen B, Liu Z J, Tang Y, et al. Typical characteristics and test platform of CPS for distribution network[C]. 2017 IEEE 7th Annual International Conference on CYBER Technology in Automation, Control, and Intelligent Systems, Honolulu, 2018: 1346-1350.
[17] 王照琪, 唐巍, 张博, 等. 基于优化分网策略的有源配电网多速率并行暂态仿真分析[J]. 电网技术, 2020, 44(2): 673-682.

第9章 复杂有源配电网CPS仿真平台构建及验证方法

配电网物理信息系统仿真需要全面、精准地刻画信息-物理相互影响的过程，以实现通信、控制、电网物理过程等多仿真子系统同步、交互与融合。传统电力系统仿真工具采用离散时步对系统当前状态进行相对精确的估计，而信息通信系统仿真工具通常采用离散状态模型对网络在离散参数和事件下进行描述，将复杂的通信过程转化为具体的事件队列，通过离散事件仿真工具进行模拟。由于两个系统在数学模型上的本质区别，单一工具无法满足电网 CPS 仿真需求。本章从配电网 CPS 仿真平台架构、功能体系、平台搭建等方面介绍复杂有源配电网 CPS 仿真平台的构建及验证。

9.1 配电网 CPS 综合仿真平台概述

电网 CPS 仿真是揭示物理、信息通信两者交互影响特性，精准刻画电网 CPS 运行、故障、检修、风险、攻击、扰动、优化、恢复等动态过程的基础工具，是电网 CPS 研究需要解决的首要问题。近年来，各高校和研究机构陆续提出了数十种不同架构的混合仿真平台方案。根据平台组成结构，这些方案可被划分为联立仿真、非实时混合仿真以及实时混合仿真三类。

考虑联立仿真平台无法处理动态问题建模及机电特性仿真的局限性，多个国家的不同研究团队先后提出了多种非实时混合仿真平台构建方案。瑞典皇家理工学院的 Zhu 等[1]于 2011 年提出了一种采用 MATLAB/Simulink 和 OPNET 组成的混合仿真方案，但对所采用平台的数据交换、时间同步和仿真接口等问题并没有详细说明。Mets 等[2]提出了使用现有仿真平台 OpenDSS 和 OMNet++进行非实时混合仿真，但研究重点是通信环境下需求响应、新能源接入等问题，均属于静态分析范畴，而软件接口、数据交换和仿真时间同步等一系列问题仍有待研究。Sun 等[3]基于 OPAL-RT 和 OPNET 搭建了配电网 CPS 仿真平台，并以一个广域智能负荷控制算例验证了该仿真方法的有效性。

实时混合仿真采用多处理器分布式实时仿真方案，能够在实时范围内对系统动态特性进行精确模拟。实时混合仿真方案面向的应用与非实时混合仿真类似，但实时混合仿真能够更高效地得到精确结果。由于受到平台建设复杂程度、投入成本大等因素影响，此类研究仅有爱荷华州立大学(Iowa State University)等四个高校提出了各自的实时混合仿真平台方案，且主要针对微网和中低压配电网的相关应用，以及电力通信网络攻击相关分析。

本书作者所带领的团队在电网 CPS 仿真系统平台研究方面也做了一些工作：在仿真硬件方面，研制了世界首台电网小步长实时仿真机，可支撑最小 10μs 的自适应变步长仿真需求；在仿真系统与平台方面，基于提出的电网信息物理深度融合仿真方法，研发了世界首套规模庞大、功能全面的复杂有源配电网 CPS 仿真平台[4]，该平台具备上万条馈线、百万节点、微秒级小步长的稳态-暂态仿真能力，其信息处理能力可达目前该领域主流成熟实时仿真系统的 100 倍以上。相较于联合仿真、实时混合仿真、非实时混合仿真，该平台的信息处理能力具有明显的先进性，与国际上广泛应用的成熟商用化仿真产品相比，其稳态、暂态仿真能力提高了两个数量级。

9.2 配电网 CPS 综合仿真平台架构设计

9.2.1 配电网 CPS 多层级架构

从实体设备组成的角度，配电网 CPS 主要由电力物理层和信息通信层构成。两层网络之间的信息采集与交互可实现电力系统的优化调度与控制，其间的信息传输与执行过程即为电力业务。随着系统控制策略的复杂化和大量外部信息的输入，信息通信层又可以分成更详细的通信网络层和信息层，其中前者负责数据的传输过程，后者负责信息的处理过程，这两层与电力物理层一同构成配电网 CPS 三层模型，如图 9-1 所示[5-7]。

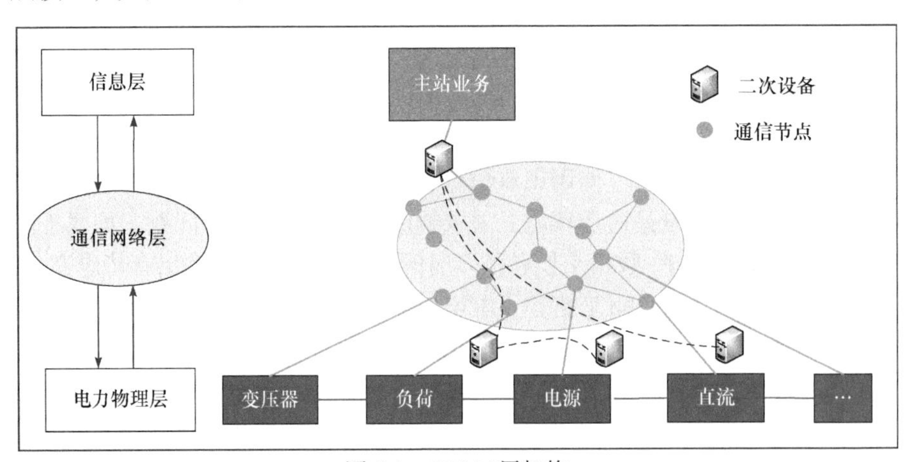

图 9-1 CPS 三层架构

电力物理层主要是指电力一次设备，包含各类型电源(火电、水电和核电等传统电源以及集中或分布式风电、光伏等新能源电源)、配电网络(柔性交直流配电系统以及各类电力电子装置等)和负荷(传统负荷、直接控制负荷以及智能响应负荷等)。电力物理层内部元件通过电网侧电气连接紧密耦合，电力物理层和电力通信层通过信息采集和指令执行进行映射[8]。

电力通信层包括通信网络和二次设备网络。其中，配电网 CPS 通信网络主要由通信设备(如 SDH 设备、交换机、路由器等)和通信规约(通信规约的功能包括统一数据的格式、顺序和速率、链路管理、流量调节和差错控制等)构成，其主要功能是实现信息在信息系统中的传输。通信网络对配电网 CPS 的影响主要表现为信息传输过程中产生的延时、误码和中断等。二次设备网络是基于通信网的实体网络，主要指电力系统智能控制设备网络，其性能不仅与二次设备网络本身性能有关，还受通信网络性能影响。二次设备功能包括实现信息的采集/指令下发与传输，以及相应数据的实时分析与处理，它对配电网 CPS 的影响主要表现为信息处理的效果(如故障判别的准确性、信号采集的准确性)以及信息处理过程中产生的延时、错误等[9]。

信息控制层是将不同电力控制应用的功能抽象出来组成的虚拟网络，这类控制应用功能包括状态估计、电压控制、安全稳定控制等。信息控制层的控制应用的功能单元将二次设备层的信息处理结果作为信息输入，并根据信息输入产生相关指令。通过此过程，信息控制层和电力通信层紧密耦合。

配电网 CPS 是混合了多种不同种类的对象和方法的系统。通信系统是典型的离散事件动态系统，它由外部事件驱动，一般用离散事件动态理论来分析和描述。配电网 CPS 的通信系统的动态变化过程与信息侧的离散事件状态变量、电力侧的连续状态变量、连续控制输入三个量有关。而电力系统的不间断动态过程一般由微分方程或差分方程来描述，其动态变化过程与电力侧的连续系统的状态输入和信息侧的离散事件状态变量相关。因此，配电网 CPS 是电力侧连续变量与信息侧离散事件变量的动态过程以及它们之间的相互耦合和相互作用构成的系统。它具有多层结构，连续动态过程与离散事件动态过程的深度融合使各个层次交织在一起，因此对系统进行解耦十分困难。系统中同一对象有多种不同的状态，每一种状态对应各自不同的连续动态行为，而不同对象的动态行为一般是不同的[10]。

在配电网 CPS 中，用信息流与能量流来刻画通信系统与物理一次系统的交互行为。当电力系统运行时，物理系统的运行状态由物理电网的能量流分布决定，某一状态下的连续动态变化情况由相应的微分方程来刻画。引入通信系统后，各信息采集装置将需要采集的电力系统运行状态转化为相应的数字信号，通信系统对这些信息进行多级计算、处理、传输后，最终生成控制信号，系统的智能终端装置则将这些控制信号转化为物理状态的改变(如开关的投切、负荷的变化等)。

这些事件的发生使系统从一种状态向另一种状态变迁，从而影响物理电网的能量流分布。因此，对电网 CPS 而言，通信系统控制应用与电力系统的交互过程是按照“物理—信息—物理”的方式进行的[11,12]。

9.2.2 配电网 CPS 综合仿真平台总体架构

配电网 CPS 综合仿真平台总体架构采用分层架构模式，主要由模型层、数据层、算法层、接口层和业务层构成，如图 9-2 所示。

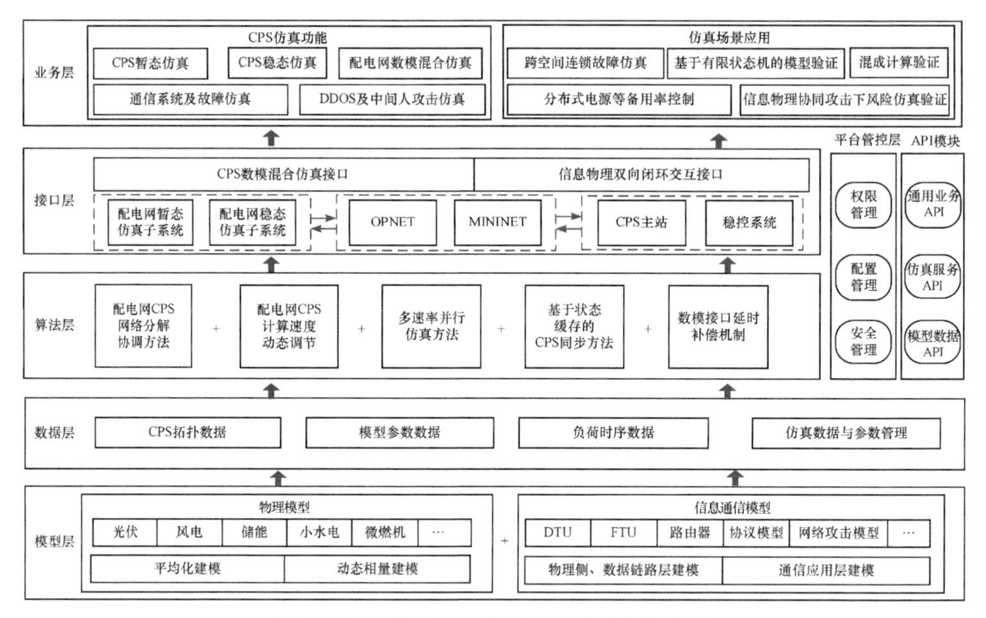

图 9-2 配电网 CPS 综合仿真平台总体架构

DDOS：distributed denial of service，分布式拒绝服务；DTU：distribution terminal unit，开闭所终端设备；FTU：feeder terminal unit，馈线终端设备

为保证配电网 CPS 仿真对象覆盖配电网、通信系统，并具备实时/非实时仿真能力，选用中国电力科学研究院自主研发的配电网 CPS 稳态仿真子系统作为配电网非实时仿真工具，选用 OPNET 或者 MININET 软件作为通信仿真工具，并采用 RTLAB 作为电网实时仿真工具。物理模拟系统采用真型/物理设备构成的模拟系统进行实验；数字仿真和物理模拟之间的能量在环连接采用四象限功放作为转换接口，信号在环连接采用数据采集、通信总线、模/数、数/模转换以及信号调理器作为连接接口，形成具备信号和能量双向互联的数模混合仿真能力。

1. 模型层

模型层主要提供配电网 CPS 仿真所需的物理模型、通信模型和信控模型。物理模型包括风、光、水、储等新型模型和变压器、线路等传统模型；信息通信模型主要包括 DTU、FTU、路由器、协议模型、网络攻击模型等。

2. 数据层

数据层属于配电网 CPS 综合仿真平台的支撑层，主要提供电网 CPS 仿真所需要的网络拓扑数据、模型参数、负荷时序参数以及仿真数据与参数管理功能，从而为配电网 CPS 仿真提供数据基础。

3. 算法层

算法层提供配电网 CPS 仿真计算所需要的网络分解、同步仿真等算法，包括配电网 CPS 网络分解协调方法、配电网 CPS 计算速度动态调节方法、多速率并行仿真方法、基于状态缓存的 CPS 同步方法、数模接口延时补偿机制。

4. 接口层

配电网 CPS 平台接口层主要是为用户提供使用接口或二次开发接口，应用程序编程接口(application programming interface, API)模块主要包括三类：通用业务 API、仿真服务 API 和模型数据 API。其中，通用业务 API 负责一般系统通用业务功能信息的传输接口，包括平台状态 API、任务调度 API、数据存储 API、网络拓扑 API、资源分配 API、仿真平台外部调用接口等；仿真服务 API 负责运算模块与仿真平台进行的数据交互，包括潮流计算 API、故障计算 API、协议模拟 API、故障诊断 API 等；模型数据 API 负责网络模型架构与仿真平台之间的连接，包括拓扑模型 API、网络模型 API、原件模型 API 等。

5. 业务层

业务层主要提供配电网 CPS 相关的新功能与支撑的业务场景。平台管控主要实现仿真平台的权限、配置管理等。

9.3　配电网 CPS 综合仿真平台功能体系

9.3.1　配电网 CPS 仿真功能体系

配电网 CPS 仿真平台功能体系包括配电网 CPS 暂态仿真、配电网 CPS 稳态仿真、配电网数模混合仿真、通信系统及故障仿真、DDOS 攻击仿真以及中间人攻击仿真等六大类功能，由物理层、通信层和信控层仿真子系统构成，层与层之间采用高频数据接口进行连接，具备全数字仿真、物理模拟仿真和数模混合仿真三种应用模式。

配电网 CPS 综合仿真平台六大功能如下。

(1) 配电网 CPS 暂态仿真。电力物理层采用小步长实时仿真机模拟，通信层采用 OPNET 模拟，研发了基于触发的多速率协同仿真方法和两个系统之间的数据交互接口，实现小步长实时仿真机与 OPNET 联合仿真。在小步长实时仿真机仿真软件上展示电网拓扑图，打开 Wireshark 显示小步长实时仿真机与 OPNET 信息交互。

(2) 配电网 CPS 稳态仿真。在配电网 CPS 稳态仿真子系统，有绘图、潮流计算、故障计算等基本功能，以及遥信、遥测、遥控等自动化功能。打开 OPNET 显示通信系统仿真，同时打开主站，以某电网 10kV 馈线为例，稳态仿真子系统实现物理层仿真，通过 OPNET 实现信控层与物理层的数据交互，物理层设置遥信变位，主站可同步显示变位信息。

(3) 配电网数模混合仿真。物理部分由风机、光、储能等分布式电源模拟装置构成，数模之间通过 15kW 的四象限功率放大器进行连接，并采用阻尼延迟补偿技术保证数模之间的同步，可实现物理模拟与数字混合仿真。

(4) 通信系统及故障仿真。在 OPNET 中构建的通信故障模型、封装的故障设置模型(OPFailure)可模拟终端设备、路由器、交换机通信失效，且可设置故障类型、方式、强度等参数，并可由外部程序触发，实现信息故障模拟。

(5) DDOS 攻击仿真。在 OPNET 中构建 DDOS 攻击模型。攻击者向攻击目标发送大量数据帧，使目标通信阻塞，从而影响数据上传和命令下发。

(6) 中间人攻击仿真。在 OPNET 中构建中间人攻击模型。攻击者监听攻击目标收发的数据包，识别通信协议并对其中的数据进行篡改。

9.3.2　高内聚、低耦合层次化功能架构

配电网 CPS 综合仿真平台功能模块采用面向服务的架构(service-oriented architecture, SOA)，优点是：配电网 CPS 综合仿真平台的不同功能模块通过服务松耦合定义，独立于实现服务的硬件平台、操作系统和编程语言，客户端采用预定义接口和协议连接就可以透明地提交仿真请求并获得结果。通过服务器端统一的服务层，可通过灵活的横向/纵向扩展功能适应不断升级的业务。

如图 9-3 所示，基于 SOA 的配电网 CPS 综合仿真平台服务器端架构，将所有仿真模块包装成服务，并规定统一的调用接口，基于 XML 格式传输数据，使得仿真平台客户端可以透明调用仿真算法，同时仿真平台服务器端可以通过服务的方式灵活扩展功能。服务器端架构包括数据层、封闭层、服务层。数据层从本地数据库与外部数据源抽取仿真所需数据，实现电网数据过滤。封闭层包括拓扑服务、内存计算、接口服务、通信解析、数据接收和基本的仿真服务[1,13]。

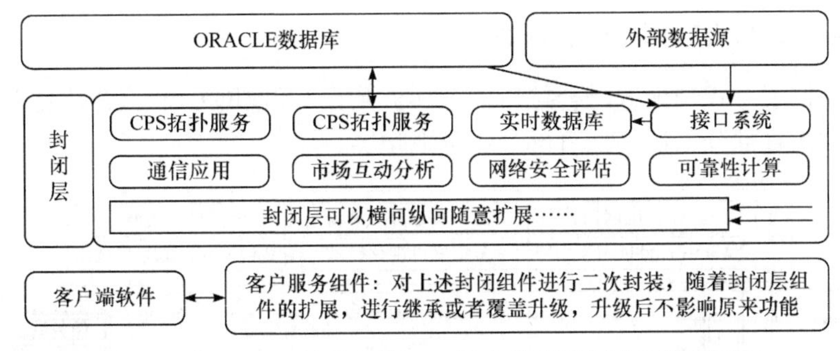

图 9-3　基于 SOA 的配电网 CPS 综合仿真平台服务器端架构

拓扑服务将仿真所需数据载入集群共享内存，避免对数据库的反复调用影响计算效率，通信解析程序负责解析客户端发来的可扩展标记语言(extensible markup language，XML)文件，数据过滤功能基于开放式仿真接口对接收到的数据进行筛选，抛弃非法请求。服务层基于分布式组件对象模型(distributed component object model，DCOM)提供统一的仿真算法调用，使用 TCP 和操作系统底层 API 实现不同主机间程序的调用。

客户端基于 Java 可视化图形组件开发，如图 9-4 所示，具有高性能、跨平台等优势。客户端实现了配电网图模维护和仿真运行可视化。图模维护包括网架绘制、元件属性维护、量测数据维护三大部分功能。仿真运行包括仿真算法配置和对仿真结果的展示。本仿真平台遵循高内聚、低耦合的原则，使得仿真具有更好的扩展性和适应性。

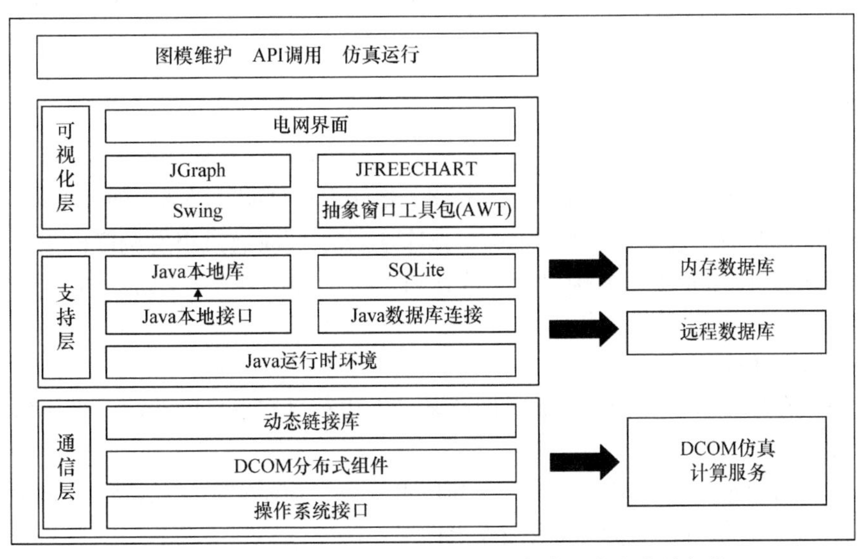

图 9-4　基于 SOA 的配电网 CPS 综合仿真平台客户端架构

9.3.3 功能扩展方式与无缝融合接口

功能扩展方式与无缝融合接口如图 9-5 所示。配电网 CPS 综合仿真平台主要分为电网仿真部分、通信仿真部分和可视化层。

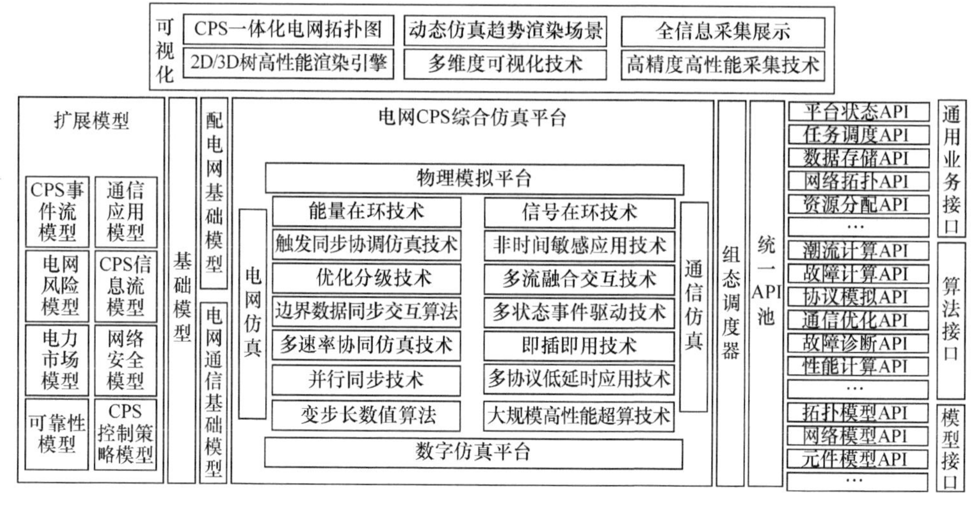

图 9-5　功能扩展方式与无缝融合接口

其中，电网仿真部分和通信仿真部分共同构成配电网 CPS 仿真平台的核心部分，实现电网基础模型的仿真和内部通信信号的仿真；数据层提供经过数据清洗和融合等处理的数据；可视化层将电网 CPS 仿真模拟的数据采用 CPS 一体化电网拓扑图等技术进行可视化处理。

1. 通信仿真部分

通信仿真部分用于完成电网仿真中通信仿真的任务，主要用到信号在环技术、非时间敏感应用技术、多流融合交互技术、多状态事件驱动技术、即插即用技术、多协议低延时应用技术、大规模高性能超算技术。同时通过组态调度机接入统一的 API 池，包括通用业务接口、算法接口、模型接口等，实现平台接口的无缝融合。

1) 通信仿真技术

信号在环技术：在物理仿真的回路基础上进行真实信号的传输，细化仿真功能，加强仿真强度。

非时间敏感应用技术：利用缓存等技术使得非必要实时的功能进行非实时处理，降低系统的时间敏感性，增强稳定性。

多流融合交互技术：交互过程中采用多数据流融合技术，增强交互效率。

多状态事件驱动技术：通过系统的不同状态触发不同的事件，达到一定的自动处理功能。

即插即用技术：保证系统在接入物理线路时不需要多余的安装和部署，可以直接使用。

多协议低延时应用技术：在通信过程中支持多协议通信，同时降低通信延时，从而增强通信效率。

大规模高性能超算技术：利用高性能计算机，对电网仿真的数据进行快速大规模计算，增强仿真的实时性。

2) 无缝融合接口

(1) 通用业务接口。通用业务接口负责一般系统通用业务功能信息的传输接口，包括平台状态 API、任务调度 API、数据存储 API、网络拓扑 API、资源分配 API 等。

平台状态 API：传递 CPS 系统平台的工作状态，如工作、关闭、挂起等。

任务调度 API：基于一定的调度算法，传递 CPS 平台对于任务的调度命令，对任务的执行顺序进行调整。

数据存储 API：在 CPS 平台与数据存储单元之间进行数据的传递。

网络拓扑 API：在平台与网络模块之间传递网络拓扑信息，从而制定和更改传输策略。

资源分配 API：传递 CPS 平台对于各部分的资源进行分配的命令信息。

(2) 算法接口。算法接口负责运算模块与仿真平台进行的数据交互，包括潮流计算 API、故障计算 API、协议模拟 API、通信优化 API、故障诊断 API、性能计算 API 等。

潮流计算 API：在给定电力系统网络拓扑、元件参数和发电、负荷参量等条件下，计算有功功率、无功功率及电压在电力网中的分布，并将其进行传递。

故障计算 API：在发生故障时，对系统内数据进行计算，得到故障的具体数据，并通过该接口传递数据。

协议模拟 API：对网络中信息传递的协议内容，如结构、传输方式进行模拟，并通过该接口传递模拟结果。

通信优化 API：系统经过计算网络数据，得到网络通信的优化方案，并通过该接口传递优化命令。

故障诊断 API：系统在收到故障信息时，根据已有的策略，计算出相应的处理方案，并通过此接口向外传递命令。

性能计算 API：系统对电力和网络仿真的性能进行计算和评估，并通过此接口传递结果。

(3) 模型接口。模型接口负责网络模型架构与仿真平台之间的连接，包括拓扑模型 API、网络模型 API、原件模型 API 等。

拓扑模型 API：CPS 系统通过该接口完成网络模块中拓扑信息的接收。

网络模型 API：该接口负责向系统传输网络模型的状态和参数，从而为系统对于网络内参数的计算做准备。

元件模型 API：传递元件的模型信息，如状态、规格等。

2. 电网仿真部分

电网仿真部分用于完成电网仿真中物理仿真的任务，主要用到能量在环技术、触发同步协调仿真技术、优化分级技术、边界数据同步交互算法、多速率协同仿真技术、并行同步技术、变步长数值算法。

1) 电网仿真技术

能量在环技术：在物理仿真的回路基础上进行能量的传输，提高仿真效率及传输效率。

触发同步协调仿真技术：设计一种融合主从式和事件驱动式的时间同步机制。该机制以主从式同步机制作为基本同步机制，用于周期性时间同步和数据交互，同时添加全局事件列表，保证了在特殊事件发生时，主导软件能及时响应该事件，并执行相关的同步和数据交互操作。

利用仿真时间窗来触发上述事件，即在人为设置的突变情况前后添加仿真时间窗，在仿真时间窗内触发基于量测的事件列表事件；当仿真执行在时间窗外，则过滤相关事件仿真时间窗的设置，可以有效屏蔽大部分不需要同步的基于量测的事件点，因而可以显著提高仿真效率。

优化分级技术：将物理仿真系统元件进行分级，便于结构的处理，从而达到优化结构的目的。

边界数据同步交互算法：能够及时准确地收到边缘数据，达到数据实时性，提高仿真的准确性。

多速率协同仿真技术：在通信仿真中，支持各种速率，以便协同各台机器可以在不同速率下协同工作。

并行同步技术：电力物理系统实时仿真实现的关键在于能够利用并行计算分布式处理模型计算任务。通过 RTLAB，可以直接将 MATLAB/Simulink 建立的动态系统数学模型划分为可并行处理的分布式子系统，利用 eMEGAsim 这一多处理器分布式实时平台，在短时间内实现对系统工程的快速建模仿真。

变步长数值算法：根据不同的步长，提供统一的算法计算，提高仿真通过性。

2) 扩展模型

CPS 事件流模型：对事件发生时在元素节点与根节点之间按照特定顺序的传播进行建模，从而分析系统内部的交互结构。

通信应用模型：通过电网 CPS 系统中对通信结构的定义，对通信功能的应用进行建模，从而达到通信仿真的目的。

电网风险模型：基于安全生产的风险控制要求建立电网风险模型，从而能实施风险定量评估，确定降低风险的措施，确认可接受的风险水平。

CPS 信息流模型：为描述 CPS 中各部分之间的信息传递，建立 CPS 信息流模型，对系统内的信息通信进行模拟。

电力市场模型：对电力市场进行建模，仿真电能生产者和使用者通过协商、竞价等方式就电能及其相关产品进行交易，通过市场竞争确定价格和数量的机制。

网络安全模型：建立网络安全模型，并对其整体安全性进行研究，从而保证计算机网络系统和信息资源的整体安全性。

可靠性模型：通过数学方法描述系统各单元存在的功能逻辑关系而形成可靠性框图及数学模型，从而能够定量分配、计算和评价产品的可靠性。

CPS 控制策略模型：基于被控制对象的数学模型，对 CPS 的控制策略和方法进行建模，从而划分系统功能之间的交互功能。

3. 可视化模块

可视化模块负责将电网仿真平台输出的数据进行可视化操作，便于观察和展示，包含 CPS 一体化电网拓扑图、动态仿真趋势渲染场景、全信息采集展示、2D/3D 高性能渲染引擎、多维度可视化技术、高精度高性能采集技术。

9.4 电网信息物理仿真系统的分层构建技术

依据实际配电网形态，对配电网 CPS 的物理层、信息层及控制层进行建模，信息层建模主要介绍了信息系统的物理层和数据链路层的详细建模技术，控制层包含可扩展的通信应用层建模技术与关键事件流和信息流过程建模技术，物理层模型已在本书第 3 章、第 4 章进行了详细介绍，此处不再赘述。

9.4.1 信息系统的物理层和数据链路层详细建模技术

信息系统的物理层和数据链路层的建模包括有线模型和无线模型，针对有线模型中的 SDH 线路模型，考虑线路类型、通道开销、传输速率、延时、错误模型、纠错模型等因素，根据实际场景进行设置，可模拟多种工况下的 SDH 网络。由于有线模型可通过修改 OPNET 中已有模型的参数得到，本章重点研究无线链路在 OPNET 中的建模过程[14,15]。

OPNET 支持在通信节点间无线链路的动态建模。无线链路的特征是其可通性取决于时间变化的因素，如通信节点的移动、收发器属性的改变，以及并行传输互相作用的干扰等。缺省的无线链路由 14 个 pipeline stage 组成。

1. 接收器组计算阶段

模型文件位于 dra_rxgroup.ps.c 中。这个阶段只在仿真一开始时调用一次，以评估每一对收发器信道之间的连通性。不同于其他 pipeline stage 的是，这个阶段不是针对包进行操作的。它是判断每对收发器信道的连通性的。

判断方法：缺省认为所有的接收器信道都是任一发送器潜在的目的站，即任何一对收发器信道间都默认为连通的。

2. 传输时延阶段

模型文件位于 dra_txdel.ps.c 中。传输时延计算方法如下。

(1) 读取信道的传输速率。与点对点和总线不同，只需从包中读取，而无须在程序取得链路的标志号 ID 后再读取链路属性值。无线链路不存在独立的链路实体，因此传输速率不设在链路属性里，而是设在无线发送器的信道属性里，包括频率、带宽、数据速率等。系统内核已经将这些参数写进包里：

```
tx_drate = op_td_get_dbl(pkptr,OPC_TDA_RA_TX_DRATE)
```

(2) 读取包长：

```
pklen = op_pk_total_size_get(pkptr)
```

(3) 传输时延=包长/传输速率，并写进包的 TDA 里：

```
tx_delay = pklen/tx_drate;
op_td_set_dbl(pkptr,OPC_TDA_RA_TX_DELAY,tx_delay)
```

3. 链路封闭性计算阶段

模型文件位于 dra_closure.ps.c 中。无线链路的封闭性计算依据通视性决定。算法测试连接发送器和接收器之间的线段是否和地球表面相交。若存在交点，则认为接收器不可达，即不能接收到这次传输。因此，导致与该包相关的剩下的所有 pipeline stage 不再执行。将判断结果写进包的相应 TDA 里，计算方法如下。

(1) 收发器在地心坐标系统上的坐标由用户在收发器属性里预先设定。系统内核已自动将其写进包里。

(2) 读取包里已有的收发器坐标，由一定算法计算是否与地球表面相交。

(3) 将链路可达性判断结果写进包的 TDA 中。

4. 链路匹配阶段

模型文件位于 dra_chanmatch.ps.c 中。此阶段针对每条可能存在的链路(不可达的链路已在前面的计算阶段打上标记，因此已被排除在外)来执行。根据发送器和接收器的频率、带宽、数据速率、传输编码和调制方式等五个属性来判断传输结果。根据判断结果将包标上三种标记中间的某一个。

(1) valid：接收器和发送器属性完全匹配，接收器能正确接收解码这个传输包。

(2) interfence：带内干扰。接收器和发送器频率、带宽等属性有重叠的部分，因此包虽然不能被解码或利用，但是会影响接收器接收其他包。

(3) ignored：带外。即接收器的频率等属性与发送器属性完全不一致，这个包既不能被接收器接收，也不会对接收器接收其他包产生干扰。

(4) 读取收发器的各五个属性：

```
tx_freq = op_td_get_dbl(pkptr,OPC_TDA_RA_TX_FREQ);
tx_bw = op_td_get_dbl(pkptr,OPC_TDA_RA_TX_BW);
tx_drate = op_td_get_dbl(pkptr,OPC_TDA_RA_TX_DRATE);
tx_code = op_td_get_dbl(pkptr,OPC_TDA_RA_TX_CODE);
tx_mod = op_td_get_ptr(pkptr,OPC_TDA_RA_TX_MOD);
rx_freq = op_td_get_dbl(pkptr,OPC_TDA_RA_RX_FREQ);
rx_bw = op_td_get_dbl(pkptr,OPC_TDA_RA_RX_BW);
rx_drate = op_td_get_dbl(pkptr,OPC_TDA_RA_RX_DRATE);
rx_code = op_td_get_dbl(pkptr,OPC_TDA_RA_RX_CODE);
rx_mod = op_td_get_ptr(pkptr,OPC_TDA_RA_RX_MOD)
```

(5) 如果频带不交叉，则将包置为 ignore；

```
(tx_freq>rx_freq+rx_bw)||(tx_freq+tx_bw<rx_freq);
op_td_set_int(pkptr,OPC_TDA_RA_MATCH_STATUS,OPC_TDA_RA_MATCH
_IGNORE)
```

(6) 如果频带交叉，但其他属性存在不匹配情况，则将包置为 noise(interference)：

```
(tx_freq!=rx_freq)||(tx_bw!=rx_bw)||
(tx_drate!=rx_drate)||(tx_code!=rx_code)||(tx_mod!=rx_mod);
op_td_set_int(pkptr,OPC_TDA_RA_MATCH_STATUS,OPC_TDA_RA_MATCH
_NOISE)
```

(7) 完全匹配则置为 valid：

op_td_set_int(pkptr,OPC_TDA_RA_MATCH_STATUS,OPC_TDA_RA_MATCH_VALID)

5. 发送天线增益阶段

模型文件位于 dra_tagain.ps.c 中。在信道 pipeline 之所以要考虑天线模型，是因为天线在各个方向上对进行传输的包功率的衰减程度不一样，因此直接影响包的接收功率，进而影响信噪比和误码数目。例如，对于一个有主瓣旁瓣的天线模型，在主瓣方向潜在链路上传输的包功率比旁瓣方向潜在链路上传输的包功率要大。天线模型描述了不同方向上的天线增益值。天线模型函数基于的坐标系是地心坐标系，用两个角度来表示在地心三维坐标系上的一个方向向量(x-y 平面角称为 theta；x-z 平面角称为 phi)，而对应于这个向量，由用户指定唯一的信号衰减值(db)与之相对应。这个函数(即天线的数学模型)可以由用户在天线编辑器来描绘。若天线模型为球形，则认为天线是各向同性的，也就是说，各个方向上传输的包里的记录天线增益都将被赋为 0 db。

天线模型的属性包括：

(1) pattern 属性，用户指定的天线模型。

(2) target 目标特征，天线指向目标的经纬度和海拔(target latitude，longitude，altitude)。

(3) pointing ref.phi 和 pointing ref.theta，参考的 phi 值和 theta 值。一般情况下，这两个角是天线最大增益的方向，即主瓣方向。

天线增益计算方法介绍如下。

(1) 从包里读取发送天线采用的天线模型表的存储位置指针，判断是否是空表，如果是，则表示各向同性，不进行任何计算，直接在包的 TDA 里设置发送天线增益是 0 db；如果不是，则进行下列步骤：

① 读取收发器位置的六个坐标值，计算这条链路的方向向量。

② 读取天线实际指向向量：phi 值和 theta 值(已经由系统内核基于天线的目标经纬度、海拔属性和发送器的位置属性计算出，并写入包里)。

③ 读取天线的最大增益方向向量：phi2 值和 theta2 值(已经由系统内核基于天线的 pointing ref.phi 和 pointing ref.theta 属性得到，并写入包里)。

(2) 为了计算天线模型在目前链路方向向量上的增益，将天线模型的坐标系旋转到使天线的最大增益方向对准 target 方向，因此应该将链路向量投影到旋转以后的坐标系上，才能查表获得链路方向上的衰减值。

(3) 坐标系旋转方式是 x-z 平面旋转 phi2-phi 角，x-y 平面旋转 theta 2-theta 角。

因此,链路向量投影到旋转后坐标系上的新的 phi 角和新的 theta 角可以计算出来，从而调用内核过程执行查表操作得到衰减值。

(4) 将衰减值写进 packet 的 TDA 里。

6. 传播时延阶段

模型文件位于 dra_propdel.ps.c 中。在无线链路里，由于节点可能发生移动，在包传输过程中，传输距离可能发生变化。因此，在这个阶段，计算两个时延结果：传输开始时的传播时延和传输结束时的传播时延。计算基于收发器之间的距离和常量电磁波传播速率来进行。计算方法如下。

(1) 读取开始距离和结束距离：

start_prop_distance = op_td_get_dbl(pkptr,OPC_TDA_RA_START_DIST);

end_prop_distance = op_td_get_dbl(pkptr,OPC_TDA_RA_END_DIST)

(2) 计算两个时延，并写入包的 TDA 里：

start_prop_delay = start_prop_distance/PROP_VELOCITY;

end_prop_delay = end_prop_distance/PROP_VELOCITY;

op_td_set_dbl(pkptr,OPC_TDA_RA_START_PROPDEL,start_prop_delay);

op_td_set_dbl(pkptr,OPC_TDA_RA_END_PROPDEL,end_prop_delay)

7. 接收天线增益阶段

模型文件位于 dra_ragain.ps.c 中。计算方法与发送天线增益类似，只是参数不同。

8. 接收功率计算阶段

模型文件位于 dra_power.ps.c 中。这个计算阶段缺省地支持“信号锁”(signal lock)概念，其意义是指接收器认定先到达的包是应该接收的包，而在这个包的接收期间，置信道的信号锁为 1，表明信道已经正在被占用，其他到达的包被认为是干扰。相对的概念是“功率锁”(power lock)概念，是指接收器认定功率最大的包是应该接收的包，功率小于该包的其他到达的包被认为是干扰，而不管包到达的先后顺序。但“功率锁”概念不是缺省支持的处理方式。计算方法如下。

(1) 读取包的“match”标志(在信道匹配阶段计算得到的，包在那个阶段被标志上 valid、interference 或 ignore 标志中的任一个)，如果 match 标志为 valid，则执行以下操作，进一步划分 valid 与 noise 包：

op_td_get_int(pkptr,OPC_TDA_RA_MATCH_STATUS)==OPC_TDA_RA_MATCH_VALID

(2) 读取信道的标志号(ID)：

rx_ch_obid = op_td_get_int(pkptr,OPC_TDA_RA_RX_CH_OBJID)

(3) 读取信道的“信号锁”标记：

若信道已被加锁，则将包标记为 noise(写入 TDA)；若信道为空闲状态，则将信道的“信号锁”置为 1，表示信道从现在开始“忙”，而不管包的“match”标志是不是 valid，都要计算接收功率。

(4) 读取包的发送功率：

tx_power = op_td_get_dbl(pkptr,OPC_TDA_RA_TX_POWER)

(5) 读取发送器基准频率和带宽：

tx_base_freq = op_td_get_dbl(pkptr,OPC_TDA_RA_TX_FREQ);

tx_bandwidth = op_td_get_dbl(pkptr,OPC_TDA_RA_TX_BW)

(6) 读取接收器基准频率和带宽，从而可以得到收发器重叠的带宽：

rx_base_freq = op_td_get_dbl(pkptr,OPC_TDA_RA_RX_FREQ);

rx_bandwidth = op_td_get_dbl(pkptr,OPC_TDA_RA_RX_BW);

bind_min;band_max;

in_band_tx_power = tx_power*(band_max-band_min)/tx_bandwidth

(7) 读取发送天线和接收天线的增益：

tx_ant_gain = pow(10.0,op_td_get_dbl(pkptr,OPC_TDA_RA_TX_GAIN)/10.0);

rx_ant_gain = pow(10.0,op_td_get_dbl(pkptr,OPC_TDA_RA_RX_GAIN)/10.0)

(8) 由频率计算发送波长，读取传播距离，可以利用公式计算自由空间的电磁波功率传播损耗：

tx_center_freq = tx_base_freq+(tx_bandwidth/2.0);

lambda = C/tx_center_freq;

prop_distance = op_td_get_dbl(pkptr,OPC_TDA_RA_START_DIST);

path_loss=(lambda*lambda)/(SIXTEEN_PI_SQ*prop_distance*prop_distance)

(9) 接收功率 = 发送功率×(重叠带宽/发送带宽)×发送天线增益×传播损耗×接收天线增益，计算出结果并写入到包的 TDA 里：

rcvd_power = in_band_tx_power*tx_ant_gain*path_loss*rx_ant_gain;

op_td_set_dbl(pkptr,OPC_TDA_RA_RCVD_POWER,rcvd_power)

9. 背景噪声功率计算阶段

模型文件位于 dra_bkgnoise.ps.c 中。在 OPNET 里，背景噪声功率建模分为环境噪声和累计热噪声。

(1) 环境噪声，其功率谱密度为 AMB_NOISE_ LEVEL，因此，环境噪声功

率 = 带宽 × 功率谱密度。

(2) 累计热噪声，由有效的背景温度和有效的设备温度构成。因此，累计热噪声功率 = 带宽 × 玻尔兹曼常量 × (背景温度+设备温度)。

该阶段的计算方法如下。

(1) 读取接收器的 noise_figure：

rx_noisefig = op_td_get_dbl(pkptr,OPC_TDA_RA_RX_NOISEFIG)

(2) 假设操作温度为 290K，计算得设备温度=(noise_figure−1)*290.0

rx_temp = (rx_noisefig-1.0)*290.0

(3) 背景温度=常数 BKG_TEMP：

bkg_temp = BKG_TEMP

(4) 背景噪声功率 = 环境噪声功率 + 背景热噪声功率。计算出结果并将其写入包的 TDA 里(在 OPNET 的背景噪声模型中，没有对接收放大器增益造成的噪声效果直接建模)。

bkg_noise = (rx_temp+bkg_temp)*rx_bw*BOLTZMANN;

amb_noise = rx_bw*AMB_NOISE_LEVEL;

op_td_set_dbl(pkptr,OPC_TDA_RA_BKGNOISE,(amb_noise+bkg_noise))

10. 干扰噪声功率计算阶段

模型文件位于 dra_inoise.ps.c 中。pipeline stage 的调用发生在特定时机：当一个包正在被接收器接收且还未完成时，另一个包又到达该接收器，此时将调用该计算阶段来计算干扰功率。当然干扰功率只对 valid 包(即被接收器认为是相匹配发送器发送的包，并且在接收功率计算阶段未被打上 noise 标记的包。如果一个 valid 包到达接收器时信道已经被锁定了，则该 valid 包仍被当作是 noise)进行计算。该阶段计算方法如下。

(1) 读取前一个包的接收完成时间，与当前仿真时间(即后一个包的到达时间)进行比较，如果相等，则不认为这两个包产生了互相干扰，因此不计算干扰功率；如果不相等，则进行下列操作：

op_td_get_dbl(pkptr_prev,OPC_TDA_RA_END_RX)! = op_sim_time()

(2) 将两个包的冲突次数都加 1：

op_td_increment_int(pkptr_prev,OPC_TDA_RA_NUM_COLLS,1);

op_td_increment_int(pkptr_arriv,OPC_TDA_RA_NUM_COLLS,1)

(3) 读取两个包的“match”标志和接收功率：

prev_match = op_td_get_int(pkptr_prev,OPC_TDA_RA_MATCH_STATUS);

arriv_match = op_td_get_int(pkptr_arriv,OPC_TDA_RA_MATCH_STATUS)

(4) 若后一个包的标志为“valid”，则将其噪声功率再加上前一个包的接收功率作为它的噪声功率值。

(5) 若前一个包的标志为“valid”，则将其噪声功率再加上后一个包的接收功率作为它的噪声功率值。

11. 信噪比计算阶段

模型文件位于 dra_snr.ps.c 中。虽然背景噪声功率对于每个包的传输只估算一次，但是干扰噪声功率却可能要计算多次。因为在一个包的整个接收过程当中，可能有多次其他包的到达，形成了新的干扰功率，每形成一次干扰，都要重新对信噪比评估一次。一个包在两次评估信噪比的时间间隔里传输的那段数据称为一个段(segment)。该阶段计算方法如下。

(1) 读取接收功率：

```
rcvd_power=op_td_get_dbl(pkptr,OPC_TDA_RA_RCVD_POWER)
```

(2) 读取干扰噪声功率和背景噪声功率：

```
accum_noise=op_td_get_dbl(pkptr,OPC_TDA_RA_NOISE_ACCUM);
bkg_noise=op_td_get_dbl(pkptr,OPC_TDA_RA_BKGNOISE)
```

(3) 计算信噪比，写入包的 TDA 里：

```
op_td_set_dbl(pkptr,OPC_TDA_RA_SNR,
10.0*log10(rcvd_power/(accum_noise+bkg_noise)))
```

(4) 将仿真时间也写入包里，以记录本次信噪比计算的时间点。

```
op_td_set_dbl(pkptr,OPC_TDA_RA_SNR_CALC_TIME,op_sim_time())
```

12. 误码率计算阶段

模型文件位于 dra_ber.ps.c 中。在无线链路里，误码率计算不是基于整个包来计算的，而是基于每个段来计算的。因为在这个包的传输过程中，信噪比不是固定不变的，所以误码率也不是固定不变的。计算方法是根据信噪比和调制函数来计算误码率，在调制函数和信噪比已知的情况下，误码率可以被唯一确定。调制函数可以在 modulation curve editor 中描述。该阶段计算方法如下。

(1) 读取信噪比和接收器的处理增益：

```
snr = op_td_get_dbl(pkptr,OPC_TDA_RA_SNR);
proc_gain = op_td_get_dbl(pkptr,OPC_TDA_RA_PROC_GAIN)
```

(2) 二者相加得到有效的信噪比：

```
eff_snr = snr + proc_gain
```

(3) 读取调制函数表的地址指针：

```
modulation_table=op_td_get_ptr(pkptr,OPC_TDA_RA_RX_MOD)
```

(4) 调用系统内核过程 op_tbl_mod_ber()计算出误码率 ber,并写入包的 TDA 里：

```
ber = op_tbl_mod_ber(modulation_table,eff_snr);
op_td_set_dbl(pkptr,OPC_TDA_RA_BER,ber)
```

13. 误码数目分配阶段

模型文件位于 dra_error.ps.c 中。已知每一段的误码率，即可计算出每一段的误码数目，计算方法和其他两种链路一样，然后将其累积起来即可得到总的误码数目，并写进包的 TDA 里。

14. 纠错阶段

模型文件位于 dra_ecc.ps.c 中。包的可接收标准有两个：一个是由源端问题导致包没有完整发送；另一个是误码数目小于接收器的纠错门限值。计算方法如下。

(1) 读取节点使能标志，如果节点被禁用，则置包为不可接收：

```
if(op_td_is_set(pkptr,OPC_TDA_RA_ND_FAIL));
accept=OPC_FALSE
```

(2) 否则读取误码数目和纠错门限，比较二者的值，以判断是否能接收该包：

```
ecc_thresh = op_td_get_dbl(pkptr,OPC_TDA_RA_ECC_THRESH);
num_errs = op_td_get_int(pkptr,OPC_TDA_RA_NUM_ERRORS);
accept = ((((double)num_errs)/pklen)<=ecc_thresh)?OPC_TRUE:OPC_FALSE
```

(3) 将判断结果写入包的 TDA 里：

```
op_td_set_int(pkptr,OPC_TDA_RA_PK_ACCEPT,accept)
```

(4) 无论在何种情况下接收的链路都不能被锁住：

```
rxch_state_ptr = (DraT_Rxch_State_Info*)op_ima_obj_state_get(op_td_get_int
(pkptr,OPC_TDA_RA_RX_CH_OBJID));
rxch_state_ptr->signal_lock=OPC_FALSE
```

9.4.2　可扩展的通信应用层建模技术

仿真平台中的通信应用层建模主要用于分析电力系统稳态或故障时的数据流量、网络延时、通道利用率等，其在业务类型、通信协议及网络构建方式上与普通通信网络存在差别。目前电力系统中常用的通信协议为 60870-7-104 协议(简称 104 协议)，因此本章以该协议为例，搭建电网 CPS 业务模型。基于 104 协议的业务中较为典型的是调度自动化业务，包括遥测、遥信、遥控和遥调，用于对电力系统进行监测和控制。业务发送规律及应用模式如表 9-1 所示。遥信和遥测可分为周期性重复和随机触发两种，周期性的遥信和遥测由总召唤触发，随机性的遥信和遥测通常由开关状态改变或模拟信号异常触发，遥控和遥调由调度中心触发，因此也属于随机性业务。在 OPNET 中建立电力业务模型，需要满足通信规约的应用层协议，并且符合业务的发送规律[16]。

表 9-1　电网 CPS 业务发送规律及应用模式

序号	电网 CPS 业务	发送规律	应用模式
1	初始化	建立连接时触发	建立通信连接
2	周期性遥信	周期性重复	循环数据传输
3	周期性遥测	周期性重复	循环数据传输
4	变位遥信	随机触发	采集事件过程
5	变位遥测	随机触发	采集事件过程
6	遥控	随机触发	命令传输过程
7	遥调	随机触发	命令传输过程

OPNET 提供了自定义业务的建模途径，可以满足电力业务的建模需求。OPNET 中包含面向通用网络通信仿真的标准模型，通过对标准模型参数合理地整定，能够完成实体设备、网络拓扑和仿真场景的建模。通过参数整定对智能终端、防火墙、交换机和路由器进行建模，通过自定义建模对电力业务信息流进行建模，最终将上述模型进行整合，构建电力通信网络模型。

1. 智能终端模型

104 协议中定义了两种控制实体：控制站和被控站，分别为 TCP 中的客户端和服务端，因此控制站采用工作站模型而被控站采用服务器模型。OPNET 中提供了通用的工作站和服务器模型，其中工作站可以模拟电网 CPS 业务信息的生成和发送过程，服务器可以模拟电网 CPS 业务的接收、响应和处理过程。

2. 路由器与交换机模型

路由器与交换机采用 OPNET 中提供的标准模型，用于模拟实际通信网络中的路径搜寻、存储、转发等功能。OPNET 中也提供了一些公司生产的主流路由器和交换机模型，并且可根据实际电力通信系统中设备的参数对标准模型进行修改，从而更加精确地模拟通信网络特性。

3. 防火墙模型

实际的电力通信网络通常在每个变电站的出口位置设置防火墙，实现网络间的隔离和访问控制。OPNET 中提供了基础防火墙模型，需要整定参数对特定业务进行访问控制，通过启用或禁用代理服务器实现对特定信息流的放行或阻隔。

4. 协议及业务模型

电网 CPS 业务建模需要根据业务的发送规律及通信特征，配置交互数据流量和发送规律，进而映射关键业务的基本应用模式，并在业务模型中设置业务的发送规律，实现电网 CPS 业务信息流的建模。

OPNET 中的应用建模包括三个步骤：自定义任务建模、应用模型设定和角色设定。自定义任务建模用于对数据包大小、发送周期、传输方向等数据包特性进行配置，从而与实际电网 CPS 业务数据包特征形成对应关系。应用模型设定用于将 OPNET 中的自定义任务与电网 CPS 业务进行映射和匹配。角色设定用于将电力业务加载到服务器和智能终端模型中，并在其中配置触发时间、重复次数、发送间隔、发送顺序等运行规律。

1) 自定义任务建模

本章针对基于 104 协议的电网 CPS 业务进行建模，建模对象共分为五种：初始化、总召唤/子召唤、周期性遥信/遥测、随机性遥信/遥测、随机性遥调/遥控。本章以总召唤/子召唤为例详细讲解自定义建模方法，其余建模对象的设定方法与此类似，不再赘述。子召唤用于初始化过程结束或控制主站检测出信息丢失后对数据进行刷新，控制主站通过总召唤功能请求被控子站传送全部过程变量的实际值，其交互过程如图 9-6 所示。

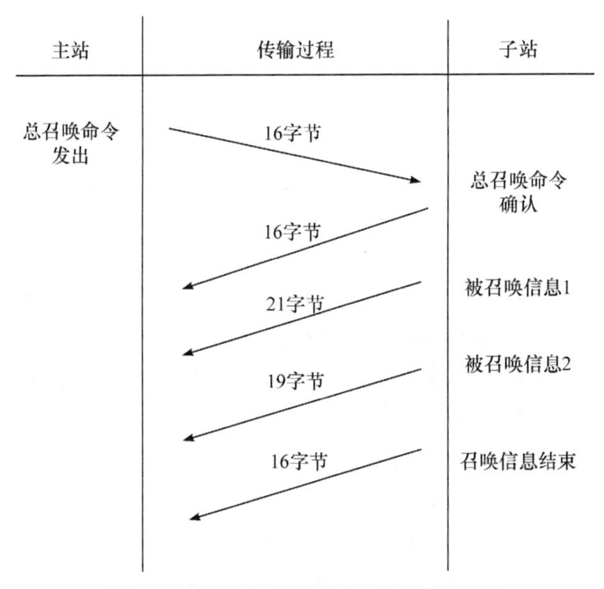

图 9-6　总召唤/子召唤交互过程流程图

控制主站与被控子站之间的信息交互分为四个阶段：第一阶段由主站发起，向子站发送 16 字节的总召唤命令；第二阶段子站接收到主站的命令，启动召唤过程并返回 16 字节的总召唤确认；第三阶段子站向主站发送被召唤的信息，该阶段可发送多条数据，本章选取遥信和遥测信号进行建模；第四阶段被召唤信息传输完毕后，子站向主站发送 16 字节的数据包，告知主站召唤过程结束。

在 OPNET 的 Task Configuration 中可以对业务的步骤、数据包大小等参数进行设置。在 Source->Dest Traffic 中设置数据包大小、数量以及数据处理所需时间。总召唤/子召唤各过程的参数设置如表 9-2 所示，在 Task Configuration 中分别对各个过程进行建模，数据包大小及处理延时可根据实际设备参数进行修改。

表 9-2　总召唤/子召唤各过程参数设置

过程名称	执行操作	数据包大小	方向
初始化	激活传输	6 字节	主站到子站
	确认激活传输	6 字节	子站到主站
循环数据传输	数据周期性上传	19 字节	子站到主站
数据采集过程	变位信息主动上传	16 字节	子站到主站
	选择命令	16 字节	主站到子站
	选择信息	16 字节	子站到主站
命令传输过程	执行命令	16 字节	主站到子站
	执行确认	16 字节	子站到主站
	控制操作开始	23 字节	子站到主站
	控制操作完成	23 字节	子站到主站
	控制操作结束	16 字节	子站到主站

2) 应用模型设定

在基于 104 协议的电网 CPS 业务中，各个任务之间是相对独立的，即每个任务都应视作独立的应用(application)，每种任务都需要设置独立的发送规律。在应用中将初始化、总召唤/子召唤、周期性遥信/遥测、随机性遥信/遥测、随机性遥调/遥控这五种任务与实际业务进行匹配。

intialization_trans 为初始化过程，summon_trans 为总召唤/子召唤，cycle_trans 为周期性遥信/遥测，event_trans 为随机性遥信/遥测，control_trans 为随机性遥调/遥控。每种应用包含的业务种类、执行顺序、业务权重、端口号等都可以在 Description->Custom 中进行设定。Transport Port 为端口号，104 协议规定所有业务的端口号都为 2404，因此将其设为 2404。Task Description 中可以设定业务的种类及权重，此处选择前面自定义的任务并修改权重，体现该任务的传输特点。

3) 角色设定

电网 CPS 业务按照其发送规律可分为两种：周期性业务和随机性业务，周期性业务由总召唤触发，按照某一固定频率发送数据，随机性业务由突发事件触发，仅在触发后执行一次。基于 104 协议的电网 CPS 业务工作流程可概括如下：首先主站与子站之间建立连接(初始化)，然后周期地执行主站向子站发起的总召唤(总召唤/子召唤)，与子站向主站发起的数据上传(循环数据传输)，并夹杂着随机性的遥控遥调(命令传输过程)与变位信息上传(采集事件过程)，据此在 Profile 中进行设置。

Profile 中可以设定每次仿真循环中各个应用的执行规律。如前所述，周期性业务就可以设定为稳定的激活时间与重复规律，随机性业务就应该设定为随机的激活时间，而特殊的业务如初始化业务只在建立连接时激活一次，相关的随机因子可以在参数 Start Time Offset 与 Repeatability 中进行设定。

9.4.3　关键事件流和信息流过程建模技术

为了对电力 CPS 运行过程进行详细仿真，需要建立关键事件流和信息流模型。其中，关键事件流指通信系统中发生的可能对通信网络或整个电力 CPS 产生影响的事件，包括设备故障、通信中断、网络攻击等；信息流是指通信系统中的数据传输过程，包括各类电力业务数据交互以及用户行为产生的数据流动。

本节通过脚本的方式对关键事件流和信息流过程进行建模，并且以 DDOS 攻击建模为例介绍建模过程。

1. DDOS 攻击原理简介

DDOS 全名是 distributed denial of service(分布式拒绝服务攻击)，很多 DOS 攻击源一起攻击某台服务器就组成了 DDOS，DDOS 最早可追溯到 1996 年初，中国在 2002 年开始频繁出现，2003 年已经初具规模。DDOS 借助客户/服务器技术，将多个计算机联合起来作为攻击平台，从而成倍地提高拒绝服务攻击的威力。

常见的七种 DOS 攻击方式如下。

(1) Synflood：攻击以多个随机的源主机地址向目的主机发送 SYN 包，而在收到目的主机的 SYN ACK 后并不回应，这样，目的主机就为这些源主机建立了大量的连接队列，由于没有收到 ACK 而一直维护这些队列，造成了资源的大量消耗而不能向正常请求提供服务。

(2) Smurf：该攻击向一个子网的广播地址发一个带有特定请求(如因特网控制报文协议(internet control message protocol，ICMP)回应请求)的包，并且将源地址伪装成想要攻击的主机地址。子网上所有主机都回应广播包请求而向被攻击主机发包，使该主机受到攻击。

(3) Land-based：攻击者将一个包的源地址和目的地址都设置为目标主机的地址，然后将该包通过 IP 欺骗的方式发送给被攻击主机，这种包可以造成被攻击主机因试图与自己建立连接而陷入死循环，从而很大程度上降低了系统性能。

(4) Ping of Death：根据 TCP/IP 的规范，一个包的长度最大为 65536 字节。尽管一个包的长度不能超过 65536 字节，但是一个包分成的多个片段的叠加却能做到。当一个主机收到了长度大于 65536 字节的包时，就是受到了 Ping of Death 攻击，该攻击会造成主机宕机。

(5) Teardrop：IP 数据包在进行网络传递时，可以分成更小的片段。攻击者可以通过发送两段(或者更多)数据包来实现 Teardrop 攻击。第一个包的偏移量为 0，长度为 N，第二个包的偏移量小于 N。为了合并这些数据段，TCP/IP 堆栈会分配超乎寻常的巨大资源，从而造成系统资源的缺乏甚至机器的重新启动。

(6) PingSweep：使用 ICMP Echo 轮询多个主机。

(7) Pingflood：该攻击在短时间内向目的主机发送大量 Ping 包，造成网络堵塞或主机资源耗尽。

被 DDOS 攻击时的现象如下：

(1) 被攻击主机上有大量等待的 TCP 连接。

(2) 网络中充斥着大量的无用数据包，源地址为假。

(3) 制造高流量无用数据，造成网络拥塞，使受害主机无法正常和外界通信。

(4) 利用受害主机提供的服务或传输协议上的缺陷，反复高速地发出特定的服务请求，使受害主机无法及时处理所有正常请求。

(5) 严重时会造成系统死机。

2. 实现方案

DDOS 攻击体系如图 9-7 所示。

一个比较完善的 DDOS 攻击体系分成四大部分：攻击者、控制傀儡机、攻击傀儡机和攻击目标。对于受害者，DDOS 的实际攻击包是从攻击傀儡机上发出的，第 2 部分的控制机只发布命令而不参与实际的攻击。对第 2 部分和第 3 部分计算机，黑客有控制权或者部分控制权，并把相应的 DDOS 程序上传到这些平台上，这些程序与正常的程序一样运行并等待来自黑客的指令，通常它还会利用各种手段隐藏自己不被别人发现。平时，这些傀儡机并没有什么异常，只是一旦黑客连接到它们进行控制并发出指令时，攻击傀儡机就会发起攻击。

利用 OPNET 提供的标准模型库，搭建 DDOS 平台。配置好业务，并配置相应的脚本策略(effect scripts)、攻击策略(attack profiles)、防御策略(remedy profiles)。

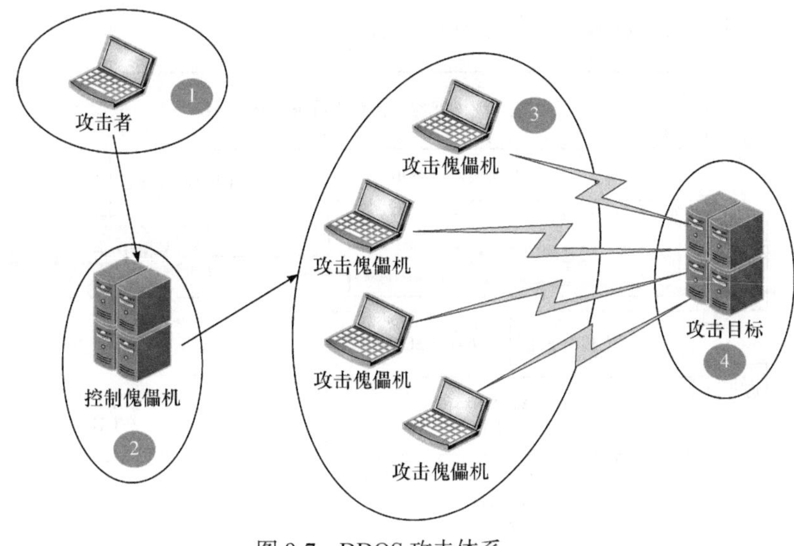

图 9-7　DDOS 攻击体系

9.5　配电网 CPS 综合仿真平台

基于配电网 CPS 综合仿真平台开发需求，设计电网 CPS 综合仿真平台方案，如图 9-8 所示。电网 CPS 综合仿真平台采用大屏可视化的设计思想，利用先进的计算机技术开发出一套针对不同层次的仿真软件，对其实现适配与组态加载模块以及状态监测和资源分配与任务调度的功能。

CPS 仿真平台包括三层仿真架构“物理层-通信层-信控层”，层与层之间采用高频数据交互与同步技术实现互联互通。通过实时的数据传输和接口传递，实现了 CPS 各类场景的融合仿真。平台支持数字仿真、动模、数模混合仿真三种仿真模式，支持通信、继电保护、控制、量测、信息安全、市场交易等信息系统与电力系统的混合仿真。

(1) 物理层。物理层通过配电网 CPS 稳态仿真子系统与暂态仿真工具先进配电网小步长实时仿真机实现建模与仿真，同时基于物理模拟仿真技术实现配电网 CPS 数模混合仿真。

(2) 通信层。通信层包括通信仿真软件 OPNET，可实现通信系统的阻塞、延时、攻击等仿真功能。

(3) 信控层。平台的信控层是配电网 CPS 仿真主站系统，通过通信层实现与物理层的信息交互，实现配电网决策、运行监控等仿真功能。配电网 CPS 仿真主站全面遵循配电主站系统架构规范，具备全景全量、融合开放、智能高效的特点，支持图模管理、调度控制、运行分析、故障处理等仿真功能，为配电网 CPS 运行管控提供专业化仿真服务，如图 9-9 所示。

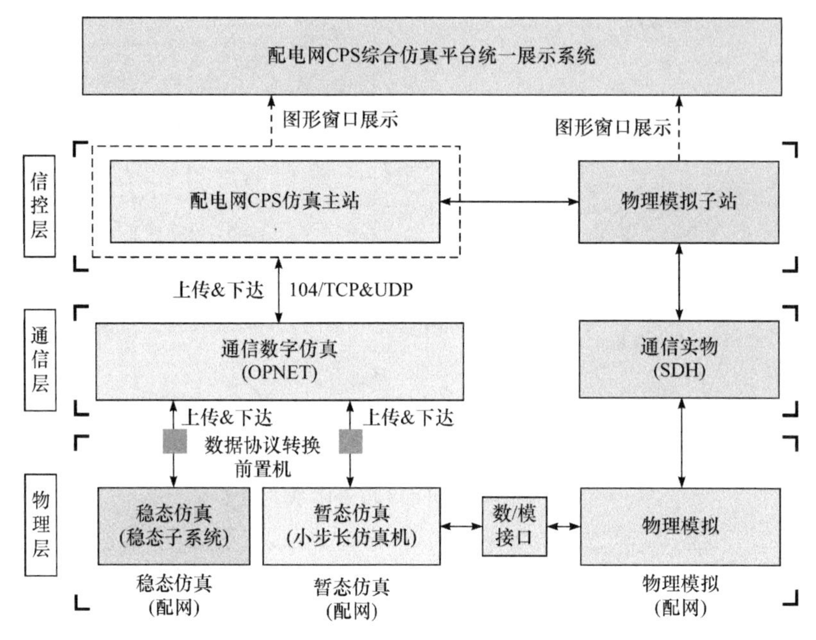

图 9-8　配电网 CPS 综合仿真平台设计方案

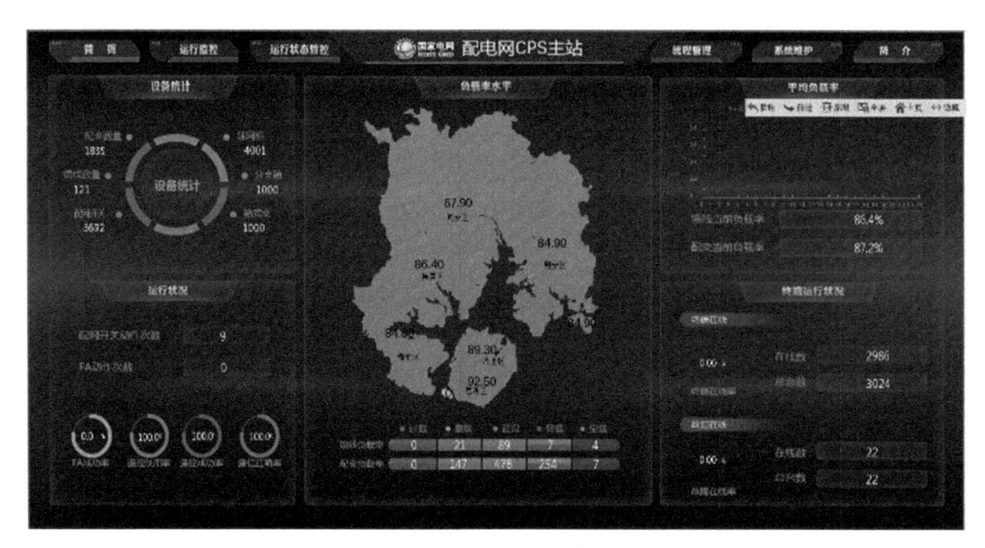

图 9-9　配电网 CPS 主站

配电网 CPS 综合仿真平台首页如图 9-10 所示。

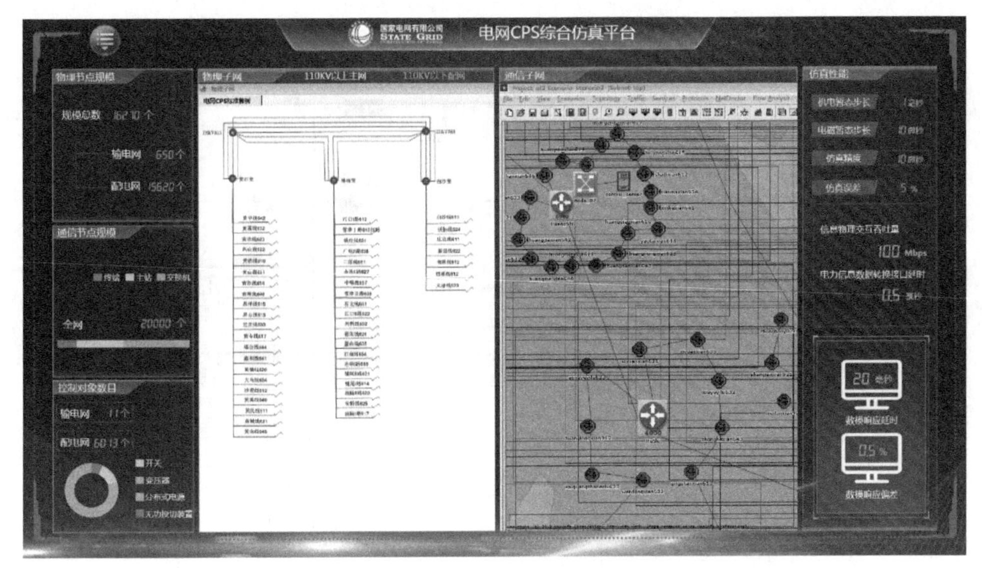

图 9-10　配电网 CPS 综合仿真平台首页

9.6　配电网 CPS 综合仿真验证

9.6.1　配电网 CPS 安全分析

1. 场景描述

以 3 条馈线、19 条线段、22 个开关、62 个负荷节点的配电网算例为例，图 9-11 和图 9-12 为算例的物理及信息模型。信息系统中控制中心内嵌算法为集中式馈线自动化算法，可实现对线段故障的自动隔离及负荷转供，测控终端设备可对物理系统中对应断路器的开关状态进行控制，并监测其过流状态。

分析终端设备发生量测数据篡改类信息故障，物理线段发生接地故障情况下信息系统与物理系统的故障相关程度。

2. 验证方法及结论

1) 物理线路与信息终端的相关度计算

分别对下述三种故障进行分析，以结合实例分析故障相关度的计算过程及其意义：故障 1 为线段 3 发生接地故障；故障 2 为终端设备 F1.2 的量测数据被篡改；故障 3 为终端设备 F1.2 的量测数据被篡改，且线段 3 发生接地故障。

当故障 1 发生时，线段 3 发生接地故障，此时流经 B1.0、B1.1、B1.2 的电流越限，F1.0、F1.1、F1.2 将过流状态上传到控制中心。控制中心经运算后向 F1.2

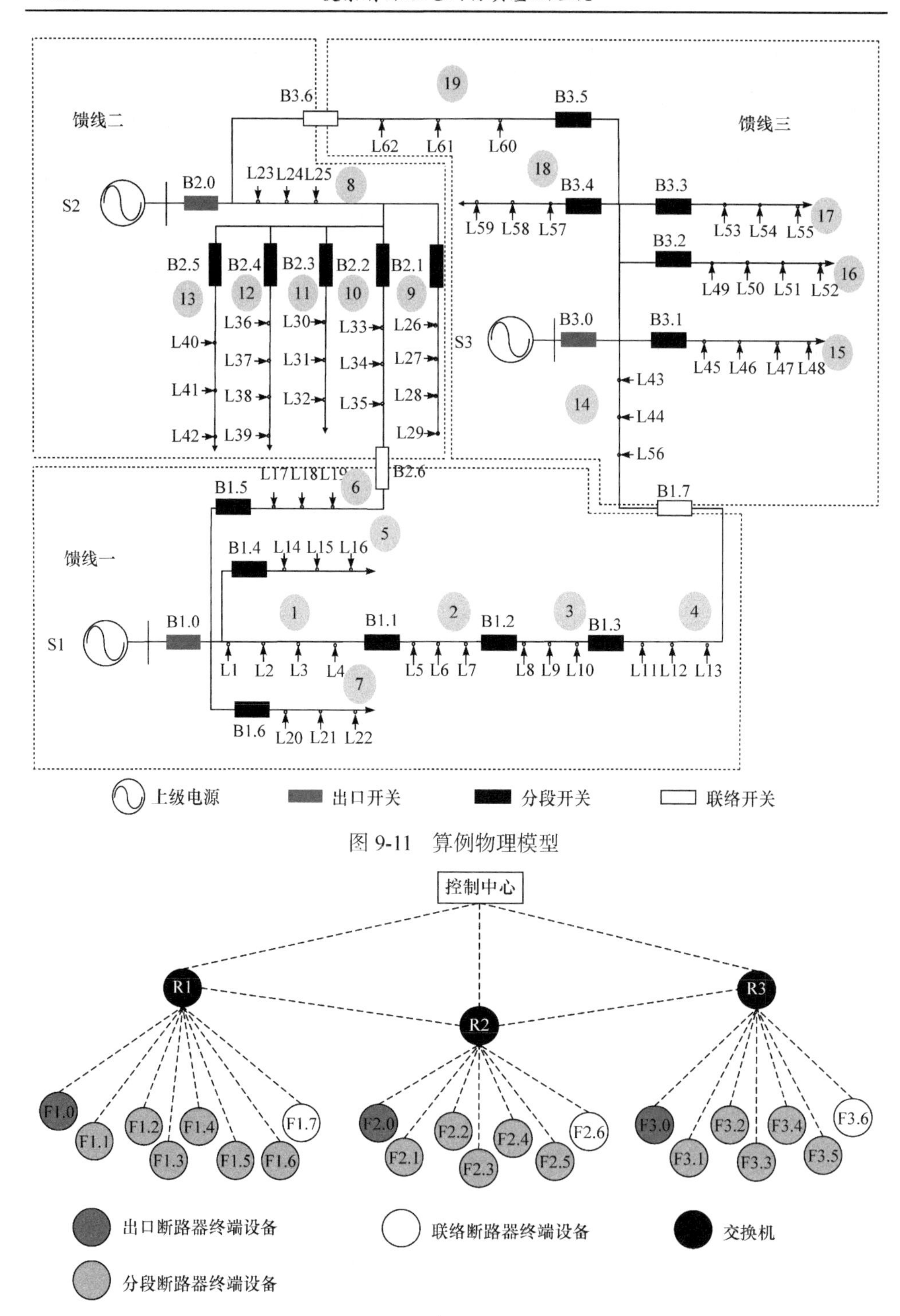

图 9-11　算例物理模型

图 9-12　算例信息模型

和 F1.3 下发分闸指令，向 F1.7 下发合闸指令，终端设备分别对开关 B1.2、B1.3、B1.7 进行控制以实现故障的隔离及负荷转供，系统达到稳定状态后的负荷损失为 22.72kV · A。

当故障 2 未发生时，F1.0、F1.1、F1.2、F1.3 监测到的过流状态为 0、0、0、0，其中 0 代表流经开关的电流不越限，1 代表电流越限。F1.2 量测信息受到篡改后，F1.0、F1.1、F1.2、F1.3 上传到控制中心的过流状态为 0、0、1、0。由于电力系统中不会存在线路中间开关过流而两侧开关无过流的情况，控制中心会判定该组判据为信息误码，而不会对系统中的开关状态进行改变，则系统达到稳定状态后的负荷损失为 0kV · A。

当故障 3 发生时，由于线段 3 发生故障，F1.0、F1.1、F1.2、F1.3、F1.7 量测到的数据为 1、1、1、0、0。由于 F1.2 量测信息受到篡改，控制中心接收到的量测数据为 1、1、0、0、0。控制中心会判断故障发生区域为线段 2，并断开 B1.1 和 B1.2，闭合 B1.7，以实现故障的隔离及负荷转供。但实际物理层中开关动作并未完成故障线段(线段 3)的隔离，因此调整后的拓扑中流经 B3.0、B1.7、B1.3 的电流越限，控制中心会依据 F3.0、F1.7、F1.3 监测到的量测数据判断故障区域为线路 3，并断开 B1.3 以实现故障隔离，系统达到稳定状态后的负荷损失为 45.04kV · A。

可计算出线段 3 与终端设备 F1.2 的相关度为 1.98，表示线段 3 故障与 F1.2 的篡改量测故障相互配合，可将故障危害扩大为原来的 1.98 倍。

2) 信息与物理系统的耦合度

当算例中终端设备的量测数据被篡改时，物理线段发生接地故障时线段与信息系统的耦合度如图 9-13 所示。

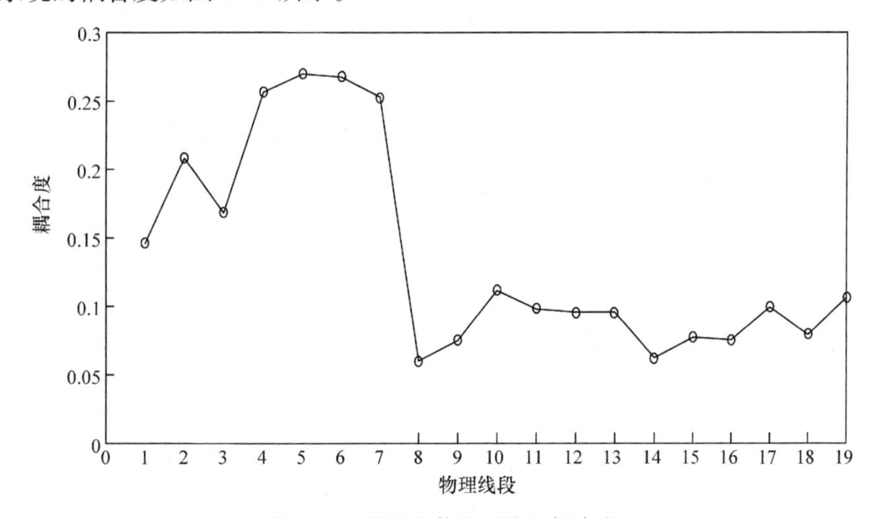

图 9-13 线段与信息系统的耦合度

当算例中终端设备的量测数据被篡改时，发生故障的终端设备与物理系统的耦合度如图 9-14 所示。

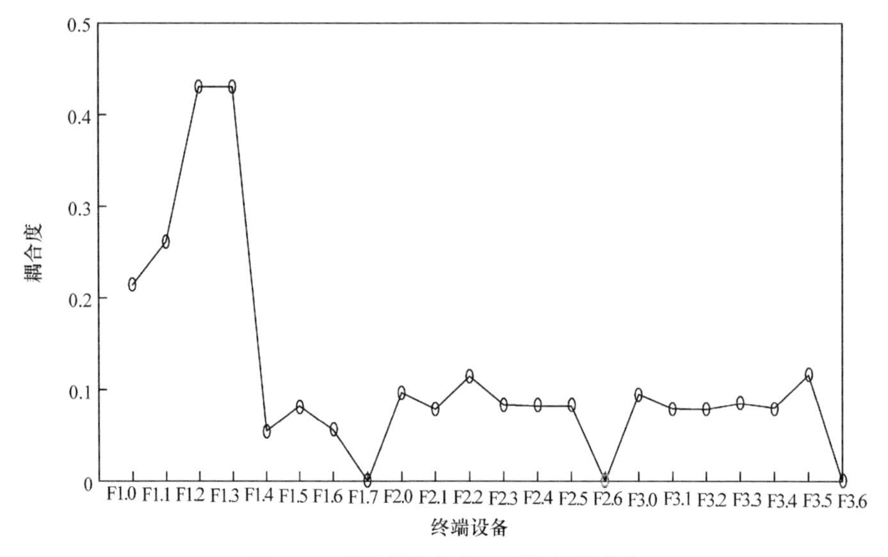

图 9-14　终端设备与物理系统的耦合度

馈线 1 所属线段与信息系统的耦合度高于馈线 2 和 3 所属线段，这主要是因为馈线 1 的物理拓扑中同时存在线段 1、2、3、4 串联和 5、6、7 并联结构，相比于馈线 2 和 3 更复杂，因此，对于易发生量测数据篡改的配电网中，应重点加强拓扑结构较复杂的馈线所属线路的防护水平。

图中 F1.1、F1.2、F1.3 与物理系统的耦合度较高，这主要是因为在串联线段结构中，上述设备单独发生量测数据篡改类信息故障，上传到控制层的数据通常会被判定为误码而不会对系统造成危害，但其易与物理故障结合为协同故障，即影响控制中心对故障区域的误判，从而对系统造成较大危害，因此应重点关注上述位置终端设备的量测数据篡改类信息故障。

3) 系统脆弱性评估

当算例中终端设备的量测数据被篡改时，系统中不同物理线段的脆弱度如图 9-15 所示。

当算例中终端设备的量测数据被篡改时，系统中终端设备的脆弱度如图 9-16 所示。

由图 9-15 可知：①馈线出口线段的脆弱度大于其他线段，主要由于一旦出口线段发生故障，系统的故障隔离和负荷转供过程更容易受到网络攻击的影响；②相比较而言，馈线一所属线段的脆弱度大于馈线二、三所属线段，这主要是由于馈线一上的负荷更大，线段故障造成的负荷损失量较大。因此，对于易发生量测数据篡改的配电网 CPS，应重点提升上述线路的运维水平。

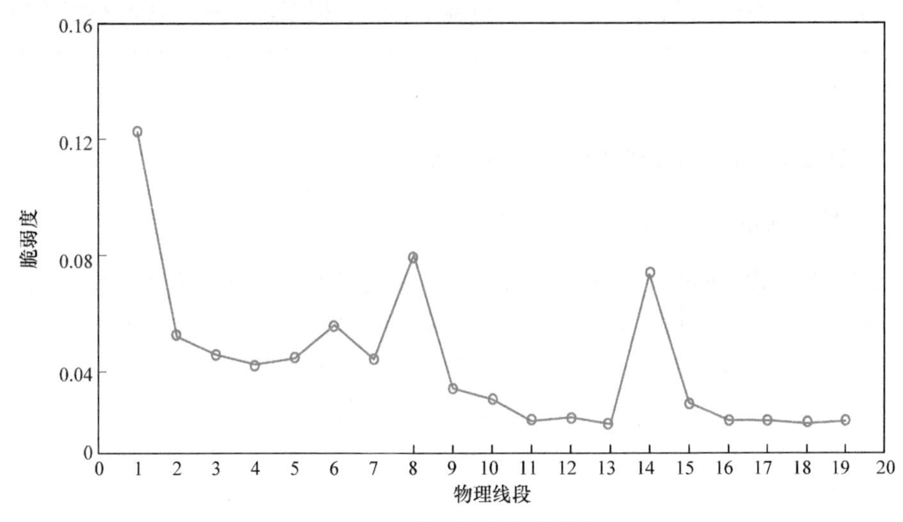

图 9-15　物理线段的脆弱度

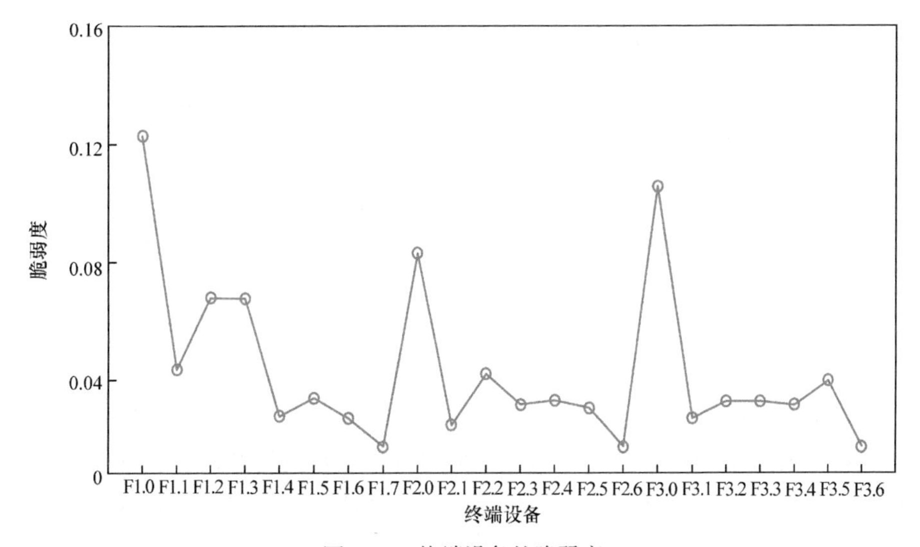

图 9-16　终端设备的脆弱度

由图 9-16 可知：①出口断路器所属 FTU 的脆弱度大于其他 FTU。主要原因是上述 FTU 量测数据的准确性会影响控制中心对事故区域的判断。如馈线一中线段 1～7 受到攻击，F1.0 均会监测到电流越限，而网络攻击均会影响 F1.0 上传到控制中心数据的准确性，可能会导致故障区域的误判，造成事故范围扩大；②F1.1、F1.2、F1.3 的脆弱度较大。主要原因是 F1.1、F1.2、F1.3 对应的断路器处于串联线段 1、2、3、4 之间，F1.1、F1.2、F1.3 量测数据的准确性会影响故障区域的判断。若线段 3 受到攻击，而 F1.1 的量测数据被篡改，此时 F1.0、F1.1、F1.2 上传到控制中心的过流状态为 1、0、1，控制中心无法根据该组量测数据判断故障区域，导致事故规模扩大。因此，对于易发生量测数据篡改的配电网 CPS，应重点提升上述终端设备的运维水平。

9.6.2　有源配电网 CPS 优化控制策略仿真验证

1. 场景描述

图 9-17 为根据 62 节点模型中微网区 2 修改得到的微电网仿真模型，在该模型中只保留了逆变器口的分布式电源 DFIG2、BAT3 和 PV3。为描述方便，分别称之为 DG1、DG2 和 DG3。设 DG1、DG2 和 DG3 所对应的最大出力值分别为 150kW、120kW、100kW，且均运行在有功/无功独立运行模式，负荷 L1、L2 的功率为 100kW，断路器 QF1 在 $t=0$s 时断开，$t=15$s 时闭合。本节通过等备用率控制算法对 3 台分布式电源的功率进行公平分配，使其总功率满足负荷总需求，同时保证各个分布式电源的备用率趋于一致。

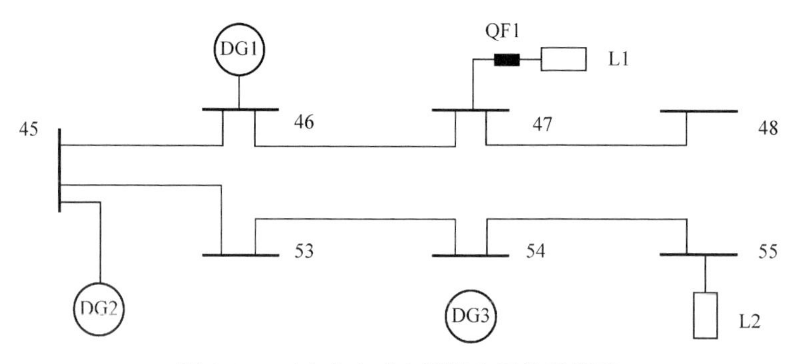

图 9-17　三台分布式电源微电网仿真模型

在图 9-17 所示的仿真模型中，控制平台会对系统负荷进行实时监控，并将应发功率指令发送给 DG1，DG1 根据指令实时分析三台机组各自的应发功率，然后将指令发送至 DG2 和 DG3，进而完成分布式协同控制，其通信拓扑如图 9-18 所示。

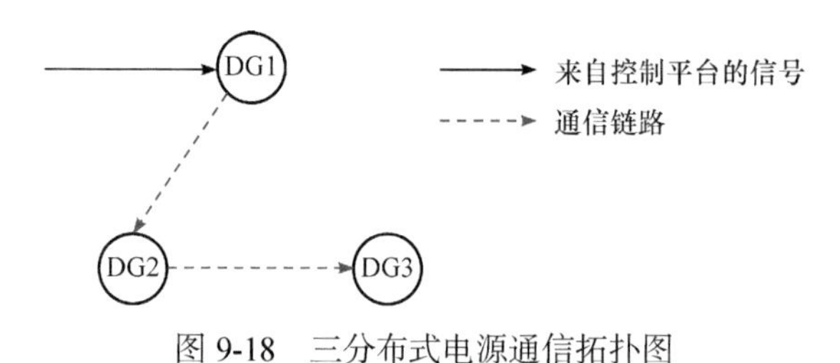

图 9-18　三分布式电源通信拓扑图

分别在中间人数据篡改场景、错误数据注入攻击场景下验证基于等备用率分布式协同控制算法的有效性。

微电网分布式电源的等备用率控制策略的目标是根据负荷需求调整各分布式电源的出力以达到供需平衡，同时保证各分布式电源出力的备用率保持一致。DGi 备用率的定义为其实际输出功率 P_i 与其允许的最大输出功率 $P_{i,\max}$ 的比值，$\alpha_i = P_i / P_{i,\max}$。

控制平台根据对微电网内负荷的监测得到参考备用率 α^*，DGi $(i=1,2,\cdots,n)$ (n 为微电网分布式电源的个数)分布式控制率为

$$\dot{\alpha}_i = -\sum_{j=1}^{n} b_{ij}(\alpha_i - \alpha_j) - g_i(\alpha_i - \alpha^*) \tag{9-1}$$

式中，b_{ij} 为通信拓扑邻接矩阵的元素，如果 DGi 能收到 DGj 的信息，则 $b_{ij}=1$，否则 $b_{ij}=0$；如果 DGi 能收到控制平台的参考信号，则 $g_i=1$，否则 $g_i=0$。

利用分布式控制即可实现对微电网分布式电源出力的等备用控制。

2. 验证方法及结论

1) 中间人数据篡改场景

为了验证所建平台的有效性和实时性，探究中间人攻击对电力物理系统的影响，当 $t=22$s 时，通过更改中间人攻击平台中的控制命令模式，将控制平台下发给 DG1 的应发功率指令由 200kW 蓄意篡改为 160kW，则配电网 CPS 仿真交互结果如图 9-19 所示。

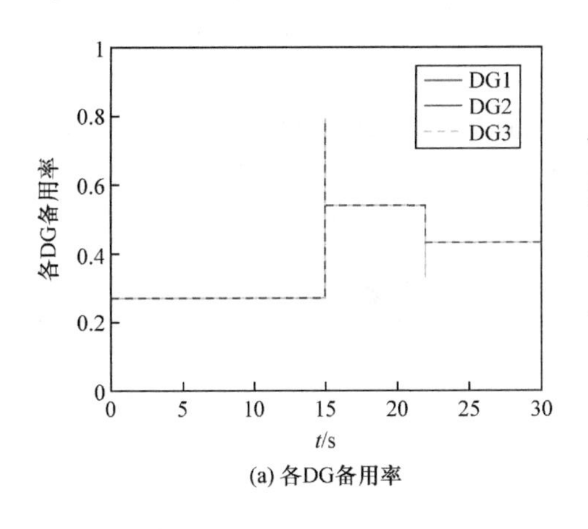

(a) 各DG备用率

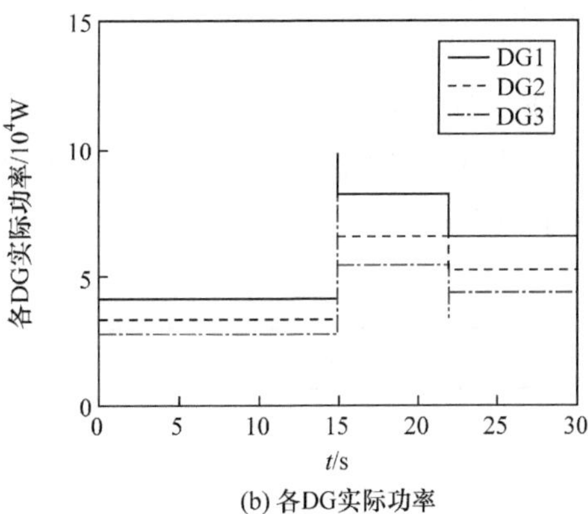

(b) 各DG实际功率

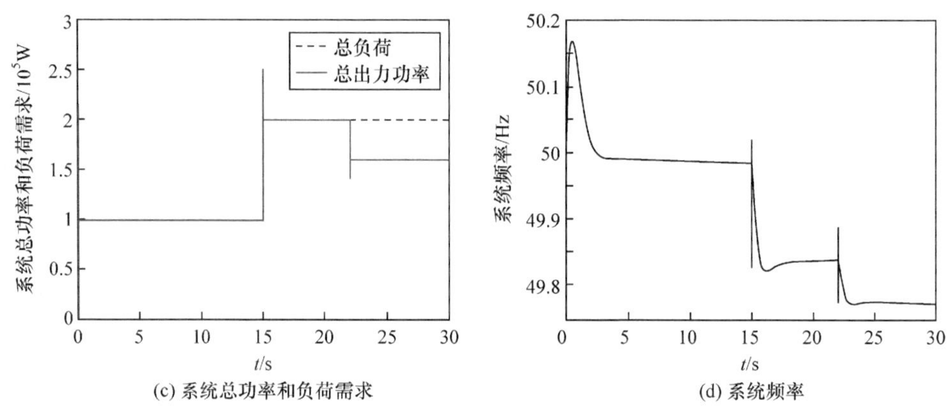

(c) 系统总功率和负荷需求　　(d) 系统频率

图 9-19　数据篡改场景下的仿真结果

由仿真结果可知，在 $t = 15$s 负荷增加后，控制平台仍能够实时监控到系统负荷的需求变化，并迅速通过 OPNET 将控制指令下发至 ADN-SIM 仿真机中的物理模型中，使各分布式电源调整出力进而满足负荷总需求，表明了该联合仿真平台能够对 CPPS 动态性能进行实时高精度的仿真。此外，在 $t = 22$s 时，虽然控制平台下发给 DG1 的应发功率指令是 200kW，但由于该指令被中间人攻击者篡改，电力物理系统中的负荷信息虽可以正常上传至控制平台，但无法正确接收到控制平台的控制指令。然而控制平台误认为物理系统已正确执行其命令，从而导致三台机组的备用率虽然趋于一致，但是各分布式电源的实际出力减小，系统总出力无法满足负荷总需求，进而造成系统频率低于 49.8Hz，系统稳定性降低。

2) 错误数据注入攻击场景

为了深入分析 CPPS 中信息系统和物理系统的耦合交互机理，在 $t = 22$s 时，在 OPNET 中选择已设置好的错误数据注入攻击模式，对分布式电源中的分布式控制器实施攻击，以使分布式电源备用率不一致。为验证仿真效果，本节设置了三种攻击场景：①只攻击 DG1；②只攻击 DG2；③只攻击 DG3。三种攻击场景下的仿真结果如图 9-20 所示，将上述仿真结果与无攻击场景下的结果进行对比，如表 9-3 和表 9-4 所示。

表 9-3　不同攻击场景下实际功率和负荷需求差值对比

攻击场景	ΔP/kW
攻击场景 1	37
攻击场景 2	22
攻击场景 3	10

表 9-4　不同攻击场景下系统稳态频率和无攻击场景下系统频率的差值对比

攻击场景	Δf/Hz
攻击场景 1	0.06
攻击场景 2	0.04
攻击场景 3	0.02

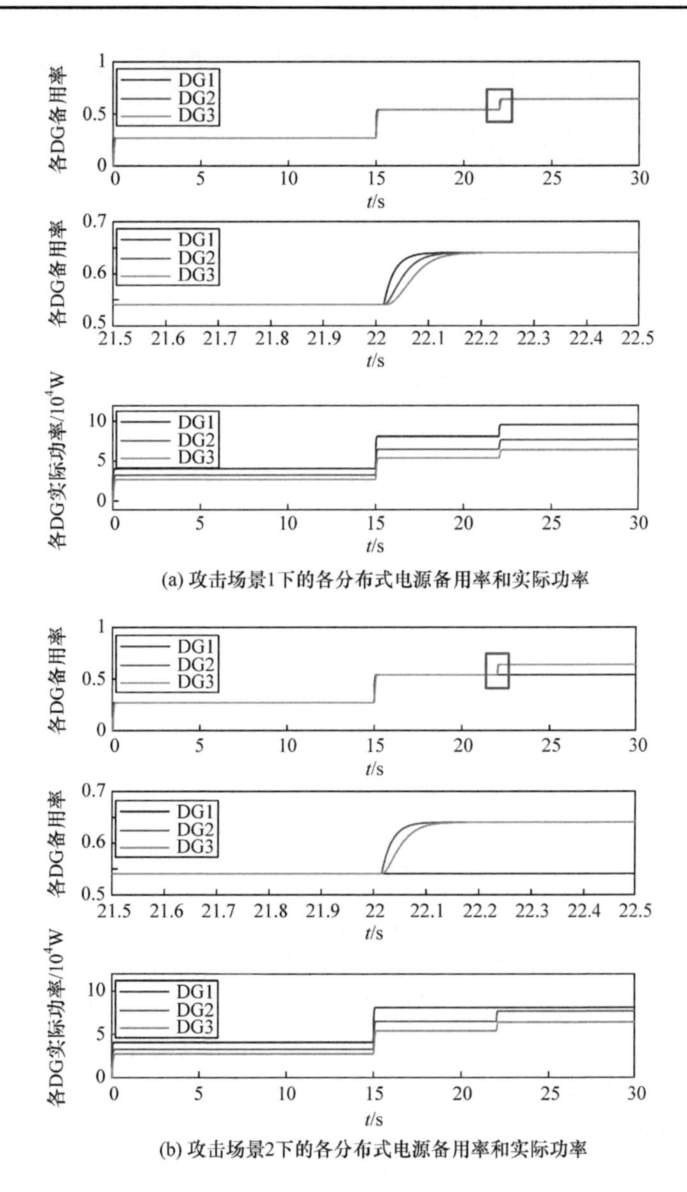

(a) 攻击场景1下的各分布式电源备用率和实际功率

(b) 攻击场景2下的各分布式电源备用率和实际功率

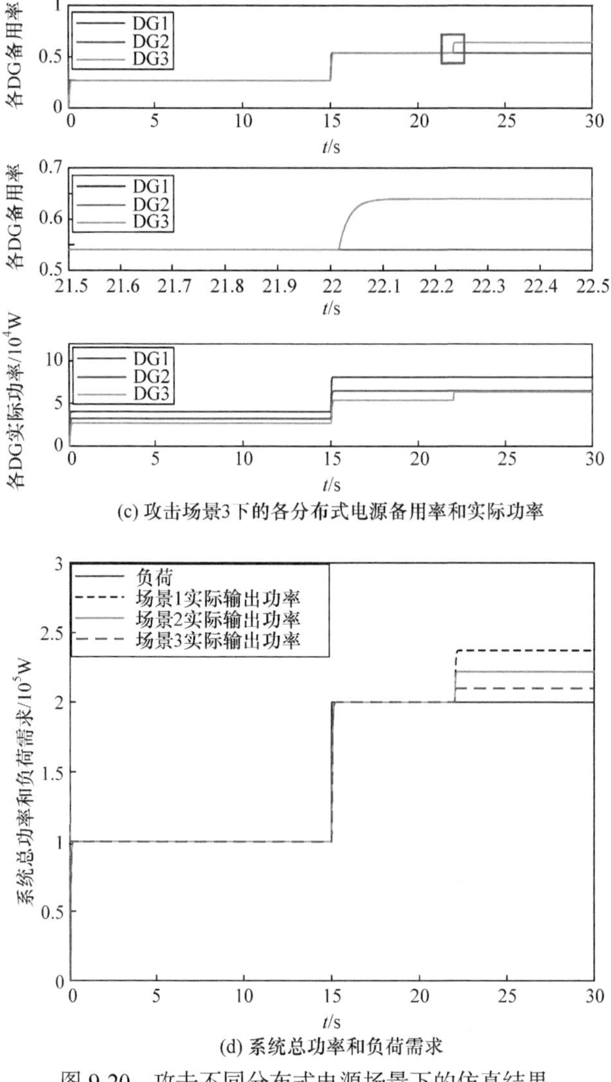

(c) 攻击场景3下的各分布式电源备用率和实际功率

(d) 系统总功率和负荷需求

图 9-20　攻击不同分布式电源场景下的仿真结果

对比不同攻击场景下的仿真结果可知，不同的分布式电源的错误数据注入攻击会对系统的控制效果产生一定的影响，具体表现为：①分布式电源的分布式控制器遭受攻击，致使此分布式电源的备用率偏离参考值，进而导致其实际功率增加，系统总功率无法有效跟踪负荷总需求，最终造成系统频率增大，降低了系统稳定性；②攻击对当前分布式电源造成的影响会在下一时刻通过 OPNET 传递至与该分布式电源通信的下一级分布式电源，因此当 DG2 遭受攻击时，DG3 的备用率也会偏离参考值，但是 DG1 不会受到影响。所以遭受网络攻击的分布式电源越“靠近”控制平台，系统总功率与负荷需求的差值越大，频率变化也越大，因而此类分布式电源在网络安全防护工作中应当受到格外重视。

3) 抵御攻击场景

针对微电网分布式电源出力的等备用率控制容易受到注入攻击的情况，提出一种抵御攻击的等备用率控制算法。DGi ($i=1,2,\cdots,n$) (n 为微电网分布式电源的个数)的抗攻击等备用率控制率设计为

$$\dot{\alpha}_i = -\int\left[\sum_{j=1}^{n} b_{ij}(\alpha_i-\alpha_j)+g_i(\alpha_i-\alpha^*)\right]\mathrm{d}t-\alpha_i \tag{9-2}$$

为验证仿真效果，根据中间人数据篡改场景 DG1 单独受到攻击的情况，进行了抗攻击算法的验证，仿真结果如图 9-21 所示。

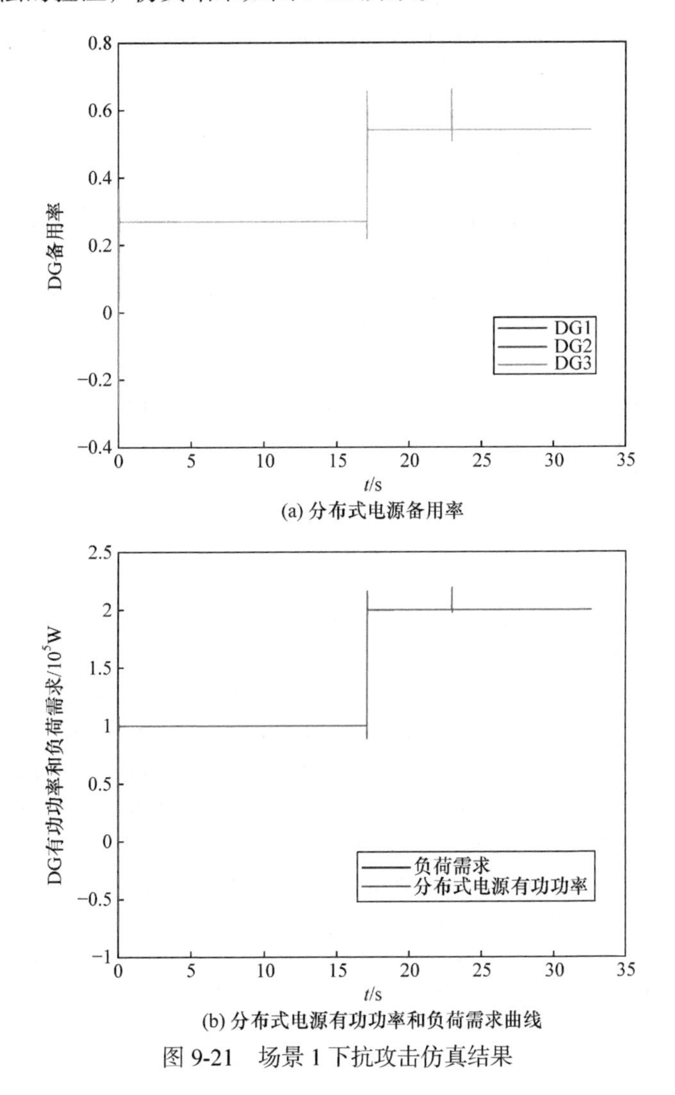

(a) 分布式电源备用率

(b) 分布式电源有功功率和负荷需求曲线

图 9-21　场景 1 下抗攻击仿真结果

由图 9-21 可知，无论是在负荷增加前后，还是施加网络攻击前后，该控制算法都可以在 0.1s 内自动调节各个分布式电源的总出力，使其等于负荷总需求，同时保证各个分布式电源的备用率趋于一致，这表明该算法能够抵消网络攻击对系统的影响。

参 考 文 献

[1] Zhu K, Chenine M, Nordstrom L. ICT architecture impact on wide area monitoring and control systems' reliability[J]. IEEE Transactions on Power Delivery, 2011, 26(4): 2801-2808.

[2] Mets K, Verschueren T, Develder C, et al. Integrated simulation of power and communication networks for smart grid applications[C]. 2011 IEEE 16th International Workshop on Computer Aided Modeling and Design of Communication Links and Networks, Kyoto, 2011: 61-65.

[3] Sun X W, Chen Y, Liu J T, et al. A co-simulation platform for smart grid considering interaction between information and power systems[C]. IEEE Power & Energy Society Innovative Smart Grid Technologies, Washington, 2014: 1-6.

[4] Sheng W X, Liu K Y, Liang Y. Comprehensive fault simulation method in active distribution network with the consideration of cyber security[J]. IET Cyber-Physical Systems: Theory & Applications, 2021, 6(1): 27-40.

[5] Xin H H, Qu Z H, Seuss J, et al. A self-organizing strategy for power flow control of photovoltaic generators in a distribution network[J]. IEEE Transactions on Power Systems, 2011, 26(3): 1462-1473.

[6] Chen Y L, Qi D L, Dong H N, et al. A FDI attack-resilient distributed secondary control strategy for islanded microgrids[J]. IEEE Transactions on Smart Grid, 2021, 12(3): 1929-1938.

[7] Yu X H, Xue Y S. Smart grids: A cyber-physical systems perspective[J]. Proceedings of the IEEE, 2016, 104(5): 1058-1070.

[8] 赵俊华, 文福拴, 薛禹胜, 等. 电力 CPS 的架构及其实现技术与挑战[J]. 电力系统自动化, 2010, 34(16): 1-7.

[9] 盛成玉, 高海翔, 陈颖, 等. 信息物理电力系统耦合网络仿真综述及展望[J]. 电网技术, 2012, 36(12): 100-105.

[10] Baran M, Sreenath R, Mahajan N R. Extending EMTDC/PSCAD for simulating agent-based distributed applications[J]. IEEE Power Engineering Review, 2002, 22(12): 52-54.

[11] Hopkinson K, Wang X R, Giovanini R, et al. EPOCHS: A platform for agent-based electric power and communication simulation built from commercial off-the-shelf components[J]. IEEE Transactions on Power Systems, 2006, 21(2): 548-558.

[12] Nutaro J, Kuruganti P T, Miller L, et al. Integrated hybrid-simulation of electric power and communications systems[C]. Power Engineering Society General Meeting, Tampa, 2007: 1-8.

[13] Al-Hammouri A, Liberatore V, Al-Omari H, et al. A co-simulation platform for actuator networks[C]. International Conference on Embedded Networked Sensor Systems, Sydney, 2007: 383-384.

[14] 刘东, 盛万兴, 王云, 等. 电网信息物理系统的关键技术及其进展[J]. 中国电机工程学报, 2015, 35(14): 3522-3531.
[15] 吴江, 靳晶新, 管晓宏, 等. 面向信息物理融合能源系统的大规模风电场发电功率随机特性分析模型与算法[J]. 中国电机工程学报, 2016, 36(15): 4055-4064.
[16] 王宇飞, 高昆仑, 赵婷, 等. 基于改进攻击图的电力信息物理系统跨空间连锁故障危害评估[J]. 中国电机工程学报, 2016, 36(6): 1490-1499.

第10章 展 望

电力系统是实现能源转型的关键支撑，构建新型电力系统是顺应能源技术进步趋势、促进系统转型升级的必然要求[1]。2021年3月，我国中央财经委员会第九次会议明确提出了实施可再生能源替代行动、构建新型电力系统的重要部署，未来电网将在能源清洁化发展和电力技术革新的共同推动下，实现新能源和跨区域电网的高质量、跨越式发展[2,3]。伴随这一过程，未来配电网中高可再生能源占比和高比例电力电子设备接入的“双高”特征凸显，配电网特性复杂程度和运行难度骤升[4,5]，复杂有源配电网建模与仿真将面临如下挑战：

(1) 模型复杂度增加。

双高电力系统背景下，配电网分析过程中所需模型参数和建模复杂度成倍增加，如何将大规模风电、光伏、储能场站和综合能源系统的暂态等值模型准确性达到实际研究、应用需求的标准，是新型配电系统建模的主要挑战之一。

(2) 仿真分析应对的时空尺度、跨度增大。

新能源主导场景下，数倍于负荷的新能源装机容量所造成的功率波动和热、冷、气等大规模多类型能源转换系统的接入，将使得配电网在小至微秒时间尺度，大至小时乃至更长时间尺度上的运行控制和功率平衡难度激增，新能源消纳与安全矛盾突出，给配电网设计规划和生产运行带来极大挑战[6]。

(3) 配电网数字孪生仿真需求迫切。

现有仿真体系下，配电网分析过程需做大量相关信息的预处理工作，存在复杂系统的交织问题，并缺乏有效的机制来应对模型等效、系统固有误差、不确定度在不同电网层级上的传递和有效评估，更难以有效利用新型电力系统运行过程中产生的海量数据，发挥大数据带来的数据优势[7]。构建基于运行数据的配电网数字孪生模型，进而建立实时态势感知、虚拟推演分析、运行控制体系，可有效解决以上问题。

为进一步提升新型配电网运行分析能力，完善自主仿真工具体系和标准化模型库，提升算法求解能力和仿真建模精细化水平，建立完善的电网多源数字驱动智能分析运行控制体系，建议未来主要从三个层面来提升配电网仿真能力。

(1) 提升仿真精细化水平和算法求解能力。

在仿真模型方面，结合设备应用场景和所研究问题的特征，明确模型等效条件和适用范围，进而建立细节度与保真度能得到有效控制和评估的精细化仿真模型。针对暂态仿真，深入研究电力电子设备的等效建模技术，构建新能源设备(含集中式和分布式)、综合能源系统中新型电力负荷的精细化模型；改进求解算法，提升仿真工具对电力电子化配电系统的精细化仿真能力[8,9]。

(2) 仿真平台一体化、体系智能化。

实现配电网平台化统一建模、统一管理，以及仿真引擎的云端调用，是配电网仿真分析和电力电子化仿真计算的关键环节；构建统一的数据管理应用、通用仿真计算的一体化智能化仿真工作平台，是减少仿真分析过程中衔接环节工作量、提升整体工作效率的重要途径。通过仿真计算数据统一建模和稳定分析计算过程的平台化、智能化，以实现仿真工作的一体化平台建设[10]。

(3) 构建配电网数字孪生仿真体系。

构建能够全面模拟新型配电网复杂动态特性的智能化数字孪生模型和仿真分析体系，实现实体配电网与孪生体之间的同步交互，研发基于共生仿真的配电网数字孪生平台，通过数字孪生体实现对配电网三维立体全景可视化、运行状态的感知、预测、智能运维与优化等功能，为新型配电系统运行分析提供技术支撑[11]。

新兴技术的发展和应用，将为配电网仿真工具的发展提供动力来源，配电网仿真分析工具逐步向数字驱动的多元综合性仿真体系发展，但未来较长一段时期内模型驱动的数字仿真、数模仿真技术仍是电网分析的重要手段；在新型配电系统仿真体系发展的高级阶段，模型驱动的仿真技术将与多元数据驱动综合仿真体系更为紧密地结合，最终实现多维度数据空间和多场景下真实物理空间和虚拟数字空间“信息-物理-人”的充分交互、有机结合。

参 考 文 献

[1] 康重庆, 姚良忠.高比例可再生能源电力系统的关键科学问题与理论研究框架[J]. 电力系统自动化, 2017, 41(9): 2-11.

[2] 别朝红, 林超凡, 李更丰, 等. 能源转型下弹性电力系统的发展与展望[J]. 中国电机工程学报, 2020, 40(9): 2735-2745.

[3] 陈国平, 董昱, 梁志峰. 能源转型中的中国特色新能源高质量发展分析与思考[J]. 中国电机工程学报, 2020, 40(17): 5493-5506.

[4] 卓振宇, 张宁, 谢小荣, 等. 高比例可再生能源电力系统关键技术及发展挑战[J]. 电力系统自动化, 2021, 45(9): 171-191.

[5] 王彩霞, 时智勇, 梁志峰, 等. 新能源为主体电力系统的需求侧资源利用关键技术及展望[J]. 电力系统自动化, 2021, 45(16): 37-48.

[6] 文云峰, 杨伟峰, 汪荣华, 等. 构建 100% 可再生能源电力系统述评与展望[J]. 中国电机工程学报, 2020, 40(6): 1843-1856.

[7] 鲁宗相, 黄瀚, 单葆国, 等. 高比例可再生能源电力系统结构形态演化及电力预测展望[J]. 电力系统自动化, 2017, 41(9): 12-18.

[8] 董雪涛, 冯长有, 朱子民, 等. 新型电力系统仿真工具研究初探[J]. 电力系统自动化, 2022,

46(10): 53-63.

[9] 韩肖清, 李廷钧, 张东霞, 等. 双碳目标下的新型电力系统规划新问题及关键技术[J]. 高电压技术, 2021, 47(9): 3036-3046.

[10] 周孝信, 陈树勇, 鲁宗相, 等. 能源转型中我国新一代电力系统的技术特征[J]. 中国电机工程学报, 2018, 38(7): 1893-1904, 2205.

[11] 贺兴, 艾芊, 朱天怡, 等. 数字孪生在电力系统应用中的机遇和挑战[J]. 电网技术, 2020, 44(6): 2009-2019.